面向新工科专业建设计算机系列教材

大数据技术

（微课版）

曹洁　孙玉胜　编著

清华大学出版社
北　京

内 容 简 介

大数据是以容量大、类型多、存取速度快和应用价值高为主要特征的数据集合，大数据技术正快速发展为对数量巨大、来源分散、格式多样的数据进行采集、存储和关联分析，从中发现新知识、创造新价值、提升新能力的新一代信息技术和服务业态。本教程概述了大数据编程基础 Linux、Java、SQL、Scala 和 Python。以实例讲解知识点 Hadoop、HDFS、MapReduce、HBase、Spark、Spark SQL、Redis、MongoDB、Neo4j、Tableau、ECharts 和 PyeCharts，并针对每个知识点精心设计了相关案例。

本书可作为高等院校数据科学与技术、计算机科学与技术、信息管理、软件工程和人工智能等相关专业的大数据课程教材，也可供相关技术人员参考。

图书在版编目(CIP)数据

大数据技术：微课版/曹洁，孙玉胜编著.—北京：清华大学出版社，2020.8 (2021.8重印)
面向新工科专业建设计算机系列教材
ISBN 978-7-302-55363-2

Ⅰ.①大… Ⅱ.①曹… ②孙… Ⅲ.①数据处理－高等学校－教材 Ⅳ.①TP274

中国版本图书馆 CIP 数据核字(2020)第 071404 号

责任编辑：白立军
封面设计：杨玉兰
责任校对：徐俊伟
责任印制：宋 林

出版发行：清华大学出版社
网 址：http://www.tup.com.cn，http://www.wqbook.com
地 址：北京清华大学学研大厦 A 座 **邮 编**：100084
社 总 机：010-62770175 **邮 购**：010-83470235
投稿与读者服务：010-62776969，c-service@tup.tsinghua.edu.cn
质量反馈：010-62772015，zhiliang@tup.tsinghua.edu.cn
课件下载：http://www.tup.com.cn，010-83470236
印 装 者：三河市龙大印装有限公司
经 销：全国新华书店
开 本：185mm×260mm **印 张**：22.5 **字 数**：528 千字
版 次：2020 年 8 月第 1 版 **印 次**：2021 年 8 月第 2 次印刷
定 价：59.00 元

产品编号：087574-01

出版说明

一、系列教材背景

人类已经进入智能时代，云计算、大数据、物联网、人工智能、机器人、量子计算等是这个时代最重要的技术热点。为了适应和满足时代发展对人才培养的需要，2017 年 2 月以来，教育部积极推进新工科建设，先后形成了"复旦共识""天大行动"和"北京指南"，并发布了《教育部高等教育司关于开展新工科研究与实践的通知》《教育部办公厅关于推荐新工科研究与实践项目的通知》，全力探索形成领跑全球工程教育的中国模式、中国经验，助力高等教育强国建设。新工科有两个内涵：一是新的工科专业；二是传统工科专业的新需求。新工科建设将促进一批新专业的发展，这批新专业有的是依托于现有计算机类专业派生、扩展而成的，有的是多个专业有机整合而成的。由计算机类专业派生、扩展形成的新工科专业有计算机科学与技术、软件工程、网络工程、物联网工程、信息管理与信息系统、数据科学与大数据技术等。由计算机类学科交叉融合形成的新工科专业有网络空间安全、人工智能、机器人工程、数字媒体技术、智能科学与技术等。

在新工科建设的"九个一批"中，明确提出"建设一批体现产业和技术最新发展的新课程""建设一批产业急需的新兴工科专业"。新课程和新专业的持续建设，都需要以适应新工科教育的教材作为支撑。由于各个专业之间的课程相互交叉，但是又不能相互包含，所以在选题方向上，既考虑由计算机类专业派生、扩展形成的新工科专业的选题，又考虑由计算机类专业交叉融合形成的新工科专业的选题，特别是网络空间安全专业、智能科学与技术专业的选题。基于此，清华大学出版社计划出版"面向新工科专业建设计算机系列教材"。

二、教材定位

教材使用对象为"211 工程"高校或同等水平及以上高校计算机类专业及相关专业学生。

三、教材编写原则

(1) 借鉴 *Computer Science Curricula* 2013(以下简称 CS2013)。CS2013 的核心知识领域包括算法与复杂度、体系结构与组织、计算科学、离散结构、图形学与可视化、人机交互、信息保障与安全、信息管理、智能系统、网络与通信、操作系统、基于平台的开发、并行与分布式计算、程序设计语言、软件开发基础、软件工程、系统基础、社会问题与专业实践等内容。

(2) 处理好理论与技能培养的关系,注重理论与实践相结合,加强对学生思维方式的训练和计算思维的培养。计算机专业学生能力的培养特别强调理论学习、计算思维培养和实践训练。本系列教材以"重视理论,加强计算思维培养,突出案例和实践应用"为主要目标。

(3) 为便于教学,在纸质教材的基础上,融合多种形式的教学辅助材料。每本教材可以有主教材、教师用书、习题解答、实验指导等。特别是在数字资源建设方面,可以结合当前出版融合的趋势,做好立体化教材建设,可考虑加上微课、微视频、二维码、MOOC 等扩展资源。

四、教材特点

1. 满足新工科专业建设的需要

系列教材涵盖计算机科学与技术、软件工程、物联网工程、数据科学与大数据技术、网络空间安全、人工智能等专业的课程。

2. 案例体现传统工科专业的新需求

编写时,以案例驱动,任务引导,特别是有一些新应用场景的案例。

3. 循序渐进,内容全面

讲解基础知识和实用案例时,由简单到复杂,循序渐进,系统讲解。

4. 资源丰富,立体化建设

除了教学课件外,还可以提供教学大纲、教学计划、微视频等扩展资源,以方便教学。

五、优先出版

1. 精品课程配套教材

主要包括国家级或省级的精品课程和精品资源共享课的配套教材。

2. 传统优秀改版教材

对于已经出版过的优秀教材,经过市场认可,由于新技术的发展,给图书配上新的教学形式、教学资源,计划改版的教材。

3. 前沿技术与热点教材

反映计算机前沿和当前热点的相关教材，例如云计算、大数据、人工智能、物联网、网络空间安全等方面的教材。

六、联系方式

联系人：白立军

联系电话：010-83470179

联系和投稿邮箱：bailj@tup.tsinghua.edu.cn

“面向新工科专业建设计算机系列教材”编委会

2019年6月

系列教材编委会

数据科学与大数据技术专业核心教材体系建设——建议使用时间

四年级上		分布式系统与云计算		自然语言处理 信息检索导论	
三年级下	计算理论导论	编译原理 计算机网络	非结构化大数据分析	模式识别与计算机视觉 智能优化与进化计算	信息内容安全
三年级上	数据结构与算法Ⅱ	并行与分布式计算	大数据计算智能 数据库系统概论	网络群体与市场 人工智能导论	密码技术及安全 程序设计安全
二年级下	离散数学	计算机系统基础Ⅱ	数据科学导论		
二年级上	数据结构与算法Ⅰ	计算机系统基础Ⅰ			
一年级下	程序设计Ⅱ				
一年级上	程序设计Ⅰ				

FOREWORD

前言

数据已成为国家基础性战略资源，大数据正日益对全球生产、流通、分配、消费活动以及经济运行机制、社会生活方式和国家治理能力产生重要影响。大数据技术涉及的知识点非常多，一本书无法覆盖所有的知识点。本书从各专业对大数据技术需求的实际情况出发，从大数据技术涉及的基本知识开始，层层推进大数据相关技术的讲解，让初学者能够轻松理解并快速掌握。本教材对每个知识点都进行了深入分析，并针对每个知识点精心设计了相关案例。

全书分为12章。

第1章 大数据概述。主要介绍大数据的基本概念、大数据技术和大数据计算模式与典型系统。

第2章 大数据软件基础。主要介绍Linux基础、Java语言基础、SQL基础和在VirtualBox上安装虚拟机。

第3章 Hadoop大数据处理架构。主要介绍Hadoop概述、Hadoop生态系统和Hadoop的安装与使用。

第4章 Hadoop分布式文件系统。主要介绍分布式文件系统的结构、HDFS的基本特征、HDFS存储架构及组件功能、HDFS文件读写流程、HDFS的Shell操作和HDFS编程实践。

第5章 MapReduce分布式计算框架。主要介绍MapReduce概述、MapReduce的工作原理、MapReduce编程类和MapReduce经典案例。

第6章 HBase分布式数据库。主要介绍HBase概述、HBase系统架构和访问接口、HBase数据表、HBase安装、HBase配置、HBase常用Shell命令、常用的Java API和HBase编程。

第7章 NoSQL数据库。主要介绍NoSQL数据库概述、"键-值"数据库、列族数据库、文档数据库和图数据库。

第8章 Scala基础编程。主要介绍Scala特性，Scala安装，Scala数据类型，Scala常量和变量，Scala数组、列表、集合和映射，Scala控制结构，Scala函数，Scala类和Scala读写文件。

第9章 Python基础编程。主要介绍Python安装、Python代码编写方式、Python对象和引用、Python基本数据类型、Python中的数据输入和输出、Python中文件的基本操作、选择结构、循环结构、函数和类。

第10章 Spark分布式内存计算。主要介绍Spark概述、Spark的安装及配置、使用Spark Shell编写Scala代码、Spark核心数据结构RDD、Spark运行机制、使用Scala语言编写Spark应用程序和使用Python语言编写Spark应用程序。

第11章 Spark SQL编程。主要介绍Spark SQL概述、Spark SQL与Shell交互、DataFrame对象的创建和DataFrame对象上的常用操作。

第12章 数据可视化。主要介绍Tableau绘图、ECharts绘图和PyeCharts绘图。

崔霄、王博也参加了本书的编写工作。在撰写本书过程中,参考了大量专业书籍和网络资料,在此向这些作者表示感谢。

由于编写时间仓促,编者水平有限,书中难免会有缺点和不足,热切期望得到专家和读者的批评指正,在此表示感谢。您如果遇到任何问题,或有更多的宝贵意见,欢迎发送邮件至作者的邮箱42675492@qq.com,期待能够收到您的真挚反馈。

编 者

2020年2月于郑州轻工业大学数据融合与知识工程实验室

CONTENTS

目录

第1章

大数据概述

本章主要介绍大数据的定义、大数据的特征、大数据处理相关技术、大数据计算模式与典型系统。

1.1 大数据的基本概念

1.1.1 大数据的定义

随着物联网、移动互联网、智能终端、Web 2.0 和云计算等新兴信息技术的快速发展,以社交网络、社区、博客和电子商务为代表的新型应用得到广泛使用。这些应用不断产生大量的数据,且数据呈现出爆炸性增长的趋势。

对于什么是大数据,目前尚未有统一定义。

维基百科给出的大数据定义:大数据是指无法使用传统和常用的软件技术及工具在一定时间内完成获取、管理和处理的数据集。

麦肯锡全球研究所给出的定义:一种规模大到在获取、存储、管理、分析方面大大超出了传统数据库软件工具能力范围的数据集合,具有海量的数据规模、快速的数据流转、多样的数据类型和价值密度低四大特征。

研究机构 Gartner 给出了这样的大数据定义:大数据是指无法在一定时间范围内用常规软件工具进行捕捉、管理和处理的数据集合。

1.1.2 大数据的特征

大数据有 4 个特征:Volume、Variety、Value 和 Velocity,简称 4V。

(1) 数据量大(Volume)。包括采集、存储和计算的数据量都非常大。大数据的起始计量至少是 PB、EB 或 ZB 级。根据国际数据公司 IDC(International Data Corporation)发布的报告 *DATA AGE 2025* 提供的数据,2011 年全球创建和复制的数据规模为 1.8ZB(Zettabyte,1ZB=Z^{70} B),2018 年为 33ZB,预计到 2025 年将达到惊人的 175ZB。

(2) 数据类型多(Variety)。包括结构化、半结构化和非结构化数据。结构化数据是指由二维表结构来逻辑表达和实现的数据,严格地遵循数据格式与长度规范,主要通过关系数据库进行存储和管理。非结构化数据是指数据结构不规则或不完整,没有预定义的数据模型,不方便用数据库二维逻辑表来表现的数据,包括办公文档、文本、图片、HTML、各类报表、图像、音频和视频信息等。半结构化数据是结构化数据的一种形式,虽不符合关系数据库或其他数据表的形式关联起来的数据模型结构,但包含相关标记,用来分隔语义元素以及对记录和字段进行分层。因此,半结构化数据也被称为自描述的结构数据。常见的半结构数据有 XML 数据和 JSON 数据。

(3) 价值密度低(Value)。在大数据时代,很多有价值的信息都分散在海量数据中。传统数据基本都是结构化数据,每个字段都是有用的,价值密度非常高。大数据时代,越来越多的数据都是半结构化或非结构化数据,例如网站访问日志,里面大量内容都是没价值的,真正有价值的内容比较少。再如监控视频,平时可能没有什么作用,但当发生盗窃事件时,只有记录了案发时刻的那一段视频才是有用的。

(4) 速度快(Velocity)。数据的增长速度快、数据的处理速度快,快速度是大数据处理技术和传统的数据挖掘技术最大的区别。有的数据是爆发式增长,例如欧洲核子研究中心的大型强子对撞机在工作状态下每秒产生 PB 级的数据;有的数据是涓涓细流式增长,但是由于用户众多,短时间内产生的数据量依然非常庞大,例如点击流、日志、射频识别数据和 GPS(全球定位系统)位置信息。在数据处理速度方面,有一个著名的"1 秒定律",即要在秒级时间范围内给出分析结果,超过这个时间,数据就失去价值。正如 IBM 公司在一则广告中所讲的,1 秒能发现德克萨斯州的电力中断,避免电网瘫痪;1 秒能帮助一家全球性金融公司锁定行业欺诈,保障客户利益。

1.2 大数据技术

大数据技术是指从各种各样类型的数据中,快速获得有价值信息的能力。大数据技术主要包括数据采集技术、数据预处理技术、云计算技术、分布式处理技术和数据存储技术。

1.2.1 数据采集技术

数据采集技术指的是通过对数据源进行抽取(Extract)、转换(Transform)和加载(Load)后,抽取出所需的数据。然后经过数据清洗,最终按照预先定义好的数据模型,将数据加载到数据仓库中去。从传感器数据、社交网络数据和移动互联网数据等数据集中获取的数据类型差异很大,呈现出结构化、半结构化及非结构化的数据形式。由于采集的数据种类错综复杂,对于这种不同种类的数据必须通过抽取技术从原始数据中抽取出人们需要的数据,这里可以丢弃一些不重要的字段。由于数据源头的数据采集机制不完善以及可能存在误差,对于数据抽取后的数据必须进行数据清洗,对于那些不正确的数据进行过滤和剔除。针对不同的应用场景,所用的数据分析模型或者数据仓库系统的不同,还需要对数据进行数据转换操作,将数据转换成不同的数据格式。最终按照预先定义好的数据仓库模型,将数据加载到数据仓库中去。

1.2.2 数据预处理技术

采集到的原始数据通常来自多个异构数据源，数据在准确性、完整性和一致性等方面存着多种多样的问题。在数据分析和数据挖掘之前，首先要做的就是对数据进行预处理，处理数据中的“脏数据”，从而提高数据分析的准确性和有效性。“脏数据”的主要表现形式为数据缺失、数据重复、数据错误和数据不可用等。数据预处理有多种方法，如数据清洗、数据集成、数据规范化、数据离散化和数据规约等。

人工输入错误、仪器设备测量精度以及数据收集过程机制缺陷等都会造成采集的数据存在质量问题，具体包括测量误差、数据收集错误、噪声、离群点、缺失值、不一致值和重复数据等。数据清洗阶段的主要任务是填写缺失值、光滑噪声数据、删除离群点和解决属性的不一致性。

数据集成就是对各种异构数据提供统一的表示、存储和管理，逻辑地或物理地集成到一个统一的数据集合中。数据源包括关系数据库、数据仓库和一般文件。数据集成的核心任务是要将互相关联的分布式异构数据源集成到一起，使用户能够以透明的方式访问这些数据。集成是指维护数据源整体上的数据一致性、提高信息共享利用的效率。透明是指用户不必考虑底层数据模型不同、位置不同等问题，能够通过一个统一的查询界面实现对网络上异构数据源的灵活访问。

数据采用不同的度量单位，可能导致不同的数据分析结果。通常，用较小的度量单位表示属性值将导致该属性具有较大的值域，该属性往往具有较大的影响或较大的权重。为了使数据分析结果避免对度量单位选择的依赖性，这就需要对数据进行规范化或标准化，使之落入较小的共同区间，如[－1, 1]或[0, 1]。

用于数据分析的原始数据集属性数目可能会有几十个，甚至更多，其中大部分属性可能与数据分析任务不相关，或者是冗余的。例如，数据对象的 ID 号通常对于挖掘任务无法提供有用的信息；生日属性和年龄属性相互关联存在冗余，因为可以通过生日日期推算出年龄。不相关和冗余的属性增加了数据量，可能会减慢数据分析挖掘过程，降低数据分析挖掘的准确率或导致发现很差的模式。数据归约（也称为数据消减、特征选择）技术用于帮助人们从原有庞大数据集中获得一个精简的数据集合，并使这一精简数据集保持原有数据集的完整性。

1.2.3 云计算技术

大数据常和云计算联系在一起，因为实时的大型数据集分析需要分布式处理框架来向数十、数百或甚至数万的计算节点分配工作。可以说，云计算充当了工业革命时期的发动机的角色，而大数据则是电。业内这样形容两者的关系：没有大数据的信息积淀，则云计算的计算能力再强大，也难以找到用武之地；没有云计算的处理能力，则大数据的信息积淀再丰富，也终究只是镜中花和水中月。

云计算是在并行计算、分布式计算、集群计算和网格计算的基础上发展起来的一种计算模式。

(1) 并行计算（Parallel Computing）。将一个科学计算问题分解为多个小计算任务，并将这些小计算任务在并行计算机上同时执行,利用并行处理的方式达到快速解决复杂运算问题的目的。并行计算机是一群处理单元的集合,这些处理单元通过通信和协作来更快地解决大规模计算问题。

(2) 分布式计算(Distributed Computing)。分布式计算主要研究分布式系统(Distributed System)如何进行计算。分布式系统是一组计算机通过计算机网络相互连接与通信后形成的系统。把需要进行大量计算的数据分区成小块,由地理上分布的多台计算机分别计算,在上传运算结果后,将结果统一合并得出数据结论。并行计算与分布式计算都是化大任务为小任务,运用并行手段来获得更高性能。

(3) 集群计算(Cluster Computing)。集群计算是指将一组松散的计算机硬件和软件连接起来,高度紧密地协作完成计算工作。在某种意义上,集群可以被看作是一台计算机,集群系统通常通过高速局域网连接,其中的单个计算机通常称为节点。

(4) 网格计算(Grid Computing)。网格计算是一种分布式计算模式,将分散在网络中的空闲服务器、存储系统连接在一起,形成一个整合系统,为用户提供功能强大的计算及存储能力来处理特定的任务。对于使用网格的最终用户或应用程序来说,网格看起来就像是一个拥有超强性能的虚拟计算机。网格计算的本质在于以高效的方式来管理各种加入了该分布式系统的异构松耦合资源,并通过任务调度来协调这些资源合作完成一项特定的计算任务。

云计算除了拥有上述所有计算模式的特点之外,还有自己独特的优势,并且正在广为接受和认可,概括起来说,云计算有如下特点。

(1) 一切皆服务。云中的所有软件和硬件资源都是以服务的形式提供给用户。

(2) 按需服务。云平台可按照用户的需求提供个性化的服务,例如,当用户需要复杂的大型服务时,云平台可以通过服务组合技术,将多个小型服务进行组合,以组合服务的形式提供给用户。

(3) 任何时间,任何地点获得服务。云服务是基于互联网向用户提供服务,因此,用户可以在任何时间和地点,使用任何智能设备,通过 Web 向云平台提交个性化的服务请求。

(4) 即付即用,成本低廉。云服务是采用即付即用(pay-as-you-go)的计费模式,当用户需要服务时,可直接付费购买相关服务;当不需要服务时,可随时退出。

(5) 减少初期投资。通过云计算,用户从传统的自己购买计算机设备以获得计算服务的方式,转变为直接向云平台购买服务的方式,后者的经济成本远远小于前者,并且大大降低了初创公司的准入门槛和经济负担,减少了投资的风险。

(6) 降低管理开销。云平台可以帮助用户实现应用的自动化管理。用户在创建一个服务时,能够用最少的操作和极短的时间就完成资源分配、服务配置、服务上线和服务激活等一系列操作。当用户需要停用一个服务时,云计算能够自动完成服务停止、服务下线、删除服务配置和资源回收等操作。

(7) 避免 IT 运维,专注业务创新。云计算使用户不再需要软件自主安装和维护,这些工作由专业的云平台管理员完成,用户可以更加专注于自己业务领域的研究和创新。

云计算的先进技术是其获得独特优势的保障和生命。云计算相比网格计算、并行计算和分布式计算而言采用了以下专门技术。

1. 虚拟化技术

云计算采用虚拟化技术将硬件、软件和数据等进行逻辑抽象，并将云中的资源以资源池的方式提供给用户，具有动态可伸缩的特点，支持用户在任何位置、使用各种终端设备获取应用服务，用户无须了解应用运行的具体位置。云计算中利用虚拟化技术可大大降低维护成本和提高资源的利用率。

2. 服务封装

在云计算中一切皆服务，通过对云计算系统中的硬件基础设施、平台、软件和数据等进行服务化封装，可以为用户提供一个方便的、统一的使用云服务的接口。

3. Web服务技术

使"高点击、高利润和高承诺"的服务提供方式朝"低点击、低利润和低承诺"的自助式服务转变。通过Web服务技术，用户可以不受时间和地域的限制得到自己需要的信息，也可以发布自己的观点。

4. 资源管理技术

云中包含了大量计算、存储和通信等硬件资源，以及数据、信息和组件等软件资源。资源管理系统从逻辑上把这些资源耦合起来以服务的形式提供给用户。用户与服务代理进行交互，且代理屏蔽了云中资源的复杂性。

5. 任务调度技术

云计算系统的有效性和可用性在很大程度上依赖于所实现的资源调度系统，云计算的动态性和异构性决定了任务调度的复杂性。云计算任务调度系统可根据具体场景采用集中式、分布式以及层次式的调度方法，以满足不同类型和不用时刻的用户服务请求。

6. 高性能计算技术

高性能计算是一种重要的计算技术，云平台利用大量计算资源、高速通信网络为有计算需求的用户提供高性能的计算能力。

7. 海量数据处理技术

云计算是以互联网为平台，广泛地涉及海量数据处理任务，通常的数据规模可以达到TB甚至PB级别。目前流行的数据处理方式是由Google公司设计的MapReduce编程模型。MapReduce编程模型将一个任务分成很多细粒度的子任务，这些子任务能够在空闲的处理节点之间调度，使得处理速度越快的节点处理越多的任务，从而避免处理速度慢的节点延长整个任务的完成时间。

8. 大规模消息通信技术

高效、可靠的消息通信机制可以有效地控制分布在网络上的众多资源之间的数据流向,实现不同服务之间可靠、安全的消息传递。在网络不稳定的情况下,高效、可靠的消息通信机制可保证数据通道的畅通性、信息交换的可靠性和安全性。

9. 多租户技术

与传统的软件运行和维护模式相比,云计算要求硬件资源和软件资源能够更好地共享,具有良好的伸缩性。任何一个用户都能够按照自己的需求,对 SaaS 软件进行个性化配置而不影响其他用户的使用。

10. 分布式存储技术

利用多台服务器的存储资源来满足单台服务器所不能满足的存储需求,分布式存储使存储资源能够被抽象表示和统一管理,并且能够保证数据读写操作的安全性、可靠性等各方面要求。

1.2.4 分布式处理技术

分布式处理系统可以将不同地点的或具有不同功能的或拥有不同数据的多台计算机用通信网络连接起来,在控制系统的统一管理控制下,协调完成信息处理任务。

MapReduce 是 Google 公司提出的一种云计算的核心计算模式,是一种分布式运算技术,也是简化的分布式编程模式。MapReduce 能自动完成计算任务的并行化处理,自动划分计算数据和计算任务,在集群节点上自动分配和执行任务以及收集计算结果,将数据分布存储、数据通信、容错处理等并行计算涉及的很多系统底层的复杂细节交由系统负责处理,大大减少了软件开发人员的负担。MapReduce 将复杂的运行于大规模集群上的并行计算过程高度的抽象为 Map(映射)和 Reduce(规约)两个计算过程。

1.2.5 数据存储技术

数据存储指的是用存储器把采集到的数据存储起来,建立相应的数据库,并进行管理和调用。数据存储重点解决复杂结构化、半结构化和非结构化大数据管理与处理技术。主要解决大数据的可存储、可表示、可处理、可靠性及有效传输等几个关键问题。大数据存储技术的研究方向如下。

(1) 开发可靠的分布式文件系统,研究能效优化存储、计算融入存储、大数据的去冗余及高效低成本的大数据存储技术。

(2) 突破分布式非关系大数据管理与处理技术、异构数据的数据融合技术、数据组织技术和大数据建模技术。

(3) 突破大数据索引技术,以及大数据移动、备份和复制等技术。

1.3 大数据计算模式与典型系统

MapReduce主要适合于进行大数据线下批处理，在面向低延迟、具有复杂数据关系和复杂计算的大数据问题时有很大的不适应性。事实上，现实世界中的大数据处理问题复杂多样，不存在单一的计算模式能涵盖所有不同的大数据计算需求。大数据计算模式是指根据大数据的不同数据特征和计算特征，从多样性的大数据计算问题和需求中提炼并建立的各种高层抽象（Abstraction）和模型（Model）。根据大数据处理多样性的需求，目前出现了多种典型和重要的大数据计算模式。与这些计算模式相适应，出现了很多对应的大数据计算系统和工具。

1.3.1 批处理计算模式与典型系统

批处理计算模式中使用的数据集通常符合3个特征：有界，批处理数据集代表数据的有限集合；持久，数据通常始终存储在某种类型的持久存储位置中；量大，批处理操作通常是处理海量数据集。批处理非常适合需要访问全套记录才能完成的计算工作。例如在计算总数和平均数时，必须将数据集作为一个整体加以处理。

最适合于完成大数据批处理的计算模式是MapReduce，MapReduce是一个单输入、两阶段（Map和Reduce）的数据处理过程。首先MapReduce对具有简单数据关系、易于划分的大规模数据采用“分而治之”的并行处理思想；然后将大量重复的数据记录处理过程总结成Map和Reduce两个抽象的操作；最后MapReduce提供了一个统一的并行计算框架，把并行计算所涉及的诸多系统层细节都交给计算框架去完成，以此大大简化了程序员进行并行化程序设计的负担。

目前几乎国内外的各个著名IT企业都在使用Hadoop及其MapReduce处理引擎进行企业内大数据的计算处理。此外，Spark系统也具备批处理计算的能力。

1.3.2 流式计算模式与典型系统

流处理系统会对进入系统的数据进行实时计算，避免造成数据堆积和丢失。相比批处理模式，这是一种截然不同的处理方式。流处理方式无须针对整个数据集执行操作，而是对通过系统传输的每个数据项执行操作。在流处理中，完整数据集只代表目前已经进入到系统中的数据总量；工作数据集也许更相关，在特定时间只能代表某个单一数据项；处理工作是基于事件的，除非明确停止否则没有“尽头”，流处理结果随时可用，并会随着新数据的抵达继续更新。

很多行业的大数据应用，如电信、电力和道路监控等行业应用以及互联网行业的访问日志处理，都同时具有高流量的流式数据和大量积累的历史数据，因而在提供批处理计算模式的同时，系统还需要具备高实时性的流式计算能力。

通用的流式计算系统是Twitter公司的Storm、Yahoo公司的S4以及Apache Spark Steaming。

1.3.3 迭代计算模式与典型系统

MapReduce 框架在批处理中性能优异,但也存在局限性:仅支持 Map 和 Reduce 两种操作;处理效率低效,Map 中间结果写磁盘,Reduce 写 HDFS,多个 MapReduce 之间通过 HDFS 交换数据,任务调度和启动开销大;Map 和 Reduce 均需要排序,但是有的任务处理完全不需要排序(如求最大值和求最小值等),所以就造成了性能的低效;不适合迭代计算(如图计算)和交互式处理。

为了克服 MapReduce 难以支持迭代计算的缺陷,工业界和学术界对 MapReduce 进行了不少改进研究。一个具有快速和灵活的迭代计算能力的典型系统是 Spark,其采用了基于内存的 RDD 数据集模型实现快速的迭代计算。

1.3.4 图计算模式与典型系统

社交网络和 Web 链接关系图等都包含大量具有复杂关系的图数据,这些图数据规模很大,常常达到数十亿的顶点和上万亿的边数。用 MapReduce 计算模式处理这种具有复杂数据关系的图数据通常不能适应,为此,需要引入图计算模式。

图计算是以图论为基础的对现实世界的一种图结构的抽象表达,以及在这种数据结构上的计算模式。图计算就是研究在大规模图数据下,如何高效计算、存储和管理图数据等。图的分布式或者并行处理其实是把图拆分成很多子图,然后分别对这些子图进行计算,计算的时候可以分别迭代进行分阶段的计算,即对图进行并行计算。

图计算有很多应用,例如可以通过交易网络数据图来分析出哪些交易是欺诈交易;通过通信网络数据图来分析企业员工之间不正常的社交;通过用户-商品数据图来分析用户需求,做个性化推荐等。

目前已经出现了很多分布式图计算系统,其中较为典型的系统包括 Google 公司的 Pregel、Facebook 对 Pregel 的开源实现 Giraph、微软公司的 Trinity、Spark 下的 GraphX、CMU 的 GraphLab 以及由其衍生出来的目前性能最快的图数据处理系统 PowerGraph。

1.3.5 内存计算模式与典型系统

内存计算指的是将数据装入内存中处理,而尽量避免 I/O 操作的一种新型的以数据为中心的并行计算模式。在内存计算中,数据长久地存储于内存中,由应用程序直接访问。即使当数据量过大导致其不能完全存放于内存中时,从应用程序视角看,待处理数据仍是存储于内存当中的,用户程序同样只是直接操作内存,而由操作系统、运行时环境完成数据在内存和磁盘间的交换。

内存计算的典型系统有 Dremel、Hana 和 Spark 等。

1.4 习题

1. 简述大数据的 4 个特征。
2. 简述大数据处理的关键技术。
3. 简述大数据计算模式与典型系统。

第2章

大数据软件基础

本章主要对大数据技术所必需的计算机基础进行介绍，包括 Linux 基础、Java 语言基础、SQL 基础和在 VirtualBox 上安装虚拟机。

2.1 Linux 基础

Linux 是一套免费使用、自由传播、开源的类 UNIX 操作系统，是一个基于 POSIX 和 UNIX 的多用户、多任务、支持多线程和多 CPU 的操作系统。它能运行主要的 UNIX 工具软件、应用程序和网络协议。大数据处理系统通常是由众多装有 Linux 操作系统的计算节点组成，在这些节点上装有大数据处理所需的计算框架、分布式文件系统和数据库系统等。

2.1.1 命令格式

Linux 提供了数百条命令，虽然这些命令的功能不同，但它们的使用方式和规则都是统一的，Linux 命令的一般格式为

Linux 命令格式

命令名　[命令选项]　[命令参数]

注意：个别命令使用不遵循此格式，方括号为可选，意思是可以有也可以没有。有的命令不带任何选项和参数。Linux 命令行严格区分大小写，命令、选项和参数都是如此。

1. 命令名

命令名即命令程序名。

2. 命令选项

命令选项说明对命令的要求。命令选项通常是包括一个或多个字母的代码，前面有一个“-”连字符。例如，如果没有命令选项和命令参数，ls 命令只能列出当前目录中所有文件和目录的名称，而使用带-l 命令选项的 ls 命令将列出文件和目录的详细信息。一个命令有多个命令选项时，可将字母写在一起，前面只加一个“-”连字符，例如可将命令“ls -l -a”简写为“ls -la”。

3. 命令参数

命令参数描述命令的操作对象,通常命令参数是一些文件名,告诉命令从哪里可以得到输入,以及把输出送到什么地方。例如,不带参数的 ls 命令只能列出当前目录下的文件和目录,而使用参数可列出指定目录或文件中的文件和目录。同时带有命令选项和命令参数的命令,通常命令选项位于命令参数之前。

如果一个命令太长,一行放不下时,要在本行行尾输入"\"字符,并按 Enter 键,这时 shell 会返回一个">"作为提示符,表示该命令尚未结束,允许继续输入有关信息。

2.1.2 用户管理

1. 使用 useradd 命令添加新用户

在 Ubuntu 中创建新用户,通常会用到两个命令:useradd 和 adduser。虽然作用一样,但用法却不尽相同。

useradd 命令的使用格式如下:

```
useradd [命令选项] 新建用户名
```

命令选项说明如下。

-d:指定用户登录系统时的主目录,如果不使用该参数,系统自动在/home 目录下建立与用户名同名目录作为主目录。

-m:创建用户的主目录,自动建立与用户名同名的主目录。

-n:创建一个同用户登录名同名的新组。

-r:创建系统账户。

-p:为用户账户指定默认密码。

-s:指定默认登录的 Shell 方式。

2. 使用 passwd 命令设置用户密码

在 Linux 中,超级用户可以使用 passwd 命令为普通用户设置或修改用户口令。用户也可以直接使用该命令来修改自己的口令。

```
$sudo passwd python                #为 python 用户设置密码
输入新的 UNIX 密码:
重新输入新的 UNIX 密码:
passwd:已成功更新密码
```

注意:#为注释标记符,#后面的内容为注释内容。

3. 使用 su 命令切换用户

Ubuntu 默认安装时,并没有给 root 用户设置口令,也没有启用 root 账户。要想作为 root 用户来运行命令,可以使用 sudo 命令达到此目的。

只要为 root 设置一个 root 密码就可以启用 root 账户。

```
$sudo passwd root                #接下来为 root 设置一个密码
```

设置好 root 密码后,就可以直接作为 root 登录了。

su 命令可以更改用户的身份,例如从普通用户 python 切换到 root 用户,从 root 用户切换到普通用户 python。

```
$su root                         #切换到 root 用户,输入密码后提示符由$变为#
```

4. 使用 userdel 命令删除用户

```
$userdel username                #删除 username 用户,但不会自动删除用户的主目录
$userdel -r username             #删除 username 用户,同时删除用户的主目录
```

5. 用户组管理

1) 查看用户在哪些组

```
$groups python                   #查看 python 用户在哪些组
python : python sudo
```

2) 新建用户组

```
$groupadd ABC                    #新建用户组 ABC
```

3) 删除用户组

```
$groupdel ABC                    #删除用户组 ABC
```

4) 设置用户所在组 usermod

```
$usermod -g 用户组 用户名
```

6. 使用 sudo 命令为普通用户分配管理权限

sudo 是 Linux 的系统管理指令,是允许系统管理员让普通用户执行一些或者全部 root 命令的一个工具,减少了 root 用户的登录和管理时间,提高了安全性。

通过 sudo,人们既可以作为超级用户又可以作为其他类型的用户来访问系统。这样做的好处是,管理员能够在不告诉用户 root 密码的前提下,授予他们某些特定类型的超级用户权限。

su 和 sudo 的区别如下。

(1) su 的密码是 root 的密码,而 sudo 的密码是用户的密码。

(2) su 直接将身份变成 root,而 sudo 是以用户登录后以 root 的身份运行命令,不需要知道 root 密码。

新创建的用户,默认不能执行 sudo,需要进行以下操作:

```
sudo usermod -a -G admin 用户名 #添加用户到 admin 组,让其有 sudo 权限
```

2.1.3 文件操作

1. 使用 touch 命令新建一个文件

touch 命令可以修改指定文件的时间标签或者新建一个空文件,touch 命令的语法格式如下:

```
touch [命令选项] 文件名
```

命令选项说明如下。

-a:改变文件的存取时间。

-m:改变文件的修改时间。

-c:假如"文件名"文件不存在,不会建立新的文件。

-t:使用指定的日期时间,而非现在的时间。

-d:使用指定的日期时间指定文件的时间标签,而非现在的时间。

```
$touch -t 201903121230 file        #将 file 的时间标签改为 201903121230
$touch file{1..10}                 #在当前目录下创建 file1~file10 共 10 个文件
```

2. 使用 cat 命令查看文件内容、创建文件、文件合并、追加文件内容

cat 命令的语法格式如下:

```
cat [命令选项] 文件
```

命令选项说明如下。

-n 或--number:从 1 开始对所有输出的行编号。

-b 或--number-nonblank:与-n 相似,只不过对于空白行不编号。

-s 或 --squeeze-blank:当遇到有连续两行以上的空白行,将多个相邻的空行合并成一个空行。

1)使用 cat 命令查看文件内容

```
$cat /etc/profile                  #查看 profile 文件内容,将内容输出到标准输出上
$cat -b fstab                      #查看 fstab 文件内容,并对非空白行从 1 进行编号
$cat /etc/subuid /etc/profile      #可以同时显示两个文件的内容
```

2)使用 cat 命令创建文件

```
$cat >operating_system
Unix
Ubutu
Windows
MacOS
```

执行 cat > operatingsystem 命令后，它会生成一个名叫 operating_system 的文件。然后下面会显示空行，此时输入上述内容，输入完成后，按 Ctrl+D 组合键存盘退出 cat。此时可在当前文件夹下创建一个包含刚才输入内容的叫 operating_system 的文件。

```
$cat >operating_system1 <<EOF #创建 operating_system1 文件
>Unix
>Ubutu
>Windows
>MacOS
>EOF                          #输入 EOF 并按 Enter 键后，退出编辑状态，EOF 不会作为文件的内容
```

3）使用 cat 命令连接多个文件的内容并且输出到一个新文件中

假设有 a.txt、b.tx 和 c.txt 文件，通过 cat 命令把 a.txt、b.tx 和 c.txt 3 个文件连接在一起（也就是说把这 3 个文件的内容都接在一起）并输出到一个新的文件 d.txt 中的命令格式如下：

```
$cat a.txt b.txt c.txt >d.txt
```

注意：其原理是把 3 个文件的内容连接起来，然后创建 d.txt 文件，并且把几个文件的内容同时写入 d.txt 中。如果 d.txt 文件已经存在，会把 d.txt 内容清空再放入。>的意思是创建，>>的意思是追加。

4）使用 cat 命令向已存在的文件追加内容

把 textfile1 和 textfile2 的文档内容加上行号（空白行不加）之后将内容附加到 textfile3 文档里：

```
$cat -b textfile1 textfile2 >>textfile3
$cat >>linux.org.txt  <<EOF    #向 linux.org.txt 文件追加内容
>测试 cat 向文档追加内容的功能    #这是为 linux.org.txt 文件追加内容
>EOF                           #以 EOF 退出
```

3. 文件的复制、删除和移动

1）cp 命令

cp 命令将源文件或目录复制到目标文件或目录中，cp 命令的语法格式如下：

```
cp [命令选项] 源文件或目录 目标文件或目录
```

命令选项说明如下。

-a：该选项通常在复制目录时使用，它递归地将源目录下的所有子目录及其文件都复制到目标目录中，并保留文件链接和文件属性不变。

-d：复制时保留文件链接。

-f：如果目标文件无法打开则将其移除并重试。

-i：在覆盖目标文件之前将给出提示要求用户确认，回答 y 时目标文件将被覆盖，这是交互式复制。

-p：除复制源文件的内容外，还将把其修改时间和访问权限也复制到新文件中。

-r：若给出的源文件是一目录文件，此时 cp 命令将递归复制该目录下所有的子目录和文件，此时目标文件必须为一个目录名。

注意：(1)如果用户指定的目标文件名已存在，用 cp 命令复制文件后，这个文件就会被源文件覆盖，为防止用户在不经意的情况下用 cp 命令破坏另一个文件，因此，建议用户在使用 cp 命令复制文件时，最好使用-i 选项。(2)目标目录必须是已经存在的，cp 命令不能创建目录。

```
$cp file1 file2                    #将文件 file1 复制成文件 file2
$cp -i file1 file2                 #采用交互方式将文件 file1 复制成文件 file2
$cp -r file1 file2 file3 dir1 dir2
                                 #将文件 file1、file2、file3 与目录 dir1 复制到目录 dir2
```

将目录/home/python/dir3 下的所有文件及其子目录复制到/home/python/dir4 中：

```
$cp -r /home/python/dir3 /home/python/dir4
```

2) rm 命令

rm 是 remove 的缩写。

rm 命令用来删除文件和目录，rm 命令的语法格式如下：

```
rm [命令选项] 文件或目录
```

命令选项说明如下。

-f：强制删除。

-i：交互式删除，在删除之前会询问用户，必须输入 y 并按 Enter 键，才能删除文件。

-r：递归式删除指定目录及其各级子目录和相应的文件。

```
$touch file                        #创建 file 文件
$rm -i file                        #交互删除 file 文件
$rm -r 目录                        #递归删除目录
```

3) mv 命令

mv 是 move 的缩写。

mv 命令用来对文件或目录重新命名，或将文件或目录移入其他位置，mv 命令的语法格式如下：

```
mv [命令选项] 源文件或目录 目标文件或目录
```

命令选项说明如下。

-b：若需覆盖文件，则在覆盖文件前先进行备份。

-f：强制覆盖，若源文件与目标文件同名，且目标文件已经存在，使用该参数时则直接覆盖而不询问。

-i：交互式操作，如果源文件与目标文件同名，且目标文件已经存在，则询问用户是否覆盖目标文件，用户输入 y，表示覆盖目标文件；输入 n，表示取消对源文件的移动。

-v：显示文件或目录的移动过程。

```
$mv aaa bbb                        #将文件 aaa 更名为 bbb
$mv /usr/student/ *    .           #将/usr/student 下的所有文件和目录移到当前目录下
$mv a.txt dir1/                    #将文件 a.txt 移动至 dir1 目录
$mv -v a.txt b.txt  dir2/          #将 a.txt 和 b.txt 移动至 dir2 目录
'a.txt' ->'dir2/a.txt'
'b.txt' ->'dir2/b.txt'
$mv dir1/dir2 dir3/dir4            #把 dir2 移动到 dir4 目录下
```

4. 使用 chmod 命令修改文件权限

```
chmod [u/g/o/a] [+/-/=] [r/w/x] 文件名
```

命令选项说明如下。

u：User，即文件或目录的拥有者。

g：Group，表示与该文件的所有者属于同一组者，即用户组。

o：Other，除了文件或目录拥有者和所属用户组外，其他用户都属于这个范围。

a：All，即全部用户。

权限操作说明如下。

＋：表示增加权限。

－：表示取消权限。

＝：表示取消之前的权限，并给予唯一的权限。

权限类别说明如下。

r：读权限。

w：写权限。

x：执行权限。

```
sudo chmod u+rw file1.txt          #给 User 增加对 file1.txt 文件的 w 和 x 的权限
chmod ugo+r file2.txt              #将 file2.txt 设为所有人皆可读取
```

2.1.4 目录操作

Linux 没有盘符这个概念，只有一个根目录 /，所有文件都在它下面，Linux 的目录结构如图 2-1 所示，Linux 的目录说明如表 2-1 所示。

表 2-1 Linux 的目录说明

目录	目录说明
/bin	存放二进制可执行文件，常用命令一般都在这里，如 ls、cat 和 mkdir 等
/etc	存放所有的系统管理所需要的配置文件和子目录
/home	普通用户主目录，当新建账户时，都会分配在此，存放所有用户文件的根目录，例如用户 user 的主目录就是/home/user，可以用"～"表示

续表

目录	目 录 说 明
/lib	存放在开机时会用到的函式库,以及在/bin 或/sbin 底下的指令会调用的函数库
/usr	用户的很多应用程序和文件都放在这个目录下,类似于 Windows 下的 Program Files 目录
/user1	user1 用户家目录
/user2	user2 用户家目录
/python	python 用户家目录
/Desktop	python 用户家目录下的 Desktop 子目录

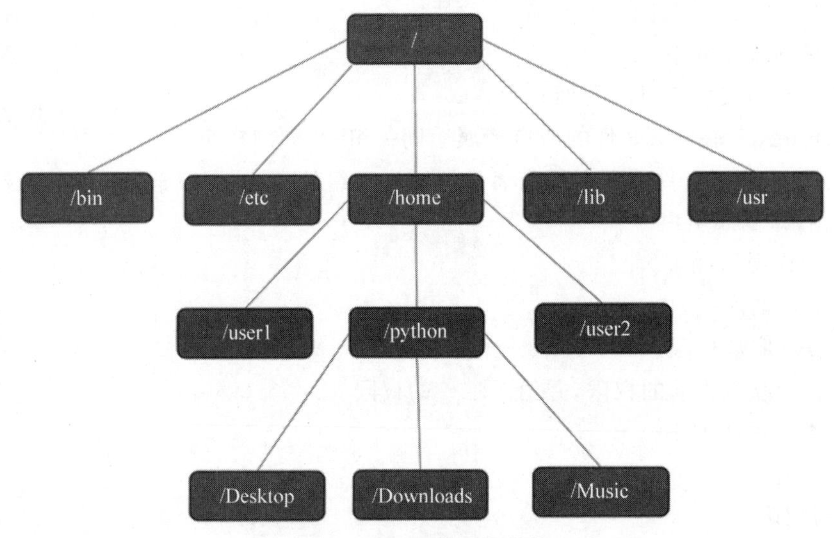

图 2-1 Linux 的目录结构

目录在图形化界面下通常被称为文件夹,在文本界面下被称为目录。

1. 使用 mkdir 命令创建目录

mkdir 是 make directory 的缩写,用于创建目录。

```
$mkdir dir1                          #创建 dir1 目录
$mkdir -p newdir/newdir/newdir       #递归方式创建 3 连续目录
```

注意:创建新的多级目录数目如果大于或等于 2 个,就要使用-p 参数。

2. 使用 ls 命令列出目录中的内容

ls 是 list 的缩写,通过 ls 命令不仅可以查看目录包含的文件,而且可以查看文件权限。不加命令选项将显示除隐藏文件外的所有文件及目录的名字。ls 命令的语法格式如下:

```
ls [命令选项] [目录名]
```

命令选项说明如下。

-a：显示指定目录中的所有文件，包含隐藏文件(ls 内定将开头为“.”的文件或目录视为隐藏，不加-a 选项，则不会列出这些隐藏文件)。

-l：除文件名称外，将文件类型、权限、拥有者和文件大小等信息也详细列出。

-t：将文件按建立时间先后次序列出。

-F：在列出的文件名称后加一符号，例如可执行文件加 *，目录则加“/”。

-R：若目录下有文件，则目录下的文件也皆依序列出。

```
$ls /                                  #列出根目录“/”下的所有文件
```

3. 使用 cd 命令切换目录

cd 是 change directory 的简写，用于切换当前工作目录至指定的目录。

```
$cd ~                  #切换到当前用户的主目录，即“/home/用户名”目录
$cd .                  #“.”表示目前所在的目录
$cd ..                 #切换到上级目录，“..”表示目前目录位置的上一层目录，即父目录
$cd -                  #可以在最近两次工作目录之间来回切换
```

4. 使用 pwd 命令查看当前工作目录

pwd 是 print working directory 的简写，执行 pwd 命令可立刻得知用户目前所在的工作目录的绝对路径名称。

```
$pwd                   #输出当前所处目录
```

2.1.5　文件压缩和解压缩命令

1. 使用 zip 命令压缩与 unzip 命令解压缩

1) zip 命令

把当前目录下面的 mydata 目录压缩为 mydata.zip：

```
$zip -r mydata.zip mydata              #压缩 mydata 目录
```

把当前目录下面的 abc 文件夹和 123.txt 文件压缩成为 abc123.zip：

```
$zip -r abc123.zip abc 123.txt         #-r 表示递归压缩子目录下的所有文件
```

2) unzip 命令

把当前目录下面的 mydata.zip 解压到 mydatabak 目录里面：

```
$unzip mydata.zip -d mydatabak         #-d 指定文件解压缩后所要存储的目录
```

把当前目录下面的 data.zip 直接解压到当前目录里面：

```
$unzip data.zip
```

2. tar 打包压缩和解包解压

打包是指将多个文件或目录变成一个总的文件;压缩则是将一个大的文件通过一些压缩算法变成一个小文件。

1) tar 打包压缩

把/etc 目录中所有的文件打包为 etc.tar 文件:

```
$tar -cvf /tmp/etc.tar /etc
```

把/etc 目录中所有的文件打包压缩为一个.bz2 格式的文件:

```
$tar -jcvf pack.tar.bz2 /etc
```

把/etc 目录中所有的文件打包并使用 gzip 压缩为 etc.tar.gz 文件:

```
$tar -zcvf /tmp/etc.tar.gz /etc
```

命令选项说明如下。

z:解压缩类型为.tar.gz。

c:打包。

-x:解压。

v:显示过程。

f:指定打包后的文件名。

2) tar 解包解压

```
$tar xvf FileName.tar                #将 FileName.tar 解包
$tar -zxvf pack.tar.gz /pack         #解包解压.gz 格式的压缩包到 pack 文件夹
$tar -jxvf pack.tar.bz2 /pack        #解包解压.bz2 格式的压缩包到 pack 文件夹
```

2.1.6 安装和卸载软件

在 Ubuntu 中安装软件和 Windows 系统中双击 exe 文件安装软件的方式有很大不同,使用最多的是通过 apt-get 方式从软件源安装软件。软件源本质上就是一个软件仓库,Ubuntu 在全世界各地有很多的软件仓库,这个仓库中包含了 Ubuntu 系统中的各种软件,需要什么软件,只要记得正确的软件的名字,就可以通过 sudo apt-get install 命令安装,而且卸载软件也非常方便,只需要运行 sudo apt-get remove 命令即可。平时使用最多的软件安装方式就是通过软件源的方式。apt-get 具体安装、升级与卸载软件包的命令如下。

更新源:

```
sudo apt-get update
```

安装包:

```
sudo apt-get install package
```

重新安装包：

```
sudo apt-get install package -reinstall
```

修复安装：

```
sudo apt-get -f install
```

更新已安装的包：

```
sudo apt-get upgrade
```

升级系统：

```
sudo apt-get dist-upgrade
```

删除包：

```
sudo apt-get remove package
```

删除包，包括配置文件等：

```
sudo apt-get remove package --purge
```

2.1.7 主机名更改

打开一个终端窗口，在命令提示符中可以看到主机名，主机名通常位于@符号后。此外，也可在终端窗口中输入命令 hostname 查看到当前主机的主机名。

主机名存放在/etc/hostname 文件中，修改主机名时，编辑 hostname 文件，在文件中输入新的主机名并保存该文件即可。重启系统后，参照上面介绍的查看主机名的办法来确认主机名有没有修改成功。

1. 修改/etc/hostname 文件

```
#vim /etc/hostname
```

执行上述命令，就打开了/etc/hostname 这个文件，将这个文件里面记录的主机名修改为新的主机名。

2. 修改/etc/hosts 配置文件(可选)

/etc/hosts 存放的是域名与 IP 的对应关系，域名与主机名没有任何关系，可以为任何一个 IP 指定任意一个名字。

```
#vim /etc/hosts
```

添加一行用户名信息：

```
127.0.1.1                                username
```

3. 重启系统

更改完成之后,重启系统让主机名称的更改生效。

```
#sudo reboot
```

2.2 Java 语言基础

大数据技术的大部分框架如 Hadoop、Spark 和 HBase 等都是由 Java 语言编写而成的,所以掌握 Java 语言对学习大数据相关技术十分重要。本节就相关 Java 知识进行简单概述。

2.2.1 基本数据类型

通过定义不同类型的变量,可以在内存中存储整数、小数或者字符。

基本数据类型可以分为三类:数值类型 byte、short、int、long、float 和 double,以及 char(字符)类型、boolean(布尔)类型。

1. byte(位)数据类型

byte 数据类型是 8 位、有符号的,以二进制补码表示整数。例如:

```
byte a =200;
```

2. short(短整数)数据类型

short 数据类型是 16 位、有符号的,以二进制补码表示整数。例如:

```
short s =2000;
```

3. int(整数)数据类型

int 数据类型是 32 位、有符号的,以二进制补码表示整数。一般地整型变量默认为 int 类型,默认值是 0。例如:

```
int a =1000;
```

4. long(长整数)数据类型

long 数据类型是 64 位、有符号的,以二进制补码表示整数。long 类型变量的默认值是 0L。例如:

```
long a =1000L;
```

5. float(单精度)数据类型

float 数据类型是单精度、32 位的浮点数。float 类型变量的默认值是 0.0f。例如:

```
float f1 =123.4f;
```

6. double(双精度)数据类型

double 数据类型是双精度、64 位的浮点数。double 类型变量的默认值是 0.0d。例如：

```
double d1 =123.4d;
```

7. char(字符)数据类型

char 数据类型是一个单一的 16 位 Unicode 字符。char 数据类型可以储存任何字符。例如：

```
char letter ='C';
```

8. boolean(布尔)数据类型

boolean 数据类型表示一位信息，只有两个取值：true 和 false。默认值是 false。例如：

```
boolean one =true;
```

2.2.2　主类结构

Java 语言是面向对象的程序设计语言，Java 程序的基本组成单元是类，一个 Java 程序由若干个类构成。类体中包括属性与方法两部分。每一个 Java 本地应用程序都必须包含一个 main 方法，含有 main 方法的类称为主类。一个 Java 程序的基本结构大体可以分为包、类、main 主方法、标识符、关键字、语句和注释等。下面通过程序来介绍 Java 主类结构。

Java 主类结构

【例 2-1】 创建包 myclass.struct，创建类 MainClassStructure。在类体中输入如下代码，实现在控制台上输出“让我看看，主类的结构。”文本内容。

实现代码如下：

```
package myclass.struct;                              //定义包
public class MainClassStructure {                    //创建类
    static String s1 ="让我看看,";                    //定义类的成员变量
    public static void main(String[] args) {         //定义主方法
        String s2 ="主类的结构。";                    //定义局部变量
        System.out.print(s1);                        //输出成员变量的值
        System.out.println(s2);                      //输出局部变量的值
    }
}
```

下面逐一分析每一条语句。

第一条语句“package myclass. struct;”定义了 Java 程序中类所在的包是 myclass. struct,myclass.struct 是一个标识符,由程序员自己定义,package 是关键字。注意:标识符和关键字区分大小写。

第二条语句“public class MainClassStructure”用于创建一个名为 MainClassStructure 的类,类名由程序员自己定义,其中 public 及 class 是关键字,关于 public 和 static 的用法会在后续章节中提到。

第三条语句“static String s1 = "让我看看,";”定义了类的成员变量,static 和 String 都是关键字,而 s1 是一个标识符,由程序员自己定义。

第四条语句 public static void main(String[] args)是类的主方法,Java 程序从这里开始执行,除了可以将 String[] args 改为 String args[]外,不可改变本条语句的任何部分。

第五条语句“String s2 = "主类的结构。";”是在主方法中定义了一个局部变量,String 是一个类,用于创建字符串对象(也就是说,要想创建一条字符串,就使用 String 类),s2 是局部变量的名称,由程序员自己定义的一个标识符,而后面引号中的内容是局部变量 s2 的值,“=”为赋值运算符。

第六条语句“System.out.print(s1);”是输出语句,这是输出语句的固定写法,输出不换行为 print,输出换行为 println。

第七条语句同样为输出语句,输出 s2 的值。

用 eclipse 编写并实现上述代码的过程如下。

1. 运行 eclipse

首先双击 eclipse 图标打开软件如图 2-2 所示,也可以将其发送到桌面上,以后在桌面上双击图标就可以打开。

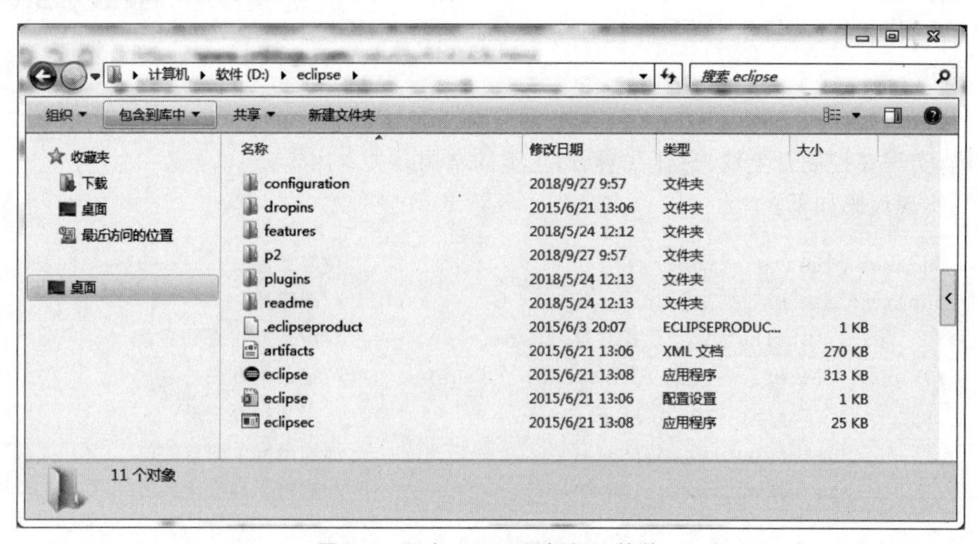

图 2-2 双击 eclipse 图标打开软件

首次运行 eclipse 会提示用户为 eclipse 选择一个工作空间的界面，工作空间是 eclipse 存放源代码的目录，本书选择 D:\workspace 作为工作空间，今后创建的 Java 源程序就存放在该目录，勾选 Use this as the default and do not ask again 选项，则今后使用 eclipse 时不会再弹出对话框。

2. 新建 Java 工程

若要在 eclipse 中编写 Java 代码，必须首先新建一个 Java 工程(Java Project)。选择菜单项 File，然后依次选择 New→Java Project 选项，就会弹出"新建 Java 工程"对话框，如图 2-3 所示，然后输入工程名称，这里输入的工程名称为 MainClassStructureProject，单击 Finish 按钮，就会在左边的工作空间中新建一个名为 MainClassStructureProject 的 Java 工程。

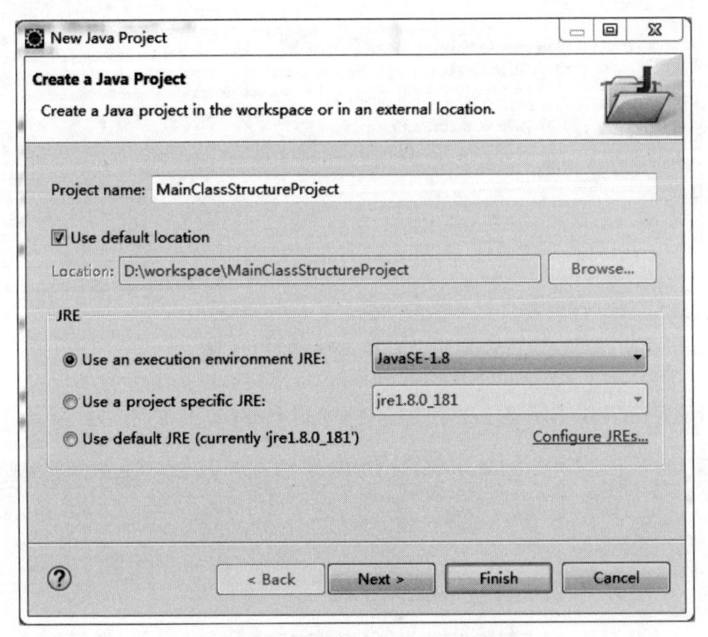

图 2-3 "新建 Java 工程"对话框

3. 新建 Java 类

然后找到 MainClassStructureProject 下的 src，右击 src 并在弹出的快捷菜单中选择 New→Class 选项，出现图 2-4，在对话框中输入新建 Java 类的包名 myclass.struct、类名 MainClassStructure 等信息，选择下面的 public static void main(String[]args)复选框，然后单击 Finish 按钮，就可以完成 Java 类的新建。

4. 运行 Java 程序

在新建的 MainClassStructure 类中编辑如图 2-5 所示的代码。然后选中 MainClassStructure 类，右击并在弹出的快捷菜单中依次选择 Run As→Java Application

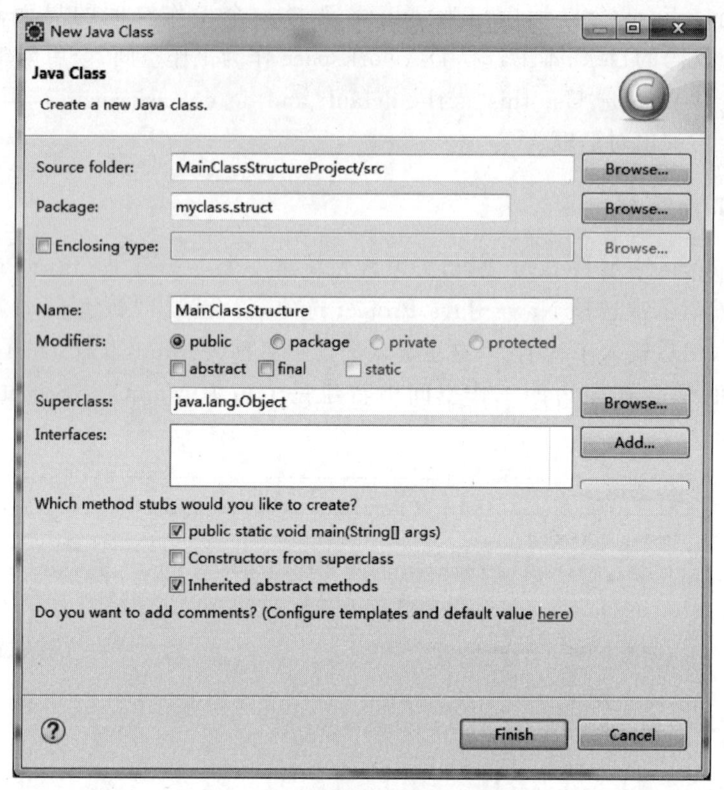

图 2-4 “新建 Java 类”对话框

选项,即可运行 MainClassStructure 程序。程序运行的结果如图 2-6 所示。

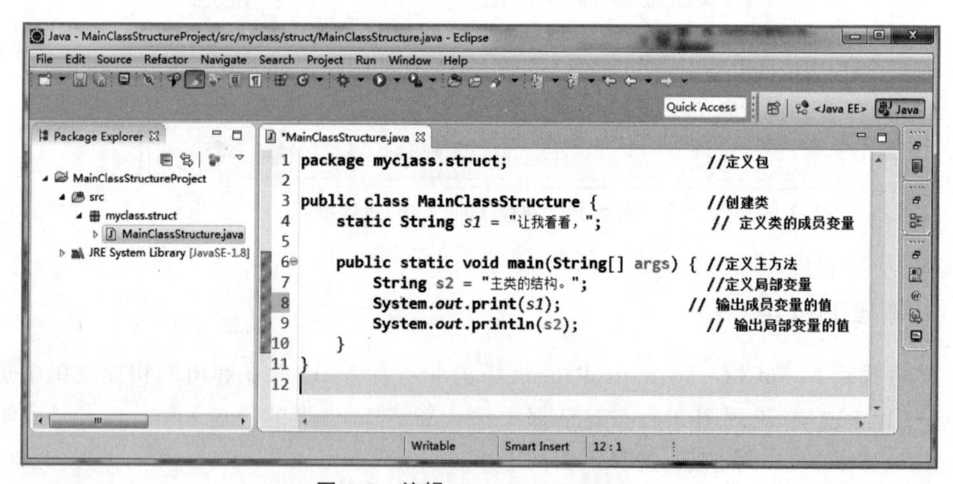

图 2-5 编辑 MainClassStructure

2.2.3 定义类

类必须先定义才能使用。类是创建对象的模板,创建对象也叫类的实例化。Java 是

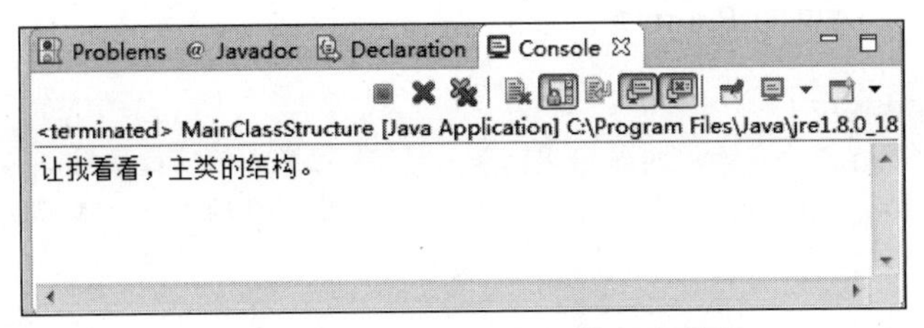

图 2-6　MainClassStructure 的运行结果

通过关键字 class 来定义类的，其语法格式如下：

```
[类修饰符] class 类名 [extends 父类名] [implements 接口名]
{
    …                                   //类体，包括定义类的成员变量和方法
}
```

类名由用户指定，可以是任意合法的标识符。

类体是定义在花括号中的部分，它是整个类的核心，可以分为类的成员变量和成员方法两部分。

“extends 父类名”为可选项，表示所定义的类继承了其他父类，这时该类自动获得父类中所有可能的属性和方法。

“implements 接口名”为可选项，它表示定义的类需要通过实现某个接口完成，接口实际上也是一种特殊的类，它所定义的方法一般为空，需要在派生类中实现该方法。

类修饰符为可选项，它决定了类在程序运行过程中以何种方式被处理，修饰符可以是下面这些关键字之一。

(1) final：最终类，不能拥有子类。如果没有此修饰符，则可以被子类所继承。

(2) abstract：抽象类，类中的某些方法(称为抽象方法)没有实现，必须由其子类来实现。因为抽象类中含有无具体实现的方法，所以一般不能用抽象类创建对象。如果没有此修饰符，则类中所有的方法都必须实现。

```
//抽象类
public abstract class ClassName {
    //抽象方法:只有声明，而没有具体的实现
    abstract void fun();
}
```

(3) public：公共类，public 表明本类可以被所属包以外的类访问。如果没有此修饰符，则禁止这种外部访问，只能被同一包中的其他类访问。

final 和 abstract 是互斥的，其他情况下可以组合使用。下面声明了一个公共最终类，它同时还是 Human 的子类，并实现了 professor 接口：

```
public final class Teacher extends Human implements professor{ }
```

下例定义了一个 Point 类，并且声明了它的两个成员变量 x、y 坐标。定义了一个成员方法 move，用来改变 x、y 的值；定义了一个构造方法 Point，可以为 x、y 赋初值。

【例 2-2】 一个简单的 Point 类。

```
public class Point{
  int x, y;                              //定义类的成员变量
  Point(int ix, int iy){                 //定义类的 Point 构造方法
    x=ix;
    y=iy;
  }
  void move(int ix, int iy){             //定义类的成员方法,表示对象所具有的行为
    x+=ix;
    y+=iy;
  }
}
```

2.2.4 类的实例化

类作为一种抽象的复合数据类型,必须先要实例化(即生成对象),然后才能使用。类实例化的语法格式:

```
类名 对象名 =new 类名([参数列表])
```

例如,将类 Point 实例化为对象 p1 的语法格式:

```
Point p1=new Point();
```

关键字 new 为每个生成的对象分配一片内存区域,并返回该对象的一个引用(可理解为该对象的内存首地址)。

1. 对象初始化

对象初始化就是为类所创建的对象的成员变量赋初值,其中最直接的方式就是在定义类的成员变量的同时对其赋值。例如:

```
class Student{
  String name="ZhangSan ";
  …
}
```

这样,每个 Student 实例化对象中变量 name 的值均为 ZhangSan。

另一种更好的方式是在为对象分配内存空间的同时,使用构造方法实现对象的初始化。具体这项工作包括两个子任务。

(1) 定义一个或多个构造方法,并在方法中对成员变量赋初值。

(2) 调用或执行相应的构造方法。

【例 2-3】 通过构造方法对 Student 对象进行初始化。

```
class Student{
  int no;
```

```
  String name;
  Student(int no1, String name1){          //定义构造方法
    this.no=no1;
    this.name=name1;                       //对成员变量 no、name 初始化
  }
  public static void main(String [] args) {
    Student s1=new Student(1, "ZhangSan ");
    System.out.println("name ="+s1.name+" no ="+s1.no);
  }
}
```

程序运行结果：

```
name =ZhangSan  no =1
```

说明：构造方法不是通过显示指定方法名直接调用，而是通过 new 实例化对象时由系统自动调用的。

2. 使用对象

Java 中对象的使用包括对成员变量的引用和成员方法的调用，它们都是通过点运算符“.”来实现的，格式如下：

```
对象名.成员变量名;
对象名.成员方法名(实参列表) ;
```

3. 使用静态变量和方法

对不同的对象而言，对某个对象成员变量值的修改不会影响其他的对象，把这种只属于单个对象的成员变量称为实例变量。

如果所有对象希望共享同一变量，则可以在变量定义前加上一个关键字 static，这样就定义了一个类变量，也称为静态变量。静态变量不再属于某个实例对象，而是属于整个类。

类似地，可以通过在方法定义前加上关键字 static，将该方法定义为类方法或静态方法。例如：

```
static int no;                             //定义静态变量 no
static void alert(){…}                     //定义静态方法 alert
```

由于静态变量和静态方法都属于整个类，因此可以直接通过类名访问，而无须创建该类的实例，基本格式如下：

```
类名.静态变量名;
类名.静态方法名(实参列表);
```

4. 应用程序与命令行参数

一个 Java 应用程序(Application)通常由一个或多个类构成，但其中只能有一个类作

为整个应用程序执行的起点,称它为主类。

主类的特征:类名与Java应用程序文件名相同,且必须含有main方法,该方法必须被声明为public、static和void,具体格式如下:

```
public static void main(String args[]){
  …                                          //方法体
}
```

public指明该方法可以被所有类使用,static则表明该方法是静态方法。

由于main方法是应用程序执行过程中第一个被调用的内容,因此可以在该方法体中启动应用程序的任何其他代码,包括生成其他类的实例等。

与其他方法类似,main方法也可以接收一个或多个参数(称为命令行参数),这些参数作为字符串依次被传递并存入数组args[]中,即args[0]存放第一个参数,args[1]存放第二个参数,依次类推。

2.2.5 包

包是一组由类和接口组成的集合,Java程序可以由若干个包组成,每一个包拥有自己独有的名字。包的引入,解决了类命名冲突的问题。

同一包中的类默认可以相互访问。包本身也是分级的,包中还可以有子包。Java的包可以用文件系统存放,也可以存放在数据块中。在Windows中,包是以文件系统存放的,包和类的关系类似于文件夹和文件的关系。包中的子包,相当于文件夹内的子文件夹。

1. 包的创建

Java有两种包:命名包和未命名包。例如:

```
//-----------文件名 Point.java---------------
public class Point{
  int x, y;
  Point(int ix, int iy){                     //定义 Point 构造方法
    x=ix;
    y=iy;
  }
  void move(int ix, int iy){                 //定义普通的 move 方法
    x+=ix;
    y+=iy;
  }
}
```

对于这样的源文件,编译系统会认为这是一个未命名包。在Windows系统中,这个包就是当前工作文件夹,这种未命名包都是处在顶层的包。在同一个源文件中,所有类默认都属于同一个包。如果类不在同一源文件中,但都是未命名的包,而且处在同一个工作

目录下，那么也认为是属于同一个包。

命名包的创建很简单，只要在 Java 的源文件的第一行写上 package 语句就可以完成，格式如下：

```
package 包名;
```

指定包名后，该源文件中所有的类都在这个包中。由于 Windows 中的 Java 是用文件系统来存放包的，所以必须要有一个与包名相同的文件夹，该包中所有的类编译生成的 class 文件都必须放在这个文件夹中才能正常使用。

【例 2-4】 创建命名包示例。

```
//--------------文件名 StringTest.java-------------
package onepackage;
public class StringTest {
    public static void main(String[] args) {
        String s;
        s=new String("We are students");
        System.out.println(s);
        int Array1[][] ={ {1,2}, {2,3}, {3,4,5} };
        for(int x[]: Array1){
        System.out.println(x);
        }
    }
}
```

对于上面这个程序，有下面两种编译方法。

1）用编译未命名包相同的方法

假设 StringTest.java 文件位于 D:\workspace\code06\src 下面，首先输入下面的命令：

```
D:\workspace\code06\src>javac StringTest.java
```

这样就会在 D:\workspace\code06\src 下面生成一个类文件，即 StringTest.class，由于这个文件所在的位置是在当前目录下，而不是在包名所对应的文件夹下，所以这时还不能像使用未命名包中的类那样直接用 Java 命令装载它来运行，而应该依次输入下面的命令：

```
D:\workspace\code06\src>md onepackage
D:\workspace\code06\src>move StringTest.class onepackage
```

即先建立和包同名的文件夹，然后将包中的类文件复制到该文件夹下，也可以用资源管理器来完成同样的功能。然后在当前目录 D:\workspace\code06\src 下运行：

```
D:\workspace\code06\src>java onepackage.StringTest
```

其中，onepackage 是包的名字，它是不能省略的。

2）用-d参数

对于这种命名包，Java编译器专门提供了一个参数-d，可以这样使用：

```
D:\workspace\code06\src>javac -d . StringTest.java
```

注意：*参数-d后面需要有一个空格，然后加上一个"."。*

它会在当前目录下，查找是否有一个以包名为名称的文件夹（这里就是onepackage），如果没有，则建立此文件夹，然后自动将生成的class文件存放到此文件夹下面。运行命令与前面介绍的一样。

2. 包的使用

包是类和接口的组织者，目的是更好地使用包中的类和接口。通常情况下，一个类只能引用本包中的其他类。如果要引用其他包中的类，则需要使用Java提供的访问机制。Java提供了如下所述的3种实现方法。

1）在引用类（或接口）名前面加上它所在的包名

这种方法其实是以包名作为类名的前缀，这与类名作为成员的前缀有些类似。

2）使用关键字import引入指定类

前面这种方法需要在包中每一个类的前面加上前缀，显然太麻烦。Java提供了一个关键字import，它可以引入包的某个类或接口，这样就可以省略包前缀。在Java源文件中，import语句应位于package语句之后，所有类的定义之前，其语法格式：

```
import package1[.package2…].(classname|*);
```

如果在一个包中，一个类想要使用本包中的另一个类，那么该包名可以省略。

3）使用import引入包中所有类

```
import 包名.*;                              //引入包中所有类
```

3. Java中常用的包

Java中常用的包如表2-2所示。

表2-2 Java中常用的包

包名	说　　明
java.lang	Java核心类库，包含了运行Java程序必不可少的系统类，如Object、Math、String、StringBuffer、System和Thread类等，系统默认加载该包
java.util	Java的实用工具类库，Java提供了一些实用的方法和数据结构，如包括日期(Date)、日历(Calendar)、随机数(Random)、堆栈(Stack)和向量(Vector)等类
java.io	Java语言的标准输入输出类库，如基本输入输出流、文件输入输出和过滤输入输出流等
java.net	实现网络功能的类库有Socket类和ServerSocket类
java.sql	实现JDBC的类库

续表

包名	说　明
java.awt	构建图形用户界面(GUI)的类库,低级绘图操作 Graphics 类,图形界面组件和布局管理如 Checkbox 类、Container 类和 LayoutManger 接口等,以及界面用户交互控制和事件响应,如 Event 类

2.2.6　常用实用类

Java 提供的常用实用类有 String 类、StringBuffer 类、StringTokenizer 类和 Math 类。

1. String 类

字符串广泛应用在 Java 编程中,Java 提供了 String 类来创建和操作字符串。String 类创建的字符串对象是不可修改的,也就是不能删除或替换其中的某个字符。String 类在 java.lang 包中,由于 java.lang 包中的类被默认引入,因此程序中可以直接使用 String 类。

1) 创建字符串对象

创建字符串对象的方法有 3 种:

```
String str1 =new String("Java");           //用 String 类的构造方法创建字符串对象
char[] c ={'J', 'a', 'v', 'a'};            //创建字符数组
String str2 =new String(c, start, end);    //通过字符数组来创建字符串对象
```

取字符数组中的一段字符,从 start 开始直到 end(不包括 end 位置的字符)。

```
String str3 ="Java";                       //使用字符串常量对象直接赋值创建字符串对象
```

2) 字符串对象的常用方法

假定 str1 和 str2 是两个字符串对象。

public int length():获取字符串的长度,如 str1. length()。

public String concat(String str):将指定字符串连接到此字符串的结尾。更常用的是使用“+”操作符来连接字符串,"Hello," + " world" + "!"的结果为"Hello, world!"。

public boolean equlas():比较两个字符串对象的实体是否相同,如 str1.equal(str2)。

public boolean startsWith(String str):判断字符串是否是以 str 字符串开头。

public boolean endsWith(String str):判断字符串是否以 str 结尾。

public boolean contains(String str):判断当前对象是否包含字符串 str。

public String SubString(int start, int end):截取字符串从 start 开始到 end 位置的字符串(不包括 end 位置的字符)。

public char[] toCharArray() :将字符串转换为字符数组。

publicString trim():返回去掉前后空格后的字符串。

2. StringBuffer 类

StringBuffer 称为可变字符序列,它是一个类似于 String 的字符串缓冲区,通过某些方法调用可以改变该序列的长度和内容。

1) 创建 StringBuffer 对象

StringBuffer 类提供了 3 个构造方法来创建一个 StringBuffer 字符串,如下所示。

StringBuffer():构造一个空的字符串缓冲区,并且初始化为 16 个字符的容量。

StringBuffer(int length):创建一个空的字符串缓冲区,并且初始化为指定长度 length 的容量。

StringBuffer(String str):创建一个字符串缓冲区,并将其内容初始化为指定的字符串内容 str,字符串缓冲区的初始容量为 16 加上字符串 str 的长度。

2) StringBuffer 对象的常用方法

(1) 追加字符串。

StringBuffer 类的 append 方法用于向原有 StringBuffer 对象中追加字符串,语法格式:

```
public StringBuffer append(String s)
```

该方法的作用是追加内容到当前 StringBuffer 对象的末尾,类似于字符串的连接。调用该方法以后,StringBuffer 对象的内容也发生了改变,例如:

```
StringBuffer buffer =new StringBuffer("Hello,");
                                          //创建一个 StringBuffer 对象
String str ="World!";
buffer.append(str);                       //向 StringBuffer 对象追加 str 字符串
System.out.println(buffer.substring(0));  //输出"Hello,World!"
```

(2) 替换字符。

StringBuffer 类的 setCharAt 方法用于在字符串的指定索引位置替换一个字符。例如:

```
StringBuffer str =new StringBuffer("hello");
str.setCharAt(1,'E');
System.out.println(str);                  //输出 hEllo
```

(3) 反转字符串。

StringBuffer 类中的 reverse 方法用于将字符串序列用其反转的形式取代。

(4) 删除字符串。

StringBuffer 类提供了 deleteCharAt 和 delete 两个删除字符串的方法。

deleteCharAt 方法用于移除序列中指定位置的字符,举例如下:

```
StringBuffer str =new StringBuffer("She");
str.deleteCharAt(3);
System.out.println(str);                  //输出 Sh
```

delete 方法用于移除序列中子字符串的字符，该方法的语法格式如下：

```
StringBuffer.delete(int start,int end)
```

其中，start 表示要删除字符的起始索引值（包括索引值所对应的字符），end 表示要删除字符串的结束索引值（不包括索引值所对应的字符）。

（5）插入字符串。

StringBuffer 类的 insert(int index, String str)方法将参数 str 指定的字符串插入到参数 index 指定的位置，并返回当前对象的引用。

3. Math 类

Math 类位于 java.lang 包中，主要提供了一些常用的数学函数和计算。

1）三角函数运算

Math.toDegrees(double angrad)：将弧度转换为角度，如 Math.toDegrees(1.5)。

Math.toRadians(double angdeg)：将角度转换为弧度，如 Math.toRadians(90)。

Math.sins(double a)：计算正弦值，如 Math.sin(Math.toRadians(30))。

Math.asin(double a)：计算反正弦值。

2）算术运算

Math.addExact(int x, int y)：计算两参数之和，参数类型为 int 或 long，如 Math.addExact(1, 2)。

Math.subtractExact(int x, int y)：计算两参数之差（第一个参数－第二个参数），参数类型为 int 或 long。

Math.pow(double a, double b)：计算 a 的 b 次幂。

3）取整运算

Math.ceil(double x)：向上取整，返回大于该值的最近 double 值，如 Math.ceil(1.23)返回 2.0。

Math.floor(double x)：向下取整，返回小于该值的最近 double 值。

2.3　SQL 基础

数据库是长期存储在计算机内的、有组织的、可共享的大量数据的集合。数据库中的数据按一定的数据模型组织、描述和存储。数据库管理系统是位于用户与操作系统之间的一层数据管理软件，主要完成对数据库的管理和控制功能。

关系数据库以行和列的形式存储数据，关系数据库和常见的表格相似，存储的格式可以直观地反映实体间的关系。关系模型可以简单理解为二维表格模型，而一个关系数据库就是由二维表及其之间的关系所组成的一个数据组织。关系数据库主要有 Oracle、DB2、Microsoft SQL Server、Microsoft Access 和 MySQL 等。

虽然关系数据库有很多，但大多数都遵循结构化查询语言（Structured Query Language，SQL）标准。SQL 的编写规则如下。

(1) SQL 的关键字不区分大小写,既可以使用大写格式,也可以使用小写格式,或者大小写格式混用。

(2) 对象名和列名不区分大小写,它们既可以使用大写格式,也可以使用小写格式,或者大小写格式混用。

(3) 字符值区分大小写。当在 SQL 语句中引用字符值时,必须给出正确的大小写数据,否则不能得出正确的查询结果。

常见的 SQL 操作有查询、新增、更新和删除等,其相应的标准 SQL 语句如下。

创建数据库:CREATE database 数据库名 character SET utf8。

修改数据库:ALTER database 数据库名 character SET gbk。

建表语句:CREATE table 表名(列名 1 列的类型 [约束],列名 2 列的类型 [约束],…)。

添加一列:ALTER table 表名 ADD 列名 数据类型。

查询语句:SELECT param FROM table WHERE condition,该语句可以理解为从 table 中查询出满足 condition 条件的字段 param。

去重查询:SELECT DISTINCT param FROM table WHERE condition,该语句可以理解为从表 table 中查询出满足条件 condition 的字段 param,但是 param 中重复的值只能出现一次。

排序查询:SELECT param FROM table WHERE condition ORDER BY param1,该语句可以理解为从表 table 中查询出满足 condition 条件的字段 param,并且要按照字段 param1 升序的顺序进行排序。

插入语句:INSERT INTO table (param1,param2,param3) VALUES (value1,value2,value3),该语句可以理解为向 table 中的字段 param1、param2、param3 中分别插入值 value1、value2、value3。

更新语句:UPDATE table SET param=new_value WHERE condition,该语句可以理解为将满足 condition 条件的字段 param 更新为值 new_value。

删除语句:DELETE FROM table WHERE condition,该语句可以理解为将满足 condition 条件的数据全部删除。

2.4 在 VirtualBox 上安装虚拟机

2.4.1 Master 节点的安装

VirtualBox 是一款免费的、开源的虚拟机(也称为虚拟电脑)软件。下载 VirtualBox 软件后,在 Windows 操作系统中安装 VirtualBox,根据提示,一直单击 Next 按钮即可,安装完成并运行。在 VirtualBox 里可以创建多个虚拟机(这些虚拟机的操作系统可以是 Windows,也可以是 Linux),这些虚拟机共用物理机的 CPU 和内存等。本节介绍如何在 VirtualBox 上安装 Linux 操作系统。

1. 创建虚拟机

(1) 新建一个虚拟机。启动 VirtualBox 软件,在界面左上方单击“新建”按钮,创建一个虚拟机,在弹出的图 2-7 中,在“名称”后面的文本框中输入虚拟机名称 Master;在“类型”后面的下拉列表中选择 Linux;在“版本”后面的下拉列表中选择要安装的 Linux 系统类型及位数,本书选择安装的是 64 位 Ubuntu 系统。然后,单击“下一步”按钮。

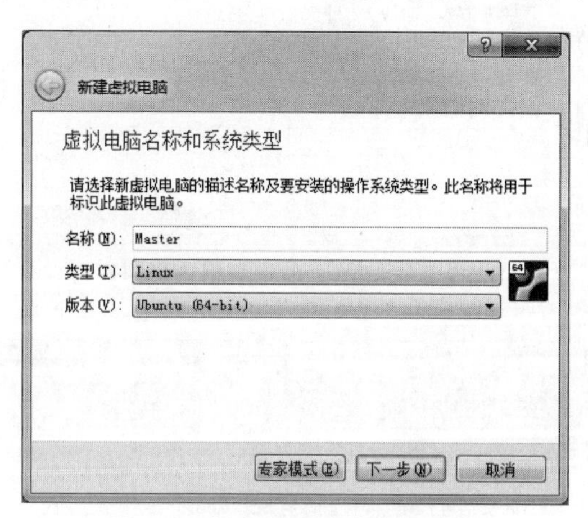

图 2-7 新建 Master 虚拟机选项

(2) 设置虚拟机内存大小。根据个人计算机配置给虚拟机设置内存大小,一般情况下没有特殊要求默认即可。这里将虚拟机内存设置为 2GB,如图 2-8 所示。设置好以后,单击“下一步”按钮。

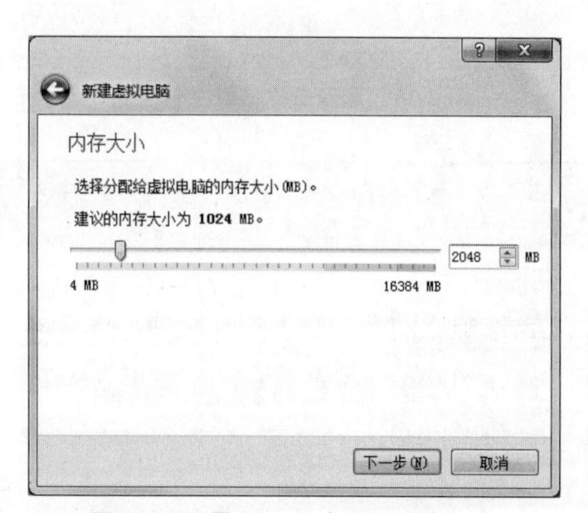

图 2-8 设置 Master 虚拟机内存大小

(3) 设置磁盘,如图 2-9 所示,选择“现在创建虚拟硬盘”单选按钮,单击“创建”按钮。

(4) 虚拟硬盘文件类型选择 VDI(VirtualBox 磁盘映像),如图 2-10 所示,单击“下一步”按钮。

(5) 设置虚拟硬盘文件的存放方式,如图 2-11 所示。如果磁盘空间较大,就选择固

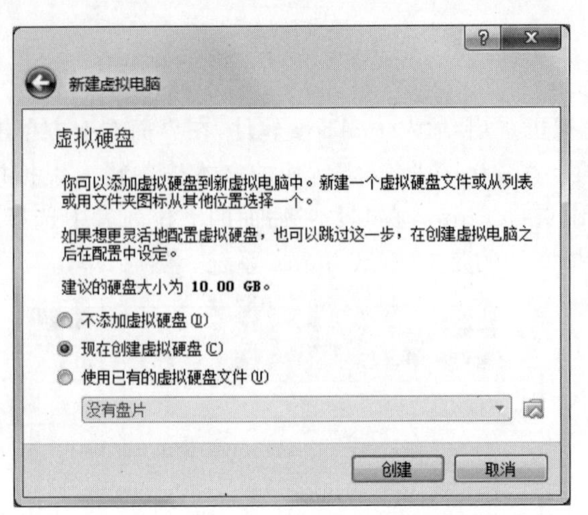

图 2-9 为 Master 虚拟机创建虚拟硬盘

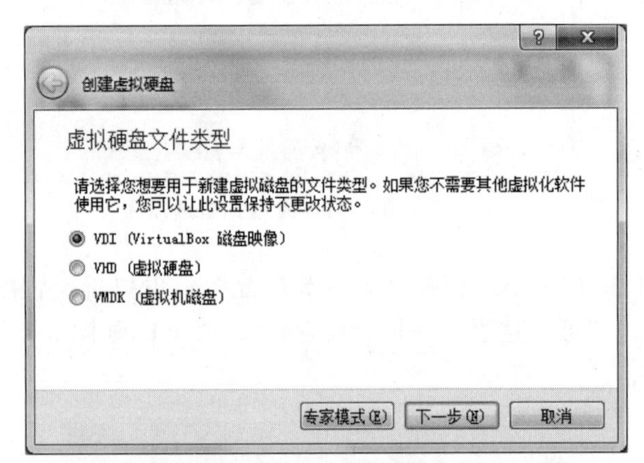

图 2-10 选择虚拟硬盘文件类型

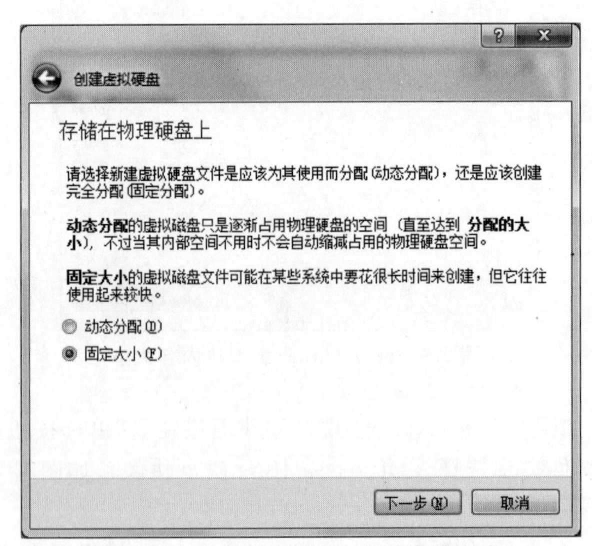

图 2-11 设置虚拟硬盘文件的存放方式

定大小,这样可以获得较好的性能;如果硬盘空间比较紧张,就选择动态分配。本书选择“固定大小”单选按钮,单击“下一步”按钮。

(6) 设置虚拟硬盘文件的存放位置,如图 2-12 所示。单击“浏览”图标选择一个容量充足的硬盘来存放它,然后单击“创建”按钮。

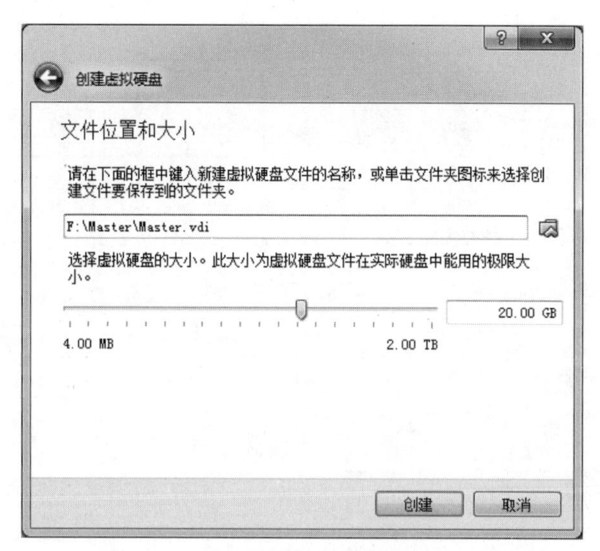

图 2-12　设置虚拟硬盘文件的存放位置

到此为止,就完成了虚拟机的创建,然后,就可以在这个新建的虚拟机上安装 Linux 系统。

2. 在虚拟机上安装 Linux 系统

按照上面的步骤完成虚拟机的创建以后,会出现如图 2-13 所示的界面。

图 2-13　虚拟机创建完成以后的界面

这时请勿直接单击“启动”按钮,否则,有可能会导致安装失败。选择刚刚创建的虚拟机,然后单击上方的“设置”按钮,打开如图 2-14 所示的“Master-设置”界面,单击“存储”按钮,打开存储设置页面,再单击“光盘”按钮,找到之前已经下载到本地的 Ubuntu 系统安装文件 ubuntu-16.04.4-desktop-amd64.iso,如图 2-15 所示,然后单击 OK 按钮。

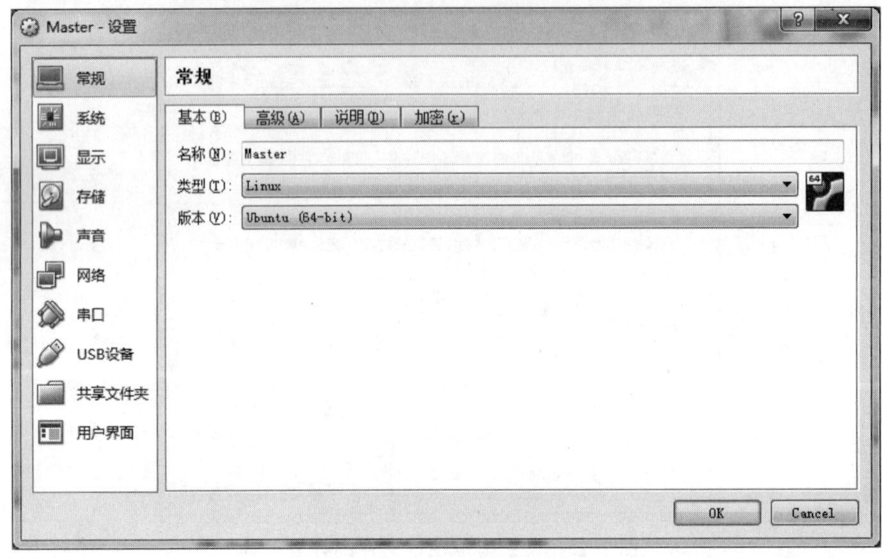

图 2-14 “Master-设置”界面

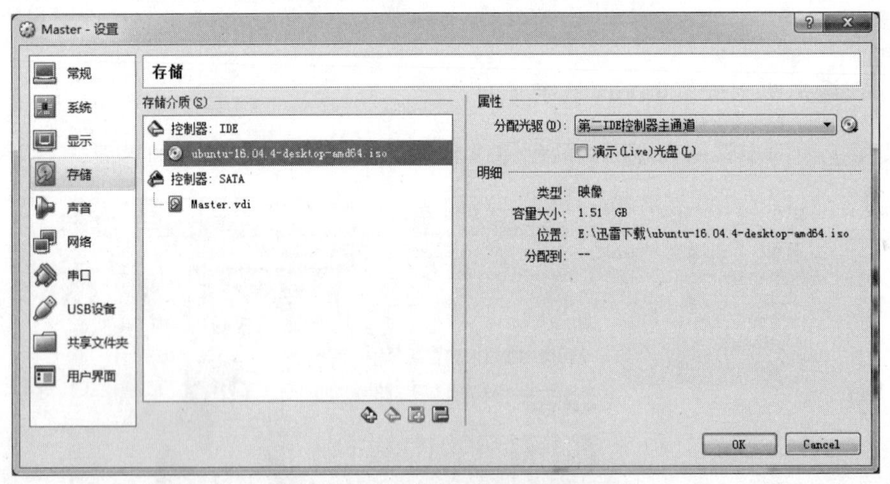

图 2-15 选择 Ubuntu 系统安装文件

在界面中选择刚创建的虚拟机 Master,单击“启动”按钮。启动后会看到 Ubuntu 安装欢迎界面,如图 2-16 所示,安装语言选择“中文(简体)”,然后单击“安装 Ubuntu”按钮。

在出现的如图 2-17 所示界面中,需要确认安装类型,这里选择“其他选项”,然后单击“继续”按钮。在出现的界面中,单击“新建分区表”按钮,在弹出的界面中单击“继续”按钮。

在出现的图 2-18 中选中“空闲”,然后再单击“+”按钮,创建交换空间。在单击“+”

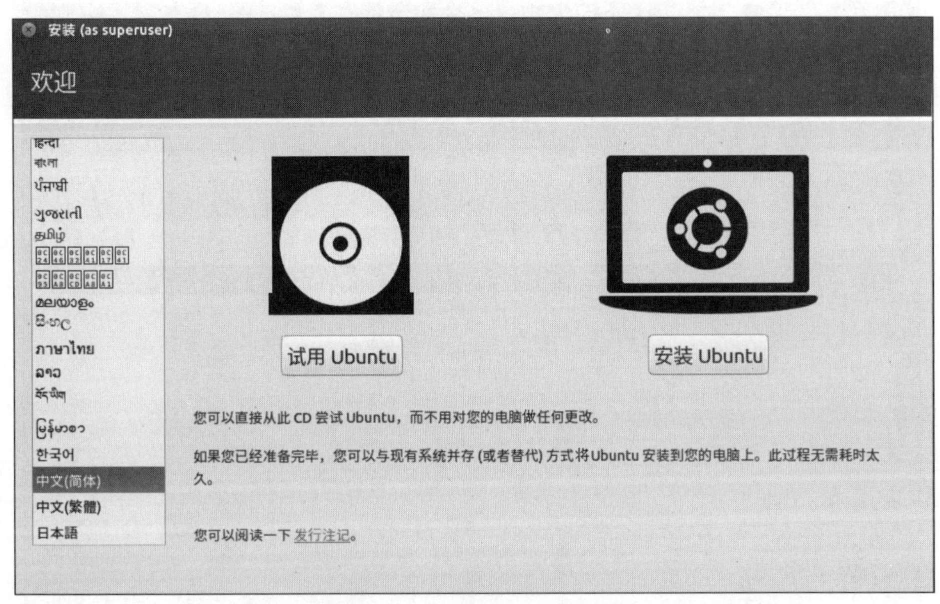

图 2-16　Ubuntu 安装欢迎界面

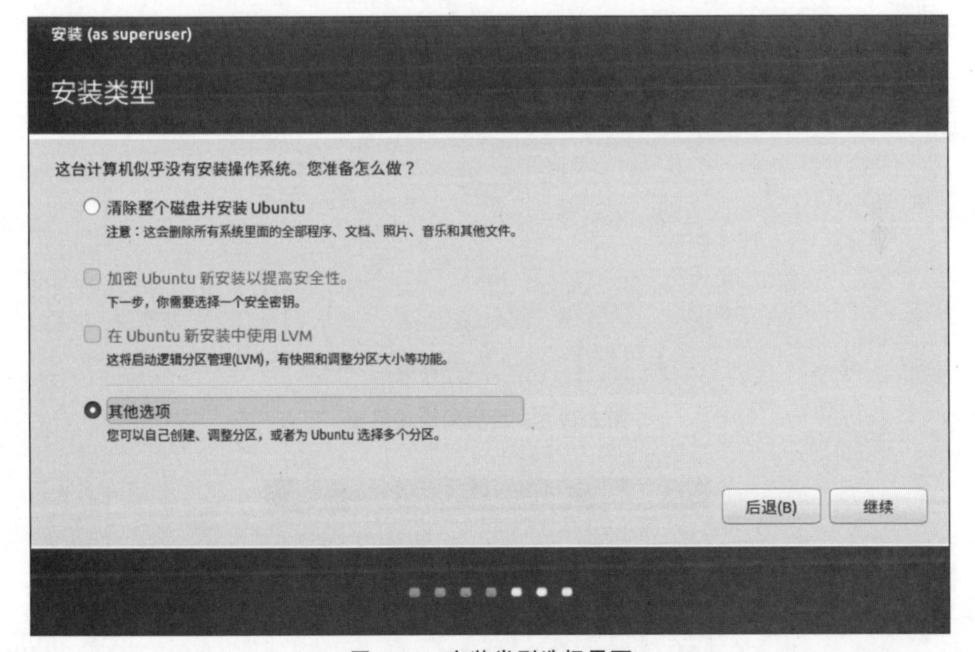

图 2-17　安装类型选择界面

按钮出现的创建分区界面中，交换空间的大小设为 512MB，如图 2-19 所示，设置完成后单击“确定”按钮。在弹出的界面中选中“空闲”，然后单击“＋”按钮，在弹出的界面中创建根目录，如图 2-20 所示，设置完成后单击“确定”按钮。在出现的界面中单击“现在安装”按钮，在弹出的界面中单击“继续”按钮。在出现的“您在什么地方?”界面，采用默认值 shanghai 即可，单击“继续”按钮，直到出现如图“您是谁?”的设置界面，如图 2-21 所示。

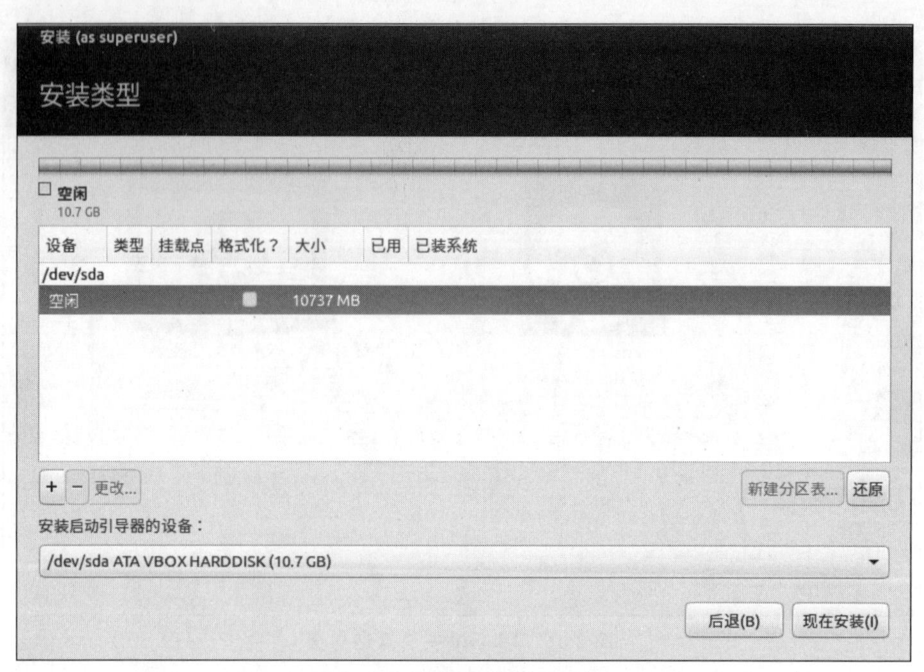

图 2-18　在界面中创建分区

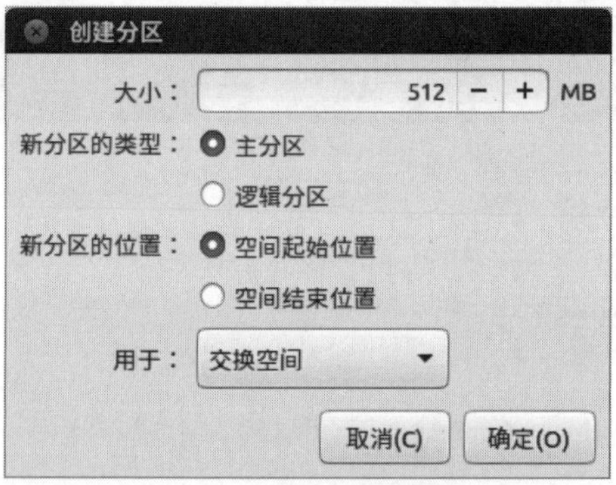

创建分区
大小：512 − + MB
新分区的类型：主分区
逻辑分区
新分区的位置：空间起始位置
空间结束位置
用于：交换空间
取消(C)　确定(O)

图 2-19　交换空间设置界面

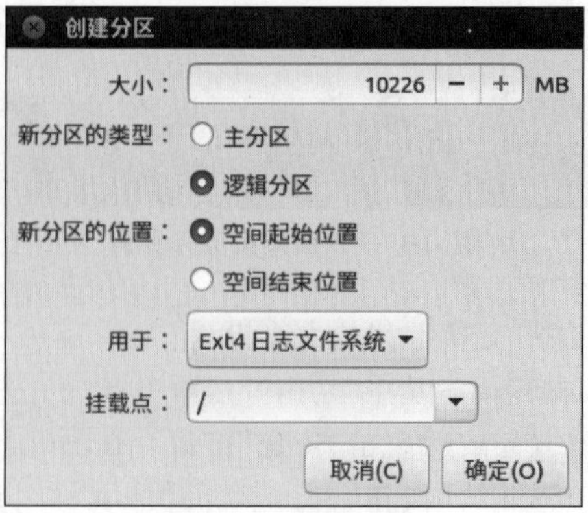

创建分区
大小：10226 − + MB
新分区的类型：主分区
逻辑分区
新分区的位置：空间起始位置
空间结束位置
用于：Ext4 日志文件系统
挂载点：/
取消(C)　确定(O)

图 2-20　创建根目录

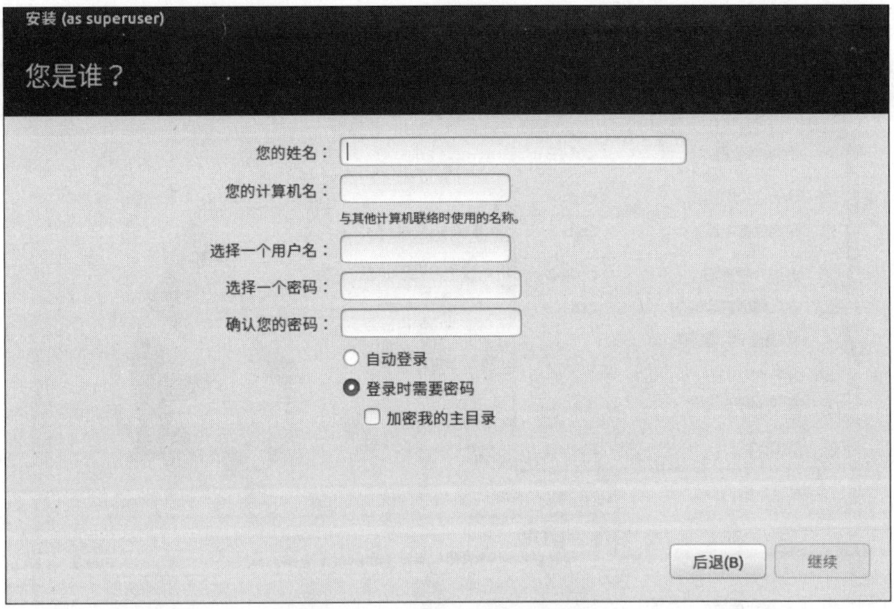

图 2-21　“您是谁?”的设置界面

在图 2-21 中设置用户名和密码，然后单击“继续”按钮，安装过程正式开始，不要单击 Skip 按钮，等待自动安装完成。

2.4.2　复制虚拟机

在 VirtualBox 系统中，可将已经安装配置好的一个虚拟机实例像复制文件那样复制得到相同的虚拟机系统，称为复制虚拟机，具体实现步骤如下。

(1) 打开 VirtualBox，进入 VirtualBox 界面选中要导出的虚拟机实例，这里选择的是 Slave1，如图 2-22 所示，然后选择“管理”→“导出虚拟电脑(E)…”命令，如图 2-23 所示。

图 2-22　选择 Slave1

在弹出的界面中单击“下一步”按钮,如图 2-24 所示。

图 2-23 选择“导出虚拟电脑(E)…”命令

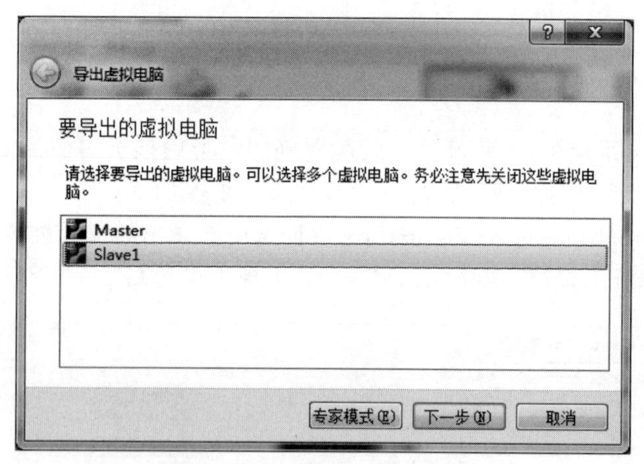

图 2-24 单击“下一步”按钮

(2) 在上面单击“下一步”按钮后弹出的界面中,选择导出保存路径,如图 2-25 所示。然后单击“下一步”按钮,在之后弹出的界面中单击“导出”按钮,如图 2-26 所示。

(3) 如图 2-27 所示,正在进行导出操作,导出结束后得到 Slave1.ova 文件。

(4) 在 VirtualBox 中选择“管理”→“导入虚拟电脑(I)…”命令,如图 2-28 所示;在弹出的界面中选择前面得到 Slave1.ova 文件,如图 2-29 所示;然后单击“下一步”按钮,并在弹出的界面中勾选“重新初始化所有网卡的 MAC 地址(R)”复选框,如图 2-30 所示;最后单击“导入”按钮即可创建一个新的虚拟机实例。

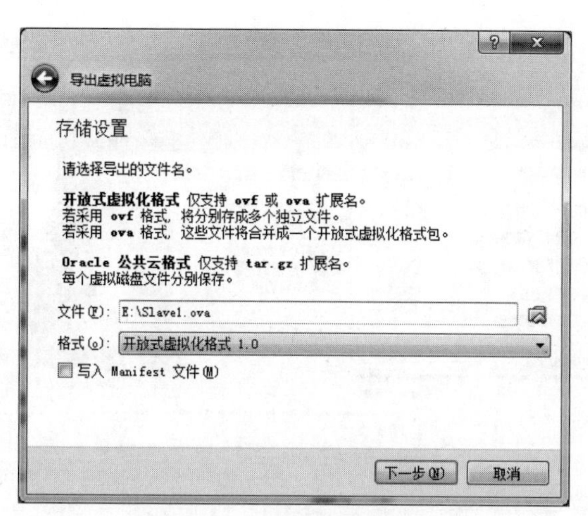

图 2-25　选择导出保存路径

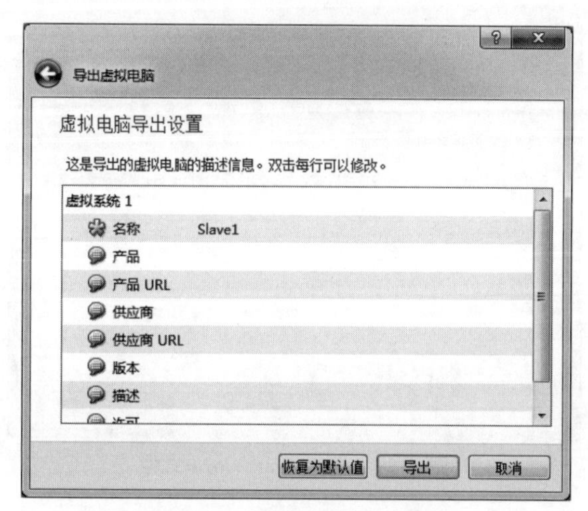

图 2-26　单击“导出”按钮

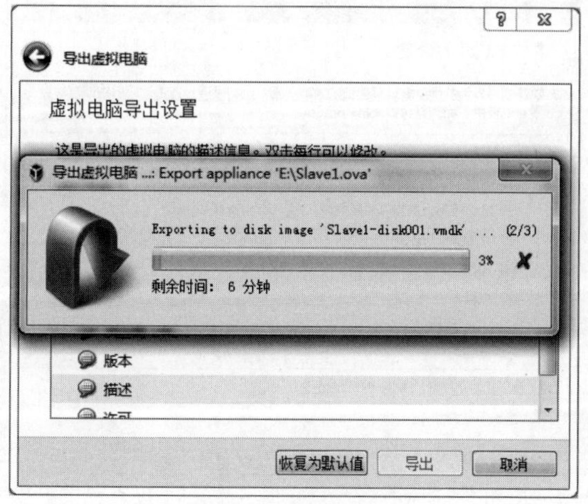

图 2-27　导出操作

图 2-28　选择“导入虚拟电脑(I)…”命令

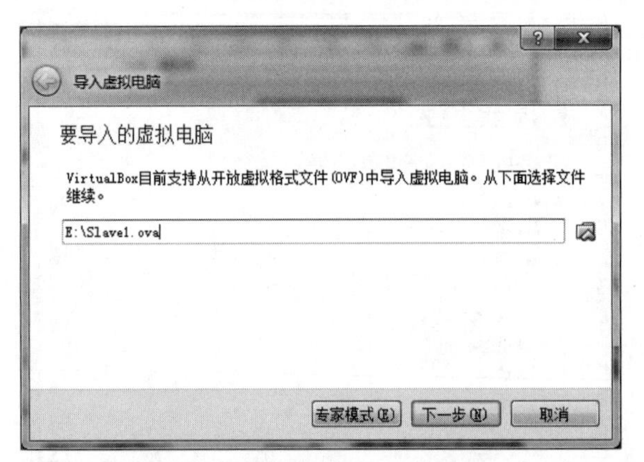

图 2-29　选择 Slave1.ova 文件

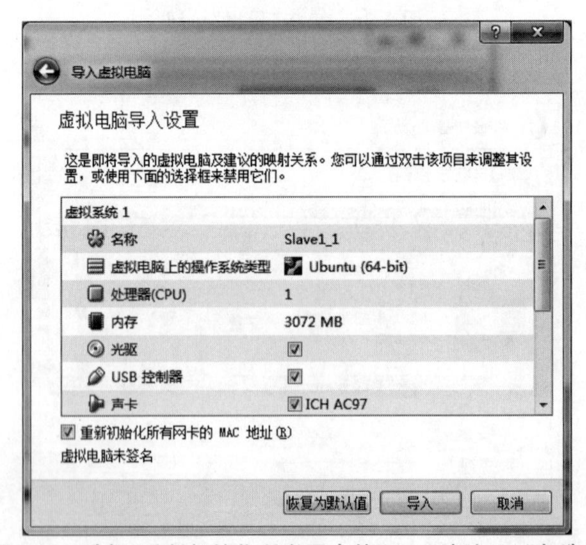

图 2-30　选择“重新初始化所有网卡的 MAC 地址(R)”复选框

2.5 习题

1. Linux 创建文件的命令都有哪些?

2. 假设你的用户账号是 hadoop,现在你登录 Linux 系统,查看当前登录到系统中的用户,查看当前系统中运行的进程,然后再退出系统。

3. 假设你是系统管理员,需要增加一个新的用户账号 spark,为新用户设置初始密码。

4. 简述 Java 的主类结构。

5. 简述复制虚拟机的流程。

第3章

Hadoop大数据处理架构

Apache Hadoop是一个开源软件框架，可安装在一个计算机集群中，使计算机可彼此通信并协同工作，以高度分布式的方式共同存储和处理大量数据。Hadoop实现了MapReduce计算模型和分布式文件系统HDFS等功能。用户可以轻松地在Hadoop上开发和运行处理海量数据的应用程序。本章主要介绍Hadoop特性、Hadoop生态系统及其各个组件，以及Hadoop的安装与使用等。

3.1 Hadoop概述

3.1.1 Hadoop简介

Hadoop简介

Hadoop这个名字不是一个缩写，而是一个虚构的名字。Hadoop是基于Java语言开发的，可以部署在廉价的计算机集群上的开源的、可靠的和可扩展的分布式并行计算框架，具有很好的跨平台特性。Hadoop的核心是HDFS（Hadoop Distributed File System，Hadoop分布式文件系统）和MapReduce（分布式并行计算编程模型）。HDFS设计成能可靠地在集群中大量机器之间存储大量的文件，它以块序列的形式存储文件，文件中除了最后一个块，其他块都有相同的大小。使用数据块存储数据文件的好处：一个文件的大小可以大于网络中任意一个磁盘的容量，文件的所有块不需要存储在同一个磁盘上，可以利用集群上的任意一个磁盘进行存储；数据块更适合用于数据备份，进而提供数据容错能力和提高可用性。MapReduce的主要思想是Map（映射）和Reduce（归约）。MapReduce并行计算编程模型能自动完成计算任务的并行化处理，自动划分计算数据和计算任务，在集群节点上自动分配和执行任务以及收集计算结果。MapReduce模型将数据分布存储、数据通信、容错处理等并行计算涉及的很多系统底层的复杂细节交由系统负责处理，大大减少了软件开发人员的负担。

3.1.2 Hadoop特性

Hadoop是一个能够让用户轻松架构和使用的分布式计算平台，用户可以轻松地在 Hadoop 上开发和运行处理海量数据的应用程序。它主要有以下 5 个特性。

1. 高可靠性

Hadoop 成立之初就是假设计算元素和存储会失败,它维护多个工作数据副本,确保能够针对失败的节点重新分布处理。

2. 高扩展性

Hadoop 是在可用的计算机集群间分配数据并完成计算任务的,这些集群可以方便地扩展到数以千计的节点中。

3. 高效性

Hadoop 能够在节点之间动态地移动数据,并保证各个节点的动态负载平衡。因此,处理速度非常快。

4. 高容错性

Hadoop 能够自动将数据保存为多个副本,并且能够自动将失败的任务重新分配。

5. 低成本

与一体机、商用数据仓库以及 QlikView、SpotView 等数据集市相比,Hadoop 是开源的,项目的软件成本因此大大降低。

此外,Hadoop 可运行在廉价的集群上,普通用户也很容易用自己的 PC 搭建 Hadoop 运行环境。

HDFS 的优点：适合大文件存储,支持 TB、PB 级的数据存储;可以构建在廉价的机器上,并有一定的容错和恢复机制;支持流式数据访问,一次写入,多次读取非常高效。

HDFS 的缺点：不适合大量小文件存储;不适合并发写入,不支持随机修改;不支持随机读等低延时的访问方式。

3.2 Hadoop 生态系统

Hadoop 是一个能够对大量数据进行分布式处理的软件框架。Hadoop 的核心是 HDFS 和 MapReduce,Hadoop 2.0 还包括 YARN。Hadoop 2.0 的生态系统如图 3-1 所示。

3.2.1 Hadoop 分布式文件系统

Hadoop 分布式文件系统是 Hadoop 项目的核心之一,是针对谷歌文件系统(Google File System,GFS)的开源实现。HDFS 是 Hadoop 体系中数据存储管理的基础。HDFS 是一个高度容错的系统,能检测和应对硬件故障,可运行在低成本的通用硬件上。HDFS 简化了文件的一致性模型,通过流式数据访问,适合带有大型数据集的应用程序。

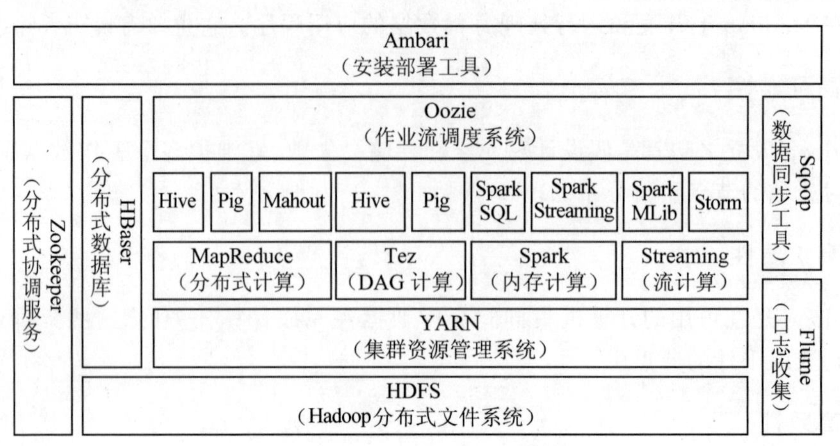

图 3-1 Hadoop 2.0 的生态系统

3.2.2 MapReduce 分布式计算模型

MapReduce 是一种分布式计算模型，用于进行大数据量的计算。其中，Map 对数据集上的独立元素进行指定的操作，生成键-值对形式的中间结果。Reduce 对中间结果中相同“键”的所有“值”进行规约，以得到最终结果。MapReduce 这样的功能划分，非常适合在大量计算机组成的分布式并行环境里进行数据处理。Apache Hadoop 的 MapReduce 的经典架构（MRv1)如图 3-2 所示。

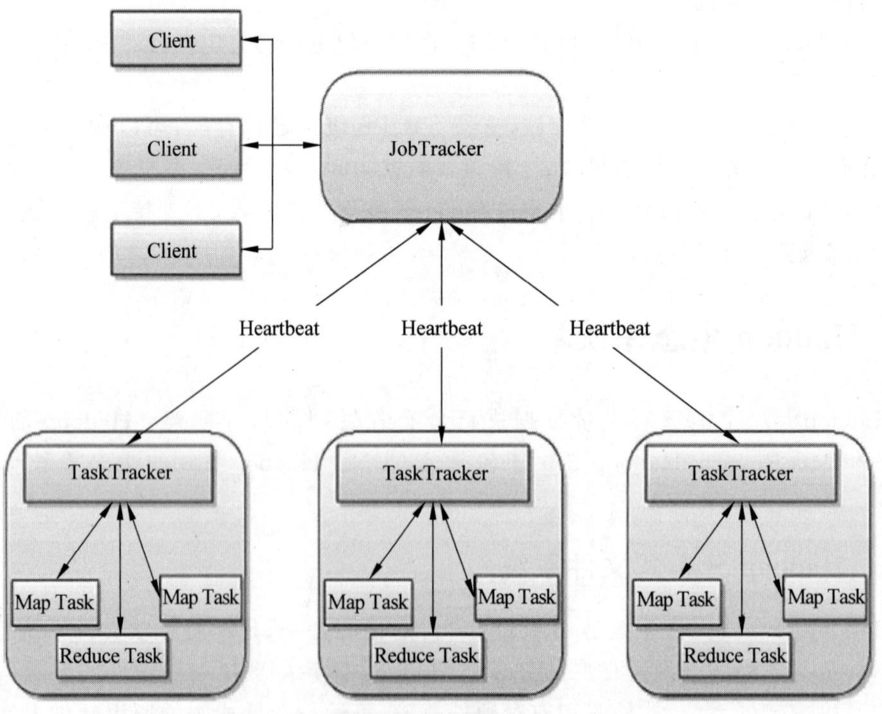

图 3-2 MapReduce 的经典架构（MRv1）

在 MapReduce 框架中，有两种类型的节点：一种称为 JobTracker 的 Master 节点，只有一个，它协调在集群上运行的所有作业，分配要在 TaskTracker 节点上运行的 Map 和 Reduce 任务；另一种称为 TaskTracker 的 Slave 节点，有多个，它们运行 JobTracker 分配的任务并定期向 JobTracker 报告进度。

Map Task：该节点主要是将读入输入数据文件阶段解析出的键-值对交给用户编写 map 函数处理，并产生一系列新的键-值对。

Reduce Task：从 Map Task 的执行结果进行排序，将数据按照分组传递给用户编写的 reduce 函数处理。

3.2.3 Hive 数据仓库

Hive 是建立在 Hadoop 之上的数据仓库，依赖于 HDFS 存储数据。数据仓库是一个面向主题的、集成的、相对稳定的、反映历史变化的数据集合，用于支持管理决策。Hive 可以将结构化的数据文件映射为一张数据库表，并提供简单的 SQL 查询功能，可以将 SQL 语句转换为 MapReduce 任务运行。使用 SQL 来快速实现简单的 MapReduce 统计，不必开发专门的 MapReduce 应用，十分适合数据仓库的统计分析。

Hive 由 Facebook 公司开发，在某种程度上可以看成是用户编程接口，本身并不存储和处理数据，依赖于 HDFS 存储数据，依赖 MapReduce 处理数据。有类 SQL 语言 HiveQL，不完全支持 SQL 标准，例如不支持更新操作、索引和事务，其子查询和连接操作也存在很多限制。

3.2.4 HBase 分布式数据库

HBase 是一个建立在 HDFS 之上的高可靠性、高性能、面向列和可伸缩的分布式数据库，提供了对结构化、半结构化和非结构化大数据的实时读写和随机访问能力。HBase 的主要技术特点如下。

(1) 容量大。一个表可以有数十亿行，上百亿列。当关系数据库的单个表的记录在亿级时，则查询和写入的性能都会呈现指数级下降，而 HBase 对于单表存储百亿或更多的数据都没有性能问题。

(2) 无固定模式(表结构不固定)。列可以根据需要动态增加，同一张表中不同的行可以有截然不同的列。

(3) 列式存储。用户可以将数据表的列组合成多个列族(Column Family)，HBase 可将所有记录的同一个列族下的数据集中存放。由于查询操作通常是基于列名进行的条件查询，可把经常查询的列组成一个列族，查询时只需要扫描相关列名下的数据，避免了关系数据库基于行存储的方式下需要扫描所有行的数据记录，可大大提高访问性能。

(4) 稀疏性。空列并不占用存储空间，表可以设计得非常稀疏。

(5) 数据类型单一。HBase 中的数据都是字符串。

3.2.5 Zookeeper 分布式协调服务

ZooKeeper 是 Hadoop 和 HBase 的重要组件。它是一个为分布式应用提供一致性服务的软件,提供的功能包括配置维护、命名服务、分布式同步和组服务等。

Zookeeper 主要用来解决分布式集群中应用系统的一致性问题,它能提供基于类似于文件系统的目录节点树方式的数据存储,通过维护和监控存储的数据的状态变化,从而达到基于数据的集群管理。

Zookeeper 可以保证如下分布式一致性特性。

(1) 顺序一致性。从同一个客户端发起的事务请求,最终将会严格地按照其发起顺序被应用到 Zookeeper 中去。

(2) 原子性。所有事务请求的处理结果在整个集群中所有的机器上的应用情况是一致的。

(3) 单一视图。无论客户端连接的是哪个 Zookeeper 服务器,其看到的服务器数据模型都是一致的。

(4) 可靠性。一旦服务端成功地应用了一个事务,并完成对客户端的响应,那么该事务所引起的服务端状态变更将会被一直保留下来,除非有另一个事务又对其进行了变更。

(5) 实时性。在一定的时间内,客户端最终一定能够从服务端上读取到最新的数据状态。

3.2.6 Sqoop 数据导入导出工具

Sqoop 是 SQL-to-Hadoop 的缩写,是一个 Hadoop 和关系数据库之间进行数据导入导出的工具。借助 Sqoop 可把一个关系数据库(如 MySQL 和 Oracle 等)中的数据导入到 Hadoop 的 HDFS、Hive 和 HBase 等数据存储系统中,也可以把这些存储系统中的数据导入到关系数据库中。

Sqoop 数据导入导出的功能是通过将导入或导出命令翻译成 MapReduce 程序来实现的,翻译出的 MapReduce 中主要是对 InputFormat 和 OutputFormat 进行定制。

3.2.7 Pig 数据分析

Pig 是一个基于 Hadoop 的大规模数据分析工具,它提供的类 SQL 叫 Pig Latin,该语言的编译器会把类 SQL 的数据分析请求,转换为一系列经过优化处理的 MapReduce。

Pig 在 MapReduce 的基础上创建了更简单的过程语言抽象,为 Hadoop 应用程序提供了一种更加接近结构化查询语言(SQL)的接口。不需要编写单独的 MapReduce 应用程序,可以用 Pig Latin 语言写一个脚本,在集群中自动并行处理与分发该脚本。

Pig 是一种大规模数据集的脚本语言,MapReduce 的开发周期长,代码编写复杂,而 Pig 可以用几行代码轻松处理 TB 级的数据。Pig Latin 可完成排序、过滤、求和、分组和关联等操作,支持自定义函数。Pig 的运行方式有 Grunt Shell 方式、脚本方式和嵌入式方式。

3.2.8 Mahout 数据挖掘算法库

Mahout 的主要目的是实现可伸缩的机器学习算法(就是算法的 MapReduce 化),但也不一定要求基于 Hadoop 平台,核心库中某些非分布式的算法也具有很好的性能。

Mahout 的目标是帮助开发人员快速创建具有机器智能的应用程序。

Mahout 现在已经包含了聚类、分类、推荐引擎(协同过滤)和频繁集挖掘等广泛使用的数据挖掘方法。除了算法,Mahout 还包含数据的输入输出工具、与其他存储系统(如数据库、MongoDB 或 Cassandra)集成等数据挖掘支持架构。

3.2.9 Flume 日志收集工具

Flume 是 Cloudera 提供的一个高可用的、高可靠的、分布式的海量日志采集、聚合和传输的工具,Flume 支持在日志系统中定制各类数据发送方,用于收集数据;同时,Flume 提供对数据进行简单处理,并写到各种数据接收方(可定制)的能力。

Flume 的 3 个核心组件是 Source、Channel 和 Sink。Source 用于采集数据,Source 是产生数据流的地方,同时 Source 会将产生的数据流传输到 Channel,这个有点类似于 Java I/O 部分的 Channel。Channel 用于桥接 Source 和 Sink,类似于一个队列。Sink 从 Channel 收集数据,将数据写到目标源(可以是下一个 Source,也可以是 HDFS 或者 HBase)。

Flume 数据传输的基本单元 Event 以事件的形式将数据从源头送至目的地。

Flume 的传输过程: Source 监控某个文件,文件产生新的数据,拿到该数据后,将数据封装在一个 Event 中,并放到 Channel 中进行提交,然后 Sink 从 Channel 队列中拉取数据,然后写入 HDFS 或者 HBase 中。

3.2.10 Oozie 作业流调度系统

Oozie 是一个管理 Hadoop 作业、可伸缩、可扩展和可靠的工作流调度系统,它内部定义了 3 种作业: Workflow 工作流作业,由一系列动作构成的有向无环图(Directed Acyclic Graph,DAG);Coordinator 协调器作业,按时间频率周期性触发 Oozie 工作流的作业;Bundle 作业,管理协调器作业。

简单来说,Workflow 是对要进行的顺序化工作的抽象,Coordinator 是对要进行的顺序化的 Workflow 的抽象,Bundle 是对一堆 Coordinator 的抽象。

3.2.11 Spark 分布式内存计算

Spark 是专为大规模数据处理而设计的快速通用的计算引擎。Spark 是 UC Berkeley AMP Lab(加州大学伯克利分校的 AMP 实验室)所开源的类 Hadoop MapReduce 的通用并行框架。Spark 拥有 Hadoop MapReduce 所具有的优点,但不同于 MapReduce 的是——Job 中间输出结果可以保存在内存中,从而不再需要读写 HDFS。因此,Spark 能更好地适用于数据挖掘与机器学习等需要迭代的 MapReduce 的算法。

Spark 是一种与 Hadoop 相似的开源集群计算环境,但是两者之间还存在一些不同之处,这些有用的不同之处使 Spark 在某些工作负载方面表现得更加优越,换句话说,Spark 启用了内存分布数据集,除了能够提供交互式查询外,它还可以优化迭代工作负载。

Spark 是在 Scala 语言中实现的,它将 Scala 用作其应用程序框架。与 Hadoop 不同,Spark 和 Scala 能够紧密集成,其中的 Scala 可以像操作本地集合对象一样轻松地操作分布式数据集。

尽管创建 Spark 是为了支持分布式数据集上的迭代作业,但是实际上它是对 Hadoop 的补充,可以在 Hadoop 文件系统中并行运行。通过名为 Mesos 的第三方集群框架可以支持此行为。Spark 可用来构建大型的、低延迟的数据分析应用程序。

3.2.12 Tez 有向无环图计算

Hadoop 的 MapReduce 计算模型将计算过程抽象成 Map 和 Reduce 两个阶段,并通过 Shuffle 机制将两个阶段连接起来。但在一些应用场景中,为了套用 MapReduce 模型解决问题,不得不将问题分解成若干个有依赖关系的子问题,每个子问题对应一个 MapReduce 作业,最终所有这些作业形成一个有向无环图。在该 DAG 中,由于每个节点是一个 MapReduce 作业,因此它们均会从 HDFS 上读一次数据和写一次数据(默认写 3 份),即使中间节点产生的数据仅是临时数据。很显然,这种计算方式是低效的,会产生大量不必要的磁盘和网络 I/O。

为了更高效地运行存在依赖关系的作业(例如 Pig 和 Hive 产生的 MapReduce 作业),减少磁盘和网络 I/O,Hortonworks 开发并开源了 DAG 计算框架 Tez。

Tez 源于 MapReduce 框架,核心思想是将 Map 和 Reduce 两个操作进一步拆分。Map 被拆分成 Input、Processor、Sort、Merge 和 Output,Reduce 被拆分成 Input、Shuffle、Sort、Merge、Processor 和 Output 等,通过灵活组合这些分解后的操作来产生新的操作,这些新的操作经过一些控制程序组装后,可形成一个大的 DAG 作业。

Tez 提供了一套富有表现力的数据流定义 API,通过该 API 用户能够描述他们所要运行计算的有向无环图。相比于使用多个 MapReduce 任务,Tez 数据流定义 API 通过使用 MRR 模式,即一个单独的 Map 就可以有多个 Reduce 阶段,这样数据流可以在不同的处理器之间流转,不需要把任何内容写入 HDFS(将会被写入磁盘,但这仅仅是为了设置检查点),与之前相比这种方式性能提升显著。

3.2.13 Storm 流数据处理

数据有静态数据和流数据。企业为了支持决策分析而构建的数据仓库系统,其中存放的大量历史数据是静态数据。技术人员可以利用数据挖掘和联机分析处理工具从静态数据中找到对企业有价值的信息。

流数据是一组顺序、大量、快速和连续到达的数据序列,流数据可被视为一个随时间延续而无限增长的动态数据集合。流数据的 4 个特点:数据实时到达;数据到达次序独立,不受应用系统控制;数据规模宏大且不能预知其最大值;数据一经处理,除非特意保存,否则不能被再次取出处理,或者再次提取数据代价昂贵。流输出处理广泛应用于网络监控、传感器网络、航空航天、气象测控和金融服务等领域。

流式处理(Stream Processing)是针对批处理(Batch Processing)来讲的,即它们是两种截然不同的数据处理模式,具有不同的应用场合和不同的特点。

(1) 批处理适用于大数据处理的场合。需要等到整个分析处理任务完成,才能获得最终结果。整个过程耗时比较长,获得最终分析处理结果延迟较大。

(2) 流式数据处理模式强调数据处理的速度,主要原因在于流数据产生的速度很快,需要及时处理掉。流式处理系统能对新到达的数据进行及时处理,所以它能够给决策者提供最新的事物发展变化的趋势,以便对突发事件进行及时响应,调整应对措施。

3.3 Hadoop的安装与使用

3.3.1 安装Hadoop前的准备工作

本教程使用在虚拟机上安装的Ubuntu16.04 64位作为安装Hadoop的Linux系统环境,安装的Hadoop版本号是Hadoop 2.7.1。在安装Hadoop之前需要做一些准备工作:创建Hadoop用户、更新APT、安装SSH和安装Java环境等。

1. 创建hadoop用户

如果安装Ubuntu时不是用的hadoop用户,那么需要增加一个名为hadoop的用户,这样做是为了方便后续软件的安装。

首先打开一个终端(可以使用Ctrl+Alt+t组合键),输入如下命令创建hadoop用户:

```
sudo useradd -m hadoop -s /bin/bash
```

这条命令创建了可以登录的hadoop用户,并使用/bin/bash作为Shell。

sudo是Linux系统管理指令,是允许系统管理员让普通用户执行一些或者全部的root命令的一个工具,如halt、reboot和su等。这样不仅减少了root用户的登录和管理时间,同样也提高了安全性。当使用sudo命令时,就需要输入当前使用用户的密码。

接着使用如下命令为hadoop用户设置登录密码,可简单地将密码设置为hadoop,以方便记忆,按提示输入两次密码:

```
sudo passwd hadoop
```

可为hadoop用户增加管理员权限,方便部署,避免一些对新手来说比较棘手的权限问题,命令如下:

```
sudo adduser hadoop sudo
```

最后使用su hadoop切换到用户hadoop,或者注销当前用户,选择hadoop登录。

2. 更新apt软件

切换到hadoop用户后,先更新apt软件,后续会使用apt安装软件,如果没更新可能有一些软件安装不了,执行如下命令:

```
sudo apt-get update
```

3. 安装SSH、配置SSH无密码登录

SSH为Secure Shell的缩写,由IETF的网络小组(Network Working Group)所制定;SSH为建立在应用层基础上的安全协议。SSH是目前较可靠,专为远程登录会话和其他网络服务提供安全性的协议。利用SSH协议可以有效防止远程管理过程中的信息泄露问题。SSH是由客户端和服务端的软件组成,它在后台运行并响应来自客户端的连接请求,客户端包含ssh程序以及像scp(远程复制)、slogin(远程登录)和sftp(安全文件传输)等其他应用程序。SSH的工作机制大致是本地的客户端发送一个连接请求到远程的服务端,服务端检查申请的包和IP地址再发送密钥给SSH的客户端,本地再将密钥发回给服务端,自此连接建立。

Hadoop的名称节点(NameNode)需要通过SSH来启动Slave列表中各台主机的守护进程。由于SSH需要用户密码登录,但Hadoop并没有提供SSH输入密码登录的形式,因此,为了能够在系统运行中完成节点的免密码登录和访问,需要将Slave列表中各台主机配置为名称节点免密码登录它们。配置SSH的主要工作是创建一个认证文件,使得用户以public key方式登录,而不用手工输入密码。Ubuntu默认已安装了SSH client,此外还需要安装SSH server:

```
sudo apt-get install openssh-server
```

安装后,可以使用如下命令登录本机:

```
ssh localhost
```

此时会有登录提示,要求用户输入yes以便确认进行连接。输入yes,然后按提示输入密码hadoop,这样就可以登录到本机。但这样登录是需要每次输入密码的,下面将其配置成SSH无密码登录,配置步骤如下:

1) 执行如下命令生成密钥对

```
cd ~/.ssh/                          #若没有该目录,要先执行一次 ssh localhost
ssh-keygen -t rsa                   #生成密钥对,会有提示,都按 Enter 键即可
```

2) 加入授权

```
cat ./id_rsa.pub >> ./authorized_keys    #加入授权
```

此时,再执行ssh localhost命令,不用输入密码就可以直接登录了。

4. 安装Java环境

(1) 下载JDK:jdk-8u181-linux-x64.tar.gz。

(2) 将JDK解压到 /opt/jvm/文件夹中。

操作步骤:

```
$sudo mkdir /opt/jvm                    #创建目录
$sudo tar -zxvf/home/hadoop/下载/jdk-8u181-linux-x64.tar.gz -C /opt/jvm
```

(3) 配置 JDK 的环境变量，打开/etc/profile 文件(sudo vim /etc/profile)，在文件末尾添加如下语句：

```
export JAVA_HOME=/opt/jvm/jdk1.8.0_181
export JRE_HOME=${JAVA_HOME}/jre
export CLASSPATH=.:${JAVA_HOME}/lib:${JRE_HOME}/lib
export PATH=${JAVA_HOME}/bin:$PATH
```

保存后退出，执行如下命令使其立即生效：

```
$source /etc/profile
```

查看是否安装成功：在终端执行 java -version，出现如图 3-3 所示的界面说明 JDK 安装成功。

```
hadoop@Master: /opt/jvm
文件(F) 编辑(E) 查看(V) 搜索(S) 终端(T) 帮助(H)
hadoop@Master:/opt/jvm$ java -version
java version "1.8.0_181"
Java(TM) SE Runtime Environment (build 1.8.0_181-b13)
Java HotSpot(TM) 64-Bit Server VM (build 25.181-b13, mixed mode)
hadoop@Master:/opt/jvm$
```

图 3-3 执行 java -version 的结果

3.3.2 下载 Hadoop 安装文件

Hadoop2 可以通过 http://mirrors.cnnic.cn/apache/hadoop/common/下载，一般选择下载最新的稳定版本，即下载 stable 下的 hadoop-2.x.y.tar.gz 这个格式的文件，这是编译好的，另一个包含 src 的则是 Hadoop 源代码，需要进行编译才可使用。

若 Ubuntu 系统使用虚拟机的方式安装，则使用虚拟机中的 Ubuntu 自带 Firefox 浏览器在网站中选择 hadoop-2.7.1.tar.gz 下载，就能把 Hadoop 文件下载到虚拟机 Ubuntu 中。火狐浏览器默认会把下载文件都保存到当前用户的下载目录，即会保存到"/home/当前登录用户名/下载/"目录下。

下载安装文件之后，需要对文件进行解压。按照 Linux 系统使用的默认规范，用户安装的软件一般都是存放在/usr/local 目录下。使用 hadoop 用户登录 Linux 系统，打开一个终端执行如下命令：

```
sudo tar -zxf ~/下载/hadoop-2.7.1.tar.gz -C /usr/local
                                                  #解压到/usr/local 目录中
cd /usr/local/
sudo mv ./hadoop-2.7.1/ ./hadoop                  #将文件夹名改为 hadoop
sudo chown -R hadoop ./hadoop                     #修改文件权限
```

其中，"~/"表示的是/home/ hadoop/这个目录。

Hadoop 解压后即可使用。输入如下命令来检查 Hadoop 是否可用，成功则会显示 Hadoop 版本信息：

```
cd /usr/local/hadoop
./bin/hadoop version
```

相对路径与绝对路径：本文后续出现的./bin/和./etc/等包含“./”的路径，均为相对路径，以/usr/local/hadoop 为当前目录。例如在/usr/local/hadoop 目录中执行./bin/hadoop version 等同于执行/usr/local/hadoop/bin/hadoop version。

3.3.3 Hadoop 单机模式配置

Hadoop 默认的模式为非分布式模式(独立、本地)，解压后无须进行其他配置就可运行，非分布式即单 Java 进程。Hadoop 单机模式只在一台机器上运行，存储采用本地文件系统，而不是分布式文件系统。无需任何守护进程(Daemon)，所有的程序都在单个 JVM 上执行。在单机模式下调试 MapReduce 程序非常高效方便，这种模式适宜用在开发阶段。

Hadoop 不会启动 NameNode、DataNode、JobTracker 和 TaskTracker 等守护进程，Map()和 Reduce()任务作为同一个进程的不同部分来执行。

Hadoop 附带了丰富的例子，运行如下命令可以查看所有的例子：

```
cd /usr/local/hadoop
./bin/hadoop jar ./share/hadoop/mapreduce/hadoop-mapreduce-examples-2.7.1
.jar
```

上述命令执行后，会显示所有例子的简介信息，包括 wordcount、terasort、join 和 grep 等。这里选择运行单词计数 wordcount 例子，单词计数是最简单也是最能体现 MapReduce 思想的程序之一，可以称为 MapReduce 版 Hello World，单词计数主要完成的功能是统计一系列文本文件中每个单词出现的次数。可以先在/usr/local/hadoop 目录下创建一个文件夹 input，并复制一些文件到该文件夹下；然后运行 wordcount 程序，将 input 文件夹中的所有文件作为 wordcount 的输入；最后把统计结果输出到/usr/local/hadoop/output 文件夹中。完成上述操作的具体命令如下：

```
cd /usr/local/hadoop
mkdir input                                        #创建文件夹
cp ./etc/hadoop/*.xml ./input                      #将配置文件复制到 input 目录下
./bin/hadoop jar ./share/hadoop/mapreduce/hadoop-mapreduce-examples-*.jar
wordcount ./input ./output
cat ./output/*                                     #查看运行结果
```

注意：Hadoop 默认不会覆盖结果文件，因此，再次运行上面实例会提示出错。如果要再次运行，需要先使用如下命令把 output 文件夹删除：

```
rm -r ./output
```

3.3.4 Hadoop 伪分布式模式配置

Hadoop 可以在单个节点(一台机器)上以伪分布式的方式运行，同一个节点既作为名称节点(NameNode),也作为数据节点(DataNode),读取的是 HDFS 的文件。

1. 修改配置文件

需要配置相关文件,才能够使 Hadoop 在伪分布式模式下运行。Hadoop 的配置文件位于/usr/local/hadoop/etc/hadoop/中,进行伪分布式模式配置时,需要修改两个配置文件,即 core-site.xml 和 hdfs-site.xml。

可以使用 vim 编辑器打开 core-site.xml 文件:

```
vim /usr/local/hadoop/etc/hadoop/core-site.xml
```

core-site.xml 文件的初始内容如下:

```
<configuration>
</configuration>
```

修改以后,core-site.xml 文件的内容如下:

```
<configuration>
    <property>
        <name>hadoop.tmp.dir</name>
        <value>file:/usr/local/hadoop/tmp</value>
        <description>Abase for other temporary directories.</description>
    </property>
    <property>
        <name>fs.defaultFS</name>
        <value>hdfs://localhost:9000</value>
    </property>
</configuration>
```

在上面的配置文件中,hadoop.tmp.dir 用于保存临时文件。fs.defaultFS 这个参数,用于指定 HDFS 的访问地址,其中 9000 是端口号。

同样,需要修改配置文件 hdfs-site.xml,修改后的内容如下:

```
<configuration>
    <property>
        <name>dfs.replication</name>
        <value>1</value>
    </property>
    <property>
        <name>dfs.namenode.name.dir</name>
        <value>file:/usr/local/hadoop/tmp/dfs/name</value>
    </property>
    <property>
        <name>dfs.datanode.data.dir</name>
        <value>file:/usr/local/hadoop/tmp/dfs/data</value>
    </property>
```

```
</configuration>
```

在 hdfs-site.xml 文件中，dfs.replication 这个参数用于指定副本的数量，这是因为 HDFS 出于可靠性和可用性方面的考虑，冗余存储多份，以便发生故障时仍能正常执行。但由于这里采用伪分布式模式，总共只有一个节点，所以，只可能有一个副本，因此设置 dfs.replication 的值为 1。dfs.namenode.name.dir 用于设定名称节点的元数据的保存目录，dfs.datanode.data.dir 用于设定数据节点的数据保存目录。

注意：Hadoop 的运行方式(如运行在单机模式下还是运行在伪分布式模式下)是由配置文件决定的，启动 Hadoop 时会读取配置文件，然后根据配置文件来决定运行在什么模式下。因此，如果需要从伪分布式模式切换回单机模式，只需要删除 core-site.xml 中的配置项即可。

2. 执行名称节点格式化

修改配置文件以后，要执行名称节点的格式化，命令如下：

```
cd /usr/local/hadoop
./bin/hdfs namenode -format
```

3. 启动 Hadoop

执行下面命令启动 Hadoop：

```
cd /usr/local/hadoop
./sbin/start-dfs.sh
```

4. 使用 Web 页面查看 HDFS 信息

Hadoop 成功启动后，可以在 Linux 系统中打开一个浏览器，在地址栏输入 http://localhost：50070 就可以查看名称节点和数据节点信息，如图 3-4 所示，还可以在线查看 HDFS 中的文件。

5. 运行 Hadoop 伪分布式实例

要使用 HDFS，首先需要在 HDFS 中创建用户目录，命令如下：

```
cd /usr/local/hadoop
./bin/hdfs dfs -mkdir -p /user/hadoop
```

接着需要把本地文件系统的/usr/local/hadoop/etc/hadoop 目录中的所有 xml 文件作为输入文件，复制到分布式文件系统 HDFS 中的/user/hadoop/input 目录中，命令如下：

```
cd /usr/local/hadoop
./bin/hdfs dfs -mkdir input                    #在 HDFS 中创建 hadoop 用户对应的 input 目录
./bin/hdfs dfs -put ./etc/hadoop/*.xml input     #把本地文件复制到 input 目录中
```

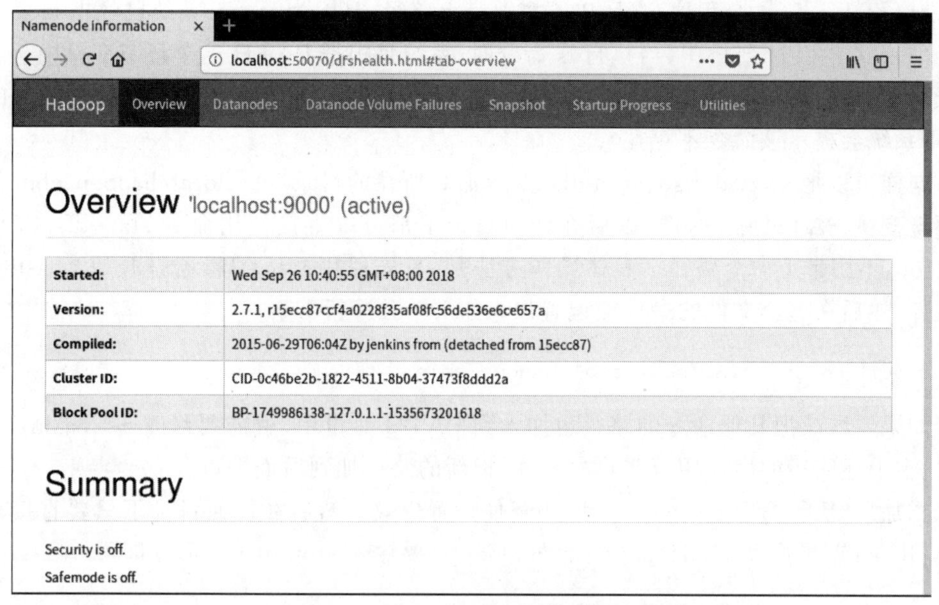

图 3-4 使用 Web 页面查看 HDFS 信息

现在可以运行 Hadoop 中自带的 WordCount 程序，命令如下：

```
./bin/hadoop jar ./share/hadoop/mapreduce/hadoop-mapreduce-examples-*.jar
wordcount input output
```

运行结束后，可以通过如下命令查看 HDFS 中 output 文件夹中的内容：

```
./bin/hdfs dfs -cat output/*
```

需要强调的是，Hadoop 运行程序时，输出目录不能存在，否则会提示错误信息。因此，若要再次执行 wordcount 程序，需要执行如下命令删除 HDFS 中的 output 文件夹：

```
./bin/hdfs dfs -rm -r output                    #删除 output 文件夹
```

6. 关闭 Hadoop

如果要关闭 Hadoop，可以执行如下命令：

```
cd /usr/local/hadoop
./sbin/stop-dfs.sh
```

7. 配置 PATH 变量

前面在启动 Hadoop 时，都是先进入/usr/local/hadoop 目录中，再执行./sbin/start-dfs.sh，实际上等同于运行/usr/local/hadoop/sbin/start-dfs.sh。实际上，通过设置 PATH 变量，可以在执行命令时，不用带上命令本身所在的路径。例如，打开一个 Linux 终端，在任何一个目录下执行 ls 命令时，都没有带上 ls 命令的路径，实际上，执行 ls 命令时,是执行/bin/ls 这个程序,之所以不需要带上路径,是因为 Linux 系统已经把 ls 命令的路径加入到 PATH 变量中,当执行 ls 命令时,系统是根据 PATH 这个环节变量中包含的目录位置,逐一进行查找,直至在这些目录位置下找到匹配的 ls 程序(若没有匹配的程序,则系统会提示该命令不存在)。

同样可以把 start-dfs.sh、stop-dfs.sh 等命令所在的目录/usr/local/hadoop/sbin 加入到环境变量 PATH 中,这样,以后在任何目录下都可以直接使用命令 start-dfs.sh 启动 Hadoop,不用带上命令路径。具体操作方法是,首先使用 vim 编辑器打开~/.bashrc 这个文件,然后在这个文件的最前面位置加入如下单独一行:

```
export PATH=$PATH:/usr/local/hadoop/sbin
```

如果要继续把其他命令的路径也加入到 PATH 变量中,就需要修改~/.bashrc 这个文件,在上述路径的后面用英文冒号隔开,把新的路径加到后面即可。

添加后,执行命令 source ~/.bashrc 使设置生效。然后在任何目录下只要直接输入 start-dfs.sh 就可启动 Hadoop。停止 Hadoop 只要输入 stop-dfs.sh 命令即可。

3.3.5 Hadoop 分布式模式配置

考虑机器的性能,本书简单使用两个虚拟机来搭建分布式集群环境:一个虚拟机作为 Master 节点,另一个虚拟机作为 Slave1 节点。由 3 个及以上节点构建分布式集群,也可以采用类似的方法完成安装部署。

Hadoop 集群的安装配置大致包括以下步骤。

(1) 在 Master 节点上创建 hadoop 用户,安装 SSH 服务端,安装 Java 环境。

(2) 在 Master 节点上安装 Hadoop,并完成配置。

(3) 在 Slave1 节点上创建 hadoop 用户,安装 SSH 服务端,安装 Java 环境。

(4) 把 Master 节点上的/usr/local/hadoop 目录复制到 Slave1 节点上。

(5) 在 Master 节点上开启 Hadoop。

根据前面讲述的内容完成步骤(1)~(3),然后,继续下面的操作。

1. 网络配置

由于本分布式集群搭建是在两个虚拟机上进行,需要将两个虚拟机的网络连接方式都改为“桥接网卡”模式,如图 3-5 所示,以实现两个节点的互连。一定要确保各个节点的 MAC 地址不能相同,否则会出现 IP 地址冲突。

网络配置完成以后,通过 ifconfig 命令查看两个虚拟机的 IP 地址,本书所用的 Master 节点的 IP 地址为 192.168.0.115,所用的 Slave1 节点的 IP 地址为 192.168.0.114。

在 Master 节点上执行如下命令修改 Master 节点中的/etc/hosts 文件:

```
#vim /etc/hosts
```

在 hosts 文件中增加如下两条 IP 地址和主机名映射关系,即集群中两个节点与 IP 地址的映射关系:

图 3-5　网络连接方式设置

```
192.168.0.115   Master
192.168.0.114   Slave1
```

需要注意的是，hosts 文件中只能有一个 127.0.0.1，其对应的主机名为 localhost，如果有多余 127.0.0.1 映射，应删除。修改后需要重启 Linux 系统。

参照 Master 节点的配置方法，修改 Slave1 节点中的/etc/hosts 文件，在 hosts 文件中增加如下两条 IP 地址和主机名映射关系：

```
192.168.0.115   Master
192.168.0.114   Slave1
```

修改完成以后，重启 Slave1 的 Linux 系统。

这样就完成了 Master 节点和 Slave 节点的配置，然后需要在两个节点上测试是否相互 ping 得通，如果 ping 不通，后面就无法顺利配置成功。

```
$ping Slave1 -c 3        #在 Master 上 ping 3 次 Slave1，否则要按 Ctrl+C 中断 ping 命令
$ping Master -c 3        #在 Slave1 上 ping 3 次 Master
```

如在 Master 节点上 ping 3 次 Slave1，如果 ping 通的话，会显示下述信息：

```
PING Slave1 (192.168.0.114) 56(84) bytes of data.
64 bytes from Slave1 (192.168.0.114): icmp_seq=1 ttl=64 time=1.78 ms
64 bytes from Slave1 (192.168.0.114): icmp_seq=2 ttl=64 time=0.634 ms
64 bytes from Slave1 (192.168.0.114): icmp_seq=3 ttl=64 time=0.244 ms
---Slave1 ping statistics ---
3 packets transmitted, 3 received, 0%packet loss, time 2018ms
rtt min/avg/max/mdev =0.244/0.887/1.785/0.655 ms
```

2. SSH 无密码登录 Slave1 节点

必须要让 Master 节点可以 SSH 无密码登录 Slave1 节点。首先,生成 Master 节点的公钥,具体命令如下:

```
$cd ~/.ssh
$rm ./id_rsa*              #删除之前生成的公钥(如果已经存在)
$ssh-keygen -t rsa         #Master 生成公钥,执行后,遇到提示信息,一直按 Enter 键就可以
```

Master 节点生成公钥的界面如图 3-6 所示。

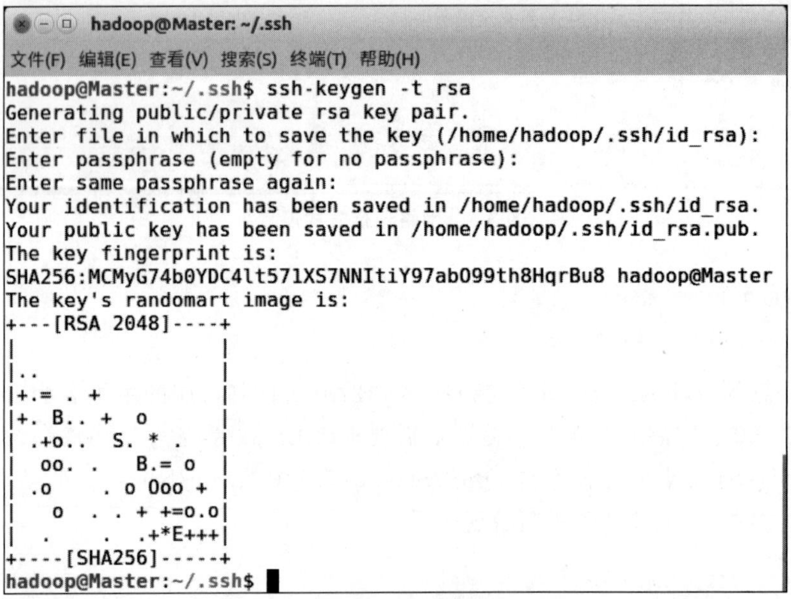

```
hadoop@Master: ~/.ssh
文件(F) 编辑(E) 查看(V) 搜索(S) 终端(T) 帮助(H)
hadoop@Master:~/.ssh$ ssh-keygen -t rsa
Generating public/private rsa key pair.
Enter file in which to save the key (/home/hadoop/.ssh/id_rsa):
Enter passphrase (empty for no passphrase):
Enter same passphrase again:
Your identification has been saved in /home/hadoop/.ssh/id_rsa.
Your public key has been saved in /home/hadoop/.ssh/id_rsa.pub.
The key fingerprint is:
SHA256:MCMyG74b0YDC4lt571XS7NNItiY97abO99th8HqrBu8 hadoop@Master
The key's randomart image is:
+---[RSA 2048]----+
|                 |
|..               |
|+.= . +          |
|+. B.. +  o      |
| .+o..   S. * .  |
|  oo. .    B.= o |
| .o      . o Ooo + |
|   o   . . + +=o.o|
|   .     .  .+*E+++|
+----[SHA256]-----+
hadoop@Master:~/.ssh$
```

图 3-6 Master 节点生成公钥的界面

为了让 Master 节点能够无密码 SSH 登录本机,需要在 Master 节点上执行如下命令:

```
$cat ./id_rsa.pub >>./authorized_keys
```

执行上述命令后,可以执行命令 ssh Master 来验证一下,遇到提示信息,输入 yes 即可,测试成功的界面如图 3-7 所示,执行 exit 命令返回原来的终端。

接下来在 Master 节点将上述生成的公钥传输到 Slave1 节点:

```
$scp ~/.ssh/id_rsa.pub hadoop@Slave1:/home/hadoop/
```

上面的命令中,scp 是 secure copy 的简写,用于在 Linux 上进行远程复制文件。执行 scp 时会要求输入 Slave1 上 hadoop 用户的密码,输入完成后会提示传输完毕,执行过程如下:

```
hadoop@Master:~/.ssh$scp ~/.ssh/id_rsa.pub hadoop@Slave1:/home/hadoop/
hadoop@Slave1's password:
```

```
hadoop@Master:~/.ssh$ ssh Master
The authenticity of host 'master (127.0.1.1)' can't be established.
ECDSA key fingerprint is SHA256:Hi0WsfquggqIBtgZttClqeHXkt1SEVmxjE+3sRPyeA4.
Are you sure you want to continue connecting (yes/no)? yes
Warning: Permanently added 'master' (ECDSA) to the list of known hosts.
Welcome to Ubuntu 16.04.6 LTS (GNU/Linux 4.15.0-72-generic x86_64)

 * Documentation:  https://help.ubuntu.com
 * Management:     https://landscape.canonical.com
 * Support:        https://ubuntu.com/advantage

96 packages can be updated.
0 updates are security updates.

New release '18.04.3 LTS' available.
Run 'do-release-upgrade' to upgrade to it.

Last login: Wed Oct  9 14:15:05 2019 from 192.168.0.109
hadoop@Master:~$
```

图 3-7　ssh Master 测试成功的界面

```
id_rsa.pub                              100%  395     0.4KB/s   00:00
```

接着在Slave1节点上将SSH公钥加入授权：

```
hadoop@Slave1:~$mkdir ~/.ssh                 #若~/.ssh不存在,可通过该命令进行创建
hadoop@Slave1:~$cat ~/id_rsa.pub >>~/.ssh/authorized_keys
```

执行上述命令后，在Master节点上就可以无密码SSH登录到Slave1节点了，可在Master节点上执行如下命令进行检验：

```
$ssh Slave1
```

执行ssh Slave1命令的效果如图3-8所示。

```
hadoop@Master:~$ ssh Slave1
Welcome to Ubuntu 16.04.6 LTS (GNU/Linux 4.15.0-72-generic x86_64)

 * Documentation:  https://help.ubuntu.com
 * Management:     https://landscape.canonical.com
 * Support:        https://ubuntu.com/advantage

96 个可升级软件包。
0 个安全更新。

有新版本“18.04.3 LTS”可供使用
运行“do-release-upgrade”来升级到新版本。

Last login: Tue Jan  7 14:14:04 2020 from 192.168.0.115
hadoop@Slave1:~$
```

图 3-8　执行 ssh Slave1 命令的效果

3. 配置 PATH 变量

在 Master 节点上配置 PATH 变量，以便在任意目录中可直接使用 hadoop 和 hdfs 等命令。执行 vim ~/.bashrc 命令，打开~/.bashrc 文件，在该文件最上面的位置加入下面一行内容，注意之后要加上"："：

```
export PATH=$PATH:/usr/local/hadoop/bin:/usr/local/hadoop/sbin
```

保存后执行命令 source ~/.bashrc 使配置生效。

4. 配置分布式环境

配置分布式环境时，需要修改/usr/local/hadoop/etc/hadoop 目录下的 5 个配置文件，具体包括 slaves、core-site.xml、hdfs-site.xml、mapred-site.xml 和 yarn-site.xml。

1）修改 slaves 文件

需要把所有数据节点的主机名写入该文件，每行一个，默认为 localhost(即把本机作为数据节点)。所以，在伪分布式配置时，就采用了这种默认的配置，使得节点既作为名称节点又作为数据节点。在进行分布式配置时，可以保留 localhost，让 Master 节点既充当名称节点又充当数据节点，或者删除 localhost 这一行，让 Master 节点仅作为名称节点使用。执行 vim/usr/local/hadoop/etc/hadoop/slaves 命令，打开/usr/local/hadoop/etc/hadoop/slaves 文件，由于只有一个 Slave 节点 Slave1，本书让 Master 节点既充当名称节点又充当数据节点，因此，在文件中添加如下两行内容：

```
localhost
Slave1
```

2）修改 core-site.xml 文件

core-site.xml 文件用来配置 Hadoop 集群的通用属性，包括指定 namenode 的地址和指定使用 Hadoop 临时文件的存放路径等。把 core-site.xml 文件修改为如下内容：

```
<configuration>
        <property>
                <name>fs.defaultFS</name>
                <value>hdfs://Master:9000</value>
        </property>
        <property>
                <name>hadoop.tmp.dir</name>
                <value>file:/usr/local/hadoop/tmp</value>
                <description>Abase for other temporary directories.</description>
        </property>
</configuration>
```

3）修改 hdfs-site.xml 文件

hdfs-site.xml 文件用来配置 HDFS 的属性，包括指定 HDFS 保存数据的副本数量，指定 HDFS 中 NameNode 的存储位置，指定 HDFS 中 DataNode 的存储位置等。本书让 Master 节点既充当名称节点又充当数据节点，此外还有一个 Slave 节点 Slave1，即集群中有两个数据节点，所以 dfs.replication 的值设置为 2。hdfs-site.xml 的具体内容如下：

```
<configuration>
        <property>
                <name>dfs.namenode.secondary.http-address</name>
                <value>Master:50090</value>
        </property>
        <property>
                <name>dfs.replication</name>
                <value>2</value>
        </property>
        <property>
                <name>dfs.namenode.name.dir</name>
                <value>file:/usr/local/hadoop/tmp/dfs/name</value>
        </property>
        <property>
                <name>dfs.datanode.data.dir</name>
                <value>file:/usr/local/hadoop/tmp/dfs/data</value>
        </property>
</configuration>
```

4）修改 mapred-site.xml 文件

/usr/local/hadoop/etc/hadoop 目录下有一个 mapred-site.xml.template 文件，需要修改文件名称，把它重命名为 mapred-site.xml：

```
$cd /usr/local/hadoop/etc/hadoop
$mv mapred-site.xml.template mapred-site.xml
$vim mapred-site.xml                              #打开 mapred-site.xml 文件
```

然后把 mapred-site.xml 文件配置成如下内容：

```
<configuration>
        <property>
                <name>mapreduce.framework.name</name>
                <value>yarn</value>
        </property>
        <property>
                <name>mapreduce.jobhistory.address</name>
                <value>Master:10020</value>
        </property>
        <property>
                <name>mapreduce.jobhistory.webapp.address</name>
                <value>Master:19888</value>
        </property>
```

```
</configuration>
```

5）修改 yarn-site.xml 文件

YARN 是 MapReduce 的调度框架。yarn-site.xml 文件用于配置 YARN 的属性，包括指定 namenodeManager 获取数据的方式，指定 resourceManager 的地址。把 yarn-site.xml 文件配置成如下内容：

```
<configuration>
        <property>
                <name>yarn.resourcemanager.hostname</name>
                <value>Master</value>
        </property>
        <property>
                <name>yarn.nodemanager.aux-services</name>
                <value>mapreduce_shuffle</value>
        </property>
</configuration>
```

上述 5 个文件配置完成后，需要把 Master 节点上的/usr/local/hadoop 文件夹复制到各个节点上。如果之前运行过伪分布式模式，建议在切换到集群模式之前先删除在伪分布模式下生成的临时文件。具体来说，在 Master 节点上实现上述要求的执行命令如下：

```
$cd /usr/local
$sudo rm -r ./hadoop/tmp                        #删除 Hadoop 临时文件
$sudo rm -r ./hadoop/logs/*                     #删除日志文件
$tar -zcf ~/hadoop.master.tar.gz ./hadoop       #先压缩再复制
$cd ~
$scp ./hadoop.master.tar.gz Slave1:/home/hadoop
```

然后在 Slave1 节点上执行如下命令：

```
$sudo rm -r /usr/local/hadoop                   #删掉旧的(如果存在)
$sudo tar -zxf ~/hadoop.master.tar.gz -C /usr/local
$sudo chown -R hadoop /usr/local/hadoop
```

Hadoop 集群包含两个基本模块：Hadoop 分布式文件系统 HDFS 和分布式计算框架 MapReduce。首次启动 Hadoop 集群时，需要先在 Master 节点上格式化 Hadoop 分布式文件系统 HDFS，命令如下：

```
$hdfs namenode -format
```

HDFS 格式化成功后，就可以输入启动命令来启动 Hadoop 集群了。Hadoop 是主从架构，启动时由主节点带动从节点，所以启动集群的操作需要在主节点 Master 上完成。在 Master 节点上启动 Hadoop 集群的命令如下：

```
$start-dfs.sh
```

```
$start-yarn.sh
$mr-jobhistory-daemon.sh start historyserver#启动 Hadoop 历史服务器
```

Hadoop自带了一个历史服务器，可以通过历史服务器查看已经运行完的MapReduce作业记录，例如用了多少个Map、用了多少个Reduce、作业提交时间、作业启动时间和作业完成时间等信息。默认情况下，Hadoop历史服务器是没有启动的。

通过命令jps可以查看各个节点所启动的进程。如果已经正确启动，则在Master节点上可以看到DataNode、NameNode、ResourceManager、SecondaryNameNode、JobHistoryServer和NodeManager进程，就表示主节点进程启动成功，如下所示。

```
hadoop@Master:~$jps
3776 DataNode
6032 ResourceManager
3652 NameNode
6439 JobHistoryServer
6152 NodeManager
3976 SecondaryNameNode
6716 Jps
```

在Slave1节点的终端执行jps命令，在打印结果中可以看到DataNode和NodeManager进程，就表示从节点进程启动成功，如下所示。

```
hadoop@Slave1:~$jps
3154 NodeManager
3042 DataNode
3274 Jps
```

在Master上启动Firefox浏览器，在浏览器中输入http://master：50070，检查NameNode和DataNode是否正常。Web UI页面如图3-9所示。通过HDFS NameNode的Web界面，用户可以查看HDFS中各个结点的分布信息，浏览NameNode上的存储、登录等日志。此外，还可以查看整个集群的磁盘总容量，HDFS已经使用的存储空间量，

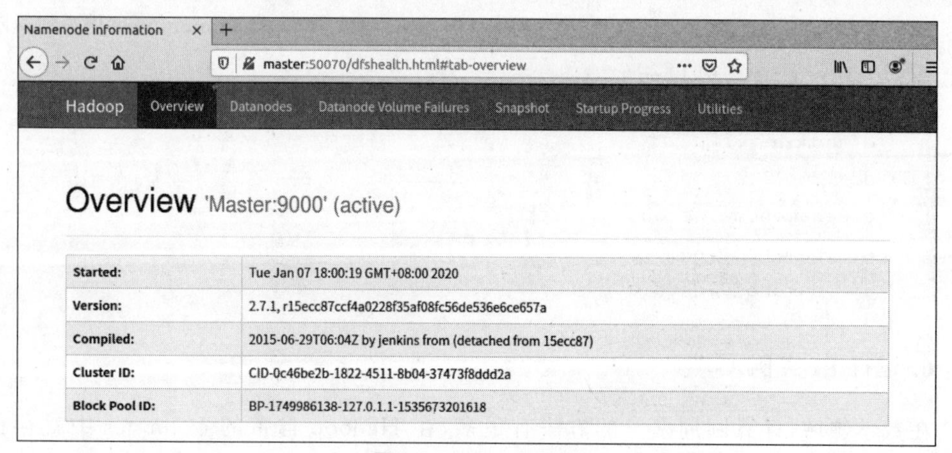

图3-9　Web UI页面

非 HDFS 已经使用的存储空间量,HDFS 剩余的存储空间量等信息,以及查看集群中的活动结点数和死机结点数。

关闭 Hadoop 集群,需要在 Master 节点上执行如下命令:

```
$stop-yarn.sh
$stop-dfs.sh
$mr-jobhistory-daemon.sh stop historyserver
```

此外,还可以全部启动或者全部停止 Hadoop 集群:

启动命令:

```
start-all.sh
```

停止命令:

```
stop-all.sh
```

5. 执行分布式实例

执行分布式实例过程与执行伪分布式实例过程一样,首先创建 HDFS 上的用户目录,命令如下:

```
hadoop@Master:~$hdfs dfs -mkdir -p /user/hadoop
```

然后在 HDFS 中创建一个 input 目录,并把/usr/local/hadoop/etc/hadoop 目录中的配置文件作为输入文件复制到 input 目录中,命令如下:

```
hadoop@Master:~$hdfs dfs -mkdir input
hadoop@Master:~$hdfs dfs -put /usr/local/hadoop/etc/hadoop/*.xml input
```

接下来,就可以运行 MapReduce 作业了,命令如下:

```
$ hadoop jar /usr/local/hadoop/share/hadoop/mapreduce/hadoop-mapreduce-examples-*.jar grep input output 'dfs[a-z.]+'
$hdfs dfs -cat output/*                    #查看 HDFS 中 output 文件夹中的内容
```

执行完毕后的输出结果如下:

```
1    dfsadmin
1    dfs.replication
1    dfs.namenode.secondary.http
1    dfs.namenode.name.dir
1    dfs.datanode.data.dir
```

6. 运行 PI 实例

在数学领域,计算圆周率 π 的方法有很多,在 Hadoop 自带的 examples 中就存在一种利用分布式系统计算圆周率的方法,下面通过运行程序来检查 Hadoop 集群是否安装

配置成功,命令如下:

```
$hadoop jar /usr/local/hadoop/share/hadoop/mapreduce/hadoop - mapreduce -
examples- * .jar pi 10 100
```

Hadoop 的命令类似 Java 命令,通过 jar 指定要运行的程序所在的 jar 包 hadoop-mapreduce-examples- * .jar。参数 pi 表示需要计算的圆周率 π。再看后面的两个参数,第一个 10 指的是要运行 10 次 map 任务,第二个参数指的是每个 map 的任务次数,执行结果如下:

```
$hadoop jar /usr/local/hadoop/share/hadoop/mapreduce/hadoop - mapreduce -
examples- * .jar pi 10 100
Job Finished in 85.12 seconds
Estimated value of Pi is 3.14800000000000000000
```

如果以上验证都没有问题,说明 Hadoop 集群配置成功。

3.4 习题

1. 简述 Hadoop 的 3 种运行模式的区别。
2. 简述 SSH 在 Hadoop 集群中所起的重要作用。
3. 试列举伪分布式和分布式模式的异同点。
4. 简述流数据的特点。
5. 简述 Hadoop 生态系统以及每个部分的具体功能。

第4章

Hadoop 分布式文件系统

大数据处理面临的第一个问题是，如何有效存储规模巨大的数据？依靠传统的集中式的物理服务器来存储数据显然无法胜任，存储容量和数据存储速度都会成为大数据处理的瓶颈。要实现大数据的存储，需要使用众多服务器。为了统一管理众多服务器，必须使用一种特殊的文件系统（分布式文件系统）来进行管理。Hadoop 设计提供了一个 Hadoop 分布式文件系统（Hadoop Distributed File System，HDFS）来管理众多服务器上的数据。本章主要介绍分布式文件系统的结构、HDFS 的基本特征、HDFS 存储架构及组件功能、HDFS 文件读写流程、HDFS 的 Shell 操作和 HDFS 编程实践。

4.1 分布式文件系统的结构

本地文件系统管理本地的磁盘存储资源，提供文件到存储位置的映射，并抽象出一套文件访问接口供用户使用。随着互联网企业的高速发展，这些企业对数据存储的要求越来越高，而且模式各异，如淘宝网网站的大量商品图片，其特点是文件较小，但数量巨大；而类似于优酷这样的视频服务网站，其后台存储着大量的视频文件，尺寸大多在数十兆字节到数吉字节不等。当数据集的大小超过一台独立的物理计算机的存储能力时，就有必要对它进行分区（Partition）并存储到若干台单独的计算机上，管理网络中跨越多台计算机存储的文件系统称为分布式文件系统（Distributed File System）。分布式文件系统将数据存储在物理上分散的多个存储节点上，对这些节点的资源进行统一的管理与分配，并向用户提供文件系统访问接口，其主要解决了本地文件系统在文件大小、文件数量和打开文件数等的限制问题。

目前比较主流的一种分布式文件系统架构如图 4-1 所示，通常包括主控服务器（或称元数据服务器、名字服务器等，通常会配置备用主控服务器以便在主控服务器（主）发生故障时接管其服务）、多个数据服务器（或称存储服务器、存储节点等），以及多个客户端，客户端可以是各种应用服务器，也可以是终端用户。

理论上，分布式文件系统可以只由客户端和多个数据服务器组成，客户端根据文件名决定将文件存储到哪个数据服务器，但一旦有数据服务器失效时，

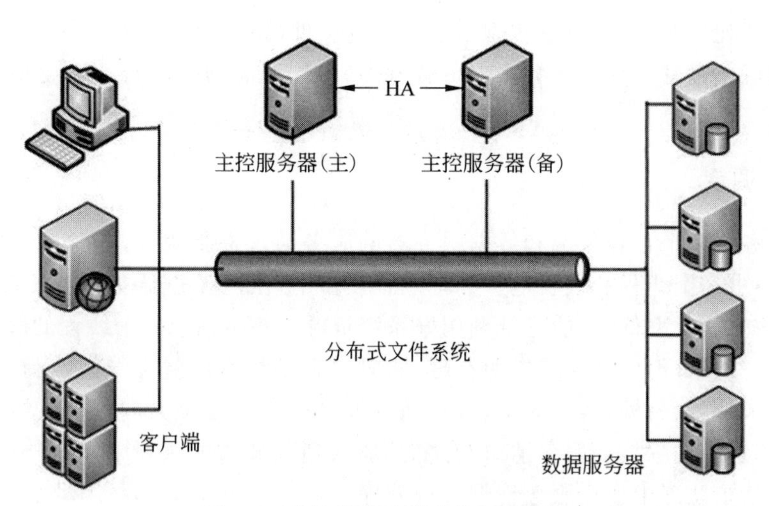

图 4-1　主流的分布式文件系统架构

问题就变得复杂,客户端并不知道数据服务器死机的消息,仍然连接它进行数据存取,导致整个系统的可靠性极大地降低,而且完全由客户端决定数据分配是非常不灵活的,其不能根据文件特性制定不同的分布策略。

于是,人们迫切地需要知道各个数据服务器的服务状态。数据服务器的状态管理可分为分布式和集中式两种方式:前者是让多个数据服务器相互管理,如每个服务器向其他所有的服务器发送心跳信息,但这种方式开销较大;后者是通过一个独立的服务器(如图 4-1 中的主控服务器)来管理数据服务器,每个服务器向其汇报服务器状态来达到集中管理的目的,这种方式简单易实现,目前很多分布式文件系统都采用这种方式,如 GFS、TFS 和 MooseFS 等。主控服务器在负载较大时会出现单点失效,较好的解决方案是配置备用服务器,以便在主控服务器发生故障时接管其服务。

4.1.1　主控服务器

主控服务器主要负责命名空间的维护、数据服务器管理、服务调度和数据灾备。

1. 命名空间的维护

主控服务器负责维护整个文件系统的命名空间,命名空间的结构主要有目录树结构、扁平化结构和图结构。为维护名字空间,需要存储一些辅助的元数据如文件(块)到数据服务器的映射关系、文件之间的关系等。为了提升效率,很多文件系统采取将元数据全部内存化(元数据通常较小)的方式;有些系统借则助数据库来存储元数据,还有些系统则采用本地文件来存储元数据。

2. 数据服务器管理

主控服务器通过轮询数据服务器或由数据服务器报告心跳的方式实现对数据服务器的管理。在接收到客户端对数据的读写请求时,主控服务器根据各个数据服务器的负载状态等信息选择一组(根据系统配置的副本数)数据服务器为其服务。当主控服务器发现有数据服务器死机时,需要对一些副本数不足的文件(块)执行复制计划;当有新的数据服务器加入集群或是某个数据服务器上负载过高,主控服务器也可根据需要执行一些副本迁移计划。

3. 服务调度

主控服务器向来自客户端和数据服务器的服务请求提供服务,通常的服务模型有单线程、一个请求一个线程和线程池。在单线程模型下,主控服务器按服务请求到达的顺序进行服务,该方式效率低,不能充分利用好系统资源。一个请求一个线程的服务方式可并发地处理服务请求,但由于系统资源有限,同时并存的线程数就会受到限制,进而限制同时服务的请求数量,另外,线程太多,线程间的调度效率也是个大问题。在线程池的服务方式下,由单独的线程接受服务请求,并将其加入到服务请求队列中,线程池中的线程不断地从服务请求队列中取出服务请求进行处理。

4. 数据灾备

在整个分布式文件系统中,主控服务器非常关键,维护着文件(块)到数据服务器的映射、监控数据服务器的状态并在某些条件触发时执行数据服务器间的负载均衡等。为了避免主控服务器的单点失效问题,通常会为其配置备用服务器,以保证在主控服务器节点失效时接管其工作。

4.1.2 数据服务器

数据服务器主要负责数据在本地的持久化存储、数据服务器状态维护和数据副本管理等。

1. 数据在本地的持久化存储

数据服务器负责数据文件在本地的持久化存储,最简单的方式是将每个客户的数据文件以一个本地文件方式进行存储,但该方式无法充分利用分布式文件系统的特性,很多分布式文件系统(如 GFS 和 HDFS)使用固定大小的块来存储数据,典型的块大小为 64MB。

对于小文件的存储,可以将多个文件的数据存储在一个块中,并为块内的文件建立索引,这样可以极大地提高存储空间的利用率。对于大文件的存储,则可将文件存储到多个块上,多个块所在的数据服务器可以并行服务。

2. 数据服务器状态维护

数据服务器除了存储数据外,还需要维护一些状态,首先它需要将自己的状态以心跳包的方式周期性地报告给主控服务器,使得主控服务器知道自己是否正常工作。通常心跳包中还会包含数据服务器当前的负载状况(CPU、内存、磁盘 I/O、磁盘存储空间和网络 I/O 等),这些信息可以帮助主控服务器更好地制定负载均衡策略。

3. 数据副本管理

为了保证数据的安全性,分布式文件系统中的文件会存储多个副本到数据服务器上。副本方式主要分为 3 种：第一种方式是客户端分别向多个数据服务器写同一份数据；第二种方式是客户端向主数据服务器写数据,主数据服务器向其他数据服务器转发数据；第三种方式采用流水复制的方式,Client 向某个数据服务器写数据,该数据服务器向副本链中下一个数据服务器转发数据。

4.1.3　客户端

客户端为用户提供了一种可以通过与 Linux 中的 Shell 类似的方式访问分布式文件系统中的数据。客户端最常见的操作有打开、读取和写入等,而且命令的格式也与 Shell 十分相似,大大方便了程序员和管理员的操作。

分布式文件系统的文件存取,要求客户端先连接主控服务器获取一些用于文件访问的元信息,这一过程一方面加重了主控服务器的负担,一方面增加了客户端的请求的响应延迟。为了加速该过程,同时减小主控服务器的负担,可将元信息缓存到本地内存或磁盘,也可缓存在远端的 Cache 系统上。

客户端还可以根据需要支持一些扩展特性,如将数据进行加密保证数据的安全性,将数据进行压缩后存储降低存储空间的使用,或是在接口中封装一些访问统计行为,以支持系统对应用的行为进行监控和统计。

4.2　HDFS 的基本特征

HDFS 被设计成在普通的商用服务器节点构成的集群上即可运行,具有强大的容错能力。在编程方式上,除了 API 的名称不一样以外,通过 HDFS 读写文件和通过本地文件系统读写文件在代码上基本类似,非常易于编程。HDFS 具有以下 6 种基本特征。

1. 大规模数据分布存储

HDFS 基于大量分布节点上的本地文件系统,构成一个逻辑上具有巨大容量的分布式文件系统,并且整个文件系统的容量可随集群中节点的增加而线性扩展。HDFS 可存储几百吉字节、几百太字节大小的文件,还可以支持在一个文件系统中存储高达数千万量级的文件数量。

2. 流式访问

HDFS 是为了满足批量数据处理的要求而设计的,为了提高数据吞吐率,HDFS 放松了一些 POSIX 的要求,可以以流式方式来访问文件系统数据。

3. 容错

在 HDFS 的设计理念中,硬件故障被视作是一个常态。因此,HDFS 设计之初就保证了系统能在经常有节点发生硬件故障的情况下正确检测节点故障,并且能自动从故障中快速恢复,确保数据处理继续进行,确保数据不丢失。

4. 简单的文件模型

HDFS采用"一次写入、多次读取"的简单文件模型,支持大量数据一次写入,多次读取;支持在文件的末端进行追加数据,而不支持在文件的任意位置进行修改。

5. 数据块存储模式

HDFS采用基于大粒度数据块的方式存储文件,默认的块大小是64MB,这样做的好处是可以减少元数据的数量,分布存储在不同的地方。

6. 跨平台兼容性

HDFS是采用Java语言实现的,具有很好的跨平台兼容性,支持JVM(Java Virtual Machine)的机器都可以运行HDFS。

4.3 HDFS存储架构及组件功能

4.3.1 HDFS存储架构

HDFS是建立在一组分布式服务器节点的本地文件系统之上的分布式文件系统。HDFS采用Master/Slave的架构来存储数据,这种架构主要由4个部分组成,分别为Client(客户端)、NameNode(名称节点、管理节点)、DataNode(数据节点)和SecondaryNameNode(第二名称节点)。一个HDFS集群是由一个NameNode节点和一定数目的DataNode节点组成的。HDFS存储架构如图4-2所示。NameNode是一个中心服务器,负责管理文件系统的名字空间(NameSpace)及客户端对文件的访问。一个DataNode节点运行一个DataNode进程,负责管理它所在节点上的数据存储。NameNode和DataNode共同协调完成分布式的文件存储服务。

HDFS存储架构

4.3.2 数据块

在传统的文件系统中,为了提高磁盘读写效率,一般以数据块(Block)为单位,而不是以字节为单位,Block是读写的最小单位。文件系统的Block大小通常是几千字节,而磁盘的Block通常是512B。

HDFS同样有Block的概念,但是它是一个更大的单元——默认为128MB(Hadoop 2.x)。如同单一磁盘的文件系统,HDFS中的文件被分解成Block大小的若干数据块,独立保存在各单元中。与单一磁盘文件系统不同,如果HDFS中的文件比Block小,该文件不会占用一个Block的整个存储空间(例如,一个1MB的文件存储在128MB的Block中,它只使用Block的1MB的磁盘空间而不是128MB)。如果没有特别指明,本书的

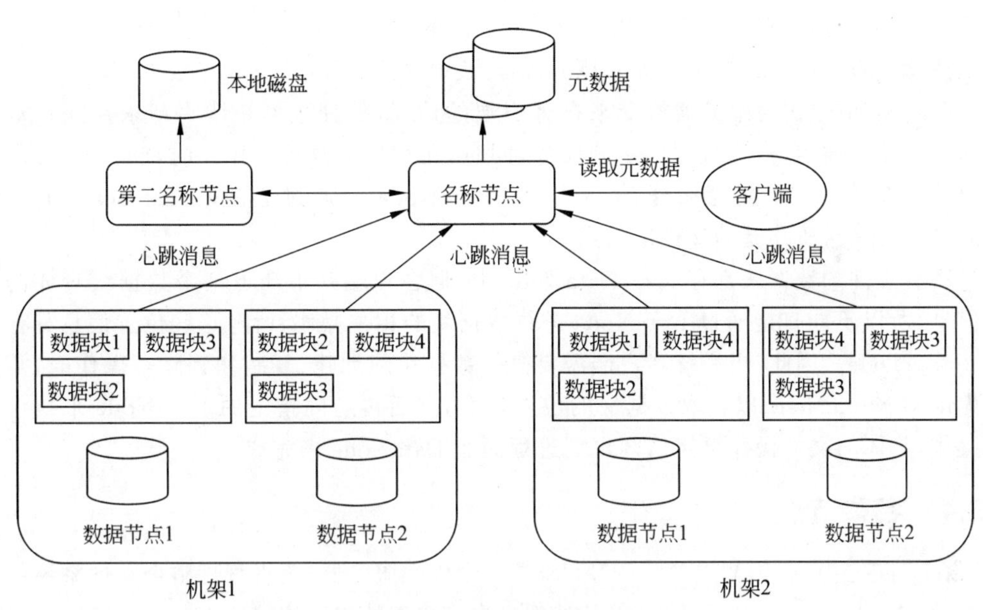

图 4-2　HDFS 存储架构

Block 指的是 HDFS 的 Block。

分布式文件系统使用 Block 有以下两个好处。

(1) 文件存储不受单一磁盘大小的限制。不需要文件的所有 Block 保存在同一个磁盘上，它们可以使用集群上的若干个磁盘共同存储。

(2) 简化了存储系统的存储过程。由于 Block 是固定大小，存储系统根据 Block 大小可以简单计算出在给定的磁盘上可以存储多少个 Block，从而简化了存储管理。Block 很适合通过复制以提高容错性和可用性，如将每一个 Block 都复制到一些物理分离的机器上(典型 3 个)，可防止 Block 和磁盘毁坏等。

4.3.3　数据节点

HDFS 的 NameNode 节点(名称节点)用于存储并管理元数据，DataNode 节点(数据节点)用来实际存储文件的数据块，每个数据块默认的大小为 128MB(Hadoop 2.x)。为了防止数据丢失，一个数据块 Block 会在多个 DataNode 中进行冗余备份，而一个 DataNode 对于文件的一个数据块最多只包含一个备份，每个数据块默认有 3 个副本。DataNode 负责处理文件系统用户具体的数据读写请求，同时也处理 NameNode 对数据块的创建、删除副本的指令。DataNode 上存储了数据块 ID 和数据块内容，以及它们的映射关系。

一个 HDFS 集群可能包含上千个 DataNode 节点，这些 DataNode 定时和 NameNode 进行通信，接受 NameNode 的指令。为了减轻 NameNode 的负担，NameNode 上并不永久保存每个 DataNode 上都有哪些数据块的信息，而是通过 DataNode 启动时的上报来更新 NameNode 上的映射表。DataNode 和 NameNode 建立连接后，就会不断地向 NameNode 进行信息反馈，反馈信息中也包含了 NameNode 对 DataNode 的一些命令，如删除数据块或者把数据块复制到另一个 DataNode。

注意：NameNode 不会主动向 DataNode 发起请求。

DataNode 也作为服务器接受来自客户端的访问，处理数据块读写请求。DataNode 之间还会相互通信，执行数据块复制任务，同时，在客户端执行写操作时，DataNode 之间需要相互配合，以保证写操作的一致性。DataNode 会通过心跳（Heartbeat）定时向 NameNode 发送所存储的文件块信息。

所有文件的数据块都存储在 DataNode 中，但客户端并不知道某个数据块具体的位置信息，所以不能直接通过 DataNode 进行数据块的相关操作，所有这些位置信息都存储在 NameNode。因此，当系统客户端需要执行数据块的创建、复制和删除等操作时，需要首先访问 NameNode 以获取数据块的位置信息，然后再访问指定的 DataNode 来执行相关操作，具体的文件操作最终由客户端进程而非 DataNode 来完成。

4.3.4 名称节点

在 HDFS 中，名称节点（NameNode）是一个中心服务器，负责管理整个文件系统的名字空间（Namespace）和元数据，以及处理来自客户端的文件访问请求。NameNode 保存了文件系统的如下 3 种元数据。

（1）命名空间，即整个分布式文件系统的目录结构。

（2）数据块与文件名的映射表。

（3）每个数据块副本的位置信息，每一个数据块默认有 3 个副本。

元数据信息包括以下内容。

（1）文件的 owership 和 permission。

（2）文件包含哪些数据块。

（3）数据库保存在哪个 DataNode（由 DataNode 启动时上报）上。

HDFS 的元数据镜像文件（FsImage）用于维护文件系统树以及文件树中所有的文件和文件夹的元数据。HDFS 的操作日志文件 EditLog 用于记录文件的创建、删除和重命名等操作，每次保存 FsImage 之后到下次保存之间的所有 HDFS 操作，将会记录在 EditLog 文件中。与 NameNode 相关的文件还包括 fstime，用来保存最近一次 checkpoint 的时间。FsImage、EditLog 和 fstime 保存在 Linux 的文件系统中。

HDFS 对外提供了命名空间，让用户的数据可以存储在文件中，但在内部，文件可能被分成若干个数据块。HDFS 中的文件命名遵循了传统的“目录/子目录/文件”格式。通过命令行或者 API 可以创建目录，并且将文件保存在目录中。命名空间由 NameNode 管理，在 NameNode 上可以执行文件操作，例如打开、关闭和重命名等，此外 NameNode 也负责向 DataNode 分配数据块并建立数据块和 DataNode 的对应关系。

NameNode 只是监听客户端事件及 DataNode 事件，而不会主动发起请求。客户端事件通常包括目录和文件的创建、读写、重命名和删除，以及文件列表信息获取等。DataNode 事件主要包括数据块信息的汇报、心跳响应和出错信息等。当 NameNode 监听到这些请求时便对它们响应，并将相应的处理结果返回到请求端。

4.3.5　第二名称节点

Hadoop 中使用 SecondaryNameNode(第二名称节点)来备份 NameNode 的元数据，以便在 NameNode 失效时能从 SecondaryNameNode 恢复出 NameNode 上的元数据。NameNode 中保存了整个文件系统的元数据，而 SecondaryNameNode 只是周期性(周期的长短可以配置)保存 NameNode 的元数据，这些元数据包括元数据镜像文件(FsImage)数据和操作日志文件(EditLog)数据。FsImage 相当于 HDFS 的检查点，NameNode 启动时会读取 FsImage 的内容到内存，并将其与 EditLog 日志中的所有修改信息合并生成新的 FsImage；在 NameNode 运行过程中，所有关于 HDFS 的修改都将写入 EditLog。这样，如果 NameNode 失效，可以通过 SecondaryNameNode 中保存的 FsImage 和 EditLog 数据恢复出 NameNode 最近的状态，尽量减少损失。

4.3.6　心跳消息

HDFS 按照 Master/Slave 架构设计了 NameNode 节点和 DataNode 节点，NameNode 节点存储各个 DataNode 节点的位置信息和数据块信息，NameNode 周期性向管理的各个 DataNode 发送心跳消息，而收到心跳消息的 DataNode 则需要回复。NameNode 周期性地接收 DataNode 发送的心跳消息。当 NameNode 没法接收到 DataNode 节点的心跳消息后，NameNode 会将该 DataNode 标记为死机，NameNode 不会再给该 DataNode 节点发送任何 I/O 操作。DataNode 的死机可能导致数据的复制。一般引发重新复制副本有多种原因：DataNode 不可用、数据副本损坏、DataNode 上的磁盘错误或者复制因子增大。

4.3.7　客户端

严格来讲，客户端并不能算是 HDFS 的一部分，但客户端是用户和 HDFS 通信最常见也是最方便的渠道，而且部署的 HDFS 都会提供客户端。

客户端为用户提供了一种可以通过与 Linux 中的 Shell 类似的方式访问 HDFS 的数据。客户端支持最常见的操作如打开、读取和写入等，而且命令的格式也与 Shell 十分相似，大大方便了程序员和管理员的操作。

Client(代表用户)通过与 NameNode 和 DataNode 交互来访问 HDFS 中的文件。Client 提供了一个类似可移植操作系统接口(Portable Operating System Interface, POSIX)的文件系统接口供用户调用。

4.4　HDFS 文件读写流程

在一个集群中采用单一的 NameNode 可大大简化系统的架构，简化操作流程。虽然 NameNode 记录了 HDFS 的元数据，但是，客户端程序访问文件时，实际的文件数据流并不会通过 NameNode 传送，而是从 NameNode 获得所需访问数据块的存储位置信息后，直接去访问对应的 DataNode 获取数据。这样设计有两个好处：一是可以允许一个文件的数据能同时在不同 DataNode 上并发访问,提高访问数据的速度;二是可以大大减少 NameNode 的负担,避免 NameNode 成为访问数据的瓶颈。

HDFS 的基本文件访问过程如下。

(1) 用户通过客户端将文件名发送至 NameNode。

(2) NameNode 接收到文件名之后,在 HDFS 的目录中检索文件名对应的数据块,再根据数据块信息找到保存数据块的 DataNode 地址,将这些地址回送给客户端。

(3) 客户端接收到这些 DataNode 地址之后,与这些 DataNode 并行地进行数据传输操作,同时将操作结果的相关日志(比如数据读写是否成功、修改后的数据块信息等)提交到 NameNode。

4.4.1 HDFS 读文件流程

HDFS 读文件流程如图 4-3 所示,HDFS 内部的执行过程如下。

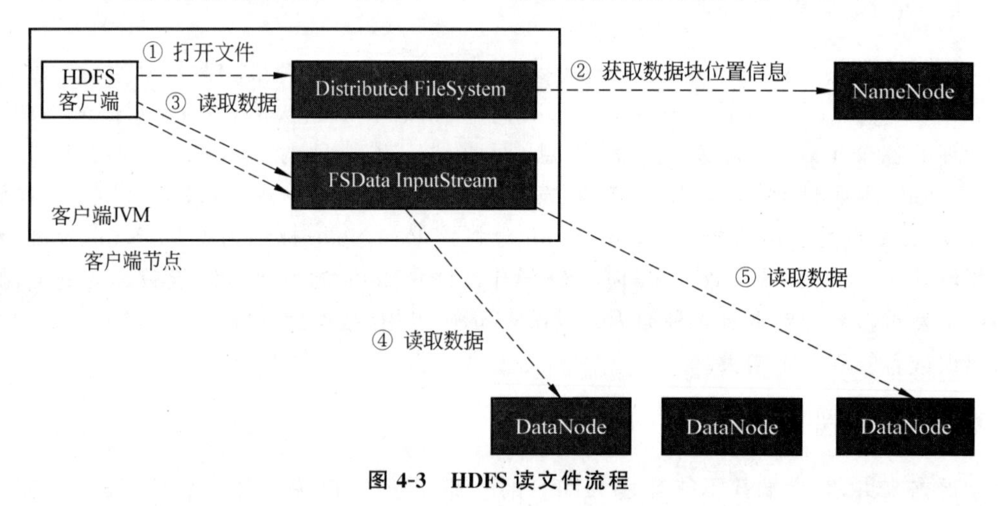

图 4-3 HDFS 读文件流程

(1) 客户端首先调用 DistributedFileSystem 对象的 open 方法打开文件,调用 open 方法后,DistributeFileSystem 会创建输入流 FSDataFileSystem,对于 HDFS 而言,具体的输入流就是 DFSInputStream。

(2) 输入流通过 ClientProtocal.getBlockLocations()远程调用名称节点,获得文件的第一批数据块的位置,同一数据块按照副本数会返回多个位置,距离客户端近的排在前面;然后,DistributedFileSystem 会利用 DFSInputStream 来实例化 FSDataInputStream,返回给客户端,同时返回数据块的数据节点地址。

(3) 获得输入流 DFSInputStream 对象后,客户端调用 read 方法开始读取数据,通过 DFSInputStream 可以方便地管理 DataNode 和 NameNode 数据流。DFSInputStream 就会找出离客户端最近的 DataNode 建立连接并读取数据。

(4) 数据从 DataNode 源源不断地流向客户端,如果第一个数据块的数据读完了,就会关闭指向第一个数据块的 DataNode 连接。输入流通过 getBlockLocations 方法查找下一个数据块(如果客户端缓存中已经包含了该数据块的位置信息,就不需要调用该方法)

读取数据。

(5) 如果第一批数据块都读完了，DFSInputStream就会去NameNode获取下一批数据块的位置，然后继续读，如果所有的数据块都读完，调用FSDataInputStream的close方法，关闭输入流。

注意：在读取数据的过程中，如果客户端与数据节点通信时出现错误，就会尝试连接包含此数据块的下一个数据节点。

4.4.2 HDFS写文件流程

HDFS写文件流程如图4-4所示，HDFS内部的执行过程如下。

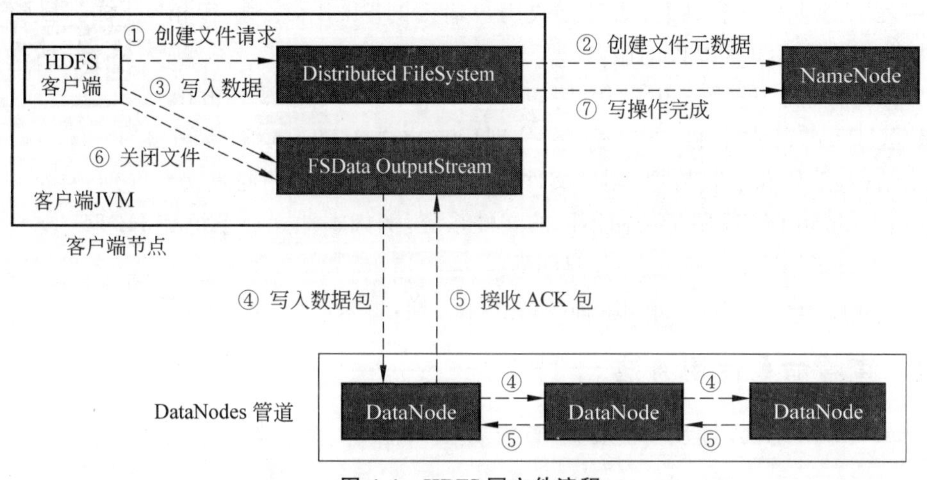

图4-4 HDFS写文件流程

(1) 客户端通过调用DistributedFileSystem对象的create方法向NameNode发出写文件请求。

(2) DistributedFileSystem对象使用RPC(远程过程调用)连接到NameNode，并启动新的文件创建，但是此时的文件创建操作不与文件任何块相关联。创建前，NameNode会做各种校验，例如文件是否存在，客户端有无权限去创建等。如果校验通过，NameNode就会记录下新文件(创建一条新的记录)，否则就会抛出I/O异常到客户端。

(3) 一旦NameNode创建一条新的记录，返回一个FSDataOutputStream类型的对象到客户端，客户端使用它来写入数据到HDFS。与读文件相似，FSDataOutputStream被封装成DFSOutputStream，DFSOutputStream可以协调NameNode和DataNode。客户端写入数据，DFSOutputStream会把数据切成一个个数据包，这些数据包连接排队到一个队列被称为DataQueue。

(4) 名为DataStreamer的组件接受、处理DataQueue，DataStreamer请求NameNode分配新的块Block用来存储数据包，并问询NameNode这个新的Block最适合存储在哪几个DataNode里，例如重复数是3，那么就找到3个最适合的DataNode，把它们排成一个管道pipeline。客户端把数据包以流的方式写入管道的第一个DataNode，第一个DataNode又把数据包输出到第二个DataNode中，以此类推。

(5) DFSOutputStream 还有一个叫 Ack Queue 的队列,由 DataNodes 等待确认的数据包组成,当管道中的所有 DataNodes 都表示已经收到的时候,这时 Ack Queue 才会把对应的等待确认的数据包移除掉。

(6) 客户端完成写数据后,调用 close 方法关闭写入流。

4.5 HDFS 的 Shell 操作

HDFS 提供了多种数据访问方式,其中,命令行的形式是最简单的,也是许多开发者最容易掌握的方式。Shell 是指一种应用程序,这个应用程序提供了一个界面,通过接收用户输入的 Shell 命令执行相应的操作,访问 HDFS 提供的服务。

HDFS 的 Shell 操作

Hadoop 支持很多 Shell 命令,例如 hadoop fs、hadoop dfs 和 hdfs dfs 都是 HDFS 最常用的 Shell 命令,分别用来查看 HDFS 文件系统的目录结构、上传和下载数据、创建文件等,这 3 个命令既有相同点又有区别。

(1) hadoop fs: 适用于任何不同的文件系统,例如本地文件系统和 HDFS。

(2) hadoop dfs: 只能适用于 HDFS。

(3) hdfs dfs: 与 hadoop dfs 命令的作用一样,也只能适用于 HDFS。

4.5.1 查看命令使用方法

登录 Linux 系统,打开一个终端,首先启动 Hadoop,命令如下:

```
cd /usr/local/hadoop
./sbin/start-dfs.sh
```

关闭 Hadoop,命令如下:

```
./sbin/stop-dfs.sh
```

可以在终端输入如下命令,查看 hdfs dfs 总共支持哪些操作。

```
cd /usr/local/hadoop
./bin/hdfs dfs
```

上述命令执行后,会显示类似如下结果(这里只列出部分命令):

```
[-appendToFile <localsrc>… <dst>]
[-cat [-ignoreCrc] <src>…]
[-checksum <src>…]
[-chgrp [-R] GROUP PATH…]
[-chmod [-R] <MODE[,MODE]… | OCTALMODE> PATH…]
[-chown [-R] [OWNER][:[GROUP]] PATH…]
[-copyFromLocal [-f] [-p] [-l] <localsrc>… <dst>]
[-copyToLocal [-p] [-ignoreCrc] [-crc] <src>… <localdst>]
[-count [-q] [-h] <path>…]
```

```
[-cp [-f] [-p | -p[topax]] <src>… <dst>]
[-createSnapshot <snapshotDir>[<snapshotName>]]
[-deleteSnapshot <snapshotDir><snapshotName>]
[-df [-h] [<path>…]]
[-du [-s] [-h] <path>…]
[-expunge]
[-find <path>… <expression>…]
[-get [-p] [-ignoreCrc] [-crc] <src>… <localdst>]
[-getfacl [-R] <path>]
[-getfattr [-R] {-n name | -d} [-e en] <path>]
[-getmerge [-nl] <src><localdst>]
[-help [cmd …]]
[-ls [-d] [-h] [-R] [<path>…]]
[-mkdir [-p] <path>…]
[-moveFromLocal <localsrc>… <dst>]
[-moveToLocal <src><localdst>]
[-mv <src>… <dst>]
[-put [-f] [-p] [-l] <localsrc>… <dst>]
```

可以看出,hdfs dfs 命令的统一格式类似于 hdfs dfs -ls 这种形式,即在"-"后面跟上具体的操作。

可以查看某个命令的作用,例如,当需要查询 cp 命令的具体用法时,可以采用如下命令:

```
./bin/hdfs dfs -help cp
```

输出的结果如下:

```
-cp [-f] [-p | -p[topax]] <src>… <dst>:
  Copy files that match the file pattern <src>to a destination.  When copying
  multiple files, the destination must be a directory. Passing -p preserves status
  [topax] (timestamps, ownership, permission, ACLs, XAttr). If -p is specified
  with no <arg>, then preserves timestamps, ownership, permission. If -pa is
  specified, then preserves permission also because ACL is a super-set of
  permission. Passing -f overwrites the destination if it already exists. raw
  namespace extended attributes are preserved if (1) they are supported (HDFS
  only) and, (2) all of the source and target pathnames are in the /.reserved/raw
  hierarchy. raw namespace xattr preservation is determined solely by the presence
  (or absence) of the /.reserved/raw prefix and not by the -p option.
```

4.5.2　HDFS 常用的 Shell 操作

HDFS 支持的命令很多,下面给出常用的部分。

1. 创建目录命令 mkdir

mkdir 命令用于在指定路径下创建子目录(文件夹),其语法格式如下:

```
hdfs dfs -mkdir [-p] <paths>
```

其中,-p 参数表示创建子目录时先检查路径是否存在,如果不存在,则创建相应的各级目录。

需要注意的是,Hadoop 系统安装好以后,第一次使用 HDFS 时,需要首先在 HDFS 中创建用户目录。本书全部采用 hadoop 用户登录 Linux 系统,因此,需要在 HDFS 中为 hadoop 用户创建一个用户目录,命令如下:

```
$cd /usr/local/hadoop
$./bin/hdfs dfs -mkdir -p /user/hadoop
```

该命令表示在 HDFS 中创建一个/user/hadoop 目录,/user/hadoop 目录就成为 hadoop 用户对应的用户目录。

下面可以使用如下命令创建一个 input 目录:

```
$./bin/hdfs dfs -mkdir input
```

在创建 input 目录时,采用了相对路径形式,实际上,这个 input 目录在 HDFS 中的完整路径是/user/hadoop/input。如果要在 HDFS 的根目录下创建一个名称为 input 的目录,则需要使用如下命令:

```
$./bin/hdfs dfs -mkdir /input
```

2. 列出指定目录下的内容命令 ls

ls 命令用于列出指定目录下的内容,其语法格式如下:

```
hdfs dfs -ls [-d] [-h] [-R] <paths>
```

各项参数说明如下。

-d:将目录显示为普通文件。

-h:使用便于操作人员读取的单位信息格式,优化文件大小显示。

-R:递归显示所有子目录的信息。

示例代码如下:

```
$./bin/hdfs dfs -ls /user/hadoop              #显示 HDFS 中/user/hadoop 目录下的内容
```

上述示例代码执行完成后会展示 HDFS 中/user/hadoop 目录下的所有文件及文件夹,如图 4-5 所示。

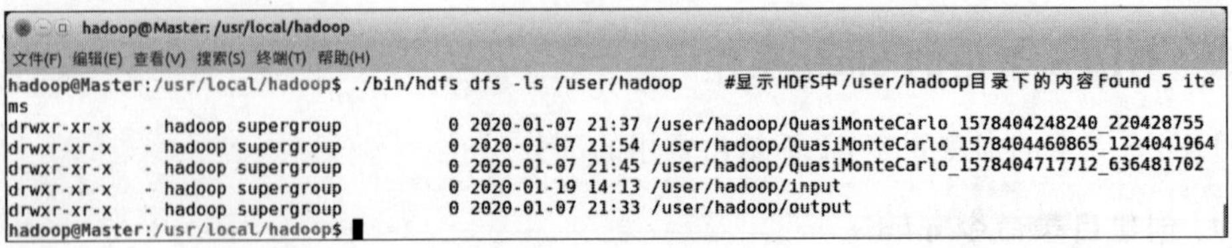

```
hadoop@Master: /usr/local/hadoop
文件(F) 编辑(E) 查看(V) 搜索(S) 终端(T) 帮助(H)
hadoop@Master:/usr/local/hadoop$ ./bin/hdfs dfs -ls /user/hadoop    #显示HDFS中/user/hadoop目录下的内容Found 5 ite
ms
drwxr-xr-x   - hadoop supergroup          0 2020-01-07 21:37 /user/hadoop/QuasiMonteCarlo_1578404248240_220428755
drwxr-xr-x   - hadoop supergroup          0 2020-01-07 21:54 /user/hadoop/QuasiMonteCarlo_1578404460865_1224041964
drwxr-xr-x   - hadoop supergroup          0 2020-01-07 21:45 /user/hadoop/QuasiMonteCarlo_1578404717712_636481702
drwxr-xr-x   - hadoop supergroup          0 2020-01-19 14:13 /user/hadoop/input
drwxr-xr-x   - hadoop supergroup          0 2020-01-07 21:33 /user/hadoop/output
hadoop@Master:/usr/local/hadoop$
```

图 4-5 ls 命令的效果

可以使用 rm 命令删除一个目录，例如，可以使用如下命令删除前面创建的/input 目录：

```
$./bin/hdfs dfs -rm -r /input
```

上面命令中，r 参数表示删除 input 目录及其子目录下的所有内容。

3. 上传文件命令 put

put 命令用于从本地文件系统向 HDFS 中上传文件，其语法格式如下：

```
$./bin/hdfs dfs -put? [-f] [-p] ?<localsrc1>… <dst>
```

功能：将单个 localsrc 或多个 localsrc 从本地文件系统上传到 HDFS 中。

各项参数说明如下。

-p：保留访问和修改时间、所有权和权限。

-f：覆盖目标文件(如果已经存在)。

首先使用 vim 编辑器，在本地 Linux 文件系统的/home/hadoop/目录下创建一个文件 myLocalFile.txt。

```
$vim /home/hadoop/myLocalFile.txt
```

里面可以随便输入一些字符，例如，输入如下三行：

```
Hadoop
Spark
Hive
```

可以使用如下命令把本地文件系统的中的文件/home/hadoop/myLocalFile.txt 上传到 HDFS 中的当前用户目录的 input 目录下，也就是上传到 HDFS 的/user/hadoop/input 目录下：

```
$./bin/hdfs dfs -put /home/hadoop/myLocalFile.txt input
```

可以使用 ls 命令查看一下文件是否成功上传到 HDFS 中，具体如下：

```
$./bin/hdfs dfs -ls input
```

该命令执行后，如果显示类似如下信息则表明成功上传：

```
-rw-r--r--   2 hadoop supergroup          19 2020-01-19 14:13 input/
myLocalFile.txt
```

4. 从 HDFS 中下载文件到本地文件系统命令 get

下面把 HDFS 中的 myLocalFile.txt 文件下载到本地文件系统中“/home/hadoop/下载”这个目录下，命令如下：

```
$./bin/hdfs dfs -get input/myLocalFile.txt /home/hadoop/下载
```

5. HDFS 中的复制命令 cp

cp 命令用于把 HDFS 中的一个目录下的一个文件复制到 HDFS 中的另一个目录下，其语法格式如下：

```
hdfs dfs -cp URI[URI…] <dest>
```

把 HDFS 的/user/hadoop/input/ myLocalFile.txt 文件复制到 HDFS 的另外一个目录/input 中(注意，这个 input 目录位于 HDFS 根目录下)的命令如下：

```
$./bin/hdfs dfs -cp input/myLocalFile.txt /input
```

下面使用如下命令查看 HDFS 中/input 目录下的内容：

```
./bin/hdfs dfs -ls /input
```

该命令执行后，如显示类似如下的信息表明复制成功：

```
Found 1 items
-rw-r--r--   2 hadoop supergroup          19 2020-01-19 14:23 /input/
myLocalFile.txt
```

将文件从源路径复制到目标路径，这个命令允许有多个源路径，此时目标路径必须是一个目录。

6. 查看文件内容命令 cat

cat 命令用于查看文件内容，其语法格式如下：

```
hdfs dfs -cat URI[URI…]
```

下面使用 cat 命令查看 HDFS 中的 myLocalFile.txt 文件的内容：

```
$hdfs dfs -cat input/myLocalFile.txt
Hadoop
Spark
Hive
```

7. HDFS 目录中移动文件命令 mv

mv 命令用于将文件从源路径移动到目标路径，这个命令允许有多个源路径，此时目标路径必须是一个目录，其语法格式如下：

```
hdfs dfs -mv URI[URI…] <dest>
```

下面使用 mv 命令将 HDFS 中 input 目录下的 myLocalFile.txt 文件移动到 HDFS 中 output 下：

```
$hdfs dfs -mv input/myLocalFile.txt output
```

8. 显示文件大小命令 du

du 命令用于显示目录中所有文件大小,当只指定一个文件时,显示此文件的大小,示例如下:

```
$hdfs dfs -du  /user/hadoop/input
4436  /user/hadoop/input/capacity-scheduler.xml
1129  /user/hadoop/input/core-site.xml
1175  /user/hadoop/input/mapred-site.xml
19    /user/hadoop/input/myLocalFile.txt
918   /user/hadoop/input/yarn-site.xml
```

9. 追加文件内容命令 appendToFile

appendToFile 命令用于追加一个文件到已经存在的文件末尾,其语法格式如下:

```
hdfs dfs -appendToFile  <localsrc>… <dst>
```

在/home/hadoop 目录下的 word.txt 文件的内容是 hello hadoop,下面的命令将该内容追加到 HDFS 中的 myLocalFile.txt 文件的末尾:

```
$hdfs dfs -appendToFile /home/hadoop/word.txt input/myLocalFile.txt
$hdfs dfs -cat input/myLocalFile.txt
Hadoop
Spark
Hive

hello hadoop
```

注意:HDFS 不能进行修改,但可以进行追加。

10. 从本地文件系统中复制文件到 HDFS 中的命令 copyFromLocal

copyFromLocal 命令用于从本地文件系统中复制文件到 HDFS 目录中,其语法格式如下:

```
hdfs dfs -copyFromLocal  <localsrc>URI
```

下面的命令将本地文件/home/hadoop/word.txt 复制到 HDFS 中的 input 目录下:

```
$hdfs dfs -copyFromLocal  /home/hadoop/word.txt input
$hdfs dfs -ls input                       #执行 ls 命令可看到 word.txt 文件已经存在
-rw-r--r--   2 hadoop supergroup         13 2020-01-20 10:00 input/word.txt
```

11. 从 HDFS 中复制文件到本地命令 copyToLocal

copyToLocal 命令用于将 HDFS 中的文件复制到本地,下面的命令将 HDFS 中的文件 myLocalFile.txt 复制到本地/home/hadoop 目录下,并重命名为 LocalFile100.txt:

```
$hdfs dfs -copyToLocal input/myLocalFile.txt /home/hadoop/LocalFile100.txt
```

12. 从 HDFS 中删除文件命令 rm

rm 命令用于删除 HDFS 中的文件和目录,示例如下:

```
hdfs dfs -rm input/myFile.txt
```

4.5.3 HDFS 管理员命令

HDFS 命令分为用户命令(如 dfs 等)和管理员命令(如 dfsadmin 等)。dfsadmin 是一个多任务的工具,可以使用它来获取 HDFS 的状态信息,以及在 HDFS 上执行的一系列管理操作,调用方式为"hdfs dfsadmin -具体的命令"。

1. 查看文件系统的基本信息和统计信息命令 report

report 命令用来查看 HDFS 状态,例如有哪些 DataNode,每个 DataNode 的情况,示例如下:

```
$hdfs dfsadmin -report
```

2. 安全模式命令 safemode

hdfs dfsadmin -safemode enter:进入安全模式。
hdfs dfsadmin -safemode leave:离开安全模式。

4.5.4 HDFS 的 Java API 操作

除了通过命令行接口访问 HDFS 系统外,还可以通过 Hadoop 类库提供的 Java API 编写 Java 程序来访问 HDFS 系统,如进行文件的上传、下载、目录的创建、文件的删除等各种文件操作。下面将介绍 HDFS 常用的 Java API 及其编程实例。对 HDFS 中的文件操作主要涉及的类如表 4-1 所示。

表 4-1 HDFS 文件操作主要涉及的类

类 名 称	作 用
org.apache.hadoop.con.Configuration	该类的对象封装了客户端或者服务器的配置
org.apache.hadoop.fs.FileSystem	该类的对象是一个文件系统对象,可以用该对象的一些方法来对文件进行操作
org.apache.hadoop.fs.FileStatus	用于向客户端展示系统中文件和目录的元数据,具体包括文件大小、块大小、副本信息、所有者和修改时间等
org.apache.hadoop.fs.FSDatalnputStream	文件输入流,用于读取 Hadoop 文件
org.apache.hadoop.fs.FSDataOutputStream	文件输出流,用于写入 Hadoop 文件
org.apache.hadoop.fs.Path	用于表示 Hadoop 文件系统中的文件或者目录的路径

通过 FileSystem 对象的一些方法可以对文件进行操作，FileSystem 对象的常用方法如表 4-2 所示。

表 4-2　FileSystem 对象的常用方法

方 法 名 称	方 法 描 述
copyFromLocalFile(Path src, Path dst)	从本地磁盘复制文件到 HDFS
copyToLocalFile(Path src, Path dst)	从 HDFS 复制文件到本地磁盘
mkdirs(Path f)	建立子目录
rename(Path src,Path dst)	重命名文件或文件夹
delete(Path f)	删除指定文件

4.5.5　利用 HDFS 的 Web 管理页面

HDFS 提供了 Web 管理页面，可以很方便地查看 HDFS 的相关信息。需要在 Linux 系统中(不是 Windows 系统)打开自带的 Firefox 浏览器，在浏览器地址栏中输入 http://localhost:50070，按 Enter 键后就可以看到如图 4-6 所示的 HDFS 的 Web 管理页面。

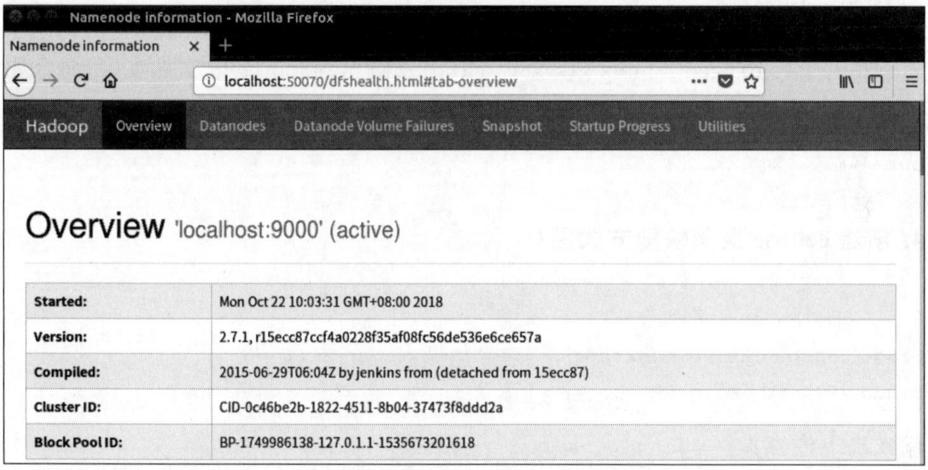

图 4-6　HDFS 的 Web 管理页面

在 HDFS 的 Web 管理页面中，包含了 Overview、Datanodes、Datanode Volume Failures、Snapshot、Startup Progress 和 Utilities 等菜单选项，单击每个菜单选项可以进入相应的管理页面，查询各种详细信息。

4.6　HDFS 编程实践

Hadoop 采用 Java 语言开发，提供了 Java API 与 HDFS 进行交互。上面介绍的 Shell 命令，在执行时实际上会被系统转换成 Java API 调用。为了提高程序编写和调试效率，本书采用 Eclipse 工具编写 Java 程序。

4.6.1 安装 eclipse

1. 安装 JDK

在 3.3.1 节已经安装了 jdk-8u181-linux-x64.tar.gz，在终端执行 java -version 命令出现如图 4-7 所示的界面说明 JDK 已经安装成功。

```
hadoop@Master: /opt/jvm
文件(F) 编辑(E) 查看(V) 搜索(S) 终端(T) 帮助(H)
hadoop@Master:/opt/jvm$ java -version
java version "1.8.0_181"
Java(TM) SE Runtime Environment (build 1.8.0_181-b13)
Java HotSpot(TM) 64-Bit Server VM (build 25.181-b13, mixed mode)
hadoop@Master:/opt/jvm$
```

图 4-7 执行 java -version 命令的结果界面

2. 下载 eclipse：eclipse-java-oxygen-2-linux-gtk-x86_64.tar.gz

注：如果 Ubuntu 系统是 64 的，需要下载 64 位的 JDK。

3. 安装 eclipse

将 eclipse-java-oxygen-2-linux-gtk-x86_64.tar.gz 解压到/opt/jvm 文件夹中，命令如下：

```
$sudo tar -zxvf ~/下载/eclipse-java-oxygen-2-linux-gtk-x86_64.tar.gz -C /
opt/jvm
```

4. 创建 eclipse 桌面快捷方式图标

```
$cd /home/hadoop/桌面
$sudo touch eclipse.desktop
$sudo vim eclipse.desktop
```

输入以下内容：

```
[Desktop Entry]
Encoding=UTF-8
Name=Eclipse
Comment=Eclipse IDE
Exec=/opt/jvm/eclipse/eclipse
Icon=/opt/jvm/eclipse/icon.xpm
Terminal=false
StartupNotify=true
Type=Application
Categories=Application;Development;
```

保存 eclipse.desktop 文件，执行如下命令将其变为可执行文件：

```
$sudo chmod u+x eclipse.desktop
```

找到 Eclipse 图标并右击，在弹出的快捷菜单中选择“属性”命令，在弹出的界面中单击“权限”按钮，在打开的界面中勾选“允许作为程序执行文件”复选框。

到此 eclipse 就全部安装完啦。

注意：Ubuntu 上的 eclipse 不显示顶部状态栏的解决办法：

```
$sudo vim /etc/profile                  #编辑 profile 文件
$export UBUNTU_MENUPROXY=0              #在 profile 文件下部添加该语句，并保存
$reboot                                 #重启 Ubuntu 系统
```

4.6.2　在 eclipse 中创建项目

首次启动 eclipse 时，会弹出提示设置工作空间（workspace）的界面，可以直接采用默认的设置，这里设置为/home/hadoop/eclipse-workspace，单击 OK 按钮，设置工作空间。

eclipse 启动以后，选择 File→New→Java Project 命令，开始创建一个 Java 工程，弹出图 4-8。

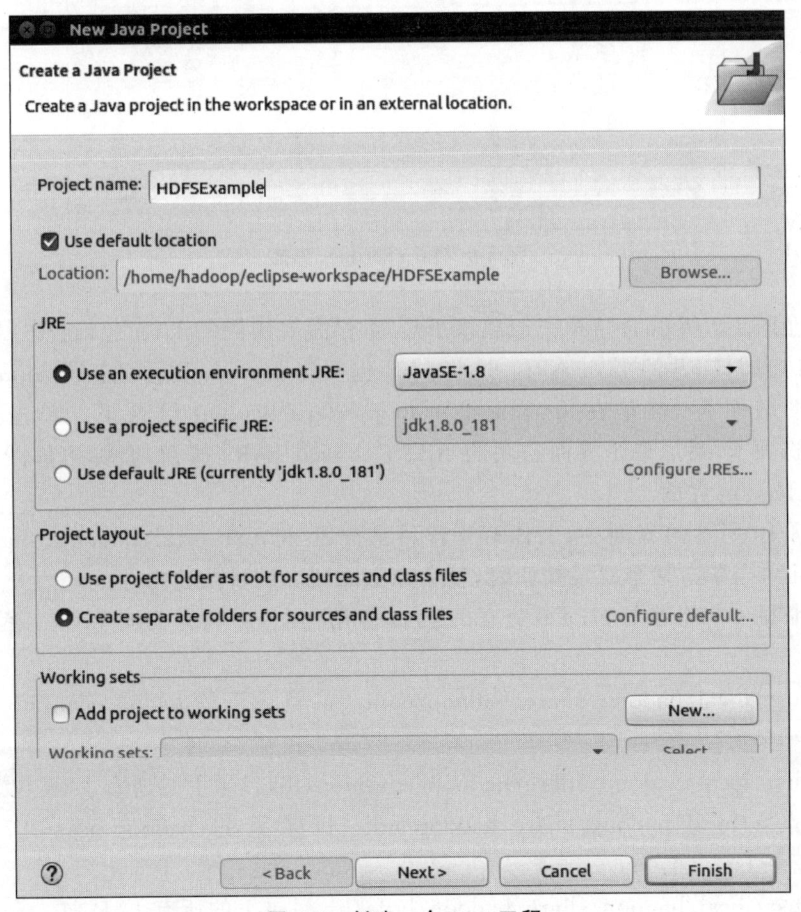

图 4-8　创建一个 Java 工程

在 Project name 后面输入工程名称 HDFSExample,选中 Use default location 复选框,将 Java 工程的所有文件都保存到/home/hadoop/eclipse-workspace/HDFSExample 目录下。然后单击界面底部的 Next 按钮,进入下一步设置。

4.6.3 为项目添加需要用到的 JAR 包

进入下一步设置以后,会弹出如图 4-9 所示的 Java Settings 界面。

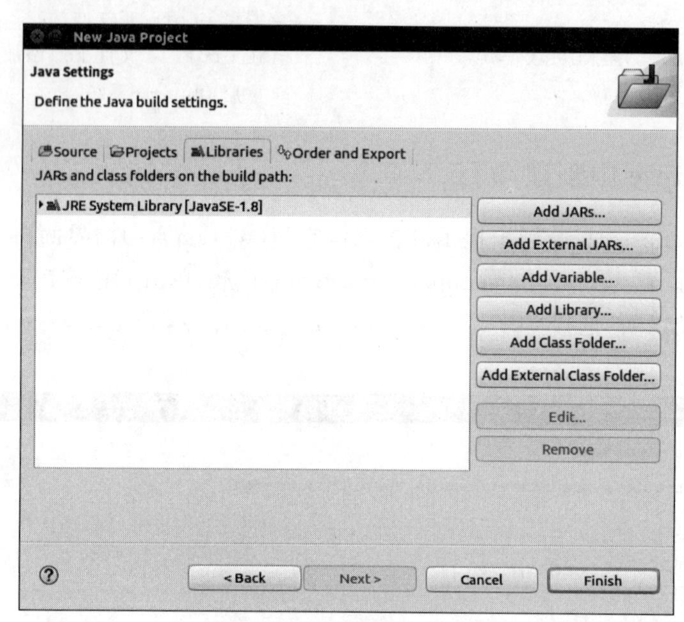

图 4-9 Java Settings 界面

需要在图 4-9 所示的界面中加载该 Java 工程需要用到的 JAR 包,这些 JAR 包中包含了可以访问 HDFS 的 Java API。这些 JAR 包都位于 Linux 系统的 Hadoop 安装目录下,对于本书而言,就是在/usr/local/hadoop/share/hadoop 目录下。单击界面中的 Libraries 选项卡,然后单击界面右侧的 Add External JARs 按钮,会弹出如图 4-10 所示的 JAR Selection 界面。

在图 4-10 所示的界面中,上面有一排目录按钮(即 usr、local、hadoop、share、hadoop 和 common),当单击某个目录按钮时,就会在下面列出该目录的内容。

为了编写一个能够与 HDFS 交互的 Java 应用程序,一般需要向 Java 工程中添加以下 JAR 包。

(1) /usr/local/hadoop/share/hadoop/common 目录下的 hadoop-common-2.7.1.jar 和 hadoop-nfs-2.7.1.jar。

(2) /usr/local/hadoop/share/hadoop/common/lib 目录下的所有 JAR 包。

(3) /usr/local/hadoop/share/hadoop/hdfs 目录下的 hadoop-hdfs-2.7.1.jar 和 hadoop-hdfs-nfs-2.7.1.jar。

(4) /usr/local/hadoop/share/hadoop/hdfs/lib 目录下的所有 JAR 包。

例如,如果要把/usr/local/hadoop/share/hadoop/common 目录下的 hadoop-

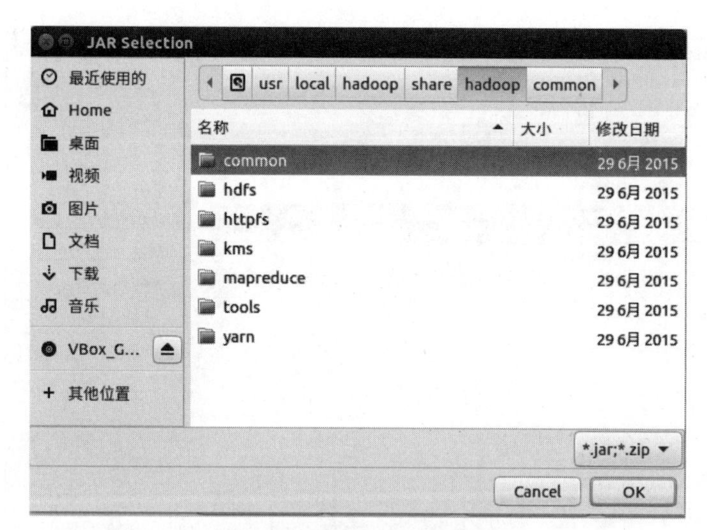

图 4-10　JAR Selection 界面

common-2.7.1.jar 和 hadoop-nfs-2.7.1.jar 添加到当前的 Java 工程中，可以进入到 common 目录，然后界面会显示 common 目录下的所有内容，如图 4-11 所示。在界面中选中 hadoop-common-2.7.1.jar 和 hadoop-nfs-2.7.1.jar，然后单击界面右下角的 OK 按钮，就可以把这两个 JAR 包添加到当前 Java 工程中，出现的界面如图 4-12 所示。

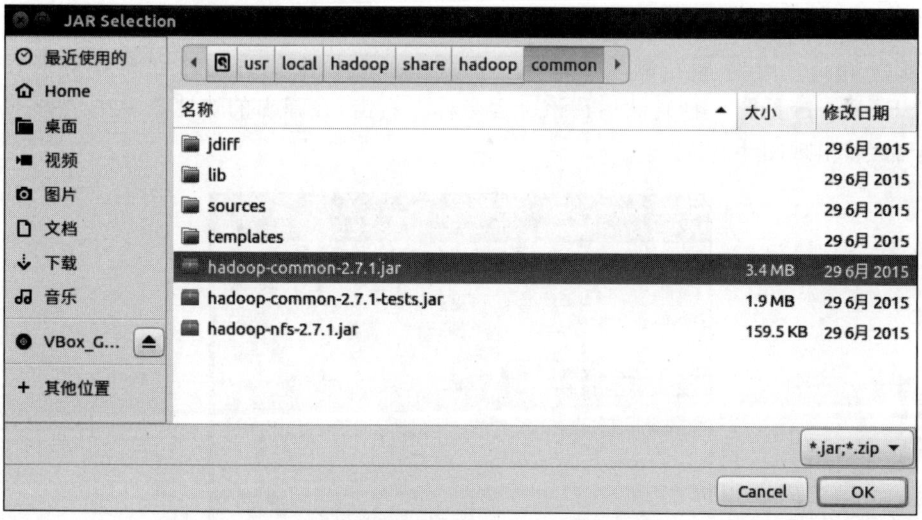

图 4-11　选择 common 目录下的 JAR 包

然后按照上述添加 JAR 包类似的操作方法，可以再次单击 Add External JARs 按钮，把剩余的其他 JAR 包都添加进来。需要注意的是，当需要选中某个目录下的所有 JAR 包时，可以使用 Ctrl＋A 组合键进行全选操作。全部添加完毕后，就可以单击界面右下角的 Finish 按钮，完成 Java 工程 HDFSExamle 的创建。

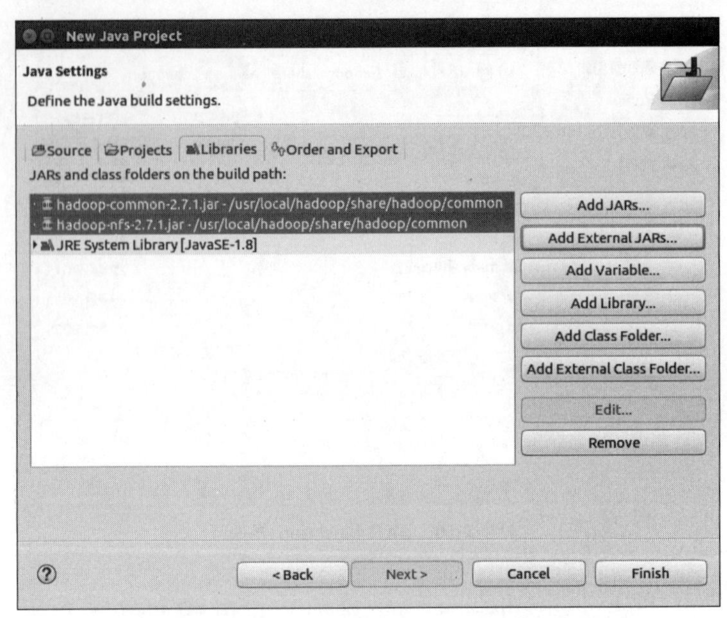

图 4-12　完成 common 目录下 JAR 包添加后的界面

4.6.4　编写 Java 应用程序

下面编写一个 Java 应用程序，用来检测 HDFS 中是否存在一个文件。

在 eclipse 工作界面左侧的 Package Explorer 面板中找到刚才创建好的工程名称 HDFSExample(见图 4-13)，然后在该工程名称上右击，在弹出的快捷菜单中选择 New→Class 命令，出现图 4-14。

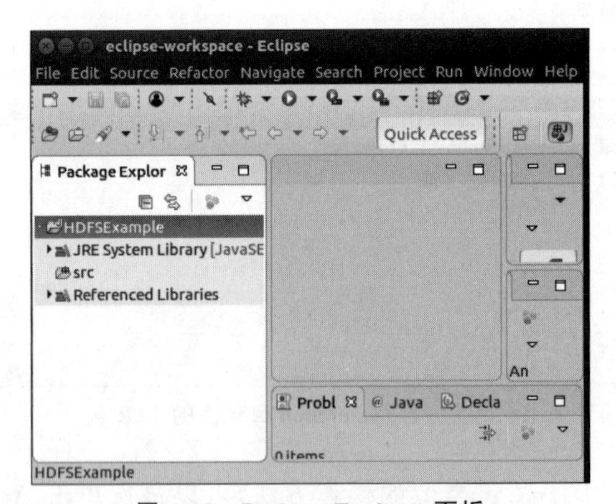

图 4-13　Package Explorer 面板

在图 4-14 所示的界面中，只需要在 Name 后面输入新建的 Java 类文件的名称，这里采用名称 Rename，其他都可以采用默认设置，然后单击界面右下角的 Finish 按钮，出现如图 4-15 所示的界面。

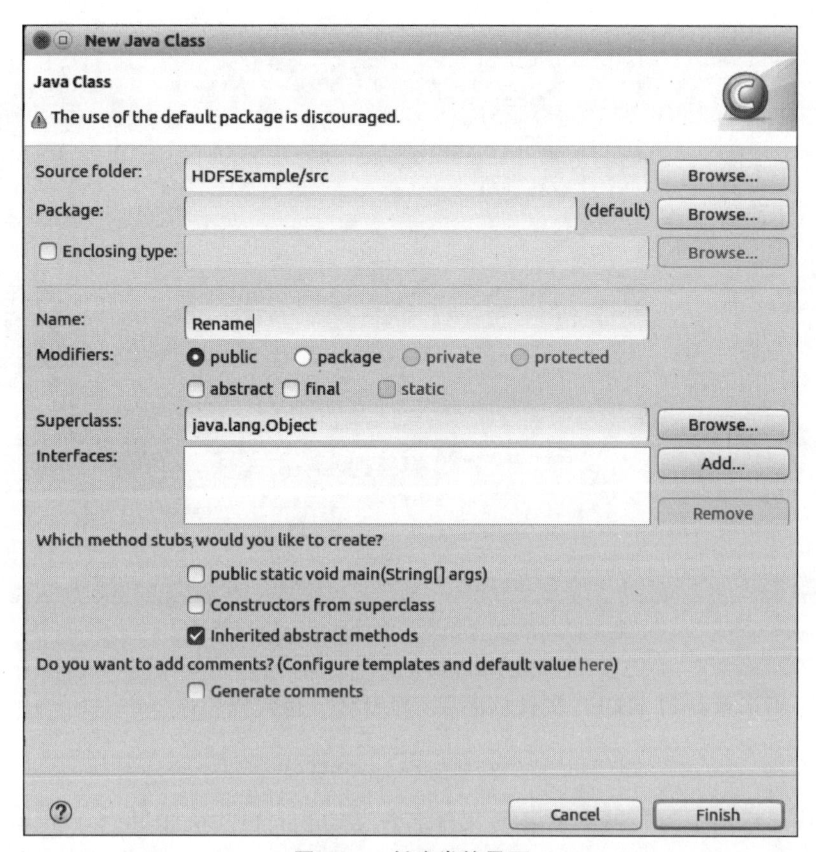

图 4-14　创建类的界面

可以看出，eclipse 自动创建了一个名为 Rename.java 的源代码文件，在该文件中输入以下代码：

```
import org.apache.hadoop.conf.Configuration;
import org.apache.hadoop.fs.FileSystem;
import org.apache.hadoop.fs.Path;
public class Rename{
    public static void main(String[] args) throws Exception {
        Configuration conf=new Configuration();
        conf.set("fs.defaultFS", "hdfs://Master:9000");
        conf.set("fs.hdfs.impl", "org.apache.hadoop.hdfs.DistributedFileSystem");
        FileSystem fs =FileSystem.get(conf);
        Path frpaht=new Path("input/myLocalFile.txt");     //旧的文件名
        Path topath=new Path("input/myLocalFile1.txt");    //新的文件名
        boolean isRename=fs.rename(frpaht, topath);
        String result=isRename?"成功":"失败";
        System.out.println("文件重命名结果为:"+result);
    }
}
```

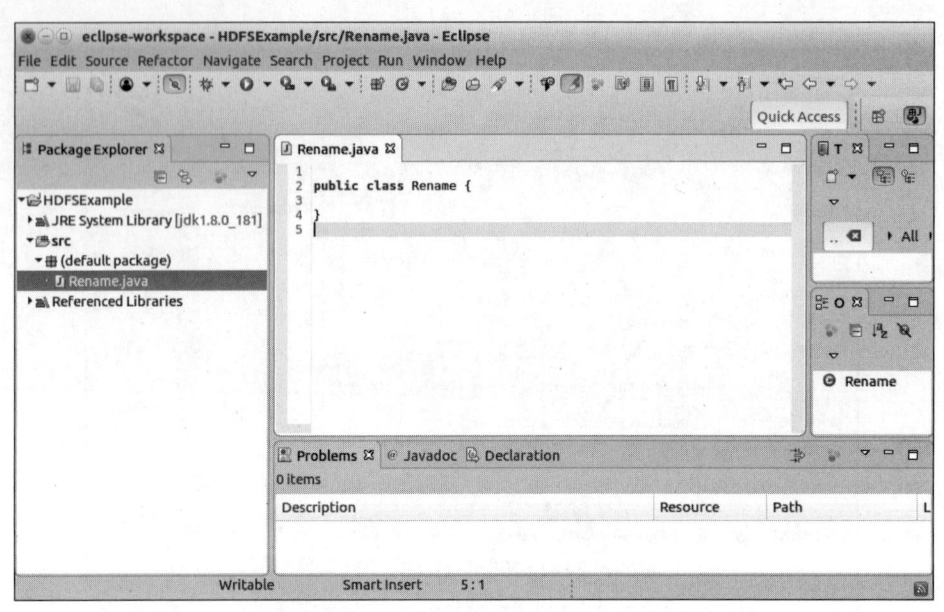

图 4-15 新建一个类文件以后的 eclipse 界面

该程序用来重命名 HDFS 文件的名字,其中有一行代码:

```
Path frpaht=new Path("input/myLocalFile.txt")
```

这行代码给出了需要被重命名的文件名称是 input/myLocalFile.txt,没有给出路径全称,表示采用了相对路径,实际上就是重命名当前登录 Linux 系统的用户 hadoop,在 HDFS 中对应的用户目录下的 input 目录下的 myLocalFile.txt 文件,也就是重命名 HDFS 中的/user/hadoop/ input 目录下的 myLocalFile.txt 文件。

4.6.5 编译运行程序

在开始编译运行程序之前,一定要确保 Hadoop 已启动运行。

可以直接单击 eclipse 工作界面上部的 Run 菜单,选择 Run As→Java Application 命令编译运行上面编写的代码,然后会弹出如图 4-16 所示的提示保存的界面。

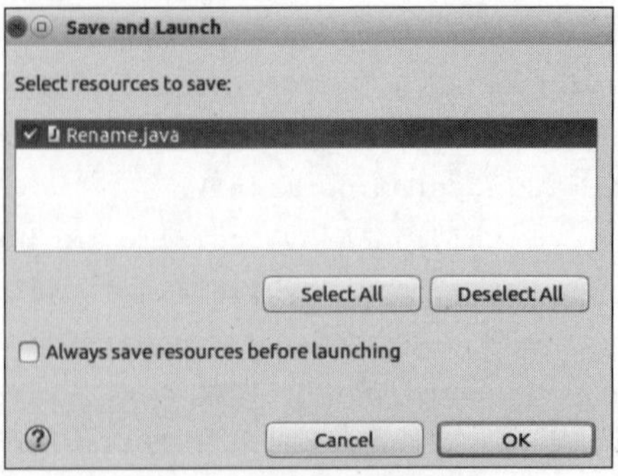

图 4-16 提示保存的界面

单击 OK 按钮保存并执行后的界面如图 4-17 所示，文件重命名成功。

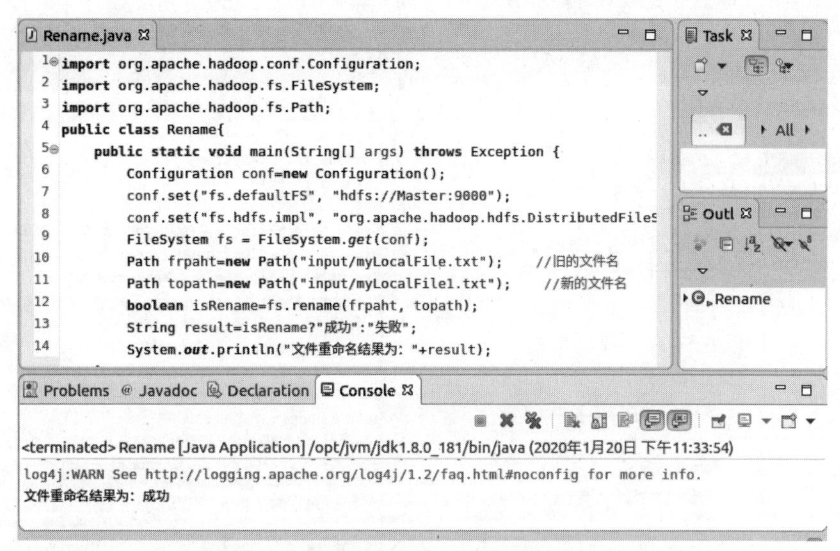

图 4-17　运行结果界面

4.6.6　应用程序的部署

下面介绍如何把 Java 应用程序生成 JAR 包，部署到 Hadoop 平台上运行。首先，在 Hadoop 安装目录下新建一个名称为 myapp 的目录，用来存储所编写的 Hadoop 应用程序，可以在 Linux 的终端中执行如下命令：

```
$cd /usr/local/hadoop
$mkdir myapp
```

然后在 eclipse 工作界面左侧的 Package Explorer 面板中，在工程名称 HDFSExample 上右击，在弹出的快捷菜单中选择 Export 命令，如图 4-18 所示。

最后会弹出如图 4-19 所示的界面。

在图 4-19 所示的界面中选择 Runnable JAR file，然后单击 Next 按钮，弹出如图 4-20 所示的界面。在该界面中，Launch configuration 用于设置生成的 JAR 包被部署启动时运行的主类，需要在下拉列表中选择刚才配置的类 Rename-HDFSExample。在 Export destination 中需要设置 JAR 包要输出保存到哪个目录，例如，这里设置为/usr/local/hadoop/myapp/HDFSExample.jar。在 Library handling 下面选择 Extract required libraries into generated JAR 单选按钮，然后单击 Finish 按钮，会出现如图 4-21 所示的提示信息界面。

可以忽略该界面的提示信息，直接单击界面右下角的 OK 按钮，启动打包过程。打包过程结束后，会出现一个警告信息界面，如图 4-22 所示。

可以忽略该界面的警告信息，直接单击界面右下角的 OK 按钮。至此，已经顺利把 HDFSExample 工程打包生成了 HDFSExample.jar。可以到 Linux 系统中查看一下生成的 HDFSExample.jar 文件，可以在终端中执行如下命令：

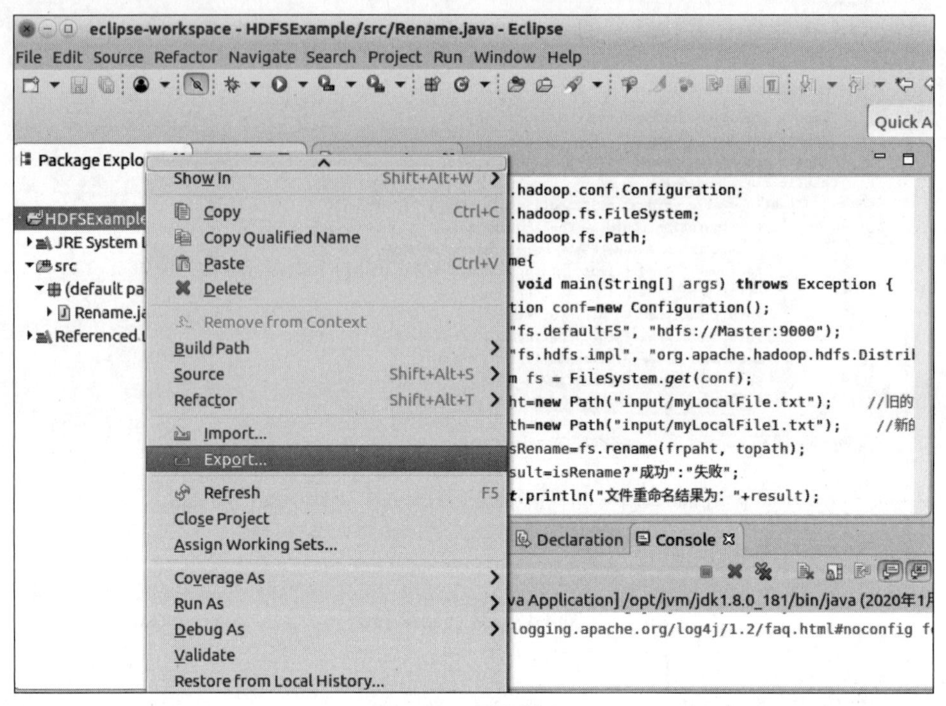

图 4-18 导出程序

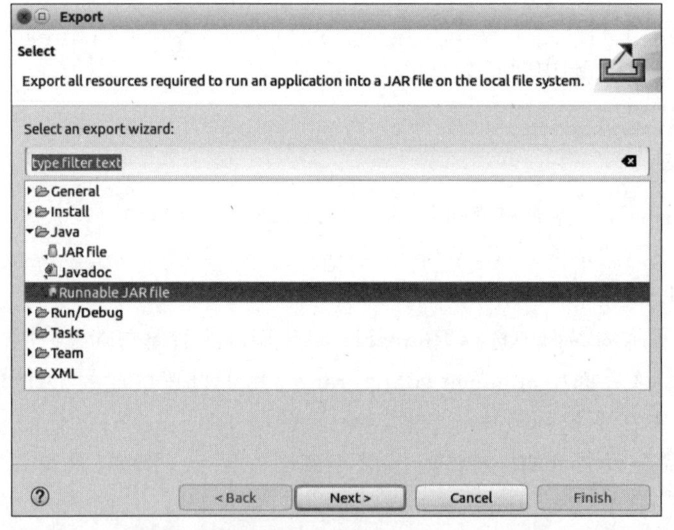

图 4-19 导出程序时选择 Runnable JAR file

```
cd /usr/local/hadoop/myapp
ls
```

可以看到/usr/local/hadoop/myapp 目录下已经存在一个 HDFSExample.jar 文件。现在就可以在 Linux 系统中,使用 hadoop jar 命令运行程序,命令如下:

```
$hadoop jar ./myapp/HDFSExample.jar
```

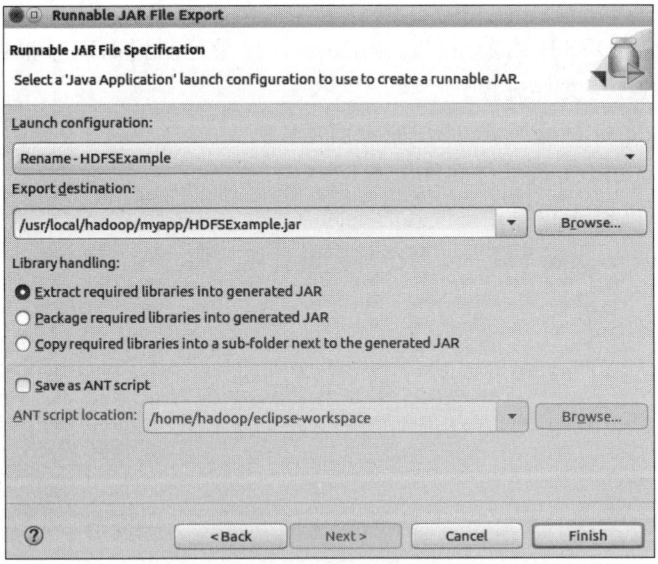

图 4-20　导出程序设置界面

图 4-21　提示信息界面

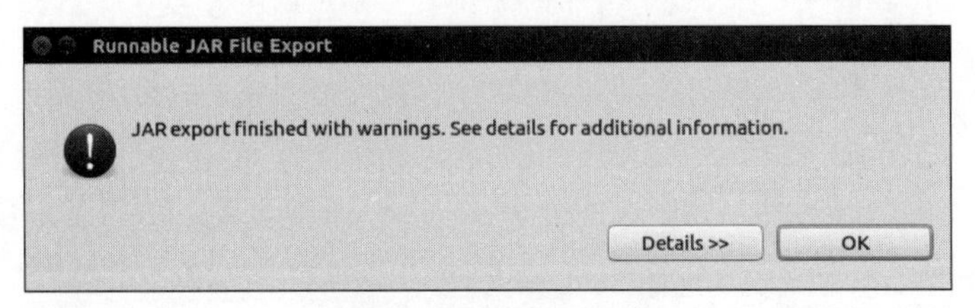

图 4-22　警告信息界面

命令执行结束后，会在屏幕上显示执行结果“文件重命名结果为：成功”。至此，重命名 HDFS 文件的程序就顺利部署完成了。

4.7　习题

1. Hadoop 2.x 版本中的数据块大小默认是多少？

2. 把本地文件系统的“/home/hadoop/文件名.txt”上传到 HDFS 中的当前用户目录

的 input 目录下。

3. 把文件从 HDFS 中当前用户目录的 input 目录复制到 HDFS 根目录。
4. 简述 HDFS 写文件流程。
5. NameNode 和 DataNode 的功能分别是什么?
6. 通过 Java API 实现上传文件至 HDFS 中。
7. 试列举单机模式和伪分布模式的不同点。
8. 试述 Hadoop 生态系统以及每个部分的具体功能。

第5章

MapReduce 分布式计算框架

Hadoop MapReduce 是 Google MapReduce 的一个开源实现，Hadoop MapReduce 是一个软件框架，基于该框架能够容易地编写应用程序，这些应用程序能够运行在由上千个商用机器组成的大集群上，并以一种可靠的、具有容错能力的方式并行地处理上 TB 级别的海量数据集。本章主要介绍 MapReduce 的工作原理、MapReduce 编程类和 MapReduce 词频统计的经典案例实现。

5.1 MapReduce 概述

5.1.1 并发、并行与分布式编程的概念

并发是两个任务可以在重叠的时间段内启动、运行和完成；并行是任务在同一时间运行。并发是独立执行过程的组合，而并行是同时执行(可能相关的)计算。有时并发确实能在同一时间间隔内完成更多的任务，也就是有利于增加任务的吞吐量。因为在单 CPU 的情况下，并不是所有的任务在进行的每时每刻都使用 CPU，也许还要使用 I/O 等设备。在多 CPU 或者多台计算机组成的集群的情况下，就更不用说了。并发是一次处理很多事情，并行是同时做很多事情。并行要比并发更难得，对于单 CPU 来说，除了指令级别的并行，其他情况并不能实行精确的并行。

分布式编程的主要特征是分布和通信。采用分布式编程方法设计程序时，一个程序由若干个可独立执行的程序模块组成。这些程序模块分布于一个分布式计算机系统的几台计算机上同时执行。分布在各台计算机上的程序模块是相互关联的，它们在执行中需要交换数据，即通信。只有通过通信，各程序模块才能协调地完成一个共同的计算任务。

采用分布式编程方法解决计算问题时，必须提供用于进行分布式编程的语言和设计相应的分布式算法。分布式编程语言与常用的各种程序设计语言的主要区别，在于它具有程序分布和通信的功能。因此，分布式编程语言往往可以由一种程序设计语言增加分布和通信的功能而构成。分布式算法和适用于多处理器系统的并行算法，都具有并行执行的特点，但它们是有区别的。设计分

布式算法时，必须保证实现算法的各程序模块间不会有公共变量，它们只能通过通信来交换数据。此外，设计分布式算法时，往往需要考虑健壮性，即当系统中几台计算机失效时，算法仍是有效的。

5.1.2 MapReduce 并行编程模型

MapReduce 是一种编程模型，用于大规模数据集（大于 1TB）的并行运算。MapReduce 应用广泛的原因之一就是其易用性，提供了一个高度抽象化而变得非常简单的编程模型，它是在总结大量应用的共同特点的基础上抽象出来的分布式计算框架，在其编程模型中，将待求解的复杂问题，分解成等价的规模较小的若干部分，然后逐个解决，分别求得各部分的结果，再把各部分的结果组成整个问题的结果。

MapReduce 将复杂的运行于大规模集群上的并行计算过程高度抽象为 Map(映射)和 Reduce(规约)两个计算过程，分别对应一个函数，这两个函数由应用程序开发者负责具体实现，开发者不需要处理并行编程中的其他各种复杂问题，如分布式存储、工作调度、负载均衡、容错处理和网络通信等，这些问题全部由 MapReduce 框架负责处理。因此，MapReduce 编程变得非常容易，它们极大地方便了编程人员在不会分布式并行编程的情况下，将自己的程序运行在分布式系统上。适合用 MapReduce 来处理的数据集(或任务)有一个基本要求：待处理的数据集可以分解成许多小的数据集，而且每一个小数据集都可以完全并行地进行处理。

MapReduce 并行编程模型

在 MapReduce 中，一个存储在分布式文件系统中的大规模数据集会被切分成许多独立的小数据块，这些小数据块被分别提交给多个 Map 任务并行处理，Map 任务处理后所生成的结果作为多个 Reduce 任务的输入，由 Reduce 任务处理生成最终结果并将其写入分布式文件系统。

MapReduce 设计的一个理念是“计算向数据靠拢”，而不是“数据向计算靠拢”，因为移动数据需要大量的网络传输开销，尤其是在大规模数据处理环境下，所以移动计算要比移动数据更有利。基于这个理念，只要有可能，MapReduce 框架就会将 Map 程序就近地在 HDFS 数据所在的节点上运行，即将计算节点和存储节点合并为一个节点，从而减少节点间的数据移动开销。

5.1.3 Map 函数和 Reduce 函数

MapReduce 编程模型的核心是 Map 函数和 Reduce 函数，这两个函数由应用程序开发者负责具体实现。MapReduce 的 Map 函数和 Reduce 函数的核心思想源自于函数式编程的 map 和 reduce 函数。在函数式编程中，map 函数的功能是接收一个列表 list 以及一个函数，将这个函数作用于这个列表中的所有成员，并返回所得结果。在 Python 语言中，map 函数使用举例如下：

```
>>>L=[1,2,3,4,5]                              #创建一个列表
>>>list(map((lambda x: x+5), L))              #将 L 中的每个元素加 5
[6, 7, 8, 9, 10]
```

reduce 函数的功能则是接收一个列表、一个初始值以及一个函数，将该函数作为特定的组合方式，将其递归地应用于列表的所有成员，并返回最终结果。在 Python 语言中，reduce 函数使用举例如下。

（1）不带初始参数 initializer 的 reduce 函数：reduce（function，sequence），先将 sequence 的第一个元素作为 function 函数的第一个参数、sequence 的第二个元素作为 function 函数第二个参数进行 function 函数运算，然后将得到的返回结果作为下一次 function 函数的第一个参数和序列 sequence 的第三个元素作为 function 的第二个参数进行 function 函数运算，得到的结果再与第四个数据用 function 进行函数运算，依次进行下去直到 sequence 中的所有元素都得到处理。

```
>>>def add(x,y):                              #定义一个求和函数,函数名为 add
   return x+y
>>>reduce(add, [1, 2, 3, 4, 5])               #计算列表和:1+2+3+4+5
15
```

（2）带初始参数 initializer 的 reduce 函数：reduce（function，sequence，initializer），先将初始参数 initializer 的值作为 function 函数的第一个参数、sequence 的第一个元素作为 function 的第二个参数进行 function 函数运算，然后将得到的返回结果作为下一次 function 函数的第一个参数和序列 sequence 的第二个元素作为 function 的第二个参数进行 function 函数运算，得到的结果再与第 3 个数据用 function 进行函数运算，依次进行下去直到 sequence 中的所有元素都得到处理。

```
>>>reduce(add, [2, 3, 4, 5, 6], 1)            #带初始参数 1,计算 1+2+3+4+5+6
21
```

Hadoop 的 MapReduce 模型的 Map 函数和 Reduce 函数在函数式编程的 map 和 reduce 函数基础上进行了细微的扩展，但基本的概念是相同的。Map 函数和 Reduce 函数不接收数值（如 int、string 类型的值），而接收“键-值”对<key，value>，同时这些函数的每一个输出也都是一个“键-值”对<key，value>。

5.2　MapReduce 的工作原理

5.2.1　MapReduce 的体系架构

MapReduce 是一个编程模型，用户定义一个 Map 函数来处理一个“键-值”对<key，value>以生成一批中间的“键-值”对<key，value>，再定义一个 Reduce 函数将所有这些中间的“键-值”对<key，value>中 key 相同的 value 合并起来。

MapReduce 的核心思想可用“分而治之”来描述，MapReduce 的执行流程如图 5-1 所示，将一个大数据通过一定的数据划分方法，分成多个较小的具有同样计算过程的数据块，数据块之间不存在依赖关系，将每一个数据块分给不同的 Map 任务去处理，每个 Map 任务通常运行在存储数据的节点上，这样计算和数据在一个节点上，不需要额外的数据传输开销。当 Map 任务结束后，会生成以“键-值”对<key，value>形式表示的许多中间结果(保存在本地存储中,如本地磁盘)。然后,这些中间结果会划分成和 Reduce 任务数相等的多个分区,不同的分区被分发给不同的 Reduce 并行处理,具有相同 key 的<key, value>会被发送到同一个 Reduce 任务那里,Reduce 任务对中间结果进行汇总计算得到最终结果,并输出到分布式文件系统中。

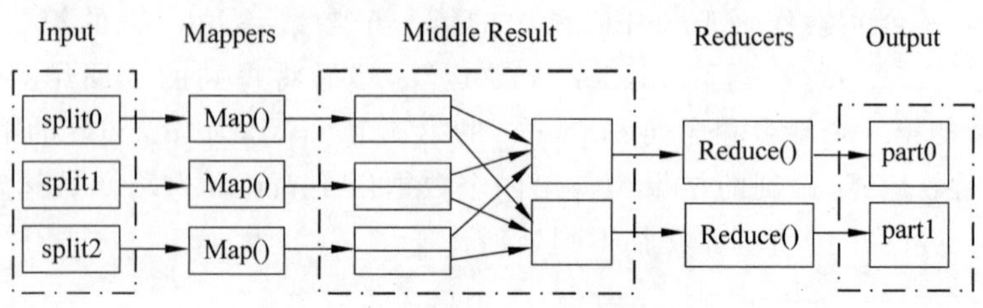

图 5-1 MapReduce 的执行流程

需要指出的是,不同的 Map 任务之间不会进行通信,不同的 Reduce 任务之间也不会发生任何信息交换,用户不能显示地从一个计算节点向另一个计算节点发送消息,所有的数据交换都是通过 MapReduce 框架自身去实现的。

与 HDFS 一样,MapReduce 也是采用 Master/Slave 的架构,MapReduce 架构如图 5-2 所示。

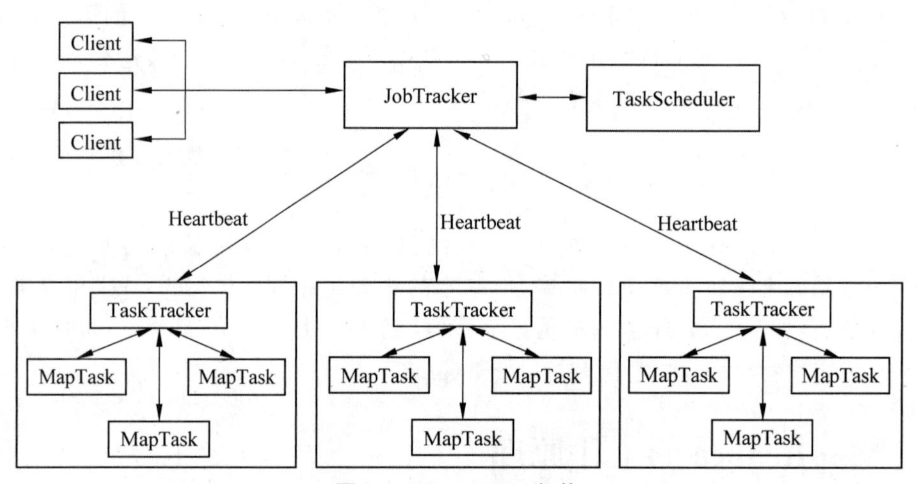

图 5-2 MapReduce 架构

MapReduce 包含 4 个组成部分,分别为 Client、JobTracker、TaskTracker 和 Task,下面详细介绍这 4 个组成部分。

1. Client

用户编写的 MapReduce 程序通过 Client 客户端提交到 JobTracker,一个 MapReduce 程序对应若干个作业 Job,而每个作业会被分解成若干个任务 Task(分为 MapTask 和 ReduceTask 两种)。每一个 Job 都会在客户端通过 JobClient 类将应用程序以及配置参数打包成 JAR 文件存储在 HDFS 里,并把路径提交到 JobTracker 的 Master 服务,然后由 Master 创建每一个 Task(即 MapTask 和 ReduceTask)并将它们分发到各个 TaskTracker 服务中去执行。

2. JobTracker

JobTracker 负责资源监控和作业调度。JobTracker 监控所有 TaskTracker 与 Job 的健康状况,一旦发现失败,就将相应的任务转移到其他节点;同时,JobTracker 会跟踪任务的执行进度、资源使用量等信息,并将这些信息告诉任务调度器,而调度器会在资源出现空闲时,选择合适的任务使用这些资源。在 Hadoop 中,任务调度器是一个可插拔的模块,用户可以根据自己的需要设计相应的调度器。

3. TaskTracker

TaskTracker 会周期性地通过 Heartbeat 将本节点上资源的使用情况和任务的运行进度汇报给 JobTracker,同时接收 JobTracker 发送过来的命令并执行相应的操作(如启动新任务和杀死任务等)。TaskTracker 使用 slot 等量划分本节点上的资源量。slot 代表计算资源(CPU 和内存等)。一个 Task 获取到一个 slot 后才有机会运行,而 Task Scheduler 调度器的作用就是将各个 TaskTracker 上的空闲 slot 分配给 Task 使用。slot 分为 Map slot 和 Reduce slot 两种,分别供 MapTask 和 ReduceTask 使用。TaskTracker 通过 slot 数目(可配置参数)限定 Task 的并发度。

4. Task

Task 分为 MapTask 和 ReduceTask 两种,均由 TaskTracker 启动。HDFS 以固定大小的块为基本单位存储数据,而对于 MapReduce 而言,其处理单位是 split。split 是一个逻辑概念,它只包含一些元数据信息,如数据起始位置、数据长度和数据所在节点等。它的划分方法完全由用户自己决定。但需要注意的是,split 的多少决定了 MapTask 的数目,因为每个 split 只会交给一个 MapTask 处理。

5.2.2 MapTask 的工作原理

MapReduce 处理主要包括 MapTask 处理和 ReduceTask 处理。

MapTask 作为 MapReduce 工作流程的前半部分,它主要经历了 6 个阶段。MapTask 的运行过程如图 5-3 所示。

关于 MapTask 这 6 个阶段的介绍如下。

(1) 把输入文件按照一定的标准切分为逻辑上的多个输入片(InputSplit),InputSplit 是 MapReduce 对文件进行处理和运算的输入单位,只是一个逻辑概念,每个 InputSplit 并没有对文件进行实际切割,只是记录了要处理的数据的位置和长度。每个输入片的大小是固定的,默认输入片的大小与数据块(Block)的大小是相同的。如果数据块的大小是默认值 64MB,输入文件有两个:一个是 32MB,另一个是 72MB。那么小的文件是一个输入片,大文件会分为两个数据块,那么是两个输入片。两个文件一共产生 3 个输入片,每一个输入片交由由一个 Mapper 进程处理。3 个输入片交由 3 个 Mapper 进程处理。

(2) 把输入片中的记录按照一定的规则解析成“键-值”对,默认规则是把每一行文本

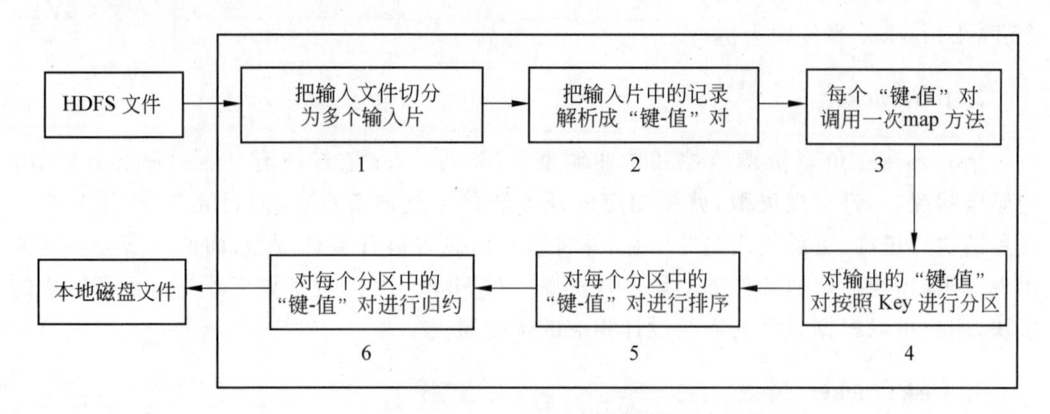

图 5-3　MapTask 的运行过程

内容解析成一个“键-值”对,“键”是每一行的起始位置,“值”是本行的文本内容。

(3) 对第(2)阶段中解析出来的每一个“键-值”对调用 map 方法一次,map 方法由用户编程实现。如果有 1000 个“键-值”对,就会调用 1000 次 map 方法。每一次调用 map 方法都会输出零个或者多个“键-值”对。

(4) 为了让 Reduce 可以并行处理 Map 的结果,需要对 Map 输出的“键-值”对按照一定的规则进行分区(partition)。比较是基于“键”进行的,比如“键”表示省份(如河北、河南和山东等),那么就可以按照不同省份进行分区,同一个省份的“键-值”对划分到一个分区中,默认只有一个分区。分区的数量就是 Reducer 任务运行的数量,默认只有一个 Reducer 任务。

(5) 对每个分区中的“键-值”对进行排序。首先,按照“键”进行排序,对于“键”相同的“键-值”对,按照值进行排序,例如 3 个“键-值”对＜2,2＞、＜1,3＞、＜2,1＞,那么排序后的结果是＜1,3＞、＜2,1＞、＜2,2＞。如果有第(6)阶段,那么进入第(6)阶段;如果没有,直接输出到本地磁盘上。

(6) 对每个分区中的数据进行归约处理,也就是 reduce 处理。“键”相等的“键-值”对会调用一次 reduce 方法,得到＜key,value-list＞形式的中间结果。经过这一阶段,数据量会减少。归约后的数据输出到本地磁盘上。本阶段默认是没有的,需要用户自己增加这一阶段的代码。

5.2.3　ReduceTask 的工作原理

ReduceTask 的运行过程主要经历了 4 个阶段,分别是 Copy 阶段、Merge 阶段、Sort 阶段和 Reduce 阶段,如图 5-4 所示。

关于 ReduceTask 这 4 个阶段的介绍如下。

(1) Copy 阶段。ReduceTask 会主动从 MapTask 复制其输出的“键-值”对,如果其大小超过一定阈值,则写到磁盘上,否则直接放到内存中。MapTask 可能会有很多,因此 ReduceTask 会复制多个 MapTask 的输出。

(2) Merge 阶段。在远程复制数据的同时,ReduceTask 启动了两个后台线程对内存

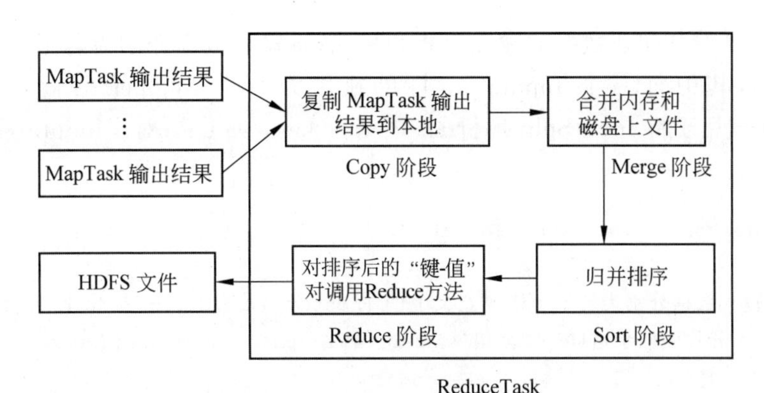

图 5-4　ReduceTask 的运行过程

和磁盘上的文件进行合并，以防止内存使用过多或磁盘上文件过多。

(3) Sort 阶段。按照 MapReduce 语义，用户自定义 reduce 函数，其接收的输入数据是按 key 进行聚集的一组数据。Hadoop 采用了基于排序的策略将 key 相同的数据聚在一起。由于各个 MapTask 已经实现对自己的处理结果进行了局部排序，因此，ReduceTask 只需要对所有数据进行一次归并排序即可。

(4) Reduce 阶段。对排序后的“键-值”对＜key，value-list＞调用 reduce 方法，“键”相等的“键-值”对调用一次 reduce 方法，每次调用会产生零个或者多个“键-值”对，最后把这些输出的“键-值”对写入 HDFS 文件中。

在对 MapTask、ReduceTask 的分析过程中，会看到很多阶段都出现了“键-值”对，容易混淆，下面对“键-值”对进行编号，如图 5-5 所示。

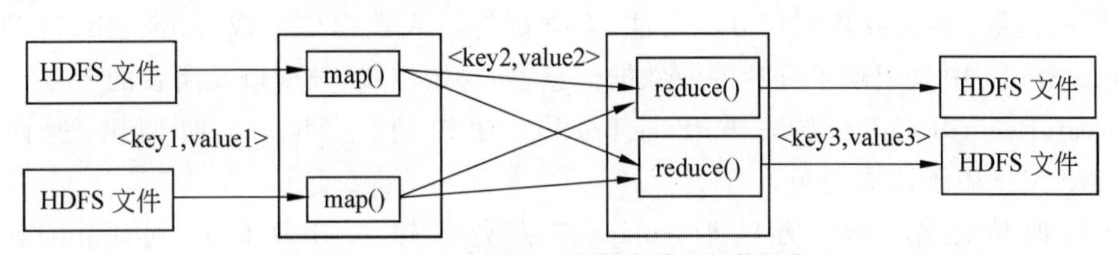

图 5-5　MapReduce 流程中的“键-值”对

在图 5-5 中，对于 map 方法，输入的“键-值”对定义为 key1 和 value1。在 map 方法中处理后，输出的“键-值”对定义为 key2 和 value2。Reduce 方法接收 key2 和 value2，处理后，输出 key3 和 value3。在下文讨论“键-值”对时，可能把 key1 和 value1 简写为＜k1，v1＞，key2 和 value2 简写为＜k2，v2＞，key3 和 value3 简写为＜k3，v3＞。

5.3　MapReduce 编程类

如果要编写一个 MapReduce 程序，需要借助 MapReduce 提供的一些编程类(组件)来实现，下面针对 MapReduce 编程中用到的常用类进行介绍。

5.3.1　InputFormat 输入格式类

InputFormat 是一个抽象类，位于 org.apache.hadoop.mapreduce.InputFormat＜K，

V>。主要用于验证作业数据的输入形式和格式;将输入数据分割为若干个逻辑意义上的 InputSplit,其中每一个 InputSplit 将单独作为一个 Mapper 的输入;提供一个 RecordReader,用于将 InputSplit 解析成一个个<key, value>对。InputFormat 抽象类源码如下所示:

```
public abstract class InputFormat<K, V>{
    /*
     *输入数据分割为若干个逻辑意义上的 InputSplit,仅仅是逻辑分片,并没有物理分片,
所以每一个分片类似于这样一个元组 <input-file-path, start, offset>
     */
    public abstract List<InputSplit>getSplits(JobContext context
                ) throws IOException, InterruptedException;

    /*
     *创建 RecordReader 对象,用来从分片中读取数据
     */
    public abstract RecordReader<K, V>createRecordReader(InputSplit split,
            TaskAttemptContext context
            ) throws IOException, InterruptedException;
}
```

InputFormat 中的 getSplits 方法将被 JobClient 调用,返回一个 InputSplit 列表, JobTracker 将根据这个列表完成确定 Mapper 数量、分配 Mapper 与 InputSplit 的工作。getSplits 方法主要完成数据切分的功能,会尝试将输入数据切分成 numSplits 个进行存储。InputSplit 中只记录了分片的元数据信息,如起始位置、长度以及所在的节点。

createRecordReader 方法被 TaskTracker 在初始化 Mapper 时调用,返回一个 RecordReader 用于读取记录。

当数据传送给 map 方法时,map 方法会将输入分片传送到 InputFormat, InputFormat 则调用方法 getRecordReader 生成 RecordReader,RecordReader 再通过 creatKey、creatValue 方法将输入的 InputSplit 解析成可供 map 方法处理的<key,value>对。简而言之,InputFormat 方法是用来生成可供 map 方法处理的<key,value>对的。MapReduce 框架在 MapTask 执行过程中,不断地调用 RecordReader 对象中的方法,获取"键-值"对交给 map 方法处理。

不同的 InputFormat 会各自实现不同的文件读取方式以及分片方式,其子类有专门用于读取普通文件的 FileInputFormat,还有用来读取数据库的 DBInputFormat 等。

可以使用下面的代码来指定 MapReduce 作业数据的输入格式(以设置输入格式为 KeyValueTextInputFormat 为例):

```
job.setInputFormatClass(KeyValueTextInputFormat.class);
```

这条语句保证了输入文件会按照人们预设的格式被读取,KeyValueTextInputFormat 即为设定的数据读取格式。

FileInputFormat 是 InputFormat 最常用的子类，它重载 InputFormat 类的 getSplits 方法，用于从 HDFS 中读取文件并分片，返回一个 FileSplit 列表，内部包含文件的位置信息和长度信息，从分片获取记录的工作由具体的子类来完成。FileInputFormat 的子类不同，从分片获取记录的方式不同。

FileInputFormat 的常用子类有 TextInputFormat、CombineFileInputFormat、KeyValueTextInputFormat、NLlineInputFormat 和 SequenceFileInputFormat 等。

1. FileInputFormat 类

FileInputFormat 默认按照文件长度和切片大小进行切片，切片大小默认等于块大小。切片时不考虑数据集整体，而是逐个针对每一个文件单独切片。

例如待处理数据有两个文件：file1.txt，其大小为 320MB；file2.txt，其大小为 10MB。经过 FileInputFormat 的切片机制运算后，形成的切片信息如下：

file1.txt.split1：0～128MB

file1.txt.split2：129～256MB

file1.txt.split3：257～320MB

file2.txt.split1：0～10MB

下面是 FileInputFormat 的 getSplits 方法，该方法首先得到分片的最小值 minSize 和最大值 maxSize，它们会被用来计算分片大小，可以通过设置 mapred.min.split.size 和 mapred.max.split.size 来设置分片大小。splits 链表用来存储计算得到的输入分片，files 则存储作为由 listStatus 获取的输入文件列表。之后对于每个输入文件，判断文件是否可分割，通常是可分割的，但如果文件是压缩的，将不可分割。通过 computeSplitSize 计算出分片大小 splitSize，计算方法是 Math.max(minSize, Math.min(maxSize, blockSize))，保证分片大小在 minSize 和 maxSize 之间，且如果 minSize<=blockSize<=maxSize，则分片大小设为 blockSize。然后可根据这个 splitSize 计算出每个文件的 InputSplits 集合，并加入分片列表 splits 中。在生成 InputSplit 时使用文件路径、分片起始位置、分片大小和存放这个文件的 hosts 列表来创建。最后还设置了输入文件数量。

```
public List<InputSplit>getSplits(JobContext job
                                ) throws IOException {
  long minSize =Math.max(getFormatMinSplitSize(), getMinSplitSize(job));
  long maxSize =getMaxSplitSize(job);
  //进行分片,splits 链表用来存储计算得到的输入分片结果
  List<InputSplit>splits =new ArrayList<InputSplit>();
  //files 链表存储由 listStatus 方法获取的输入文件列表
  List<FileStatus>files =listStatus(job);
  for (FileStatus file: files) {
    Path path =file.getPath();
    FileSystem fs =path.getFileSystem(job.getConfiguration());
    long length =file.getLen();
    //获取该文件所有的块信息列表[hostname, offset, length]
```

```
    BlockLocation[] blkLocations = fs.getFileBlockLocations(file, 0, length);
    if ((length != 0) && isSplitable(job, path)) {  //判断文件是否可分割
      long blockSize = file.getBlockSize();
      //计算分片大小
      long splitSize = computeSplitSize(blockSize, minSize, maxSize);
      long bytesRemaining = length;
      //循环分片,当剩余数据与分片大小比值大于 SPLIT_SLOP 时,继续分片;小于或等于
SPLIT_SLOP 时,停止分片
      while (((double) bytesRemaining)/splitSize > SPLIT_SLOP) {
        int blkIndex = getBlockIndex(blkLocations, length-bytesRemaining);
        splits.add(new FileSplit(path, length-bytesRemaining, splitSize,
                            blkLocations[blkIndex].getHosts()));
        bytesRemaining -= splitSize;
      }
      //处理余下的数据
      if (bytesRemaining != 0) {
        splits.add(new FileSplit(path, length-bytesRemaining, bytesRemaining,
                  blkLocations[blkLocations.length-1].getHosts()));
      }
    } else if (length != 0) {                           //不可分割,整块返回
      splits.add(new FileSplit(path, 0, length, blkLocations[0].getHosts()));
    } else {
      //对于长度为 0 的文件,创建空 Hosts 列表,返回
      splits.add(new FileSplit(path, 0, length, new String[0]));
    }
  }
  //设置输入文件数量
  job.getConfiguration().setLong(NUM_INPUT_FILES, files.size());
  return splits;
}
```

2. TextInputFormat 类

TextInputFormat 是默认的 InputFormat。每条记录是一行输入,“键”是该行在整个文件中的起始字节偏移量,“值”是这行的内容,不包括任何行终止符(换行符和回车符)。

以下是一个示例,例如,一个分片包含了如下 4 条文本记录。

```
Hello Hadoop
Hello HDFS
Hello Spark
Hello Scala
```

每条记录表示为以下“键-值”对:

```
(0, Hello Hadoop)
```

```
(13, Hello HDFS)
(24, Hello Spark)
(36, Hello Scala)
```

很明显，“键”并不是行号。一般情况下，很难取得行号，因为文件是按字节而不是按行切分为分片。

3. KeyValueTextInputFormat 类

按照指定分隔符的形式，按行分割字符串，每一行均为一条记录，被分隔符分割为 key 和 value。如果一行当中存在多个指定分隔符，只有第一个有效。可以通过在驱动类中进行如下设置：

```
conf.set(KeyValueLineRecordReader.KEY_VALUE_SEPERATOR, " ");
```

来设定分隔符。默认分隔符是 Tab(\t)。

以下是一个示例，输入是一个包含 4 条记录的分片。其中→表示一个(水平方向的)制表符。

```
line1→Hello Hadoop
line2→Hello HDFS
line3→Hello Spark
line4→xHello Scala
```

每条记录表示为以下“键-值”对：

```
(line1, Hello Hadoop)
(line2, Hello HDFS)
(line3, Hello Spark)
(line4, Hello Scala)
```

此时的“键”是每行排在制表符之前的 Text 序列。

4. NlineInputFormat 类

如果使用 NlineInputFormat，代表每个 map 进程处理的 InputSplit 不再按块去划分，而是按 NlineInputFormat 指定的行数 N 来划分，即输入文件的总行数/N=切片数，如果不整除，切片数=商+1。

以下是一个示例，以 4 行输入为例。

```
Hello Hadoop
Hello HDFS
Hello Spark
Hello Scala
```

例如，如果 N 是 2，共分成两个分片，每个输入分片包含两行。分片 1 的每条记录表示为以下“键-值”对：

```
(0, Hello Hadoop)
(13, Hello HDFS)
```

这里的“键”和“值”与 TextInputFormat 生成的一样。

5.3.2 Mapper 基类

1. Mapper 基类简介

简单来说,Map 是一些单个任务,Mapper 类就是实现 Map 任务的类。Hadoop 提供了一个抽象的 Mapper 基类,该基类提供了一个 map 方法,默认情况下,Mapper 基类中的 map 方法没有做任何处理。

如果想自定义 map 方法,只需继承 Mapper 基类并重写 map 方法即可。

在 Mapper 基类中实现的是对大量数据记录或元素的重复处理,Mapper 基类代码如下:

```
public class Mapper<KEYIN, VALUEIN, KEYOUT, VALUEOUT>{
  public abstract class Context
    implements MapContext<KEYIN,VALUEIN,KEYOUT,VALUEOUT>{
  }
protected void setup(Context context
                         ) throws IOException, InterruptedException {
    //nothing
  }
  protected void map(KEYIN key, VALUEIN value,
                         Context context) throws IOException, InterruptedException {
    context.write((KEYOUT) key, (VALUEOUT) value);
  }
  protected void cleanup(Context context
                           ) throws IOException, InterruptedException {
    //nothing
  }
  public void run(Context context) throws IOException, InterruptedException {
    setup(context);
    try {
      while (context.nextKeyValue()) {
        map(context.getCurrentKey(), context.getCurrentValue(), context);
      }
    } finally {
      cleanup(context);
    }
  }
}
```

由上面的代码可以了解到,当调用 map 方法时,通常会先执行一个 setup 方法,最后会执行一个 cleanup 方法。默认情况下，这两个方法的内容都是 nothing。setup 方法一般用于 Mapper 类实例化用户程序时可能需要做的一些初始化工作（如创建一个全局数据结构，打开一个全局文件，或者建立数据库连接等），即进行一些 map 前的准备工作；map 方法则一般承担主要的处理工作；cleanup 方法则是收尾工作，如关闭文件或者执行 map 方法后的“键-值”对的分发等；run 方法提供了 setup→map→cleanup 的执行模板。

MapReduce 框架为作业中的每一个 InputSplit（输入分片）生成一个独立的 map 任务，每个分片经过框架处理会变成多个“键-值”对，这些“键-值”对都存储在 Context 对象中，具有 nextKeyValue、getCurrentKey、getCurrentValue 和 write 方法。

可见 Mapper 真正的执行逻辑位于 run 方法中，setup 和 cleanup 都是空的，分别在任务执行前后进行调用；然后 Mapper 的核心就是一个 while 循环，其中对每一个“键-值”对执行了 map 方法。默认的 map 方法中其实没进行真正有价值的处理，只是将输入的“键-值”对原封不动地通过 context.write 出去了，所以通常人们都会根据实际应用重写 map 方法。

2. map 方法

Mapper 基类的 map 方法定义如下：

```
protected void map(KEYIN key, VALUEIN value, Context context)
    throws IOException, InterruptedException {
    context.write((KEYOUT) key, (VALUEOUT) value);
  }
```

其中，输入参数 key 是传入 map 的“键”；value 是对应“键”的值；context 是环境对象参数，保存了作业运行的上下文信息，例如作业配置信息、InputSplit 信息和任务 ID。

map 方法对输入的“键-值”对进行处理，产生一系列的中间“键-值”对，转换后的中间“键-值”对可以有新的“键-值”对类型。

Hadoop 使用 MapReduce 框架为每个由作业的 InputFormat 产生的 InputSplit 生成一个 Map 任务。

下面编写一个简单的文档词频统计 Mapper 类：

```
import java.io.IOException;
import org.apache.hadoop.io.IntWritable;
import org.apache.hadoop.io.LongWritable;
import org.apache.hadoop.io.Text;
import org.apache.hadoop.mapreduce.Mapper;
/**
 * 本类继承自 Mapper 类
 * Mapper<LongWritable, Text, Text, IntWritable>的参数含义:
 * LongWritable 表示文本偏移量,Text 表示读取的一行文本
 * Text 表示 map 函数输出的 key 的类型,IntWritable 表示 map 函数输出的 value 的类型
 * /
```

```
public static class WordCountMapper
            extends Mapper<LongWritable, Text, Text, IntWritable>
{
   //定义一个静态常量 one 并将它的值初始化为 1
  private final static IntWritable one =new IntWritable(1);
  //定义一个静态 Text 类的引用 word
   private Text word =new Text();
   //完成词频统计的 map 方法
   public void map(LongWritable key, Text value, Mapper< LongWritable, Text,
Text, IntWritable>.Context context)
            throws IOException, InterruptedException
   {   StringTokenizer itr =new StringTokenizer(value.toString());
       while(itr.hasMoreTokens())
       {  word.set(itr.nextToken());
          context.write(word, one);
        }
    }
}
```

5.3.3 Combiner 合并类

每一个 map 都可能会产生大量的本地输出，Combiner 的作用就是对 map 端的输出先进行一次合并，以减少在 map 和 reduce 节点之间的数据传输量，以提高网络 I/O 性能，其具体的作用如下所述。

(1) Combiner 可以看作局部的 Reducer。

(2) Combiner 的作用是合并相同的 key 对应的 value。

(3) 在 Mapper 阶段，不管 Combiner 被调用多少次，都不应改变 Reduce 的输出结果。

(4) Combiner 通常与 Reducer 的逻辑是一样的，一般情况下不需要单独编写 Combiner，直接使用 Reducer 的实现就可以了。

(5) Combiner 在 Job 中是通过 job.setCombinerClass(Reducer.class)来设置的。

并不是所有的场景都可以使用 Combiner，如适合于 Sum 函数求和，并不适合 Average 函数求平均数。例如，求 0、20、10、25 和 15 的平均数，直接使用 Reduce 求平均数 Average(0,20,10,25,15)，得到的结果是 14，如果先使用 Combiner 分别对不同 Mapper 结果求平均数，Average(0,20,10)=10，Average(25,15)=20，再使用 Reducer 求平均数 Average(10,20)，得到的结果为 15，很明显求平均数并不适合使用 Combiner。

5.3.4 Partitioner 分区类

Partitioner 处于 Mapper 阶段，当 Mapper 处理好数据后，这些数据需要经过 Partitioner 进行分区，来选择不同的 Reducer 处理，从而将 Mapper 的输出结果均匀地分布在 Reducer 上面执行。

对于 map 输出的每一个“键-值”对，系统都会给定一个 partition，partition 值默认通过计算 key 的 hash 值后对 Reduce task 的数量取模获得。如果一个“键-值”对的 partition 值为 1，意味着这个“键-值”对会交给第一个 Reducer 处理。

用户自定义 Partitioner，需要继承 Partitioner 类，实现它提供的一个方法。定制 Partitioner 类的示例代码如下：

```
public class WordCountPartitioner extends Partitioner<Text, IntWritable>{
    public int getPartition(Text key, IntWritable value, int numPartitions) {
        int a =key.hashCode() %numPartitions;
        if(a>=0)
            return a;
        else
            return 0;
    }
}
```

前两个参数分别为 Map 的 key 和 value。numPartitions 为 Reduce 的个数，用户可以自己设置。

5.3.5　Sort 排序类

Sort 是 Map 过程所产生的中间数据在送给 Reduce 进行处理之前所要经过的一个过程。当 map 函数处理完输入数据之后，会将中间数据存在本地的一个或者几个文件中，并且针对这些文件内部的记录进行一次升序的快速排序。然后，在 Map 任务将所有的中间数据写入本地文件并进行快速排序之后，系统会对这些排好序的文件进行一次归并排序，并将排好序的结果输出到一个大的文件中。

5.3.6　Reducer 类

1. Reducer 类的定义和用途

Map 输出的中间“键-值”对集合[(k2, v2)]经过合并处理后，把键相同的“键-值”对的值合并到一个列表里得到中间结果(k2, [v2])。Reduce 对(k2, [v2])进行处理，并产生最终的某种形式的结果输出[(k3, v3)]。即 Reducer 根据 key 将中间数据集合处理合并为更小的数据结果集。

Hadoop 提供了一个抽象类 Reducer，其代码如下所示：

```
import java.io.IOException;
import org.apache.hadoop.classification.InterfaceAudience;
import org.apache.hadoop.classification.InterfaceStability;
import org.apache.hadoop.conf.Configuration;
import org.apache.hadoop.mapreduce.task.annotation.Checkpointable;
import java.util.Iterator;
public class Reducer<KEYIN,VALUEIN,KEYOUT,VALUEOUT>{
```

```
public abstract class Context
  implements ReduceContext<KEYIN,VALUEIN,KEYOUT,VALUEOUT> {
}
protected void setup(Context context
                    ) throws IOException, InterruptedException {
  //nothing
}
protected void reduce(KEYIN key, Iterable<VALUEIN>values, Context context
                     ) throws IOException, InterruptedException {
  for(VALUEIN value: values) {
    context.write((KEYOUT) key, (VALUEOUT) value);
  }
}
protected void cleanup(Context context
                      ) throws IOException, InterruptedException {
  //nothing
}
public void run(Context context) throws IOException, InterruptedException {
  setup(context);
  try {
    while (context.nextKey()) {
      reduce(context.getCurrentKey(), context.getValues(), context);
      //If a back up store is used, reset it
      Iterator<VALUEIN>iter =context.getValues().iterator();
      if(iter instanceof ReduceContext.ValueIterator) {
        ((ReduceContext.ValueIterator<VALUEIN>)iter).resetBackupStore();
      }
    }
  } finally {
    cleanup(context);
  }
}
}
```

由上可知,在 Reduce 类中也存在 4 个方法：setup(在任务开始时调用一次)、cleanup(在任务结束时调用一次)、reduce 和 run。

上述代码中,当用户的应用程序调用 Reduce 类时,会直接调用 Reduce 类里面的 run 方法,该方法中定义了 setup、reduce 和 cleanup 3 个方法的执行顺序：setup→reduce→cleanup。

2. reduce 方法

reduce 方法的定义如下：

```
protected void reduce (KEYIN key, VALUEIN values, Reducer.Context context)
```

```
    throws IOException,InterruptedException{
    for(VALUEIN value: values) {
      context.write((KEYOUT) key, (VALUEOUT) value); }}
```

其中,输入参数 key 是传入 reduce 方法的“键”;values 是对应“键”key 的“值”的列表;context 是环境对象参数,保存了作业运行的上下文信息,例如作业配置信息、InputSplit 信息和任务 ID。

例如,Hadoop 自带的 IntSumReducer 类:实现了单词计数的功能(计数类型 Int),源码如下:

```
package org.apache.hadoop.mapreduce.lib.reduce;
import java.io.IOException;
import org.apache.hadoop.classification.InterfaceAudience;
import org.apache.hadoop.classification.InterfaceStability;
import org.apache.hadoop.io.IntWritable;
import org.apache.hadoop.mapreduce.Reducer;
public class IntSumReducer < Key > extends Reducer < Key, IntWritable, Key,
IntWritable>{
  private IntWritable result =new IntWritable();
  public void reduce(Key key, Iterable<IntWritable>values,
                    Context context) throws IOException, InterruptedException {
    int sum =0;
    for (IntWritable val : values) {
      sum +=val.get();
    }
    result.set(sum);
    context.write(key, result);
  }
}
```

例如,下面是自定义 WordCount 的 Reducer 样例代码。

```
import java.io.IOException;
import java.util.Iterator;
import org.apache.hadoop.io.IntWritable;
import org.apache.hadoop.io.Text;
import org.apache.hadoop.mapreduce.Reducer;
/*
 * Text: reduce 输入“键-值”对的“键”类型
 * IntWritable: reduce 输入“键-值”对的“值”类型
 * Text: reduce 输出“键-值”对的“键”类型
 * IntWritable: reduce 输出“键-值”对的“值”类型
 */
public class WordCountReducer extends Reducer < Text, IntWritable, Text,
IntWritable>{
```

```
    private IntWritable result =new IntWritable();
    //实现词频统计结果收集的 reduce 方法
  public void reduce (Text key, Iterable < IntWritable > values, Reducer < Text,
  IntWritable, Text, IntWritable >. Context context ) throws IOException,
  InterruptedException
  {   //定义一个计数器
      int sum =0;
      //遍历一组迭代器,把每一个数量累加起来就构成了单词的总次数
      for (IntWritable val : values)
        sum +=val.get();
      result.set(sum);
      context.write(key, result);
    }
  }
```

5.3.7 输出格式类 OutputFormat

在 MapReduce 框架中,OutputFormat 抽象类负责把 Reducer 处理完成的“键-值”写到本地磁盘或 HDFS 上,默认所有计算结果会以 part-r-00000 的命名方式输出成多个文件,并且输出的文件数量与 Reduce 数量一致。00000 是关联到某个 Reduce 任务的分区的 ID 号。

OutputFormat 抽象类的具体代码如下:

```
public abstract class OutputFormat<K, V>{
    //获取具体的数据写出对象 RecordWriter
     public abstract RecordWriter < K, V > getRecordWriter (TaskAttemptContext
context)
     throws IOException, InterruptedException;
    //检查输出配置信息是否正确
    public abstract void checkOutputSpecs(JobContext context)
     throws IOException, InterruptedException;
    //获取输出 job 的提交者对象
     public abstract OutputCommitter getOutputCommitter (TaskAttemptContext
context)
     throws IOException, InterruptedException;
}
```

MapReduce 提供多种输出格式,用户可以灵活设置输出的路径、文件名和输出格式等。OutputFormat 常见的输出格式实现类还包括 TextOutputFormat、SequenceFileOutputFormat 和 DBOutputFormat。

在驱动程序中可以通过特定方法实现输出定义。

(1) 指定输出的格式化类:job.setOutputFormatClass(TextOutputFormat.class)

(2) 设置输出的文件名:TextOutputFormat.setOutputName(job,NewName)

(3) 设置输出路径：TextOutputFormat.setOutputPath()

1. 文本输出格式 TextOutputFormat

MapReduce 默认的输出格式为 TextOutputFormat，它主要用来将文本数据输出到 HDFS 上，TextOutputFormat 格式的“键”和“值”可以是任意类型的，因为该输出方式会调用 toString 方法将它们转化为字符串。TextOutputFormat 把每条记录写为文本行。每个“键-值”对由制表符进行分割，也可以通过设定 mapreduce.output.textoutputformat.separator 属性的值改变默认的分隔符。

2. 顺序文件输出格式 SequenceFileOutputFormat

SequenceFileOutputFormat 将输出写为一个二进制顺序文件，由于它的格式紧凑，并且很容易被压缩，因此如果输出需要作为后续的 MapReduce 任务的输入，这便是一种好的输出格式。

3. DBOutputFormat

适用于将作业输出数据(数据量太大不适合)存到 MySQL 和 Oracle 等数据库，在写出数据时会并行连接数据库，需要设置合适的 map、reduce 个数以便将并行连接的数量控制在合理的范围之内。

4. 自定义输出格式

根据用户需求，自定义实现输出格式。

5.4 MapReduce 经典案例

5.4.1 WordCount 执行流程示例

与学习编程语言时采用 Hello World 程序作为入门示例程序不同，在大数据处理领域常常使用 WordCount 程序作为入门程序。WordCount 是 Hadoop 自带的示例程序之一，其功能是统计输入文件(也可以是输入文件夹内的多个文件)中每个单词出现的次数。WordCount 的基本设计思路是分别统计每个文件中单词出现的次数，然后累加不同文件中同一个单词出现的次数。WordCount 执行流程包括以下几个阶段。

(1) 将文件拆分成 split，测试用到的两个文件内容如图 5-6 所示。

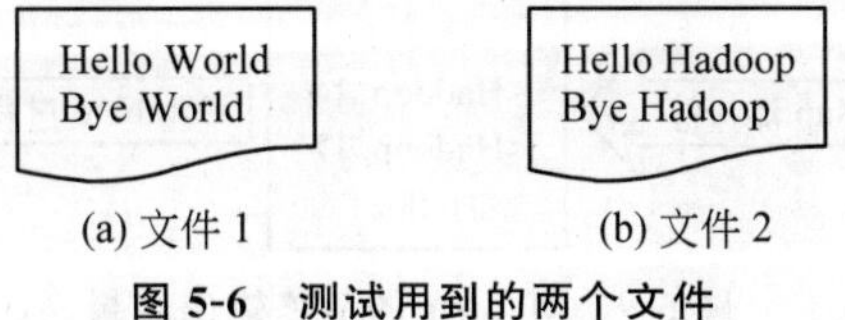

(a) 文件1　　(b) 文件2

图 5-6 测试用到的两个文件

由于测试用到的两个文件较小，所以每个文件为一个 split，两个 split 交给两个 Map

任务并行处理,并将文件按行分割形成＜key1,value1＞对,key1 为偏移量(包括回车符),value1 为文本行,这一步由 MapReduce 框架自动完成,如图 5-7 所示。

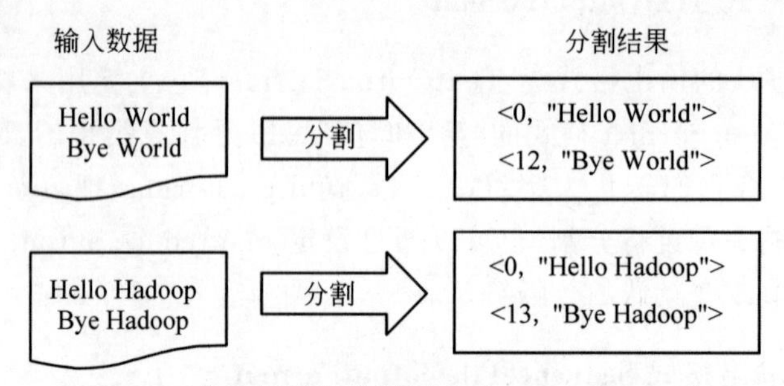

图 5-7 将文件按行分割形成＜key1,value1＞对

(2) 将分割好的＜key1,value1＞对交给用户定义的 map 方法进行处理,每个 Map 任务中,以每个单词为键 key2,以 1(词频数)作为键 key2 对应的值 value2 生成新的"键-值"对＜key2,value2＞,然后输出,如图 5-8 所示。

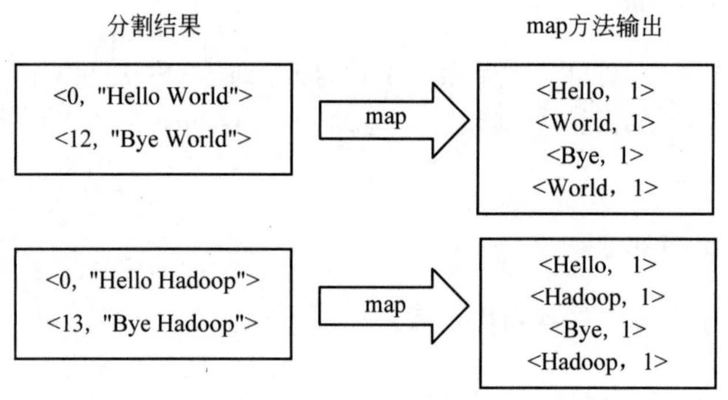

图 5-8 将＜key1,value1＞对转化为＜key2,value2＞对

(3) 得到 map 方法输出的＜key2,value2＞对后,Mapper 会将它们按照 key 值进行排序,并执行 Combine 过程,将 key 值相同的 value 值累加,得到 Mapper 的最终输出结果,如图 5-9 所示。

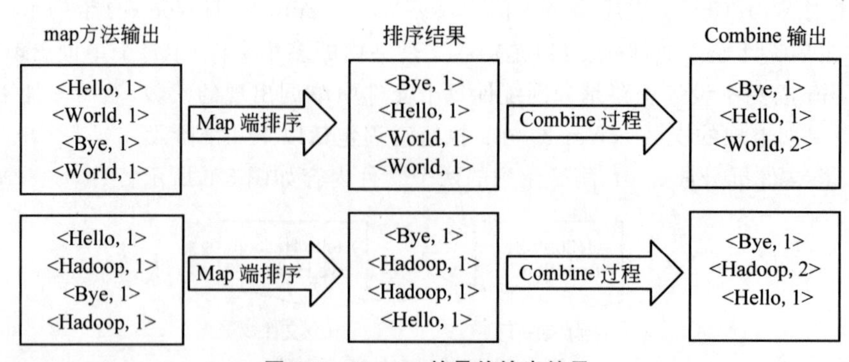

图 5-9 Mapper 的最终输出结果

(4) Reducer 先对从 Mapper 接收的数据进行排序,再交由用户自定义的 reduce 方法进行处理，将相同主键下的所有值相加，得到新的<key3，value3>对作为最终的输出结果，如图 5-10 所示。

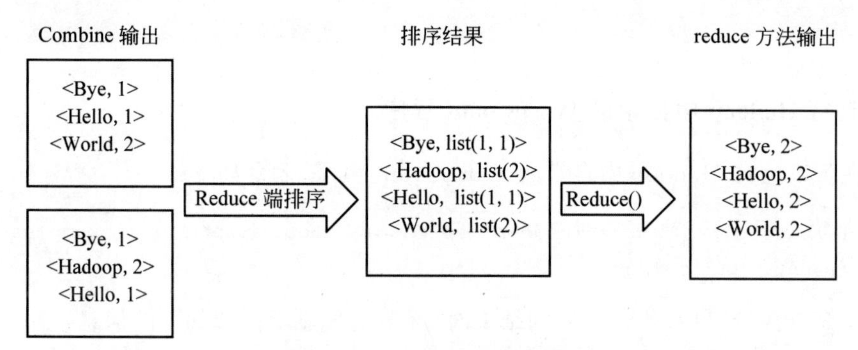

图 5-10 reduce 方法处理结果

5.4.2 WordCount 具体实现

1. 启动 Hadoop

执行下面命令启动 Hadoop：

```
cd /usr/local/hadoop
./sbin/start-dfs.sh
```

2. 创建数据文件

要使用 HDFS，首先需要在 HDFS 中创建用户目录，命令如下：

```
cd /usr/local/hadoop
./bin/hdfs dfs -mkdir -p /user/hadoop
```

接着在 Linux 系统本地桌面上创建两个 txt 输入文件，即文件 wordfile1.txt 和 wordfile2.txt，然后将这两个文件复制到分布式文件系统 HDFS 中的/user/hadoop/input 目录中，命令如下：

```
cd /usr/local/hadoop
./bin/hdfs dfs -mkdir input                  #在 HDFS 中创建 hadoop 用户对应的 input 目录
./bin/hdfs dfs -put /home/hadoop/桌面/wordfile1.txt input
                                             #把 wordfile1.txt 放进 input 目录
./bin/hdfs dfs -put /home/hadoop/桌面/wordfile2.txt input
                                             #把 wordfile2.txt 放进 input 目录
```

文件 wordfile1.txt 的内容如下：

```
I love MapReduce
I love Hadoop
I love programming
```

文件 wordfile2.txt 的内容如下：

```
Hadoop is good
MapReduce is good
```

3. 运行 Hadoop 中自带的 WordCount 程序

现在可以运行 Hadoop 中自带的 WordCount 程序，命令如下：

```
./bin/hadoop jar ./share/hadoop/mapreduce/hadoop-mapreduce-examples-*.jar
wordcount input output
```

上述命令执行以后，当运行顺利结束时，屏幕上会显示类似如下的信息：

```
18/12/04 11:10:58 INFO mapreduce.Job:  map 100% reduce 100%
18/12/04 11:10:58 INFO mapreduce.Job: Job job_local110927881_0001
completed successfully
18/12/04 11:10:58 INFO mapreduce.Job: Counters: 35
    File System Counters
        FILE: Number of bytes read=822018
        FILE: Number of bytes written=1660744
        FILE: Number of read operations=0
        FILE: Number of large read operations=0
        FILE: Number of write operations=0
        HDFS: Number of bytes read=216
        HDFS: Number of bytes written=58
        HDFS: Number of read operations=22
        HDFS: Number of large read operations=0
        HDFS: Number of write operations=5
    Map-Reduce Framework
        Map input records=5
        Map output records=15
        Map output bytes=143
        Map output materialized bytes=127
        Input split bytes=236
        Combine input records=15
        Combine output records=9
        Reduce input groups=7
        Reduce shuffle bytes=127
        Reduce input records=9
        Reduce output records=7
        Spilled Records=18
        Shuffled Maps =2
        Failed Shuffles=0
        Merged Map outputs=2
        GC time elapsed (ms)=216
```

```
        Total committed heap usage (bytes)=551890944
    Shuffle Errors
        BAD_ID=0
        CONNECTION=0
        IO_ERROR=0
        WRONG_LENGTH=0
        WRONG_MAP=0
        WRONG_REDUCE=0
    File Input Format Counters
        Bytes Read=83
    File Output Format Counters
        Bytes Written=58
```

词频统计结果已经被写入了 HDFS 的/user/hadoop/output 目录中，可以执行如下命令查看词频统计结果：

```
cd /usr/local/hadoop
./bin/hdfs dfs -cat output/*
```

上面的命令执行后，会在屏幕上显示如下词频统计结果：

```
Hadoop      2
I     3
MapReduce     2
good     2
is     2
love     3
programming     1
```

需要强调的是，Hadoop 运行程序时，输出目录不能存在，否则会提示错误信息。因此，若要再次执行 WordCount 程序，需要执行如下命令删除 HDFS 中的 output 文件夹：

```
./bin/hdfs dfs -rm -r output                    #删除 output 文件夹
```

4. WordCount 的源码

下面给出完整的词频统计程序 WordCount，在编写词频统计 Java 程序时，需要新建一个名称为 WordCount.java 的文件，该文件包含了完整的词频统计程序代码，具体如下：

```
import java.io.IOException;
import java.util.StringTokenizer;
import org.apache.hadoop.conf.Configuration;
import org.apache.hadoop.fs.Path;
import org.apache.hadoop.io.IntWritable;
import org.apache.hadoop.io.Text;
import org.apache.hadoop.mapreduce.Job;
import org.apache.hadoop.mapreduce.Mapper;
```

```
import org.apache.hadoop.mapreduce.Reducer;
import org.apache.hadoop.mapreduce.lib.input.FileInputFormat;
import org.apache.hadoop.mapreduce.lib.output.FileOutputFormat;
import org.apache.hadoop.util.GenericOptionsParser;
public class WordCount {
    public static void main(String[] args) throws Exception {
        //获取配置信息
        Configuration conf =new Configuration();
        //获取执行任务时传入的参数,如输入数据所在路径和输出文件的路径等
        String[] otherArgs =(new GenericOptionsParser(conf, args))
.getRemainingArgs();
        /*
        因为任务正常运行至少要给出输入和输出文件的路径,因此,如果传入的参数
        少于两个,程序肯定无法运行
        */
        if(otherArgs.length <2) {
          System.err.println("Usage: wordcount <in> [<in>…] <out>");
          System.exit(2);
        }
        //创建一个 job,设置名称为 word count
        Job job =Job.getInstance(conf, "word count");
        //设置 job 运行的类
        job.setJarByClass(WordCount.class);
        //设置 job 的 Map 阶段的执行类
        job.setMapperClass(WordCount.TokenizerMapper.class);
        //设置 job 的 Combine 阶段的执行类
        job.setCombinerClass(WordCount.IntSumReducer.class);
        //设置 job 的 Reduce 阶段的执行类
        job.setReducerClass(WordCount.IntSumReducer.class);
        //设置程序的输出的 key 值的类型
        job.setOutputKeyClass(Text.class);
        //设置程序的输出的 value 值的类型
        job.setOutputValueClass(IntWritable.class);
        for(int i =0; i <otherArgs.length -1; ++i) {
          //获取给定的参数中,为 job 设置输入文件所在路径
          FileInputFormat.addInputPath(job, new Path(otherArgs[i]));
        }
        //获取给定的参数中,为 job 设置输出文件所在路径
         FileOutputFormat.setOutputPath(job, new Path(otherArgs[otherArgs.
length -1]));
        //等待任务完成,任务完成之后退出程序
        System.exit(job.waitForCompletion(true)? 0:1);          //结束程序
    }
    public static class TokenizerMapper extends Mapper<Object, Text,
```

```
        Text, IntWritable>{
        //每个单词出现后就置为 1,因此可声明为值为 1 的常量
        private static final IntWritable one =new IntWritable(1); //VALUEOUT
        private Text word =new Text();                            //KEYOUT
        /**
        * 重写 map 方法,读取初试划分的每一个"键-值"对,
        * 即行偏移量和一行字符串,key 为偏移量,value 为该行字符串
        * /
          public void map (Object key, Text value, Context context) throws
IOException, InterruptedException {
          /**
          * 因为每一行就是一个 spilt,并会为之生成一个 mapper,所以参
          * 数 key 就是偏移量,value 就是一行字符串,这里将其切割成多个单词,
          * 将每行的单词进行分割,按照"\t\n\r\f"(空格、制表符、换行符、回车符、
          * 换页)进行分割
          * /
          StringTokenizer itr =new StringTokenizer(value.toString());
          //遍历
          while(itr.hasMoreTokens()) {
              //获取每个值并设置 map 输出的 key 值
              word.set(itr.nextToken());
              / * one 代表 1,最开始每个单词都是 1 次,context 直接将<word,1>写到
               * 本地磁盘上,write 函数直接将两个参数封装成<key,value>
               * /
              context.write(word, one);
          }
      }
    }
    public static class IntSumReducer extends Reducer<Text, IntWritable, Text,
IntWritable>{
      //输出结果,总次数
      private IntWritable result =new IntWritable();
      public void reduce(Text key, Iterable<IntWritable>values, Context context
                  ) throws IOException, InterruptedException {
          int sum =0;                             //累加器,累加每个单词出现的次数
          //遍历 values
          for (IntWritable val : values) {
              sum +=val.get();                    //累加
          }
          result.set(sum);                        //设置输出 value
          context.write(key, this.result);        //context 输出 reduce 结果
      }
    }
}
```

5.4.3 使用 eclipse 编译运行词频统计程序

1. 在 eclipse 中创建项目

eclipse 启动后,选择 File→New→Java Project 命令,开始创建一个 Java 工程,弹出如图 5-11 所示的界面。

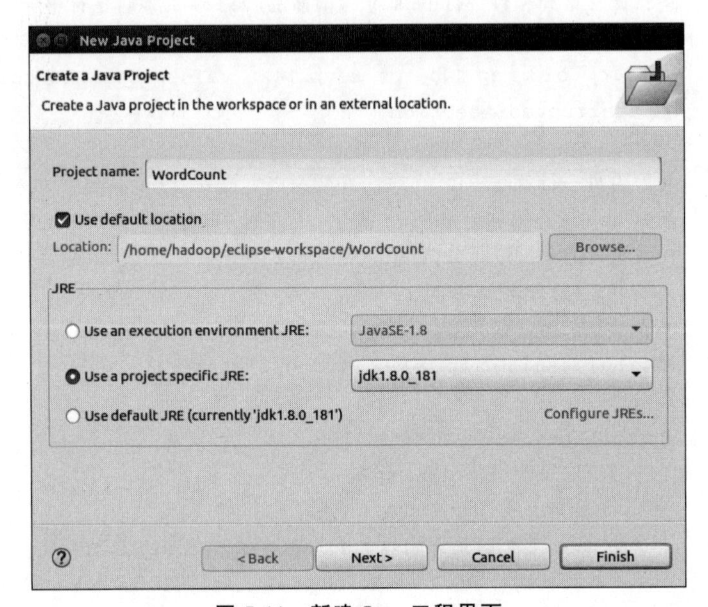

图 5-11　新建 Java 工程界面

在 Project name 后面的文本框中输入工程名称 WordCount,选中 Use default location 复选框,让这个 Java 工程的所有文件都保存到/home/hadoop/eclipse-workspace/WordCount 目录下。在 JRE 选项中,可以选择当前的 Linux 系统中已经安装好的 JDK,如 jdk1.8.0_181。然后单击界面底部的 Next 按钮,进入下一步设置。

2. 为项目添加需要用到的 JAR 包

进入下一步的设置以后,会弹出图 5-12。

需要在这个界面中加载该 Java 工程所需要用到的 JAR 包,这些 JAR 包中包含了可以访问 HDFS 的 Java API。这些 JAR 包都位于 Linux 系统的 Hadoop 安装目录下,对于本书而言,就是在/usr/local/hadoop/share/hadoop 目录下。单击界面中的 Libraries 选项卡,然后单击界面右侧的 Add External JARs 按钮,弹出如图 5-13 所示的界面。

为了编写一个 MapReduce 程序,一般需要向 Java 工程中添加以下 JAR 包。

(1) /usr/local/hadoop/share/hadoop/common 目录下的 hadoop-common-2.7.1.jar 和 hadoop-nfs-2.7.1.jar。

(2) /usr/local/hadoop/share/hadoop/common/lib 目录下的所有 JAR 包。

(3) /usr/local/hadoop/share/hadoop/mapreduce 目录下的 hadoop-mapreduce-

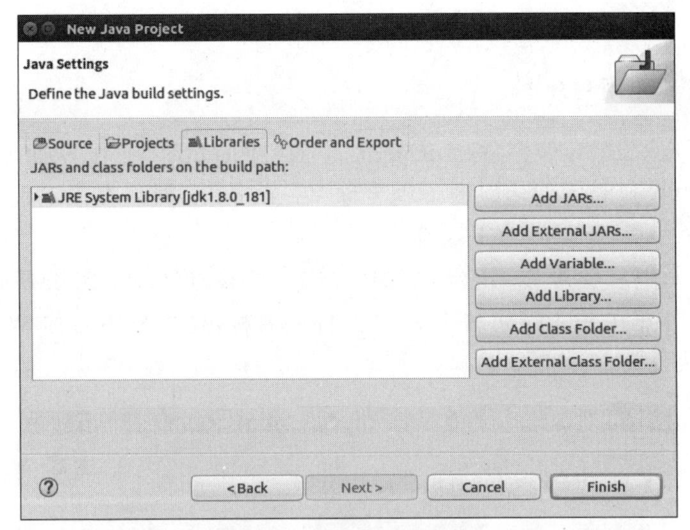

图 5-12　添加 JAR 包界面

JAR Selection

名称	大小	修改日期
ruby		9 5月 2016
activation-1.1.jar	63.0 KB	9 5月 2016
antisamy-1.4.3.jar	71.7 KB	9 5月 2016
aopalliance-1.0.jar	4.5 KB	9 5月 2016
apacheds-i18n-2.0.0-M15.jar	44.9 KB	9 5月 2016
apacheds-kerberos-codec-2.0.0-M15.jar	691.5 KB	9 5月 2016
api-asn1-api-1.0.0-M20.jar	16.6 KB	9 5月 2016
api-util-1.0.0-M20.jar	79.9 KB	9 5月 2016
asm-3.1.jar	43.0 KB	9 5月 2016

图 5-13　选择 JAR 包界面

client-app-2.7.1.jar 等 JAR 包，具体如图 5-14 所示。

hadoop-mapreduce-client-app-2.7.1.jar	512.6 KB	29 6月 2015
hadoop-mapreduce-client-common-2.7.1.jar	751.6 KB	29 6月 2015
hadoop-mapreduce-client-core-2.7.1.jar	1.5 MB	29 6月 2015
hadoop-mapreduce-client-hs-2.7.1.jar	163.8 KB	29 6月 2015
hadoop-mapreduce-client-hs-plugins-2.7.1.jar	4.1 KB	29 6月 2015
hadoop-mapreduce-client-jobclient-2.7.1.jar	37.6 KB	29 6月 2015
hadoop-mapreduce-client-jobclient-2.7.1-tests.jar	1.5 MB	29 6月 2015
hadoop-mapreduce-client-shuffle-2.7.1.jar	44.7 KB	29 6月 2015
hadoop-mapreduce-examples-2.7.1.jar	273.4 KB	29 6月 2015

图 5-14　添加 mapreduce 目录下的 JAR 包

(4) /usr/local/hadoop/share/hadoop/mapreduce/lib 目录下的所有 JAR 包。

全部添加完毕以后，可以单击界面右下角的 Finish 按钮，完成 Java 工程 WordCount

的创建。

3. 编写 Java 应用程序

下面编写 Java 应用程序 WordCount.java。在 eclipse 工作界面左侧的 Package Explorer 面板中找到刚才创建好的工程名称 WordCount,然后在该工程名称上右击,在弹出的快捷菜单中选择 New→Class 命令。

选择 New→Class 命令以后会出现如图 5-15 所示的界面。在该界面中,只需要在 Name 后面的文本框中输入新建的 Java 类文件的名称,这里采用名称 WordCount,其他都可以采用默认设置。

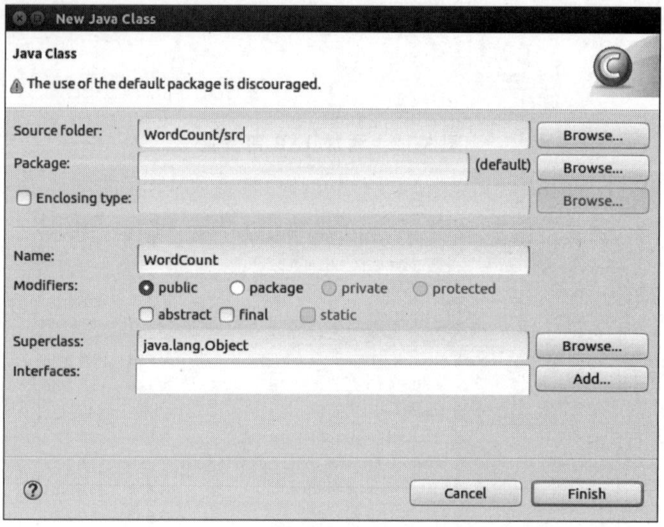

图 5-15 新建 Java Class 界面

然后单击界面右下角的 Finish 按钮,出现如图 5-16 所示的界面。可以看出,eclipse 自动创建了一个名为 WordCount.java 的源代码文件,并且包含了代码 public class WordCount{},清空该文件里面的代码,然后在该文件中输入 5.4.2 节已经给出的完整的词频统计程序代码。

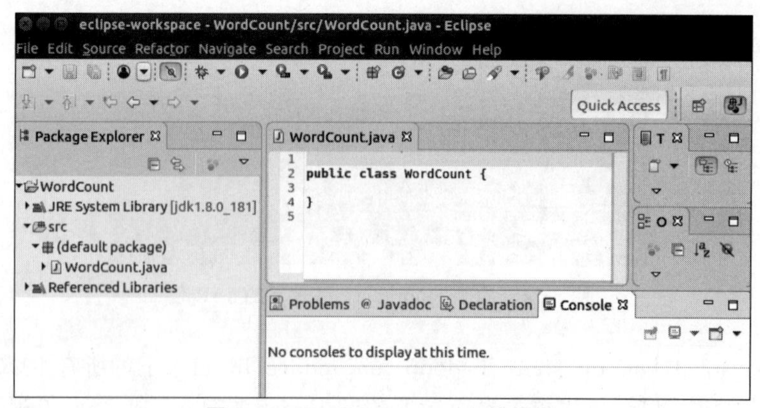

图 5-16 WordCount.java 文件编辑

4. 编译打包程序

现在就可以编译上面编写的代码。选择 Run→Run as→Java Application 命令，然后在弹出的界面中单击 OK 按钮，开始运行程序。程序运行结束后，会在底部的 Console 面板中显示运行结果信息，如图 5-17 所示。

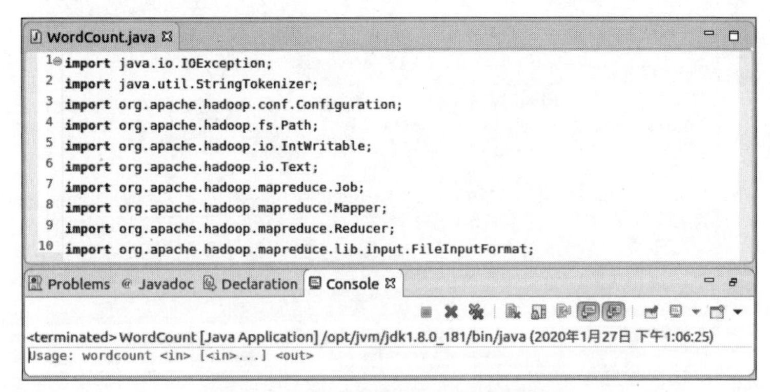

图 5-17　WordCount.java 运行结果

下面就可以把 Java 应用程序打包生成 JAR 包，部署到 Hadoop 平台上运行。首先在 Hadoop 安装目录下新建一个名称为 myapp 的目录，用来存放编写的 Hadoop 应用程序，现在可以把词频统计程序放在 myapp 目录下。

首先在 eclipse 工作界面左侧的 Package Explorer 面板中的工程名称 WordCount 上右击，在弹出的快捷菜单中选择 Export 命令，然后会弹出图 5-18。

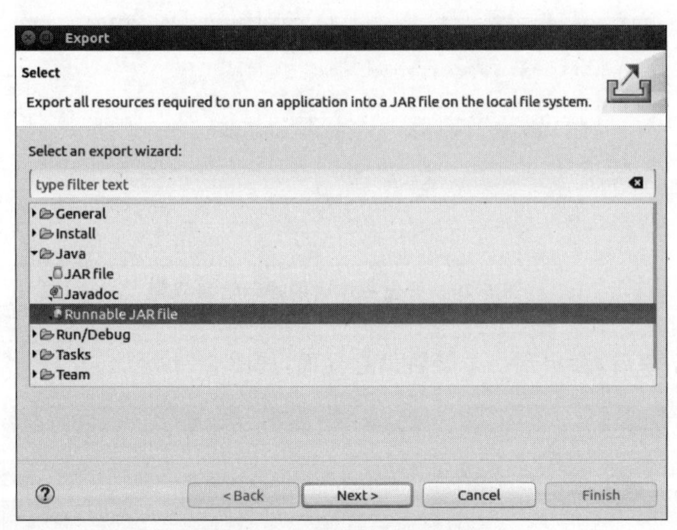

图 5-18　导出程序类型选择

在图 5-18 中，选择 Runnable JAR file，然后单击 Next 按钮，弹出图 5-19。

在图 5-19 中，Launch configuration 用于设置生成的 JAR 包被部署启动时运行的主类，需要在下拉列表中选择刚才配置的类 WordCount-WordCount。在 Export

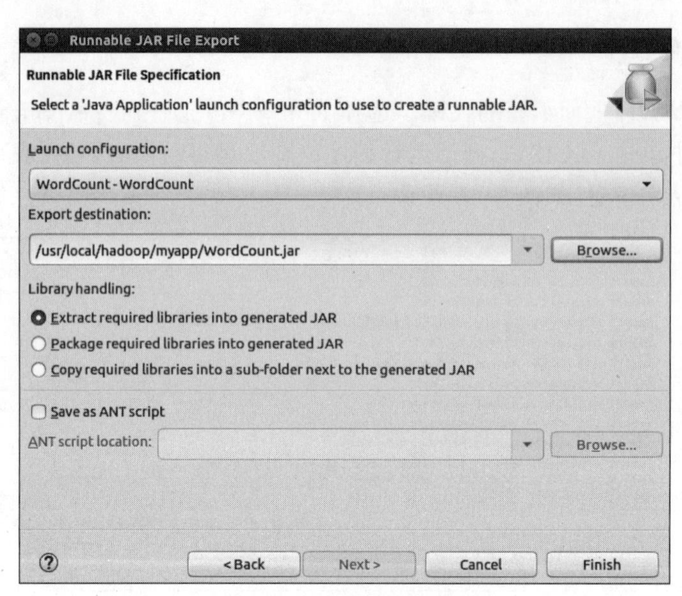

图 5-19　导出程序选项设置

destination 下拉列表中需要设置 JAR 包要输出保存到哪个目录,例如,这里设置为/usr/local/Hadoop/myapp/WordCount.jar。在 Library handling 下面选择 Extract required libraries into genernated JAR 单选按钮,然后单击 Finish 按钮,会出现如图 5-20 所示的导出程序时的提示信息界面,可以忽略该界面的提示信息,直接单击右下角的 OK 按钮,启动打包过程。

图 5-20　导出程序时的提示信息界面

打包过程结束后,会出现一个警告信息界面,如图 5-21 所示。

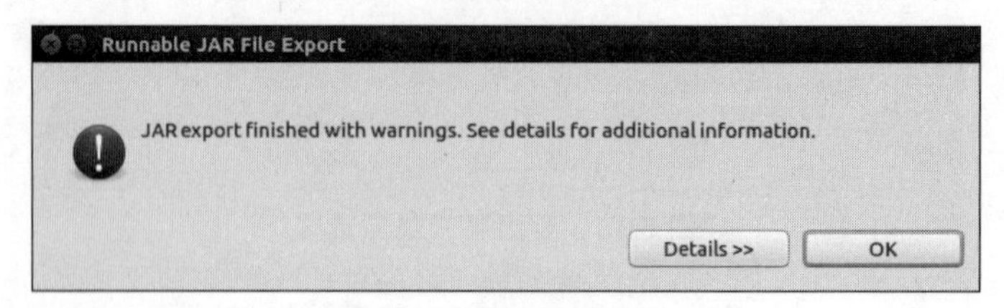

图 5-21　警告信息界面

可以忽略该界面的警告信息,直接单击界面右下角的 OK 按钮。至此,已经顺利把

WordCount 工程打包生成了 WordCount. jar。可以到 Linux 系统中查看生成的 WordCount.jar 文件，可以在 Linux 的终端中执行如下命令：

```
cd /usr/local/hadoop/myapp
ls
```

可以看到，/usr/local/hadoop/myapp 目录下已经存在一个 WordCount.jar 文件。

5. 运行程序

运行程序之前，需要在 Master 节点上启动 Hadoop 集群，命令如下：

```
$start-dfs.sh
$start-yarn.sh
```

启动 Hadoop 集群之后，在 HDFS 的 hadoop 用户的用户目录/user/hadoop 下创建 input 目录，命令如下：

```
$hdfs dfs -mkdir /user/hadoop/input
```

然后把 Linux 本地文件系统中的两个文件 wordfile1.txt 和 wordfile2.txt(假设这两个文件位于“/home/hadoop/桌面”目录下)，上传到 HDFS 中的/user/hadoop/input 目录下，命令如下：

```
$hdfs dfs -put /home/hadoop/桌面/wordfile1.txt /user/hadoop/input
$hdfs dfs -put /home/hadoop/桌面/wordfile2.txt /user/hadoop/input
```

现在就可以在 Linux 系统中使用 hadoop jar 命令运行程序，命令如下：

```
$hadoop jar /usr/local/hadoop/myapp/WordCount.jar /user/hadoop/input /user/
hadoop/output
```

5.5　习题

1. 在 MapReduce 中，________阶段负责将数据文件分解，________阶段负责将数据文件合并。

2. Partitioner 组件的目的是________。

3. 简述 MapReduce 和 Hadoop 的关系。

4. combine 合并出现在哪个过程？举例说明什么情况下可以使用 combine 合并，什么情况下不可以。

5. MapReduce 的输出文件个数由什么决定？

6. 试述 MapReduce 的工作流程。

第6章

HBase分布式数据库

HBase是一个高可靠性、高性能、面向列和可伸缩的分布式数据库，提供对结构化、半结构化和非结构化大数据的实时读写和随机访问能力。所谓非结构化数据存储，是指HBase是基于列的而不是基于行的模式。利用HBase技术可在廉价PC Server上搭建起大规模结构化存储集群。

本章主要介绍HBase体系结构和访问接口、HBase数据表、HBase安装、HBase配置、HBase常用Shell命令和HBase编程。

6.1 HBase概述

6.1.1 HBase的技术特点

HBase是一个建立在HDFS之上的分布式数据库，HBase中每张表的记录数(行数)可以多达几十亿条甚至更多，每条记录可以拥有多达上百万的字段。

HBase的主要技术特点如下。

(1) 容量大。一个表可以有数十亿行，上百亿列。当关系数据库的单个表的记录在亿级时，则查询和写入的性能都会呈现指数级下降，而HBase对于单表存储百亿或更多的数据都没有性能问题。

(2) 无固定模式(表结构不固定)。列可以根据需要动态增加，同一张表中不同的行可以有截然不同的列。

(3) 列式存储。用户可以将数据表的列组合成多个列族(Column Family)，HBase可将所有记录的同一个列族下的数据集中存放。由于查询操作通常是基于列名进行的条件查询，可把经常查询的列组成一个列族，查询时只需要扫描相关列名下的数据，避免了关系数据库基于行存储的方式下需要扫描所有行的数据记录，可大大提高访问性能。

(4) 稀疏性。空列并不占用存储空间，表可以设计得非常稀疏。

(5) 数据类型单一。HBase中的数据都是字符串。

HBase与传统关系数据库的区别

6.1.2 HBase与传统关系数据库的区别

HBase与传统关系数据库的区别主要体现在以下5个

方面。

(1) 数据类型。关系数据库具有丰富的数据类型，如字符串型、数值型、日期型和二进制型等。HBase 只有字符串数据类型，即 HBase 把数据存储为未经解释的字符串，数据的实际类型都是交由用户自己编写程序对字符串进行解析的。

(2) 数据操作。关系数据库包含丰富的操作，如插入、删除、更新、查询等，其中还涉及各式各样的函数和连接操作。HBase 只有很简单的插入、查询、删除和清空等操作，表和表之间是分离的，没有复杂的表和表之间的关系。

(3) 存储模式。关系数据库是基于行存储的，元组或行被连续地存储在磁盘中。在关系数据库中读取数据时，需要顺序扫描每个元组，然后从中筛选出所需要查询的属性。HBase 是基于列存储的，HBase 将列划分为若干个列族，每个列族都由几个文件保存，不同列族的文件是分离的，它的优点：可以降低 I/O 开销，支持大量并发用户查询，仅需要处理所要查询的列，不需要处理与查询无关的大量数据行。

(4) 数据维护。在关系数据库中，更新操作会用最新的当前值去替换元组中原来的旧值。HBase 执行的更新操作不会删除数据旧的版本，而是添加一个新的版本，旧的版本仍然保留。

(5) 可伸缩性。HBase 分布式数据库是为了实现灵活的水平扩展而开发的，所以它能够轻松增加或减少硬件的数量来实现性能的伸缩，并且对错误的兼容性比较高。而传统数据库通常需要增加中间层才能实现类似的功能，很难实现横向扩展，纵向扩展的空间也比较有限。

6.1.3 HBase 与 Hadoop 中其他组件的关系

HBase 作为 Hadoop 生态系统的一部分，一方面它的运行依赖于其他 Hadoop 生态系统中的组件；另一方面，HBase 又为 Hadoop 生态系统的其他组件提供了强大的数据存储和处理能力。Hadoop 生态系统中 HBase 与其他部分的关系如图 6-1 所示。

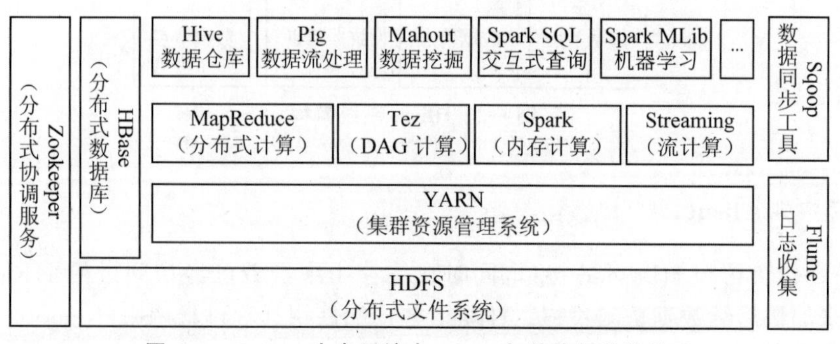

图 6-1　Hadoop 生态系统中 HBase 与其他部分的关系

HBase 使用 HDFS 作为高可靠的底层存储，利用廉价集群提供海量数据存储能力。HBase 利用 MapReduce 来处理 HBase 中的海量数据，实现高性能计算。

HBase 利用 Zookeeper 来提供协同服务，Zookeeper 用以提供高可靠的锁服务，并提供可靠的状态数据小文件的读写。Zookeeper 保证集群中所有的机器看到的视图是一致的。例如,节点A通过Zookeeper抢到了某个独占的资源,那么就不会有节点B也宣称自己获得了该资源(因为Zookeeper提供了锁机制),并且这一事件会被其他所有的节点都观测到。HBase使用Zookeeper服务来进行节点管理以及表数据的定位。

此外,为了方便在HBase上进行数据处理,Sqoop为HBase提供了高效、便捷的RDBMS数据导入功能,Pig和Hive为HBase提供了高层语言支持。

6.2 HBase系统架构和访问接口

6.2.1 HBase系统架构

HBase采用Master/Slave架构,由HMaster服务器、HRegionServer服务器和ZooKeeper服务器构成。在底层,HBase将数据存储于HDFS中。HBase系统架构如图6-2所示。

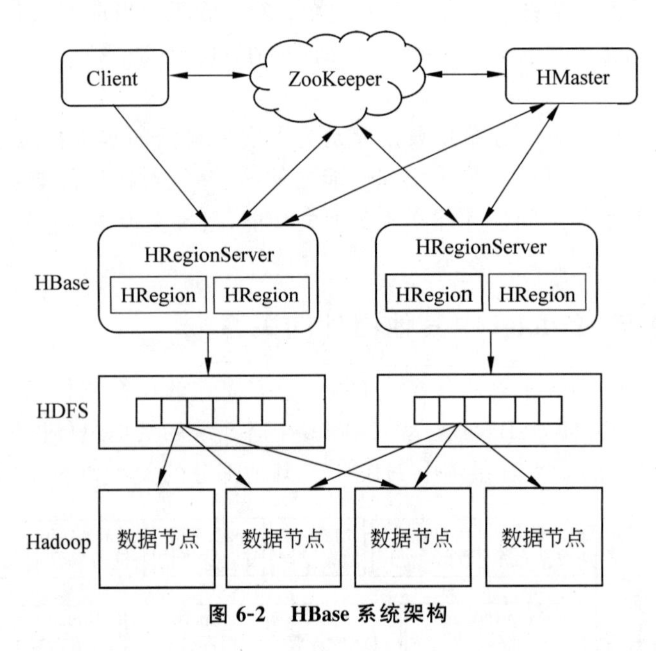

图6-2 HBase系统架构

1. 客户端Client

客户端包含访问HBase的接口,同时在缓存中维护着已经访问过的HRegion位置信息,用来加快后续数据访问过程。HBase客户端使用远程过程调用(Remote Procedure Call,RPC)机制与HMaster和HRegionServer进行通信。对于管理类操作,客户端Client与HMaster进行RPC;对于数据读写类操作,客户端Client则会与HRegionServer进行RPC。

2. Zookeeper服务器

Zookeeper服务器用来为HBase集群提供稳定可靠的协同服务,Zookeeper存储了-

ROOT-表的地址和 HMaster 的地址，客户端通过-ROOT-表可找到自己所需的数据。Zookeeper 服务器并非一台单一的机器，可能是由多台机器构成的集群。每个 HRegionServer 会以短暂的方式把自己注册到 Zookeeper 中，Zookeeper 会实时监控每个 HRegionServer 的状态并通知给 HMaster，这样，HMaster 就可以通过 Zookeeper 随时感知各个 HRegionServer 的工作状态。

具体来说，Zookeeper 的作用如下。

(1) 保证任何时候，集群中只有一个 HMaster 作为集群的"总管"。HMaster 记录了当前有哪些可用的 HRegionServer，以及当前哪些 HRegion 分配给了哪些 HRegionServer，哪些 HRegion 还没有分配。当一个 HRegion 需要被分配时，HMaster 从当前活着的 HRegionServer 中选取一个，向其发送一个装载请求，把 HRegion 分配给这个 RegionServer。HRegionServer 得到请求后，就开始加载这个 HRegion，等加载完后，HRegionServer 会通知 HMaster 加载的结果。如果加载成功，那么这个 HRegion 就可以对外提供服务了。

(2) 实时监控 HRegionServer 的状态，将 HRegionServer 上线和下线信息实时通知 HMaster。

(3) 存储 HBase 目录表的寻址入口。

(4) 存储 HBase 的模式 Schema，包括有哪些表，每个表有哪些列族等各种元信息。

(5) 锁定和同步服务。这种机制可以帮助自动故障恢复，同时连接其他的分布式应用程序。

3. HMaster 服务器

每台 HRegionServer 都会和 HMaster 服务器通信，HMaster 服务器的主要任务就是告诉每个 HRegionServer 它主要维护哪些 HRegion。

当一台新的 HRegionServer 登录到 HMaster 服务器时，HMaster 会告诉它先等待分配数据。而当一台 HRegionServer 发生故障失效时，HMaster 会把它负责的 HRegion 标记为未分配，然后再把它们分配到其他 HRegionServer 中去。

HMaster 用于协调多个 HRegionServer，侦测各个 HRegionServer 的状态，负责分配 HRegion 给 HRegionServer，平衡 HRegionServer 之间的负载。在 Zookeeper 的帮助下，HBase 允许多个 HMaster 节点共存，但只有一个 HMaster 提供服务，其他的 HMaster 节点处于待命的状态。当正在工作的 HMaster 节点死机时，Zookeeper 指定一个待命的 HMaster 来接管它。

HMaster 主要负责 Table 和 HRegion 的管理工作，具体包括如下。

(1) 管理 HRegionServer，实现其负载均衡。

(2) 管理和分配 HRegion，例如在 HRegion split 时分配新的 HRegion；在 HRegionServer 退出时迁移其内的 HRegion 到其他 HRegionServer 上。

(3) 监控集群中所有 HRegionServer 的状态(通过 Heartbeat 监听)。

(4) 处理 Schema 更新请求 (创建、删除、修改 Table 的定义)。

4. HRegionServer

HRegionServer 维护 HMaster 分配给它的 HRegion，处理用户对这些 HRegion 的 I/O 请求，向 HDFS 中读写数据，此外，HRegionServer 还负责切分在运行过程中变得过大的 HRegion。

HRegionServer 内部管理了一系列 HRegion 对象，每个 HRegion 对应了表(Table)中的一个 Region。HBase 表根据 Row Key 的范围被水平拆分成若干个 HRegion。每个 HRegion 都包含了这个 HRegion 的 start key 和 end key 之间的所有行(row)。HRegions 被分配给集群中的某些 HRegionServer 来管理，由它们来负责处理数据的读写请求。每个 HRegionServer 大约可以管理 1000 个 HRegion。HRegion 中由多个 HStore 组成，每个 HStore 对应了 Table 中的一个 Column Family 的存储，可以看出每个 Column Family 其实就是一个集中的存储单元，因此最好将具备共同 I/O 特性的 column 放在一个 Column Family 中，这样最高效。

HStore 存储是 HBase 存储的核心，其中由两部分组成：一部分是 MemStore，另一部分是 StoreFiles。MemStore 是 Sorted Memory Buffer，用户写入的数据首先会放入 MemStore，当 MemStore 满了以后会刷写成一个 StoreFile(底层实现是 HFile)，当 StoreFile 文件数量增长到一定阈值，会触发 Compact 合并操作，将多个 StoreFiles 合并成一个 StoreFile，合并过程中会进行版本合并和数据删除，因此可以看出 HBase 其实只有增加数据，所有的更新和删除操作都是在后续的 Compact 过程中进行的，这使得用户的写操作只要进入内存中就可以立即返回，保证了 HBase I/O 的高性能。

当 StoreFile Compact 后，会逐步形成越来越大的 StoreFile，当单个 StoreFile 大小超过一定阈值后，会触发 Split 操作，同时把当前 HRegion Split 成两个 HRegion，父 HRegion 会下线，新 Split 出的两个孩子 HRegion 会被 HMaster 分配到相应的 HRegionServer 上，使得原先一个 HRegion 的压力得以分流到两个 HRegion 上。图 6-3 描述了 StoreFile 的 Compact 和 Split 过程。

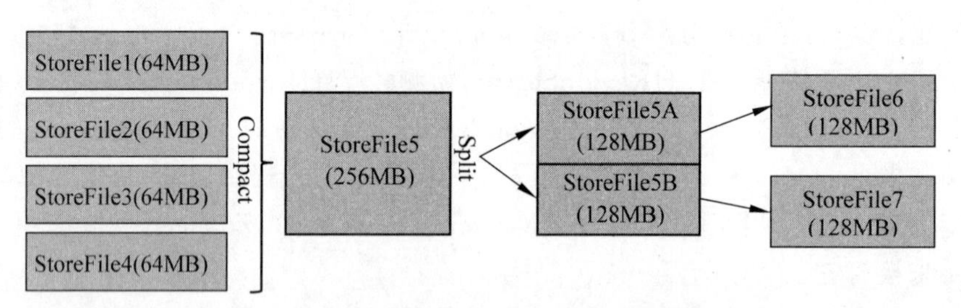

图 6-3 StoreFile 的 Compact 和 Split 过程

Hadoop DataNode 负责存储所有 HRegionServer 所管理的数据。HBase 中的所有数据都是以 HDFS 文件的形式存储的。出于使 HRegionServer 所管理的数据更加本地化方面的考虑，HRegionServer 是根据 DataNode 分布的。HBase 的数据在写入时都存储在本地。但当某一个 HRegion 被移除或被重新分配时，就可能产生数据不在本地的情况。NameNode 负责维护构成文件的所有物理数据块的元信息。

6.2.2　-ROOT-表和.META.表

HRegion 是按照“表名＋开始主键＋分区 Id”(tablename＋startkey＋regionId)来区分的，每个 HRegion 对应了 Table 中的一个分区 Region。人们可以用这个识别符来区分不同的 HRegion，这些识别符数据就是元数据(META)，而元数据本身也是被用一个 HBase 表保存在 HRegion 里面的，称这个表为元数据表(.META.表)，里面保存的就是 HRegion 标识符和实际 HRegion 服务器的映射关系。

元数据表也会增长，并且可能被分割为几个 HRegion，为了定位这些 HRegion，采用一个根数据表(-ROOT-表)来保存所有元数据表的位置，而根数据表是不能被分割的，永远只保存在一个 HRegion 里。在 Client 端访问具体的业务表的 HRegion 时需要先通过 -ROOT-表找到.META.表，再通过.META.表找到 HRegion 的位置，即这两个表主要解决了 HRegion 的快速路由问题。

1. -ROOT-表

-ROOT-表是一张存储.META.表的表，记录了.META.表的 HRegion 信息。

-ROOT-表结构如表 6-1 所示。

表 6-1　-ROOT-表结构

Row Key	info			historian
	regioninfo	server	serverstartcode	
.META.，Table1，0，12345678，12657843		HRS1		
.META.，Table2，30000，12348765，12348675		HRS2		

下面分析表 6-1 的结构，每行记录了一个.META.表的 Region 信息。

1) Row Key(行键)

Row Key 由 3 部分组成：.META.表表名、startRowKey 和创建时间 TimeStamp。Row Key 存储的内容又称为.META.表的 HRegion 的 Name。将组成 Row Key 的 3 个部分用逗号连接就构成了整个 Row Key。

2) info

info 里面包含 regioninfo、server 和 serverstartcode。其中，regioninfo 就是 HRegion 的详细信息，包括 StartRowKey 和 EndRowKey 信息等。server 存储的就是管理这个 HRegion 的 HRegionServer 的地址。所以当 HRegion 被拆分、合并或者重新分配时，都需要来修改这张表的内容。

2. .META.表

.META.表结构如表 6-2 所示。

表 6-2 .META.表结构

Row Key	info			historian
	regioninfo	server	serverstartcode	
Table1, PK0, 12345678		HRS1		
Table1, PK10000, 12345678		HRS2		
Table1, PK20000, 12345678		HRS3		
⋮				
Table2, PK0, 12345678		HRS1		
Table1, PK20000, 12345678		HRS2		

HBase 的所有 HRegion 元数据被存储在.META.表中，随着 HRegion 的增多，.META.表中的数据也会增大，并分裂成多个新的 HRegion。为了定位.META.表中各个 HRegion 的位置，把.META.表中所有 HRegion 的元数据保存在-ROOT-表中，最后由 Zookeeper 记录-ROOT-表的位置信息。所有客户端访问用户数据前，需要首先访问 Zookeeper 获得-ROOT-表的位置，然后访问-ROOT-表获得.META.表的位置，最后根据.META.表中的信息确定用户数据存放的位置。

下面用一个例子给出访问具体数据的过程，先构建-ROOT-表和.META.表。

假设 HBase 中只有两张用户表：Table1 和 Table2，Table1 非常大，被划分成很多 HRegion，因此在.META.表中有很多行 Row 用来记录这些 HRegion；Table2 很小，只是被划分成了两个 HRegion，因此在.META.表中只有两行 Row 来记录。所述的.META.表结构如表 6-2 所示。

假设要从 Table2 里面查询一条 Row Key 是 RK10000 的数据，那么应该遵循以下步骤。

(1) 从.META.表里面查询哪个 HRegion 包含这条数据。

(2) 获取管理这个 HRegion 的 HRegionServer 地址。

(3) 连接这个 HRegionServer，查到这条数据。

对于步骤(1)，.META.也是一张普通的表，需要先知道哪个 HRegionServer 管理了该.META.表。因为 Table1 实在太大了，它的 HRegion 实在太多了，.META.表为了存储这些 Region 信息，自己也需要划分成多个 HRegion，这就意味着可能有多个 HRegionServer 在管理.META.。HBase 的做法是用另外一个-ROOT-表来记录.META.表的 HRegion 信息。假设.META.表被分成了两个 HRegion，所述的-ROOT-表结构如表 6-1 所示。因此，Client 端就需要先去访问-ROOT-表。

查询 Table2 中 Row Key 是 RK10000 的数据的整个路由过程的主要代码在 org.apache.hadoop.hbase.client.HConnectionManager.TableServers 中：

```
private HRegionLocation locateRegion(final byte[] tableName,
        final byte[] row, boolean useCache) throws IOException {
    if (tableName ==null || tableName.length ==0) {
```

```
            throw new IllegalArgumentException("table name cannot be null or zero
length");
        }
        if (Bytes.equals(tableName, ROOT_TABLE_NAME)) {
            synchronized (rootRegionLock) {
                //This block guards against two threads trying to find the root
                //region at the same time. One will go do the find while the
                //second waits. The second thread will not do find.
                if (!useCache || rootRegionLocation ==null) {
                    this.rootRegionLocation =locateRootRegion();
                }
                return this.rootRegionLocation;
            }
        } else if (Bytes.equals(tableName, META_TABLE_NAME)) {
            return locateRegionInMeta(ROOT_TABLE_NAME, tableName, row, useCache,
                    metaRegionLock);
        } else {
            //Region not in the cache -have to go to the meta RS
            return locateRegionInMeta(META_TABLE_NAME, tableName, row, useCache,
userRegionLock);
        }
    }
```

这是一个递归调用的过程。

获取 Table2 的 Row Key 为 RK10000 的 HRegionServer→获取.META.表的 Row Key 为 Table2，RK10000，********的 HRegionServer→获取-ROOT-的 Row Key 为.META.，Table2，RK10000，********，********的 HRegionServer→获取-ROOT-的 HRegionServer→从 Zookeeper 得到-ROOT-表的 HRegionServer→从-ROOT-表中查到 Row Key 最接近(小于).META.，Table2，RK10000，********，********的一条 Row，并得到.META.表的 HRegionServer→从.META.表中查到 Row Key 最接近(小于)Table2，RK10000，********的一条 Row，并得到 Table2 的 HRegionServer→从 Table2 中查到 RK10000 的 Row。

6.2.3 HBase 访问接口

HBase 提供了 Native Java API、HBase Shell、Thrift Gateway、REST Gateway、Pig 和 Hive 等多种访问方式，表 6-3 给出了 HBase 访问接口的类型、特点和使用场合。

表 6-3 Base 访问接口的类型、特点和使用场合

类　型	特　点	使用场合
Native Java API	最常规和高效的访问方式	适合 Hadoop MapReduce 作业并行批处理 HBase 表数据

续表

类　　型	特　　点	使用场合
HBase Shell	HBase的命令行工具,最简单的接口	适合HBase管理使用
Thrift Gateway	利用Thrift序列化技术,支持C++、PHP和Python等多种语言	适合其他异构系统在线访问HBase表数据
REST Gateway	解除了语言限制	支持REST风格的HTTP API访问HBase
Pig	使用Pig Latin流式编程语言来处理HBase中的数据	适合做数据统计
Hive	简单	当需要以类似SQL方式来访问HBase时

6.3 HBase数据表

HBase是基于Hadoop HDFS的数据库。HBase数据表是一个稀疏的、序列化的和多维排序的分布式多维表,表中的数据通过行键(Row Key)、列族(Column Family)、列限定符(Column Qualifier,也称为列名Column Name)、时间戳(Timestamp)进行索引和查询定位。表中的数据都是未经解释的字符串,没有数据类型。在HBase表中,每一行都有一个可排序的行键和任意多的列。表的水平方向由一个或多个列族组成,一个列族中可以包含任意多个列,同一个列族的数据存储在一起。列族支持动态扩展,可以添加列族,也可以在列族中添加列,不用预先定义列的数量,所有列均以字符串形式存储。

6.3.1 HBase数据表逻辑视图

HBase以表的形式存储数据,表由行和列组成,列可组合为若干个列族,表6-4是一个班级学生HBase数据表的逻辑视图。此表中包含学生基本信息StudentBasicInfo列族,由姓名Name、地址Adress、电话Phone三列组成;学生课程成绩信息StudentGradeInfo列族,由语文Chinese、数学Maths、英语English三列组成;以及时间戳,Row Key为ID2的学生存在两个版本的电话,时间戳较大的数据版本是最新的数据。

表6-4　班级学生HBase数据表的逻辑视图

Row Key	StudentBasicInfo			StudentGradeInfo		
	Name	Adress	Phone	Chinese	Maths	English
ID1	LiHua	Building1	135xxx	85	90	86
ID2	WangLi	Building1	t2：136xxx t1：158xxx	78	92	88
ID3	ZhangSan	t2：Building2 t1：Building1	132xxx	76	80	82

1. 行键

任何字符串都可以作为行键，HBase 表中的数据按照行键的字典序排序存储。在设计行键时，要充分利用排序存储这个特性，将经常一起读取的行存放到一起，从而充分利用空间局部性。如果行键是网站域名，如 www.apache.org、mail.apache.org 和 jira.apache.org，应该将网站域名进行反转（org.apache.www、org.apache.mail、org.apache.jira）再存储。这样的话，所有 apache 域名将会存储在一起。行键是最大长度为 64KB 的字节数组，实际应用中长度一般为 10～100B。

2. 列族和列名

HBase 表中的每个列都归属于某个列族，列族必须作为表模式（Schema）定义的一部分预先定义，如“CREATE 'StudentBasicInfo', 'StudentGradeInfo'”。在每个列族中，可以存放很多列，而每行每列族中列的数量可以不相同。

列族中的列名以列族名为前缀，如 StudentBasicInfo：Name 和 StudentBasicInfo：Adress 都是 StudentBasicInfo 列族中的列。可以按需、动态地为列族添加列。在具体存储时，一张表中的不同列族是分开独立存放的。HBase 把同一列族里面的数据存储在同一目录下，由几个文件保存。HBase 的访问控制、磁盘和内存的使用统计等都是在列族层面进行的，同一列族成员最好有相同的访问模式和大小特征。

3. 单元格

在 HBase 表中，通过行键、列族和列名确定一个单元格。每个单元格中可以保存一个字段数据的多个版本，每个版本对应一个不同的时间戳。

4. 时间戳

在 HBase，每个单元格往往保存着同一份数据的多个版本，根据唯一的时间戳来区分不同版本，不同版本的数据按照时间倒序排序，最新的数据版本排在最前面。这样在读取时，将先读取到最新的数据。

时间戳可以由 HBase（在数据写入时自动用当前系统时间）赋值，也可以由客户显示赋值。当写入数据时，如果没有指定时间，那么默认的时间就是系统的当前时间。读取数据时，如果没有指定时间，那么返回的就是最新的数据。保留版本的数量由每个列族的配置决定。默认的版本数量是 3。为了避免数据存在过多版本造成的存储和管理（包括存储和索引）负担，HBase 提供了两种数据版本回收方式。

（1）保存数据的最后 n 个版本。当版本数过多时，HBase 会将过老的版本清除掉。

（2）保存最近一段时间内的版本（比如最近 7 天）。

5. 区域

HBase 自动把表水平（按 Row Key）分成若干个 HRegion，每个 HRegion 会保存表里一段连续的数据。刚开始表里只有一个 HRegion，随着数据的不断插入，HRegion 不断增大,当达到某个阈值时,HRegion 自动等分成两个新的 HRegion。

当 HBase 表中的行不断增多,就会有越来越多的 HRegion,这样一张表就被保存在多个 HRegion 上。HRegion 是 HBase 中分布式存储和负载均衡的最小单位,最小单位表示不同的 HRegion 可以分布在不同的 HRegionServer 上,但是一个 HRegion 不会拆分到多个 HRegionServer 上。

6.3.2 HBase 数据表物理视图

在 HBase 表的逻辑视图层面,HBase 中的每个表是由许多行组成的,但在物理存储层面,它是采用基于列的存储方式,而不是像传统关系数据库那样采用基于行的存储方式,这也是 HBase 与传统关系数据库的重要区别。可简单认为每个 Column Family 对应一张存储表,表格的 Row Key、Column Family、Column Name 和 Timestamp 唯一确定一条记录。HBase 把同一列族里面的数据存储在同一目录下,由几个文件保存。在物理层面上,表格的数据是通过 StoreFile 来存储的,每个 StoreFile 相当于一个可序列化的 Map,Map 的 key 和 value 都是可解释型字符数组。存储时,数据按照 Row Key 的字典序排序存储。设计 Row Key 时,要充分利用排序存储这个特性,将经常一起读取的行存储在一起。

在实际的 HDFS 存储中,直接存储每个字段数据所对应的完整的"键-值"对:

```
{Row Key, Column Family, Column Name, Timestamp }→value
```

例如表 6-4 中 ID2 行 Phone 字段下 t2 时间戳下的数值 136xxx,存储时的完整"键-值"对为

```
{ID2, StudentBasicInfo, Phone, t2 }→136xxx
```

也就是说,对于 HBase 来说,它根本不认为存在行列这样的概念,在实现时只认为存在"键-值"对这样的概念。"键-值"对的存储是排序的,行概念是通过相邻的"键-值"对比较而构建出来的,HBase 在物理实现上并不存在传统数据库中的二维表概念。因此,二维表中字段值的空值,对 HBase 来说在物理实现上是不存在的,而不是所谓的值为 null。

HBase 在 4 个维度(Row Key、Column Family、Column Name 和 Timestamp)上以"键-值"对的形式保存数据,其保存的数据量会比较大,因为对于每个字段来说,需要把对应的多个"键-值"对都保存下来,而不像传统数据库以两个维度只需要保存一个值就可以了。

也可使用多维映射来理解表 6-4,班级学生 HBase 数据表多维映射如图 6-4 所示。

行键映射一个列族的列表,列族映射一个列标识的列表,列名映射一个时间戳的列表,每个时间戳映射一个值,也就是单元格值。如果使用行键来检索映射的数据,那么会得到所有的列。如果检索特定列族的数据,会得到此列族下所有的列。如果检索列名所映射的数据,会得到所有的时间戳以及对应的数据。HBase 优化了返回数据,默认仅仅返回最新版本的数据。行键和关系数据库中的主键有相同的作用,不能改变列的行键,换句话说,如果表中已经插入数据,那么 StudentBasicInfo 列族中的列名不能改变它所属的行键。

此外也可以使用"键-值"的方式来理解,键就是行键,值就是列中的值,但是给定一个行键仅仅能确定一行数据。可以把行键、列族、列标识和时间戳都看作键,而值就是单元格中的数据,班级学生 HBase 数据表的"键-值"结构如下所示。

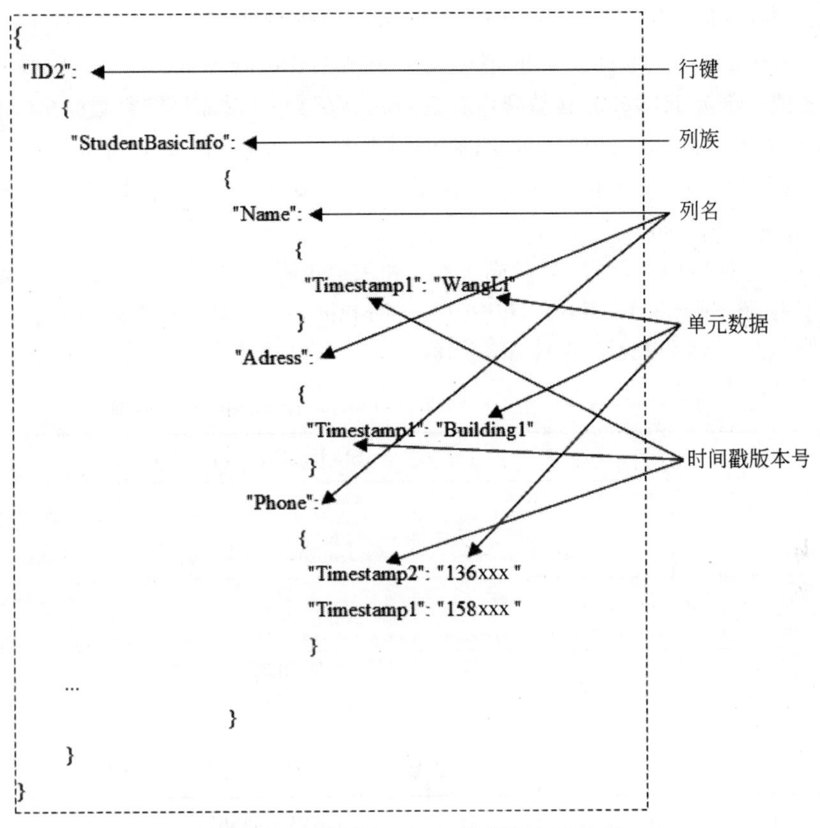

图 6-4　班级学生 HBase 数据表多维映射

```
ID2 → {StudentBasicInfo: {Name: {Timestamp1: WangLi }, Adress: {Timestamp1:
        Building1 }, Phone:{Timestamp2: 136xxx }}
     StudentGradeInfo:{Chinese: {Timestamp1: 78}, Maths: {Timestamp1: 92 },
        English:{Timestamp2: 88}}}
ID2, StudentBasicInfo → {Name: {Timestamp1: WangLi }, Adress: {Timestamp1:
                        Building1 }, Phone:{Timestamp2: 136xxx }}
ID2, StudentBasicInfo: Phone→{{Timestamp2: 136xxx}, {Timestamp1: 158xxx }}
ID2, StudentBasicInfo: Phone, Timestamp2→{:136xxx}
```

6.3.3　HBase 数据表面向列的存储

在 HBase 中，HRegionServer 对应于集群中的一个节点，而一个 HRegionServer 负责管理一系列 HRegion 对象。HBase 根据 Row Key 将一张表划分成若干个 HRegion（分区），一个 HRegion 代表一张表的一部分数据，所以 HBase 的一张表可能需要很多个 HRegion 来存储。

HBase 在管理 HRegion 时会给每个 HRegion 定义一个 Row Key 的范围，落在特定范围内的数据将交给特定的 HRegion，HRegion 由多个 HStore 组成，每个 HStore 对应 Table 中的一个 Column Family 的存储，即 HRegion 中的每个列族各用一个 HStore 来存放，一个

HStore 代表 HRegion 的一个列族。另外，HBase 会自动调节 HRegion 所处的位置，如果一个 HRegionServer 变得 Hot(大量的请求落在这个 HRegionServer 管理的 HRegion 上)，HBase 就会把一部分 HRegion 移动到相对空闲的节点上，以保证集群资源被充分利用。

由 HBase 面向列的存储原理可知，查询时要尽量减少不需要的列，而经常一起查询的列要组织到一个列族里：因为需要查询的列族越多，意味着要扫描越多的 HStore 文件，这就需要越多的时间。

对表 6-4 进行物理存储时，会存成表 6-5 和表 6-6 所示的两个小片段，也就是说，这个 HBase 表会按照 StudentBasicInfo 和 StudentGradeInfo 这两个列族分别存放，属于同一个列族的数据保存在一起(一个 HStore 中)。

表 6-5　班级学生 HBase 数据表的 StudentBasicInfo 列族存储

Row Key	StudentBasicInfo		
	Name	Adress	Phone
ID1	LiHua	Building1	135xxx
ID2	WangLi	Building1	t2：136xxx t1：158xxx
ID3	ZhangSan	t2：Building2 t1：Building1	132xxx

表 6-6　班级学生 HBase 数据表的 StudentGradeInfo 列族存储

Row Key	StudentGradeInfo		
	Chinese	Maths	English
ID1	85	90	86
ID2	78	92	88
ID3	76	80	82

6.3.4 HBase 数据表的查询方式

HBase 通过行键、列族、列名和时间戳的四元组来确定一个存储单元格。由前面的讨论可知，由{Row Key, Column Family, Column Name, Timestamp}可以唯一确定一个存储值，即一个“键-值”对：

```
{Row Key, Column Family, Column Name, Timestamp }→value
```

HBase 支持以下几种查询方式。

(1) 通过单个行键访问。

(2) 通过行键的范围来访问。

(3) 全表扫描。

在上述 3 种查询中，第 1 种和第 2 种(在范围不是很大时)都是非常高效的，可以在毫秒级完成。如果一个查询无法利用行键来定位(例如要基于某列查询满足条件的所有行),这就需要全表扫描来实现。因此,在针对某个应用设计 HBase 表结构时,要注意合理设计行键使得最常用的查询可以较为高效地完成。

6.3.5　HBase 表结构设计

HBase 在行键、列族、列名和时间戳这 4 个维度上都可以任意设置,这给表结构设计提供了很大的灵活性。如果想要利用 HBase 很好地存储和维护利用自己的海量数据,表的设计至关重要,一个好的表结构可以从本质上提高操作速度,直接决定了 get、put 和 delete 等各种操作的效率。

在设计 HBase 表时需要考虑的因素如下。

(1) 列族。这个表应该有多少个列族,列族使用什么数据,每个列族应该有多少列。列族名字的长度影响发送到客户端的数据长度,所以尽量简洁。

(2) 列。列名的长度不但影响数据存储的足迹,而且影响硬盘和网络 I/O 的花销,所以应该尽量简洁。

(3) 行键。行健结构是什么,应该包含什么信息。行键在表设计中非常重要,决定着应用中的交互以及提取数据的性能。行键的哈希可以使得行键有固定的长度和更好的分布,但是却丢弃了使用字符串时的默认排序功能。

(4) 单元格。单元格应该存放什么数据,每个单元格存储多少个时间版本。

(5) 表的深度和广度。深度高的表结构,可以快速且简单地访问数据,但是却丢掉了原子性。宽度广的表结构,可以保证行级别的原子操作,但每行会有很多的列。

6.4　HBase 安装

本节介绍 HBase 的安装方法,包括下载安装文件、配置环境变量和添加用户权限等。

6.4.1　下载安装文件

HBase 是 Hadoop 生态系统中的一个组件,但是,Hadoop 安装以后,本身并不包含 HBase,因此,需要单独安装 HBase。从官网上下载 HBase 安装文件 hbase-1.1.5-bin.tar.gz,将其下载到"/home/下载/"目录下。

下载完安装文件以后,需要对文件进行解压。按照 Linux 系统使用的默认规范,用户安装的软件一般都是放在/usr/local/目录下。使用 hadoop 用户登录 Linux 系统,打开一个终端,执行如下命令:

```
sudo tar -zxf ~/下载/hbase-1.1.5-bin.tar.gz -C /usr/local
```

将解压的文件名 hbase-1.1.5 改为 hbase,以方便使用,命令如下:

```
sudo mv /usr/local/hbase-1.1.5 /usr/local/hbase
```

6.4.2　配置环境变量

将 HBase 安装目录下的 bin 目录(即/usr/local/hbase/bin)添加到系统的 PATH 环

境变量中，这样，每次启动 HBase 时就不需要到/usr/local/hbase 目录下执行启动命令，方便 HBase 的使用。使用 vim 编辑器打开～/.bashrc 文件，命令如下：

```
vim ~/.bashrc
```

打开.bashrc 文件以后，可以看到，已经存在如下所示的 PATH 环境变量的配置信息，因为，之前安装配置 Hadoop 时，已经为 Hadoop 添加了 PATH 环境变量的配置信息：

```
export PATH=$PATH:/usr/local/hadoop/sbin:/usr/local/hadoop/bin
```

这里需要把 HBase 的 bin 目录/usr/local/hbase/bin 追加到 PATH 中。当要在 PATH 中继续加入新的路径时，只要用英文冒号隔开，把新的路径加到后面即可，追加后的结果如下：

```
export PATH=$PATH:/usr/local/hadoop/sbin:/usr/local/hadoop/bin:/usr/local/
hbase/bin
```

保存文件后，执行如下命令使设置生效：

```
source ~/.bashrc
```

6.4.3 添加用户权限

需要为当前登录 Linux 系统的 hadoop 用户添加访问 HBase 目录的权限，将 HBase 安装目录下的所有文件的所有者改为 hadoop，命令如下：

```
cd /usr/local
sudo chown -R hadoop ./hbase
```

6.4.4 查看 HBase 版本信息

可以通过如下命令查看 HBase 版本信息，以便确认 HBase 已经安装成功：

```
/usr/local/hbase/bin/hbase version
```

执行上述命令以后，如果出现如图 6-5 所示的信息，则说明安装成功。

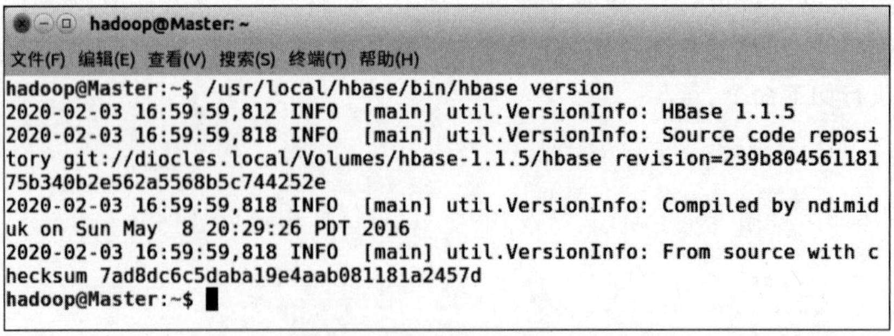

```
hadoop@Master: ~
文件(F) 编辑(E) 查看(V) 搜索(S) 终端(T) 帮助(H)
hadoop@Master:~$ /usr/local/hbase/bin/hbase version
2020-02-03 16:59:59,812 INFO  [main] util.VersionInfo: HBase 1.1.5
2020-02-03 16:59:59,818 INFO  [main] util.VersionInfo: Source code reposi
tory git://diocles.local/Volumes/hbase-1.1.5/hbase revision=239b804561181
75b340b2e562a5568b5c744252e
2020-02-03 16:59:59,818 INFO  [main] util.VersionInfo: Compiled by ndimid
uk on Sun May  8 20:29:26 PDT 2016
2020-02-03 16:59:59,818 INFO  [main] util.VersionInfo: From source with c
hecksum 7ad8dc6c5daba19e4aab081181a2457d
hadoop@Master:~$
```

图 6-5 查看 HBase 版本信息

6.5 HBase 配置

HBase 有 3 种运行模式，即单机模式、伪分布式模式和分布式模式。

(1) 单机模式。采用本地文件系统存储数据。

(2) 伪分布式模式。采用伪分布式模式的 HDFS 存储数据。

(3) 分布式模式。采用分布式模式的 HDFS 存储数据。

在进行 HBase 配置之前，需要确认已经安装了 3 个组件：JDK、Hadoop 和 SSH。HBase 单机模式不需要安装 Hadoop，伪分布式模式和分布式模式需要安装 Hadoop。

6.5.1 单机运行模式配置

1. 配置 hbase-env.sh 文件

使用 vim 编辑器打开/usr/local/hbase/conf/hbase-env.sh，命令如下：

```
vim /usr/local/hbase/conf/hbase-env.sh
```

打开 hbase-env.sh 文件以后，需要在 hbase-env.sh 文件中配置 Java 环境变量，在 Hadoop 配置中，配置了 JAVA_HOME=/opt/jvm/jdk1.8.0_181，这里可以直接复制该配置信息到 hbase-env.sh 文件中。此外，还需要添加 Zookeeper 配置信息，配置 HBASE_MANAGES_ZK 为 true，表示由 HBase 自己管理 Zookeeper，不需要单独的 Zookeeper，由于 hbase-env.sh 文件中本来就存在这些变量的配置，因此，只需要删除前面的注释符号 # 并修改配置内容即可，修改后的 hbase-env.sh 文件应该包含如下两行信息：

```
export JAVA_HOME=/opt/jvm/jdk1.8.0_181
export HBASE_MANAGES_ZK=true
```

修改完成以后，保存 hbase-env.sh 文件并退出 vim 编辑器。

2. 配置 hbase-site.xml 文件

使用 vim 编辑器打开并编辑/usr/local/hbase/conf/hbase-site.xml 文件，命令如下：

```
vim /usr/local/hbase/conf/hbase-site.xml
```

在 hbase-site.xml 文件中，需要配置属性 hbase.rootdir，用于指定 HBase 数据的存储位置，如果没有设置，则 hbase.rootdir 默认为/tmp/hbase-${user.name}，这意味着每次重启系统都会丢失数据。这里把 hbase.rootdir 设置为 HBase 安装目录下的 hbase-tmp 文件夹，即/usr/local/hbase/hbase-tmp，修改后的 hbase-site.xml 文件中的配置信息如下：

```
<configuration>
        <property>
                <name>hbase.rootdir</name>
```

```
            <value>file:///usr/local/hbase/hbase-tmp</value>
        </property>
</configuration>
```

保存 hbase-site.xml 文件,并退出 vim 编辑器。

3. 启动 HBase

启动 HBase 的命令如下:

```
$cd /usr/local/hbase
$bin/start-hbase.sh                                    #启动 HBase
```

4. 进入 HBase Shell 模式

启动 HBase 后,可以使用如下命令进入 HBase Shell 模式:

```
$bin/hbase shell                                       #进入 HBase Shell 命令行模式
hbase(main):001:0>
```

进入 HBase Shell 模式之后,通过 status 命令查看 HBase 的运行状态,通过 exit 命令退出 HBase Shell。

```
hbase(main):001:0>status
1 servers, 0 dead, 2.0000 average load
hbase(main):002:0>exit
```

5. 停止 HBase

退出 Shell 后,可以使用如下命令停止 HBase 运行:

```
$bin/stop-hbase.sh
```

6.5.2 伪分布式运行模式配置

1. 配置 hbase-env.sh 文件

使用 vim 编辑器打开/usr/local/hbase/conf/hbase-env.sh,命令如下:

```
vim /usr/local/hbase/conf/hbase-env.sh
```

打开 hbase-env.sh 文件以后,需要在 hbase-env.sh 文件中配置 JAVA_HOME、HBASE_CLASSPATH 和 HBASE_MANAGES_ZK。其中,HBASE_CLASSPATH 设置为本机 Hadoop 安装目录下的 conf 目录(即/usr/local/Hadoop/conf)。JAVA_HOME 和 HBASE_MANAGES_ZK 的配置方法和上面单机模式的配置方法相同。修改后的 hbase-env.sh 文件应该包含如下 3 行信息:

```
export JAVA_HOME=JAVA_HOME=/opt/jvm/jdk1.8.0_181
```

```
export HBASE_CLASSPATH=/usr/local/hadoop/conf
export HBASE_MANAGES_ZK=true
```

修改完成以后，保存 hbase-env.sh 文件并退出 vim 编辑器。

2. 配置 hbase-site.xml 文件

使用 vim 编辑器打开并编辑/usr/local/hbase/conf/hbase-site.xml 文件，命令如下：

```
vim /usr/local/hbase/conf/hbase-site.xml
```

在 hbase-site.xml 文件中，需要设置属性 hbase.rootdir，用于指定 HBase 在伪分布式模式的 HDFS 上的存储路径，这里设置 hbase.rootdir 为 hdfs：//localhost：9000/hbase。此外，由于采用了伪分布式模式，还需要将属性 hbase.cluster.distributed 设置为 true。修改后的 hbase-site.xml 文件中的配置信息如下：

```
<configuration>
        <property>
                <name>hbase.rootdir</name>
                <value>hdfs://localhost:9000/hbase</value>
        </property>
        <property>
                <name>hbase.cluster.distributed</name>
                <value>true</value>
        </property>
</configuration>
```

修改完成后，保存 hbase-site.xml 文件，并退出 vim 编辑器。

3. 启动 HBase

完成以上操作后就可以启动 HBase 了，启动顺序：先启动 Hadoop→再启动 HBase。关闭顺序：先关闭 HBase→再关闭 Hadoop。

(1) 启动 Hadoop 集群。首先登录 SSH，由于之前已经设置了无密码登录，因此这里不需要密码。然后切换至/usr/local/hadoop/，启动 Hadoop，让 HDFS 进入运行状态，从而可以为 HBase 存储数据，具体命令如下：

```
$ssh localhost
$cd /usr/local/hadoop
$./sbin/start-dfs.sh                                #启动 Hadoop
$jps                                                #查看进程
2833 NameNode
3162 SecondaryNameNode
2956 DataNode
```

执行命令 jps 后，如果能够看到 NameNode、DataNode 和 SecondaryNameNode 这 3 个进程，则表示已经成功启动 Hadoop。

注意：可先通过 jps 命令查看 Hadoop 集群是否启动，如果 Hadoop 集群已经启动，则不需要执行 Hadoop 集群启动操作。

(2) 启动 HBase。启动 HBase 的命令如下：

```
$cd /usr/local/hbase
$bin/start-hbase.sh
$jps                                                    #查看进程
6369 NameNode
7794 Jps
6516 DataNode
7415 HRegionServer
7293 HMaster
7199 HQuorumPeer
6703 SecondaryNameNode
```

如果出现上述类似进程，则表明 HBase 启动成功。

4. 进入 HBase Shell 模式

HBase 启动成功后，就可以进入 HBase Shell 模式，命令如下：

```
$bin/hbase shell                                        #进入 HBase Shell 模式
```

进入 HBase Shell 模式以后，用户可以通过输入 Shell 命令操作 HBase 数据库。

5. 退出 HBase Shell 模式

通过 exit 命令退出 HBase Shell 模式。

6. 停止 HBase 运行

退出 HBase Shell 模式后，可使用如下命令关闭 HBase：

```
$bin/stop-hbase.sh
```

关闭 HBase 以后，如果不再使用 Hadoop，就可以运行如下命令关闭 Hadoop：

```
$cd /usr/local/hadoop
$./sbin/stop-dfs.sh
```

最后需要注意的是，启动关闭 Hadoop 和 HBase 的顺序：启动 Hadoop→启动 HBase→关闭 HBase→关闭 Hadoop。

6.6 HBase 常用 Shell 命令

HBase Shell 是 HBase 的一套命令行工具，类似传统数据中的 SQL 概念。下面在 HBase 单机运行模式下演示 HBase Shell 命令。

6.6.1 基本命令

1. 获取帮助 help

```
hbase(main):004:0>help
hbase(main):005:0>help 'status'                    #获取 status 命令的详细信息
```

2. 查看服务器状态 status

status 命令用来提供 HBase 的状态，例如服务器的数量。

```
hbase(main):006:0>status
1 servers, 1 dead, 2.0000 average load
```

3. 查看当前用户 whoami

```
hbase(main):007:0>whoami
hadoop (auth:SIMPLE)
    groups: hadoop, sudo
```

4. 命名空间相关命令

在 HBase 中，命名空间(namespace)指对一组表的逻辑分组，类似 RDBMS 中的 database，方便对表在业务上划分。可以创建、删除或更改命名空间。HBase 系统默认定义了两个默认的 namespace：hbase，系统命名空间，用于包含 HBase 内部表；default，用户建表时没有显式指定命名空间的表将自动落入此命名空间。

1) 列出所有命名空间 list_namespace

```
hbase(main):008:0>list_namespace
NAMESPACE
default
hbase
2 row(s) in 0.0730 seconds
```

2) 创建命名空间 create_namespace

```
hbase(main):010:0>create_namespace 'ns1'
```

3) 查看命名空间 describe_namespace

```
hbase(main):011:0>describe_namespace 'ns1'
DESCRIPTION
{NAME =>'ns1'}
```

4) 在命名空间下创建表

```
hbase(main):013:0>create 'ns1:t1', 'cf1'
```

该命令在命名空间 ns1 下新建一个表 t1 且表的列族为 cf1。

5) 查看命名空间下的所有表

列出指定命名空间下的所有表 list_namespace_tables：

```
hbase(main):015:0>list_namespace_tables 'ns1'
TABLE
t1
```

6) 删除命名空间的表

```
hbase>disable 'ns1:t1'                    #删除表 t1 之前先禁用该表,否则无法删除
```

上述命令中的 hbase 表示 hbase(main)：017：0,这样做是为了命令简洁,本章下面都采用这种表示方式。

```
hbase>drop 'ns1:t1'                       #删除命名空间 ns1 的表 t1
```

7) 删除命名空间 drop_namespace

```
hbase >drop_namespace 'ns1'               #命名空间 ns1 必须为空,否则会报错
```

6.6.2 创建表

在关系数据库中,需要首先创建数据库,然后再创建表,但在 HBase 数据库中,不需要创建数据库,只需要直接创建表就可以了。HBase 创建表的语法格式如下：

```
create <表名称>, <列族名称 1>[, '列族名称 2'…]
```

HBase 中的表至少要有一个列族,列族直接影响 HBase 数据存储的物理特性。

下面使用学生信息为例演示 HBase Shell 命令的用法,创建一个 student 表,其表结构如表 6-7 所示。

表 6-7 student 表

Row Key	baseInfo			score		
	Sname	Ssex	Sno	C	Java	Python
0001	ding	female	13440106	86	82	87
0002	yan	male	13440107	90	91	93
0003	feng	female	13440108	89	83	85
0004	wang	male	13440109	78	80	76

这里 baseInfo(学生个人信息)和 score(学生考试分数)对于 student 表来说是两个有 3 个列的列族。baseInfo 列族由 3 个列组成：Sname、Ssex 和 Sno。score 列族由 3 个列组成：C、Java 和 Python。

创建 student 表,有两个列族：baseInfo 和 score,且版本数均为 2,命令如下。

```
hbase>create 'student', {NAME=>'baseInfo', VERSIONS =>2}, {NAME=>'score',
VERSIONS=>2}
```

注意：

(1) Shell 里所有的名字都必须用引号括起来。

(2) HBase 的表不用定义有哪些列(字段，Column)，因为列是可以动态增加和删除的，但 HBase 表需要定义列族(Column Family)。每张表有一个或者多个列族，每个列必须且仅属于一个列族。列族主要用来在存储上对相关的列分组，从而使得减少对无关列的访问来提高性能。

(3) 默认情况下一个单元格只能存储一个数据，后面如果修改数据就会将原来的覆盖掉，可以通过指定 VERSIONS 使 HBase 一个单元格能存储多个值。VERSIONS 设为 2，则一个单元格能存储 2 个版本的数据。

student 表创建好之后，可使用 describe 命令查看 student 表的表结构，查看的结果如图 6-6 所示。

```
hadoop@Master: /usr/local/hbase
hbase(main):024:0> describe 'student'
Table student is ENABLED
student
COLUMN FAMILIES DESCRIPTION
{NAME => 'baseInfo', BLOOMFILTER => 'ROW', VERSIONS => '2', IN_MEMORY => 'false'
, KEEP_DELETED_CELLS => 'FALSE', DATA_BLOCK_ENCODING => 'NONE', TTL => 'FOREVER'
, COMPRESSION => 'NONE', MIN_VERSIONS => '0', BLOCKCACHE => 'true', BLOCKSIZE =>
 '65536', REPLICATION_SCOPE => '0'}
{NAME => 'score', BLOOMFILTER => 'ROW', VERSIONS => '2', IN_MEMORY => 'false', K
EEP_DELETED_CELLS => 'FALSE', DATA_BLOCK_ENCODING => 'NONE', TTL => 'FOREVER', C
OMPRESSION => 'NONE', MIN_VERSIONS => '0', BLOCKCACHE => 'true', BLOCKSIZE => '6
5536', REPLICATION_SCOPE => '0'}
2 row(s) in 0.0830 seconds

hbase(main):025:0>
```

图 6-6　student 表的结构信息

可以看到 HBase 给这张表设置了很多默认属性，以下简单介绍这些属性。

(1) VERSIONS：历史版本数，默认值是 1。建表时设置版本数为 2，这里显示的是 2。

(2) TTL：生存期，一个数据在 HBase 中被保存的时限，也就是说，如果设置 TTL 是 7 天的话，那么 7 天后这个数据会被 HBase 自动清除掉。

下面两个创建表的命令等价。

```
hbase>create 'student1', 'baseInfo', 'score'
```

等价于

```
hbase>create 'student1',{NAME=>'baseInfo' },{NAME=>'score'}
```

下面再给出一个创建表的示例，创建表 st2，将表依据分割算法 HexStringSplit 分布在 10 个 Region 里，命令如下：

```
hbase>create 'st2', 'baseInfo', {NUMREGIONS=>10, SPLITALGO=>'HexStringSplit'}
```

6.6.3 插入与更新表中的数据

HBase 使用 put 命令添加或更新(如果已经存在的话)数据,一次只能为一个表的一个单元格 Cell 添加一个数据,命令格式如下:

```
put <表名>,<行键>,<列族名:列名>,<值>[,时间戳]
```

例如给表 student 添加数据:行键是 0001,列族名是 baseInfo,列名是 Sname,值是 ding。具体命令如下:

```
hbase>put 'student','0001','baseInfo:Sname', 'ding'
```

上面的 put 命令会为 student 表添加行键是 0001、列族是 baseInfo、列名是 Sname 的单元格添加一个值 ding,系统默认把跟在表名 student 后面的第一个数据作为行键。命令 put 的最后一个参数是指定单元格的值。

可以指定时间戳,否则默认为系统当前时间:

```
hbase>put 'student','0001','baseInfo:Sno', '13440106', 201912300909
```

下面再插入几条记录:

```
hbase>put 'student','0002','baseInfo:Sno', '13440107'
hbase>put 'student','0002','baseInfo:Sname', 'yan'
hbase>put 'student','0002','score:C', '90'
hbase>put 'student','0003','baseInfo:Sname', 'feng'
hbase>put 'student','0004','baseInfo:Sname', 'wang'
hbase>put 'student','0004','baseInfo:Ssex', 'male'
hbase>put 'student','0004','score:Python', '76'
```

6.6.4 查看表中的数据

HBase 中有两个用于查看表中数据的命令。

1. 查看某行数据的 get 命令

语法格式:

```
get <表名>,<行键>[,<列族:列名>,…]
```

(1) 查询某行,可以使用如下命令返回 student 表中 0001 行的数据:

```
hbase>get 'student', '0001'
COLUMN                      CELL
baseInfo:Sname        timestamp=1580729648426, value=ding
baseInfo:Sno          timestamp=201912300909, value=13440106
```

(2) 查询某行,指定列名。查询表 student,行键为 0001 中的 baseInfo 列族下的 Sname 的值:

```
hbase>get 'student','0001', 'baseInfo:Sname'
COLUMN                      CELL
baseInfo:Sname          timestamp=1580729648426, value=ding
```

(3) 查询某行,添加其他限制条件。查询 student 表中 Row Key 为'0001'的这一行,只显示 baseInfo: Sname 这一列,并且只显示最新的两个版本:

```
hbase>get 'student', '0001', {COLUMNS =>'baseInfo:Sname', VERSIONS =>2}
COLUMN                      CELL
baseInfo:Sname          timestamp=1580729648426, value=ding
```

查看指定列的内容,并限定显示最新的两个版本和时间范围:

```
hbase(main):038:0>get 'student', '0001', {COLUMN =>'baseInfo:Sname', VERSIONS
=>2, TIMERANGE =>[1392368783980, 1392380169184]}
COLUMN                      CELL
0 row(s) in 0.0140 seconds
```

2. 浏览表的全部数据的 scan 命令

语法:

```
scan <table>, {COLUMNS =>[ <family:column>,… ], LIMIT =>num}
```

(1) 浏览全表。

```
hbase>scan 'student'
```

scan 'student'执行的结果如图 6-7 所示。

```
hadoop@Master: /usr/local/hbase
hbase(main):039:0> scan 'student'
ROW                   COLUMN+CELL
 0001                 column=baseInfo:Sname, timestamp=1580729648426, value=ding
 0001                 column=baseInfo:Sno, timestamp=201912300909, value=1344010
                      6
 0002                 column=baseInfo:Sname, timestamp=1580729681007, value=yan
 0002                 column=baseInfo:Sno, timestamp=1580729672265, value=134401
                      07
 0002                 column=score:C, timestamp=1580729694953, value=90
 0003                 column=baseInfo:Sname, timestamp=1580729706792, value=feng
 0004                 column=baseInfo:Sname, timestamp=1580729715975, value=wang
 0004                 column=baseInfo:Ssex, timestamp=1580729725949, value=male
 0004                 column=score:Python, timestamp=1580729736202, value=76
4 row(s) in 0.1280 seconds

hbase(main):040:0>
```

图 6-7　scan 'student'执行的结果

(2) 浏览时指定列族。

```
hbase>scan 'student', {COLUMNS =>'baseInfo'}
```

(3) 浏览时指定列族并限定显示最新的两个版本的内容。

```
hbase>scan 'student', {COLUMNS =>'baseInfo', VERSIONS =>2}
```

(4) 设置开启 Raw 模式,开启 Raw 模式会把那些已添加删除标记但是未实际删除的数据也显示出来。

```
hbase>scan 'student', {COLUMNS =>'baseInfo', RAW =>true}
```

(5) 列的过滤浏览。

查询 student 表中列族为 baseInfo 的信息:

```
hbase>scan 'student', {COLUMNS =>['baseInfo']}
```

查询 student 表中列族为 baseInfo、列名为 Sname、列族为 score、列名为 Python 的信息:

```
hbase>scan 'student', {COLUMNS =>['baseInfo:Sname', 'score:Python']}
```

查询 student 表中列族为 baseInfo、列名为 Sname 的信息,并且版本最新的两个:

```
hbase>scan 'student', {COLUMNS =>'baseInfo:Sname', VERSIONS =>2}
```

查询 student 表中列族为 baseInfo、行键范围是[0001, 0003)的数据:

```
hbase>scan 'student', {COLUMNS =>'baseInfo', STARTROW =>'0001', ENDROW =>'0003'}
```

此外,可用 count 命令查询表中的数据行数,其语法格式如下:

```
count <table>, {INTERVAL =>intervalNum, CACHE =>cacheNum}
```

其中,INTERVAL 用来设置多少行显示一次,默认为 1000;CACHE 用来设置缓存区大小,默认是 10,调整该参数可提高查询速度。

```
hbase>count 'student', {INTERVAL =>10, CACHE =>50}
4 row(s) in 0.0240 seconds
```

6.6.5 删除表中的数据

在 HBase 中用 delete、deleteall 以及 truncate 命令进行删除数据操作,三者的区别:delete 命令用于删除一个单元格数据,deleteall 命令用于删除一行数据,truncate 命令用于删除表中的所有数据。

1. 删除行中的某个单元格数据

语法格式:

```
delete <表名>, <行键>, <列族名:列名>, <时间戳>
```

删除 student 表中 0001 行中的 baseInfo: Sname 的数据,命令如下:

```
hbase>delete 'student','0001',' baseInfo:Sname'
```

上述语句将删除 0001 行 baseInfo: Sname 列所有版本的数据。

2. 删除行

使用 deleteall 命令删除 student 表中 0001 行的全部数据，命令如下：

```
hbase>deleteall 'student','0001'
```

3. 删除表中的所有数据

删除表 student 的所有数据，命令如下：

```
hbase>truncate 'student'
```

6.6.6　表的启用/禁用

enable 和 disable 可以启用/禁用表，is_enabled 和 is_disabled 来检查表是否被禁用。

```
hbase>disable 'student'                   #禁用 student 表
hbase>is_disabled 'student'               #检查 student 表是否被禁用
true
hbase>enable 'student'                    #启用 student 表
hbase(main):048:0>is_enabled 'student'    #检查 student 表是否被启用
true
```

6.6.7　修改表结构

修改表结构前必须先禁用表。

```
hbase>disable 'student'                   #禁用 student 表
```

1. 添加列族

语法格式：

```
alter '表名', '列族名'
hbase>alter 'student', 'teacherInfo'      #添加列族 teacherInfo
Updating all regions with the new schema...
1/1 regions updated.
Done.
```

2. 删除列族

语法格式：

```
alter '表名', {NAME =>'列族名', METHOD =>'delete'}
hbase>alter 'student', {NAME =>'teacherInfo', METHOD =>'delete'}
Updating all regions with the new schema...
```

```
1/1 regions updated.
Done.
```

3. 更改列族存储版本数

默认情况下,列族只存储一个版本的数据,如果需要存储多个版本的数据,则需要修改列族的属性。

```
hbase>alter 'student',{NAME=>'baseInfo',VERSIONS=>3}    #版本数改为 3
```

6.6.8 删除 HBase 表

删除表需要两步操作:第一步禁用表,第二步删除表。例如,要删除 student 表,可以使用如下命令:

```
hbase>disable 'student'                                 #禁用 student 表
hbase>drop 'student'                                    #删除 student 表
```

6.7 常用的 Java API

与 HBase 数据存储管理相关的 Java API 主要包括 HBaseAdmin、HBaseConfiguration、HTableDescriptor、HColumnDescriptor、Put、Get、ResultScanner、Result 和 Scan。

6.7.1 HBase 数据库管理 API

1. HBaseAdmin

org.apache.hadoop.hbase.client.HBaseAdmin 类主要用于管理 HBase 数据库的表信息,包括创建或删除表、列出表项、使表有效或无效、添加或删除表的列族成员、检查 HBase 的运行状态等。HBaseAdmin 类的主要方法如表 6-8 所示。

表 6-8 HBaseAdmin 类的主要方法

返回值类型	方 法	方法描述
void	addColumn(tableName, column)	向一个已存在的表中添加列
void	createTable(tableDescriptor)	创建表
void	disableTable(tableName)	使表无效
void	deleteTable(tableName)	删除表
void	enableTable(tableName)	使表有效
Boolean	tableExists(tableName)	检查表是否存在
HTableDescriptor	listTables()	列出所有表

用法示例：

```
HBaseAdmin admin =new HBaseAdmin(config);
admin.disableTable("tableName")
```

2. HBaseConfiguration

org.apache.hadoop.hbase.HBaseConfiguration 类主要用于管理 HBase 的配置信息。HBaseConfiguration 类的主要方法如表 6-9 所示。

表 6-9　HBaseConfiguration 类的主要方法

返回值类型	方　法	方法描述
org. apache. hadoop. conf.Configuration	create()	使用默认的 HBase 配置文件创建 Configuration
org. apache. hadoop. conf.Configuration	addHbaseResources (org. apache. hadoop.conf.Configuration conf)	向当前 Configuration 添加 conf 中的配置信息
static void	merge (org. apache. hadoop. conf. Configuration destConf, org. apache. hadoop.conf.Configuration srcConf)	合并两个 Configuration
void	set(String name, String value)	通过属性名来设置值
void	get(String name)	获取属性名对应的值

用法示例：

```
HBaseConfiguration hconfig =new HBaseConfiguration();
hconfig.set("hbase.zookeeper.property.clientPort", "2081");
```

该方法设置了 hbase.zookeeper.property.clientPort 的端口号为 2081。一般情况下，HBaseConfiguration 会使用构造函数进行初始化，然后再使用其他方法。

6.7.2　HBase 数据库表 API

1. HTable

org.apache.hadoop.hbase.client.HTable 类用于与 HBase 进行通信。如果多个线程对一个 HTable 对象进行 put 或者 delete 操作的话，则写缓冲器可能会崩溃。HTable 类的主要方法如表 6-10 所示。

表 6-10　HTable 类的主要方法

返回值类型	方　法	方法描述
void	close()	释放所有资源
Boolean	exists(Get get)	检查 Get 实例所指的值是否存在于 HTable 的列中

续表

返回值类型	方　　法	方法描述
Result	get(Get get)	从指定行的单元格中取得相应的值
ResultScanner	getScanner(byte[] family)	获取当前给定列族的 scanner 实例
HTableDescriptor	getTableDescriptor()	获得当前表格 HTableDescriptor 对象
TableName	getName()	获取当前表名
void	put(Put put)	向表中添加值

用法示例：

```
HTable table =new HTable(conf, Bytes.toBytes(tableName));
ResultScanner scanner =table.getScanner(family);
```

2. HTableDescriptor

org.apache.hadoop.hbase.HTableDescriptor 类包含了 HBase 中表格的详细信息，如表的列族和表的类型(-ROOT-和.META.)等。HTableDescriptor 类的主要方法如表 6-11 所示。

表 6-11　HTableDescriptor 类的主要方法

返回值类型	方　　法	方法描述
HTableDescriptor	addFamily(HColumnDescriptor family)	添加一个列族
Collection<HColumnDescriptor>	getFamilies()	返回表中所有列族的名称
TableName	getTableName()	返回表名实例
Byte[]	getValue(Bytes key)	获得某个属性的值
HTableDescriptor	removeFamily(byte[] column)	删除某个列族
HTableDescriptor	setValue(byte[] key, byte[] value)	设置属性的值

用法示例：

```
HTableDescriptor htd =new HTableDescriptor(table);
htd.addFamily(new HcolumnDescriptor("family"));
```

上述命令，通过一个 HTableDescriptor 实例，为 HTableDescriptor 添加了一个列族 family。

3. HColumnDescriptor

org.apache.hadoop.hbase.HColumnDescriptor 类维护着关于列族的信息，例如版本号和压缩设置等。它通常在创建表或者为表添加列族的时候使用。列族被创建后不能直接修改，只能通过删除然后重新创建。列族被删除时，列族里面的数据也会同时被删除。HColumnDescriptor 类的主要方法如表 6-12 所示。

表 6-12　HColumnDescriptor 类的主要方法

返回值类型	方　法	方法描述
Byte[]	getName()	获得列族的名称
Byte[]	getValue(byte[] key)	获得某列单元格的值
HColumnDescriptor	setValue(byte[] key, byte[] value)	设置某列单元格的值

用法示例：

```
HTableDescriptor htd =new HTableDescriptor(tableName);
HColumnDescriptor col =new HColumnDescriptor("content");
htd.addFamily(col);
```

6.7.3　HBase 数据库表行列 API

1. Put

org.apache.hadoop.hbase.client.Put 类用于向单元格添加数据。Put 类的主要方法如表 6-13 所示。

表 6-13　Put 类的主要方法

返回值类型	方　法	方法描述
Put	addColumn(byte[] family, byte[] qualifier, byte[] value)	将指定的列族、列限定符和对应的值添加到 Put 实例中
List<Cell>	get(byte[] family, byte[] qualifier)	获取列族和列限定符指定的列中的所有单元格
Boolean	has(byte[]family, byte[] qualifier)	检查列族和列限定符指定的列是否存在
Boolean	has(byte[] family, byte[] qualifier, byte[] value)	检查列族和列限定符指定的列中是否存在指定的 value

用法示例：

```
HTable table =new HTable(conf,Bytes.toBytes(tableName));
Put p =new Put(brow);                          //为指定行创建一个 Put 操作
p.add(family,qualifier,value);
table.put(p);
```

2. Get

org.apache.hadoop.hbase.client.Get 类用来获取单行的信息。Get 类的主要方法如表 6-14 所示。

表 6-14 Get 类的主要方法

返回值类型	方 法	方法描述
Get	addColumn(byte[] family, byte[] qualifier)	根据列族和列限定符获取对应的列
Get	setFilter(Filter filter)	通过设置过滤器获取具体的列

用法示例:

```
HTable table =new HTable(conf, Bytes.toBytes(tableName));
Get g =new Get(Bytes.toBytes(row));
table.get(g);
```

3. Scan

可以利用 org.apache.hadoop.hbase.client.Scan 类来限定需要查找的数据,如限定版本号、起始行号、列族、列限定符和返回数量的上限等。Scan 类的主要方法如表 6-15 所示。

表 6-15 Scan 类的主要方法

返回值类型	方 法	方法描述
Scan	addFamily(byte[] family)	限定需要查找的列族
Scan	addColumn(byte[] family, byte[] qualifier)	限定列族和列限定符指定的列
Scan	setMaxVersions() setMaxVersions(int maxVersions)	限定版本的最大个数。如果不带任何参数调用 setMaxVersions,表示取所有的版本。如果不调用 setMaxVersions,只会取到最新的版本
Scan	setTimeRange(long minStamp, long maxStamp)	限定最大和最小时间戳范围
Scan	setFilter(Filter filter)	指定 Filter 过滤掉不需要的数据
Scan	setStartRow(byte[] startRow)	限定开始的行,否则从头开始
Scan	setStopRow(byte[] stopRow)	限定结束的行(不包含此行)

4. Result

org.apache.hadoop.hbase.client.Result 类用于存放 Get 或 Put 操作后的结果,并以<key,value>的格式存放在 map 结构中。Result 类的主要方法如表 6-16 所示。

表 6-16 Result 类的主要方法

返回值类型	方 法	方法描述
Boolean	containsColumn(byte[] family, byte[] qualifier)	检查是否包含列族和列限定符指定的列

续表

返回值类型	方 法	方 法 描 述
List<Cell>	getColumnCells(byte[] family, byte[] qualifier)	获得列族和列限定符指定的列中的所有单元格
NavigableMap<byte[], byte[]>	getFamilyMap(byte[] family)	根据列族获得包含列和值的所有行的"键-值"对
Byte[]	getValue(byte[] family, byte[] qualifier)	获得列族和列指定的单元格的最新值

6.8 HBase 编程

HBase 提供了 Java API 对 HBase 数据库进行操作，本书采用 eclipse 进行程序开发。在进行 HBase 编程之前，如果还没有启动 Hadoop 和 HBase，需要首先启动 Hadoop 和 HBase，具体命令如下：

```
$cd /usr/local/hadoop
$./sbin/start-dfs.sh
$cd /usr/local/hbase
$./bin/start-hbase.sh
```

6.8.1 在 eclipse 中创建项目

由于是采用 hadoop 用户登录 Linux 系统，eclipse 启动以后，eclipse 默认的工作目录还是之前设定的/home/hadoop/eclipse-workspace。

然后选择 File→New→Java Project 命令，创建一个 Java 工程，弹出图 6-8。

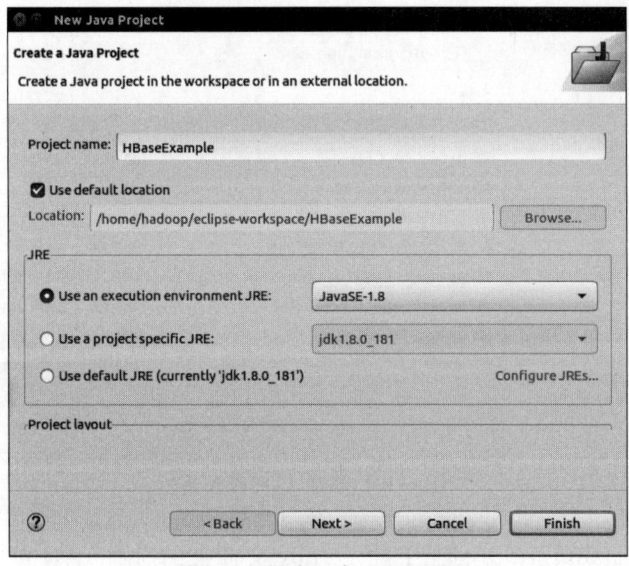

图 6-8 创建一个 Java 工程

在 Project name 后面的文本框中输入工程名称 HBaseExample，选中 Use default location 复选框，然后单击界面底部的 Next 按钮，进入下一步设置。

6.8.2 添加项目需要用到的 JAR 包

进入下一步设置后，会弹出图 6-9。

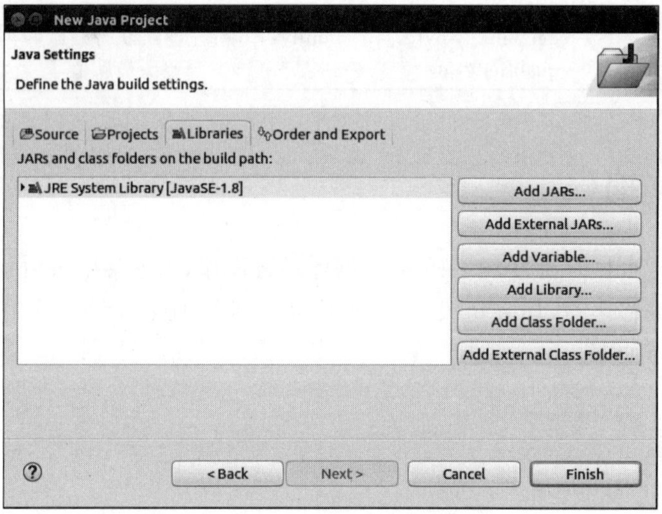

图 6-9 添加 JAR 包的界面

为了编写一个能够与 HBase 交互的 Java 应用程序，需要在这个界面中加载该 Java 工程所需要用到的 JAR 包，这些 JAR 包中包含了可以访问 HBase 的 Java API。这些 JAR 包都位于 HBase 安装目录的 lib 目录下，即/usr/local/hbase/lib 目录下。单击界面中的 Libraries 选项卡，之后单击界面右侧的 Add External JARs 按钮，弹出图 6-10。

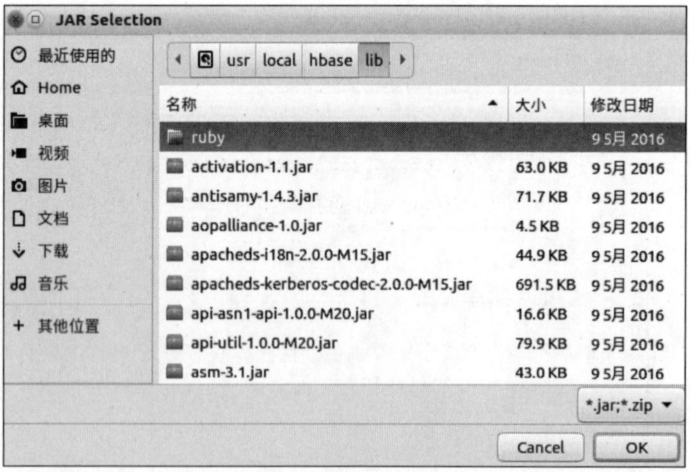

图 6-10 添加 JAR 包界面

选中/usr/local/hbase/lib 目录下除了 ruby 文件夹的所有 JAR 包，之后单击界面右下角的“确定”按钮完成 JAR 包的添加，然后单击界面右下角的 Finish 按钮完成 Java 工程 HBaseExample 的创建。

6.8.3　编写 Java 应用程序

1. 创建建表类 CreateHTable

在 eclipse 工作界面左侧的 Package Explorer 面板中找到刚才创建的工程名称 HBaseExample，然后在该工程名称上右击，在弹出的菜单中选择 New→Class 命令，选择该命令以后出现的界面如图 6-11 所示。

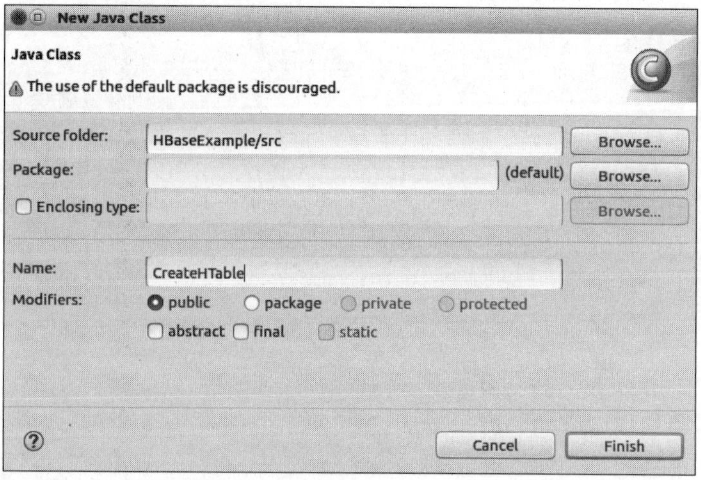

图 6-11　新建 Java Class 文件时的设置界面

在该界面中，在 Name 后面的文本框中输入新建的 Java 类文件的名称 CreateHTable，其他采用默认设置，然后单击界面右下角的 Finish 按钮，出现如图 6-12 所示的界面。

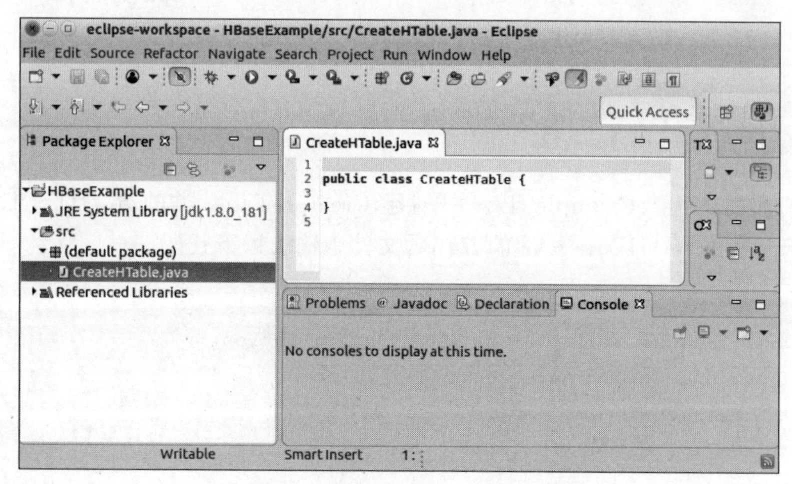

图 6-12　CreateHTable.java 编写界面

可以看到,eclipse 自动创建了一个名为 CreateHTable.java 的源代码文件,在该文件中输入以下代码:

```
import org.apache.hadoop.conf.Configuration;
import org.apache.hadoop.hbase.HBaseConfiguration;
import org.apache.hadoop.hbase.HColumnDescriptor;
import org.apache.hadoop.hbase.HTableDescriptor;
import org.apache.hadoop.hbase.client.HBaseAdmin;
import java.io.IOException;
public class CreateHTable{
   public static void create(String tableName, String[] columnFamily) throws
IOException {
       Configuration cfg =  HBaseConfiguration.create();
                                                       //生成 Configuration 对象
       //生成 HBaseAdmin 对象,用于管理 HBase 数据库的表
       HBaseAdmin admin =new HBaseAdmin(cfg);
       //创建表,先判断表是否存在,若存在先删除再建表
       if(admin.tableExists(tableName)){
          admin.disableTable(tableName);              //禁用表
          admin.deleteTable(tableName);               //删除表
       }
       //利用 HBaseAdmin 对象的 createTable(HTableDescriptor desc)方法创建表
       //通过 tableName 建立 HTableDescriptor 对象(包含了 HBase 表的详细信息)
       //通过 HTableDescriptor 对象的 addFamily(HColumnDescriptor hcd)方法添加
       //列族 HColumnDescriptor 对象则是以列族名作为参数创建的
       HTableDescriptor htd =new HTableDescriptor(tableName);
       for(String column:columnFamily){
          htd.addFamily(new HColumnDescriptor(column));
       }
       admin.createTable(htd);                        //创建表
   }
}
```

2. 创建插入数据类 InsertHData

利用前面在 HBaseExample 工程中创建 CreateHTable 类的方法创建插入数据类 InsertHData,在 InsertHData.java 的源代码文件中输入以下代码:

```
import org.apache.hadoop.conf.Configuration;
import org.apache.hadoop.hbase.HBaseConfiguration;
import org.apache.hadoop.hbase.client.HTable;
import org.apache.hadoop.hbase.client.Put;
import java.io.IOException;
public class InsertHData {
    public static void insertData ( String tableName, String row, String
```

```
columnFamily,String column,String data) throws IOException {
        Configuration cfg =HBaseConfiguration.create();
        //HTable 对象用于与 HBase 进行通信
        HTable table =new HTable(cfg,tableName);
        //通过 Put 对象为已存在的表添加数据
        Put put =new Put(row.getBytes());
        if(column==null)          //判断列限定符是否为空,如果为空,则直接添加列数据
            put.add(columnFamily.getBytes(),null,data.getBytes());
        else
            put.add(columnFamily.getBytes(),column.getBytes(),data.getBytes());
        //table 对象的 put 方法的输入参数的 put 对象表示单元格数据
        table.put(put);
    }
}
```

3. 创建建表测试类 TestCreateHTable

利用前面在 HBaseExample 工程中创建 CreateHTable 类的方法创建建表测试类 TestCreateHTable,在 TestCreateHTable 的源代码文件中输入以下代码:

```
import java.io.IOException;
public class TestCreateHTable{
    public static void main(String[] args) throws IOException {
        //先创建一个 Student 表,列族有 baseInfo 和 scoreInfo
        String[] columnFamily ={"baseInfo","scoreInfo"};
        String tableName ="Student";
        CreateHTable.create(tableName,columnFamily);
        //插入数据
        //插入 Ding 的信息和成绩
        InsertHData.insertData("Student","Ding","baseInfo","Ssex","female");
        InsertHData.insertData("Student","Ding","baseInfo","Sno","10106");
        InsertHData.insertData("Student","Ding","scoreInfo","C","86");
        InsertHData.insertData("Student","Ding","scoreInfo","Java","82");
        InsertHData.insertData("Student","Ding","scoreInfo","Python","87");
        //插入 Yan 的信息和成绩
        InsertHData.insertData("Student","Yan","baseInfo","Ssex","female");
        InsertHData.insertData("Student","Yan","baseInfo","Sno","10108");
        InsertHData.insertData("Student","Yan","scoreInfo","C","90");
        InsertHData.insertData("Student","Yan","scoreInfo","Java","91");
        InsertHData.insertData("Student","Yan","scoreInfo","Python","93");
        //插入 Feng 的信息和成绩
        InsertHData.insertData("Student","Feng","baseInfo","Ssex","female");
        InsertHData.insertData("Student","Feng","baseInfo","Sno","10107");
        InsertHData.insertData("Student","Feng","scoreInfo","C","89");
```

```
        InsertHData.insertData("Student","Feng","scoreInfo","Java","83");
        InsertHData.insertData("Student","Feng","scoreInfo","Python","85");
    }
}
```

6.8.4 编译运行程序

在开始编译运行程序之前，一定要确保 Hadoop 和 HBase 已经启动运行。对于 TestCreateHTable 类，在 Run 菜单下选择 Run as→Java Application 命令运行程序。程序运行结束后，在 Linux 的终端中启动 HBase Shell，使用 list 命令查看是否存在名称为 Student 的表：

```
hbase(main):001:0>list
TABLE
Student
student
t2
3 row(s) in 0.3810 seconds
```

从上面的输出结果可以看出，已经存在 Student 表，执行 scan "Student"命令，浏览表的全部数据，结果如图 6-13 所示。

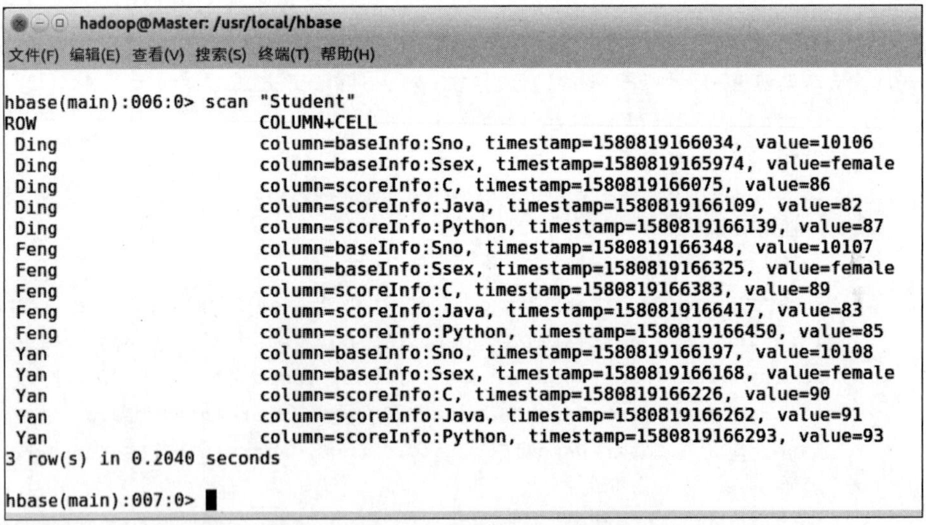

```
hadoop@Master: /usr/local/hbase
文件(F) 编辑(E) 查看(V) 搜索(S) 终端(T) 帮助(H)

hbase(main):006:0> scan "Student"
ROW                      COLUMN+CELL
 Ding                    column=baseInfo:Sno, timestamp=1580819166034, value=10106
 Ding                    column=baseInfo:Ssex, timestamp=1580819165974, value=female
 Ding                    column=scoreInfo:C, timestamp=1580819166075, value=86
 Ding                    column=scoreInfo:Java, timestamp=1580819166109, value=82
 Ding                    column=scoreInfo:Python, timestamp=1580819166139, value=87
 Feng                    column=baseInfo:Sno, timestamp=1580819166348, value=10107
 Feng                    column=baseInfo:Ssex, timestamp=1580819166325, value=female
 Feng                    column=scoreInfo:C, timestamp=1580819166383, value=89
 Feng                    column=scoreInfo:Java, timestamp=1580819166417, value=83
 Feng                    column=scoreInfo:Python, timestamp=1580819166450, value=85
 Yan                     column=baseInfo:Sno, timestamp=1580819166197, value=10108
 Yan                     column=baseInfo:Ssex, timestamp=1580819166168, value=female
 Yan                     column=scoreInfo:C, timestamp=1580819166226, value=90
 Yan                     column=scoreInfo:Java, timestamp=1580819166262, value=91
 Yan                     column=scoreInfo:Python, timestamp=1580819166293, value=93
3 row(s) in 0.2040 seconds

hbase(main):007:0>
```

图 6-13　执行 scan "Student"命令的结果

从图 6-13 的输出结果可以看出，建立了之前说明的表，而且是根据行键的字典序排列的，与插入顺序无关。

6.9 习题

1. 简述 HBase 与传统关系数据库的区别。
2. 简述 Zookeeper 在 HBase 系统架构中的作用。
3. 举例说明 HBase 数据表逻辑视图和物理视图。
4. 在设计 HBase 表时需要考虑哪些因素？
5. 在 HBase 中如何确定用户数据的存放位置？
6. 简述 HBase 中两个用于查看表中数据的 get 命令与 scan 命令的用法。

第7章 NoSQL 数据库

NoSQL 数据库的产生是为了解决大规模数据集合多重数据种类带来的挑战，尤其是大数据应用难题。NoSQL 的优点：易扩展，NoSQL 数据库去掉了关系数据库的关系特性，数据之间无关系，这样就非常容易扩展；高性能，NoSQL 数据库都具有非常高的读写性能；灵活的数据模型，NoSQL 无须事先为要存储的数据建立字段，随时可以存储自定义的数据格式。本章简单介绍四大类型的 NoSQL：“键-值”数据库、列族数据库、文档数据库和图数据库。

7.1 NoSQL 数据库概述

NoSQL 最常见的解释是 non-relational，Not Only SQL 这种解释也被很多人接受。NoSQL 仅仅是一个概念，泛指非关系数据库，区别于关系数据库，它们不保证关系数据的 ACID 特性，数据存储不需要固定的表结构，通常也不存在连接操作。

7.1.1 NoSQL 数据库兴起的原因

随着互联网的不断发展，各种类型的应用层出不穷，NoSQL 数据库就是为了满足互联网的业务需求而诞生的，具体需求表现如下。

NoSQL 数据库兴起的原因

(1) 需要处理的数据集越来越大，其存储量已经远远超过了单机的容量，数据处理的需求也远远超过了单机 CPU 的运算能力。所以人们需要分布式的解决方案。

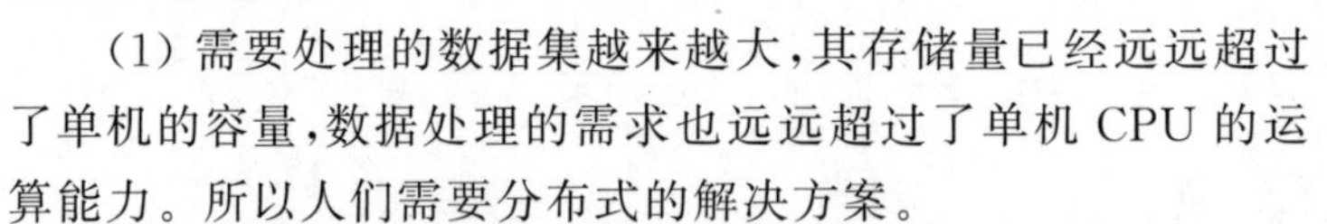

(2) 人们对处理数据速度的要求越来越高。在 20 世纪 80 年代，可能很多运算都需要运行一整晚，但是这种事情放在现在就变得不可接受了。对于复杂的统计分析人们可以忍受，但是对于网站应用来说，一定要做到快速响应。

(3) 人们需要网络数据服务提供商提供 7×24 小时的服务。如果网站只有一个静态页面，那估计问题不大，只需要做好 Web 服务器的容错性就行了。如果背后有数据动态变化的数据库的动态网站，那么就必须做好数据库的容错及自动故障迁移。

(4) 很多应用场景需要数据库提供更高的写性能和吞吐量。例如日志型应用,对写性能的要求可能非常高,当写性能成为瓶颈时,通常人们很难通过升级单机配置来解决。所以分布式数据库的需求在这里变得也很重要。

(5) 人们对非结构化数据的存储和处理需求日增,在这个变化的世界,互联网领域的应用可能越来越难像软件开发一样,去预先定义各种数据结构。

(6) 大部分应用场景对一致性、隔离性以及其他一些事务特性的需求可能越来越低,相反,对性能和扩展性的需求可能越来越高。于是在新的需求下,必须做出抉择,放弃一些习惯了的优秀功能,去获取一些需要的新的特性。

7.1.2　NoSQL 数据库的特点

对于 NoSQL 并没有一个明确的范围和定义,但是 NoSQL 数据库都普遍存在下面一些共同特点。

1. 灵活的数据模型

NoSQL 无须事先为要存储的数据建立字段,随时可以存储自定义的数据格式。关系数据库的数据模型定义严格,无法快速存储新的数据类型。

2. 易扩展

NoSQL 数据库种类繁多,但是一个共同的特点都是去掉关系数据库的关系特性。数据之间无关系,因此非常适合互联网应用分布式的特性。在互联网应用中,当一台数据库服务器无法满足数据存储和数据访问的需求时,只需要增加新的服务器,将新的数据存储和数据访问的需求分散到多台服务器上,即可减少单台数据库服务器的性能瓶颈出现的可能性。

3. 高可用

NoSQL 数据库支持自动复制。在分布式 NoSQL 数据库集群中,数据存储服务器会自动将要存储的数据进行备份,即将一份数据复制存储到多台存储服务器上。因此,当多个用户访问同一数据时,可以将用户访问请求分散到多台数据存储服务器上,使 NoSQL 数据库集群具有高可用性。同时,当某台存储服务器出现故障时,其他服务器上的数据可以提供备份,从而具有灾备恢复的能力。

7.2　“键-值”数据库

“键-值”数据库是最简单的 NoSQL 数据库,是“键-值”对的集合。“键-值”数据库是一张简单的哈希表,主要用在对数据库的所有访问均是通过主键来操作的情况下。客户端可以根据键查询值,设置键所对应的值,或从数据库中删除键。“值”只是数据库所存储的一块数据,应用程序负责解释数据块中数据的含义。

在“键-值”数据库流行度排行中,Redis 排名第一,它是一款由 VMware 支持的内存数据库。排在第二位的是 Memcached,它在缓存系统中应用十分广泛。之后是 Riak、

BerkeleyDB、SimpleDB、DynamoDB以及甲骨文的Oracle NoSQL数据库。

本节"键-值"数据库主要针对Redis来讲解。Redis是一个开源的、使用C语言编写的、支持网络交互的、可基于内存也可持久化的"键-值"(Key-Value)数据库。

7.2.1 Redis安装

下载地址为https://github.com/microsoftarchive/redis/releases。

Redis有32位和64位两种类型的版本。这需要根据系统平台的实际情况选择,这里下载Redis-x64-xxx.zip压缩包到D盘,解压后,将文件夹重新命名为Redis。

启动Redis临时服务如下。

(1) 打开一个cmd窗口,进入到刚才解压到的目录D:\Redis,通过如下命令启动临时服务:

```
redis-server.exe redis.windows.conf
```

通过这个命令,会创建Redis临时服务,不会在Windows Service列表出现Redis服务名称和状态,此窗口关闭,服务会自动关闭。命令运行后,会显示如图7-1所示的Redis临时服务界面。

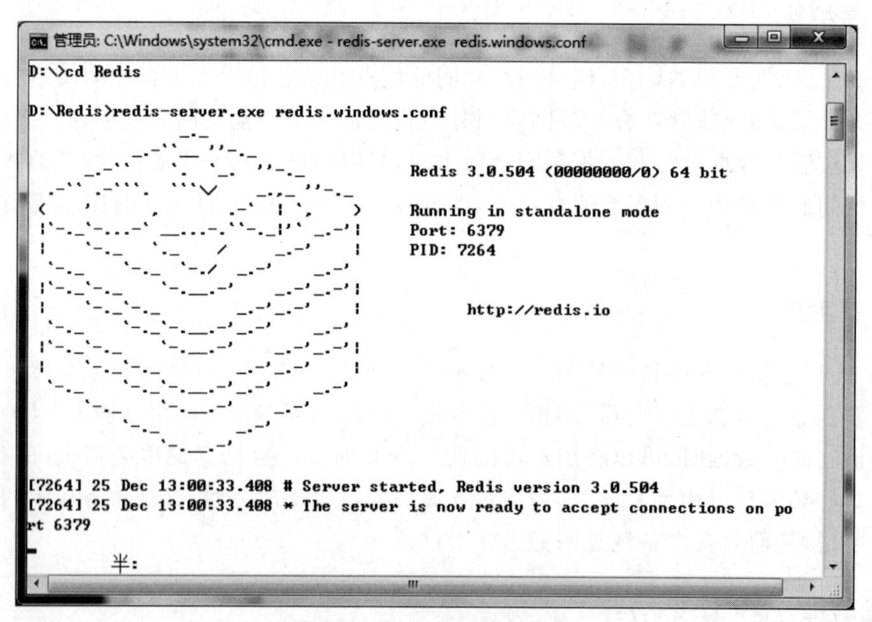

图7-1 Redis临时服务界面

(2) 打开另一个cmd窗口,作为客户端,原来的不要关闭,不然就无法访问服务端了。在客户端执行下述命令调用Redis服务:

```
redis-cli.exe -h 127.0.0.1 -p 6379
```

执行上述调用Redis服务命令后的界面如图7-2所示,之后就可使用Redis服务了。

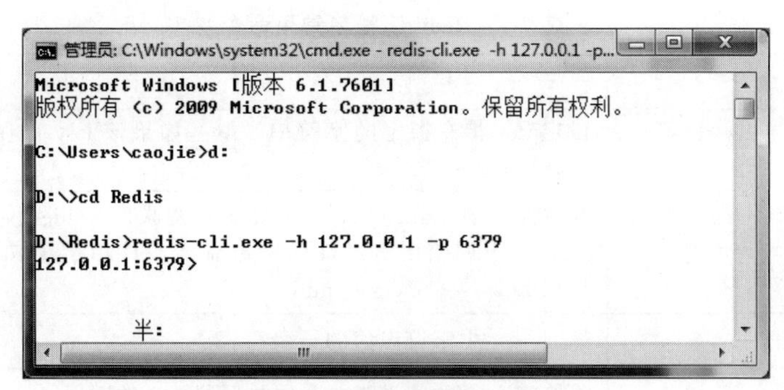

图 7-2　客户端调用 Redis 服务

7.2.2　Redis 数据库的特点

Redis 支持数据的持久化存储，可以将内存中的数据保存在磁盘中，重启时可以再次加载使用。通过两种方式可以实现数据持久化：一是 RDB 快照方式，将内存中的数据不断写入磁盘；二是使用类似 MySQL 的 AOF 日志方式，记录每次更新的日志。前者性能较高，但是可能会引起一定程度的数据丢失，后者相反，Redis 支持将数据存储到多台子数据库上，这种特性对提高读取数据性能非常有益。

(1) Redis 不仅仅支持简单的"键-值"类型的数据，同时还提供 string、list、set、hash 和 sorted set 数据结构的存储。

(2) Redis 支持数据的备份，即 Master/Slave 模式的数据备份。

(3) 速度快。因为数据存在内存中，类似于 HashMap，HashMap 的优势就是查找和操作的时间复杂度都是 $O(1)$。

(4) 原子性。Redis 的所有操作都是原子性的，所谓的原子性就是对数据的更改要么全部执行，要么全部不执行。

Redis 的主要缺点是数据库容量受到物理内存的限制，不能用作海量数据的高性能读写。因此，Redis 适合的场景主要局限在较小数据量的高性能操作和运算上。

7.2.3　Redis 数据库的基本数据类型

Redis 是一种高级的"键-值"非关系数据库，支持 5 种数据类型：string、list、set、hash 和 sorted set。

1. 字符串(string)

string 是最简单的类型，Redis 的 string 可以包含任何数据，例如 jpg 图片或者序列化的对象。string 存储的元素类型可以是 string、int 和 float。

Redis 字符串数据类型的相关命令用于管理 Redis 字符串值，表 7-1 列出了 Redis 字符串常用命令。

表 7-1　Redis 字符串常用命令

字符串命令	描　述
set key value	设定 key 持有指定的字符串 value,如果该 key 存在则进行覆盖操作,总是返回 OK
get key	获取 key 的 value。如果与该 key 关联的 value 不是 String 类型,redis 将返回错误信息,因为 get 命令只能用于获取 String value;如果该 key 不存在,返回 null
getrange key start end	返回 key 中字符串值的子字符
getset key value	将给定 key 的值设为 value,并返回 key 的旧值
mget key1 [key2…]	获取所有(一个或多个)给定 key 的值
setex key seconds value	将值 value 关联到 key,并将 key 的过期时间设为 seconds (以秒为单位)
setrange key offset value	用 value 参数覆写给定 key 所储存的字符串值,从偏移量 offset 开始
strlen key	返回 key 所储存的字符串值的长度
mset key value [key value…]	同时设置一个或多个"键-值"对
incr key	将指定的 key 的 value 增 1。如果该 key 不存在,其初始值为 0,在 incr 之后其值为 1;如果 value 的值不能转成整型,该操作执行失败并返回相应的错误信息
incrby key increment	将 key 所储存的值加上给定的增量值(increment)
decr key	将指定的 key 的 value 减 1。如果该 key 不存在,其初始值为 0,在 incr 之后其值为-1,如果 value 的值不能转成整型,该操作执行失败并返回相应的错误信息
decrby key decrement	key 所储存的值减去给定的减量值(decrement)
append key value	如果该 key 存在,则在原有的 value 后追加该值;如果该 key 不存在,则重新创建一个"键-值"对

字符串主要命令使用举例如下:

```
127.0.0.1:6379>set myKey abc
OK
127.0.0.1:6379>get myKey
"abc"
127.0.0.1:6379>set string1 hadoop
OK
127.0.0.1:6379>get string1
"hadoop"
127.0.0.1:6379>set string2 2
OK
127.0.0.1:6379>get string2
"2"
127.0.0.1:6379>incr string2
```

```
(integer) 3
127.0.0.1:6379>get string2
"3"
```

2. 列表(list)

Redis 列表是简单的字符串列表,按照插入顺序排序。可以添加一个元素到列表的头部(左边)或者尾部(右边)。

一个列表最多可以包含 $2^{32}-1$ 个元素(4 294 967 295,每个列表超过 40 亿个元素)。

Redis 字符串列表常用命令如表 7-2 所示。

表 7-2 Redis 字符串列表常用命令

字符串列表命令	描　述
lpush key value1 value2…	在指定的 key 所关联的 list 的头部插入所有的 values,如果该 key 不存在,该命令在插入之前创建一个与该 key 关联的空链表,之后再向该链表的头部插入数据。插入成功,返回元素的个数
rpush key value1 value2…	在 key 关联的列表的尾部添加元素
lpushx key value	仅当参数中指定的 key 存在时(如果与 key 管理的 list 中没有值时,则该 key 是不存在的)在指定的 key 所关联的 list 的头部插入 value
rpushx key value	为已存在的列表的尾部添加元素
lpop key	返回并弹出指定的 key 关联的链表中的第一个元素,即头部元素
rpop key	从尾部弹出元素
llen key	返回指定的 key 关联的链表中的元素的数量
lset key index value	设置链表中 index 的脚标的元素值,0 代表链表的头元素,−1 代表链表的尾元素

字符串列表主要命令使用举例如下:

```
127.0.0.1:6379>lpush list1 110
(integer) 1
127.0.0.1:6379>lpush list1 111
(integer) 2
127.0.0.1:6379>rpop list1
"110"
127.0.0.1:6379>rpush list1 112
(integer) 2
127.0.0.1:6379>rpop list1
"112"
```

3. 字符串集合(set)

Redis 的 set 是 string 类型的无序集合。集合成员是唯一的,这就意味着集合中不能出现重复的数据。Redis 中集合是通过哈希表实现的,所以添加、删除和查找的复杂度都是 $O(1)$。

Redis 字符串集合常用命令如表 7-3 所示。

表 7-3 Redis 字符串集合常用命令

字符串集合命令	描 述
sadd key value1 [value2]	向集合中添加数据,如果该 key 的值有则不会重复添加
sremkey member1 [member2]	移除集合中一个或多个成员
smembers key	获取 set 中所有的成员
sismember key member	判断参数中指定的成员是否在该 set 中,1 表示存在,0 表示不存在或者该 key 本身就不存在(无论集合中有多少元素都可以极速地返回结果)
sdiff key1 key2 …	返回给定所有集合的差集
sinter key1 key2 key3…	返回交集
sunion key1 key2 key3…	返回并集
scard key	获取 set 中的成员数量

字符串集合主要命令使用举例如下:

```
127.0.0.1:6379>sadd set1 12 13 14 15
(integer) 4
127.0.0.1:6379>scard set1
(integer) 4
127.0.0.1:6379>smembers set1
1) "12"
2) "13"
3) "14"
4) "15"
127.0.0.1:6379>sismember set1 14                    //查看 14 是否在集合中
(integer) 1
```

4. 哈希(hash)类型

哈希类型也叫散列类型,存储时存的是"键-值"对。查询条数时只要是键不一样,就是不同的条数,尽管值是相同的。Redis 哈希常用命令如表 7-4 所示。

表 7-4 Redis 哈希常用命令

哈 希 命 令	描 述
hset keyfield value	将哈希表 key 中的字段 field 的值设为 value
hmset key field1 value1 field2 value2 field3 value3	为指定的 key 设定多个"键-值"对
hget key field	返回指定的 key 中的 field 的值

续表

哈希命令	描　述
hmget key field1 field2 field3	获取 key 中的多个 field 值
hkeys key	获取所有的 key
hvals key	获取所有的 value
hdel key field[field…]	可以删除一个或多个字段,返回是被删除的字段个数
del key	删除整个 list

哈希主要命令使用举例如下:

```
127.0.0.1:6379>hset hash1 key1 111
(integer) 1
127.0.0.1:6379>hget hash1 key1
"111"
127.0.0.1:6379>hmset hash1 key2 112 key3 113
OK
127.0.0.1:6379>hkeys hash1
1) "key1"
2) "key2"
3) "key3"
127.0.0.1:6379>hvals hash1
1) "111"
2) "112"
3) "113"
127.0.0.1:6379>hmget hash1 key1 key2
1) "111"
2) "112"
```

5. 有序集合(sorted set)

Redis 有序集合和集合一样也是 string 类型元素的集合,不同的是每个元素都会关联一个 double 类型的分数。Redis 正是通过分数来为集合中的成员进行从小到大的排序。有序集合的成员是唯一的,但分数(score)却可以重复。

Redis 有序集合是通过哈希表实现的,所以添加、删除和查找的复杂度都是 $O(1)$。

Redis 有序集合常用命令如表 7-5 所示。

表 7-5　Redis 有序集合常用命令

有序集合命令	描　述
zadd key score1 member1 [score2 member2]	添加一个或多个成员以及该成员的分数到有序集合中。如果该元素已经存在则会用新的分数替换原有的分数。返回值是新加入到集合中的元素个数(根据分数升序排列)

续表

有序集合命令	描　述
zcard key	获取有序集合的成员数
zscore key member	返回指定成员的分数
zcount key min max	计算在有序集合中指定区间分数的成员数
zrem key member	移除集合中指定的成员,可以指定多个成员
zrange key start end [withscores]	获取集合中角标为 start～end 的成员,[withscores]参数表明返回的成员包含其分数
zrank key member	返回成员在集合中的索引(从小到大)
zrevrank key member	返回成员在集合中的索引(从大到小)
zremrangebyrank key start stop	移除有序集合中给定的排名区间的所有成员
zremrangebyscore key min max	移除有序集合中给定的分数区间的所有成员

有序集合主要命令使用举例如下：

```
127.0.0.1:6379>zadd zset1 101 val1
(integer) 1
127.0.0.1:6379>zadd zset1 102 val2
(integer) 1
127.0.0.1:6379>zadd zset1 103 val3
(integer) 1
127.0.0.1:6379>zcard zset1
(integer) 3
127.0.0.1:6379>zrange zset1 0 2 withscores
1) "val1"
2) "101"
3) "val2"
4) "102"
5) "val3"
6) "103"
127.0.0.1:6379>zrank zset1 val2
(integer) 1
127.0.0.1:6379>zrank zset1 val2
(integer) 1
127.0.0.1:6379>zadd zset1 104 val3
(integer) 0
127.0.0.1:6379>zrange zset1 0 2 withscores
1) "val1"
2) "101"
3) "val2"
4) "102"
```

```
5) "val3"
6) "104"
```

7.3　列族数据库

列族数据库将数据存储在列族中，数据库由多个行构成，每行数据包含多个列族，不同的行可以具有不同数量的列族，属于同一列族的数据会被存放在一起，每个列族代表一张数据映射表。列族数据库的各行不一定要具备完全相同的列，并且可以随意向其中某行加入一列。举个例子，如果有一个 Person 数据集，我们通常会一起查询他们的姓名和年龄，而不是薪资。这种情况下，姓名和年龄就会被放入一个列族中，而薪资则在另一个列族中。

常见的列族数据库有 Cassandra、HBase、Hypertable 和 Amazon SimpleDB 等。

7.4　文档数据库

文档数据库用来管理文档，这是与传统数据库的最大区别。在传统的数据库中，信息被分割成离散的数据段，而在文档数据库中，文档是信息处理的基本单位。一个文档可以很长、很复杂，也可以无结构，与字处理文档类似。一个文档相当于关系数据库中的一条记录。

关系数据库通常将数据存储在相互独立的表格中，这些表格由程序开发者定义，单独一个对象可以散布在若干表格中。对于数据库中某单一实例中的一个给定对象，文档数据库存储其所有信息。

常见的文档数据库有 MongoDB、Couchbase、Amazon DynamoDB、CouchDB 和 MarkLogic 等。

7.4.1　MongoDB 简介

MongoDB 是一个基于分布式文件存储的开源文档数据库。MongoDB 用 C++ 语言编写，旨在为 Web 应用提供可扩展的高性能数据存储解决方案。MongoDB 是一个介于关系数据库和非关系数据库之间的产品，是非关系数据库中功能最丰富、最像关系数据库的产品。与 HBase 相比，MongoDB 可以存储具有更加复杂数据结构的数据，具有很强的数据描述能力。

7.4.2　MongoDB 下载与安装

MongoDB 提供可用于 32 位和 64 位系统的预编译二进制包，可以从 MongoDB 官网下载安装。官方地址为 https://www.mongodb.com/。

本书下载 4.2 版本：mongodb-win32-x86_64-2012plus-v4.2-latest-signed.msi。

在 Windows 7 系统中安装 MongoDB 需要 VC++ 运行库，如果没有则会提示“无法启动此程序，因为计算机中丢失 VCRUNTIME140.dll”。

运行 mongodb-win32-x86_64-2012plus-v4.2-latest-signed.msi 安装包。

1. 选择自定义安装模式 Custom

运行 mongodb-win32-x86_64-2012plus-v4.2-latest-signed.msi 后,进入如图 7-3 所示的安装首页。

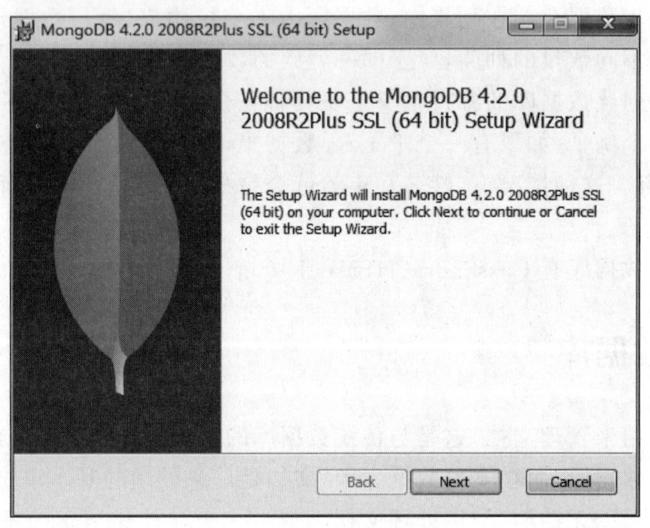

图 7-3 MongoDB 安装首页

单击 Next 按钮,进入到 End-User License Agreement 界面,如图 7-4 所示。

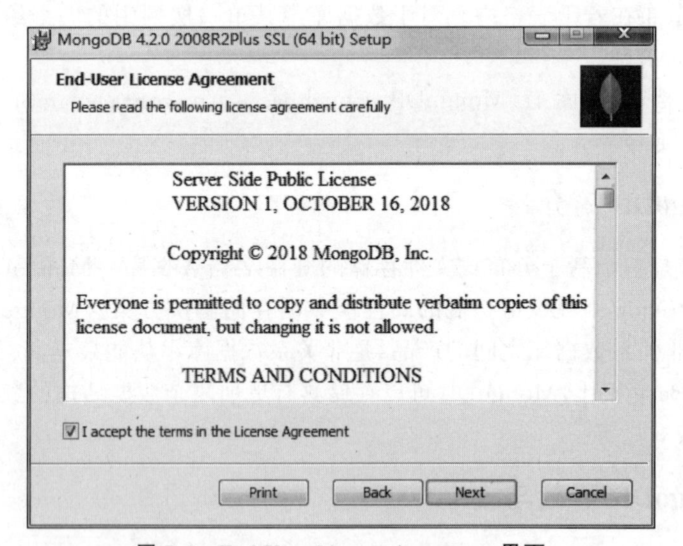

图 7-4 End-User License Agreement 界面

单击 Next 按钮,进入到 Choose Setup Type 界面,如图 7-5 所示,单击 Custom 按钮进行自定义安装。

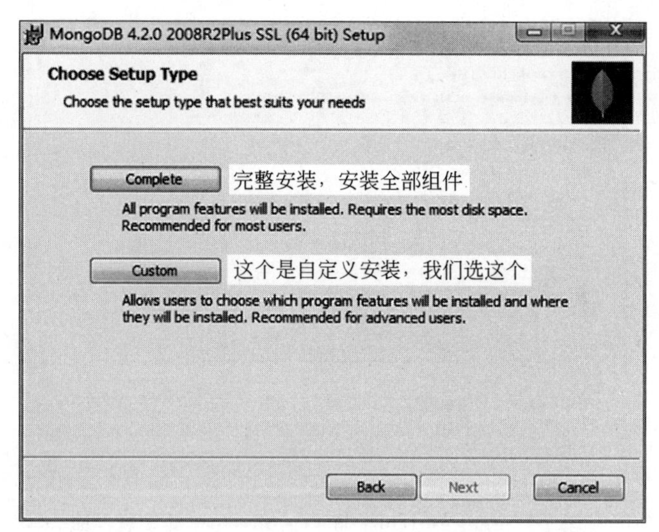

图 7-5　Choose Setup Type 界面

2. 设定自定义安装目录

单击 Custom 按钮后进入自定义安装目录的设置界面，如图 7-6 所示，安装目录设为 D:\Program Files\MongoDB\Server\4.2\，之后单击 Next 按钮，进入到 Data Directory 与 Log Directory 的设置界面，如图 7-7 所示。

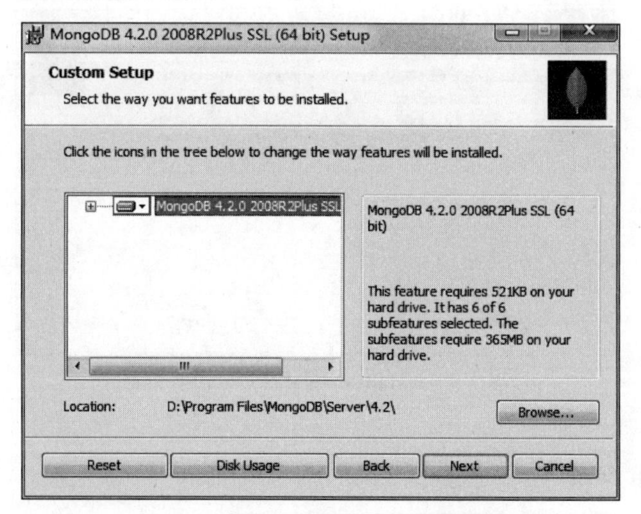

图 7-6　自定义安装目录的设置界面

3. Data 与 Log 目录的配置

在图 7-7 中，将 data 文件夹和 log 文件夹安装位置设为 MongoDB 安装盘符的根目录下，然后单击 Next 按钮。

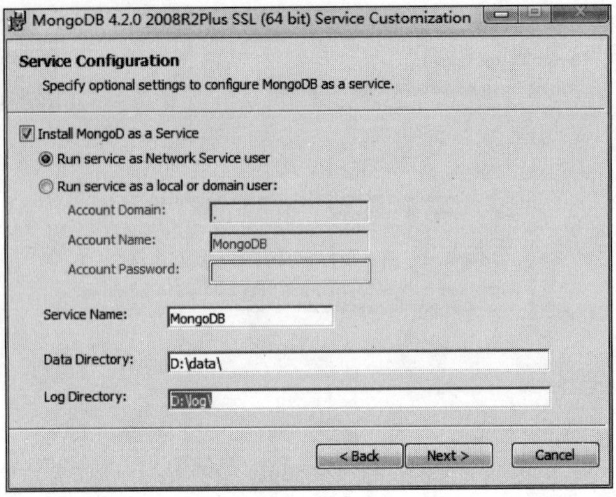

图 7-7 Data Directory 与 Log Directory 的设置界面

4. Install MongoDB Compass 设置

在出现的 Install MongoDB Compass 的界面中(见图 7-8),取消选中 Install MongoDB Compass 复选框,取消图形界面的安装,这是 4.x 版本中新加的。如果需要安装 MongoDB Compass,可以直接到官网下载,另外安装。

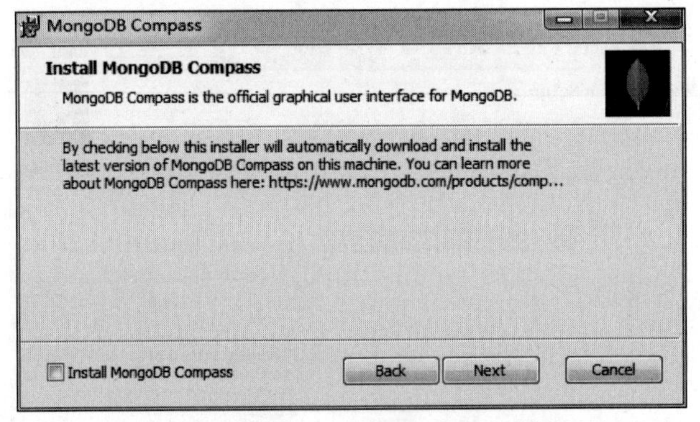

图 7-8 Install MongoDB Compass 界面

5. MongoDB 安装

单击 Next 按钮,然后单击 Install 按钮开始安装 MongoDB 直到完成。安装完毕后不需要再设置,服务中就会出现 MongoDB 服务。

6. 测试

(1) 打开 cmd,到安装目录\bin 下执行 mongo,进入 mongo 命令模式,如图 7-9 所示。

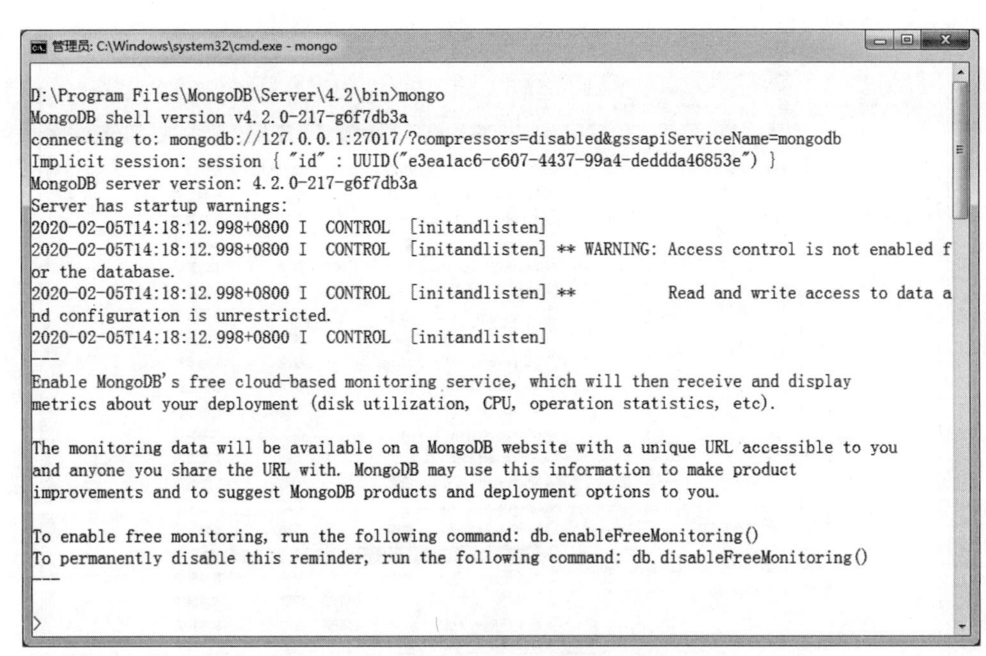

图 7-9　mongo 命令模式

（2）测试。一个 MongoDB 中可以建立多个数据库。MongoDB 的默认数据库为 db。执行 db 命令可以显示当前数据库对象或集合。

```
>db
test
```

执行 show dbs 命令可以显示数据库列表。

```
>show dbs
admin   0.000GB
config  0.000GB
local   0.000GB
```

（3）服务状态查看。

通过 cmd->services.msc 方式进入“服务”列表，找到 MongoDB Server，查看状态是否为正在运行，如图 7-10 所示，从图中可以看出已经启动。

（4）访问 http://localhost：27017。出现 It looks like you are trying to access MongoDB over HTTP on the native driver port.，代表服务正常使用，默认端口为 27017。

7.4.3　MongoDB 文档操作

表 7-6 给出了 MongoDB 与关系数据库在一些概念上的区别，MongoDB 不支持表间的连接操作。

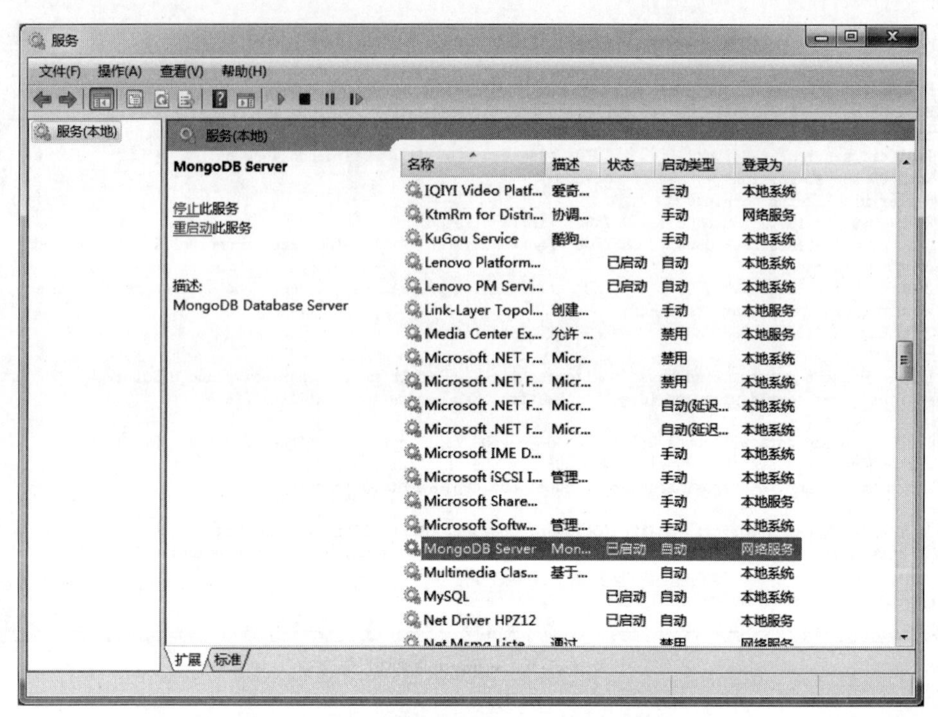

图 7-10　查看 MongoDB Server 状态

表 7-6　MongoDB 与关系数据库概念上的区别

SQL 术语/概念	MongoDB 术语/概念	解释/说明
database	database	数据库
table	collection	数据库表/集合
row	document	数据记录行/文档
column	field	数据字段/域
index	index	索引
join		表连接,MongoDB 不支持
primary key	primary key	主键,MongoDB 自动将_id 字段设置为主键

MongoDB 是非关系数据库,它有的是数据库、集合和文档,分别对应关系里面的数据库、数据表和表里面一行一行的数据。在 MongoDB 里,文档构成集合,集合构成数据库。

文档是一组“键-值”对(即 BSON)。MongoDB 的文档不需要设置相同的字段,并且相同的字段不需要相同的数据类型,这与关系数据库有很大的区别。

简单文档例子:

```
{"site":"www.baidu.com", "name":"百度文库"}
```

需要注意如下问题。

(1) 文档中的“键-值”对是有序的。

(2) 文档中的值不仅可以是在双引号里面的字符串,还可以是其他几种数据类型,甚至可以是整个嵌入的文档。

(3) MongoDB区分类型和大小写。

(4) MongoDB的文档不能有重复的键。

(5) 文档的键是字符串。除了少数例外情况,键可以使用任意UTF-8字符。

文档键命名规范如下。

(1) 键不能含有\0(空字符)。这个字符用来表示键的结尾。

(2) "."和$有特别的意义,只有在特定环境下才能使用。

(3) 以下画线开头的键是保留的(不是严格要求的)。

1. 插入文档

1) 使用insert方法插入文档

MongoDB使用insert方法向集合中插入文档,其语法格式如下:

```
db.collection_name.insert(document)
```

注意:插入文档时,如果数据库中不存在集合,则MongoDB将创建此集合,然后将文档插入到该集合中。

```
>db.students.insert({"Sname":"Yan", "Ssex": "female", "Sno": "40107"})
WriteResult({ "nInserted" : 1 })
```

上面的命令在students集合中插入一条新数据,如果没有students这个集合,MongoDB会自动创建。

需要注意的是,因为插入的文档中没有_id键,所以这个操作会给文档增加一个自动生成的_id键,然后再将其保存在数据库中。这个键并不是地址,也不是简单递增,而是通过"时间戳+机器编号+进程编号+序列号"生成,所以每个_id都是唯一的。

```
>db.students.findOne({Sname:"Yan"})              //查找students集合中的第一条数据
{
        "_id" : ObjectId("5e3a90aa2ad24f3db50f2fd2"),
        "Sname" : "Yan",
        "Ssex" : "female",
        "Sno" : "40107"
}
```

2) 使用save方法插入文档

使用save方法也可向集合中插入文档,其语法格式如下:

```
db. collection_name.save(document)
```

注意:如果不在文档中指定_id,那么save方法将与insert方法一样自动分配ID的值;如果指定_id,则更改原来的内容为新内容。

```
>db.students.save({"Sname":"Ding", "Ssex": "female", "Sno": "40106"})
```

```
WriteResult({ "nInserted" : 1 })
```

save 和 insert 的区别：若新增的数据主键已经存在，insert 会不做操作并提示错误，而 save 则更改原来的内容为新内容。

```
>db.students.insert({ _id : 3, "Sname":"Feng", "Ssex": "male", "Sno": "40107" })
                                                          //指定_id
WriteResult({ "nInserted" : 1 })
```

3）使用 insertMany 方法插入多条文档

insertMany 方法用于向指定集合中插入多条文档数据，该方法与 insert 方法不同的地方在于，它接受一个文档数组作为参数。

```
>db.students.insertMany ([{_id : 2, "Sname":"Chen", "Ssex": "male", "Sno":
"40109" }, { _id : 1, "Sname":"Liu", "Ssex": "female", "Sno": "40110" }])
{ "acknowledged" : true, "insertedIds" : [ 2, 1 ] }
```

2. 查询文档

1）使用 find 方法查询文档

使用 find 方法查询数据的语法格式如下：

```
db.collection_name.find(query, projection)
```

参数说明如下。

query：可选，使用查询操作符指定查询条件。

projection：可选，使用投影操作符指定返回的键。

```
>db.students.find()
{ "_id" : ObjectId("5e3a90aa2ad24f3db50f2fd2"), "Sname" : "Yan", "Ssex" :
"female", "Sno" : "40107" }
{ "_id" : ObjectId("5e3a93492ad24f3db50f2fd3"), "Sname" : "Ding", "Ssex" :
"female", "Sno" : "40106" }
{ "_id" : 3, "Sname" : "Feng", "Ssex" : "male", "Sno" : "40107" }
{ "_id" : 2, "Sname" : "Chen", "Ssex" : "male", "Sno" : "40109" }
{ "_id" : 1, "Sname" : "Liu", "Ssex" : "female", "Sno" : "40110" }
```

2）使用 findOne 方法查询文档

db.collection_name.findOne()方法只返回一个文档。

```
>db.students.findOne()
{
        "_id" : ObjectId("5e3a90aa2ad24f3db50f2fd2"),
        "Sname" : "Yan",
        "Ssex" : "female",
        "Sno" : "40107"
}
```

3. 删除文档

1）deleteOne 方法

deleteOne 方法用于删除第一个符合条件的文档，其语法格式如下：

```
db.collection_name.deleteOne(query)
```

query：这是一个过滤条件(filter)，用于规定一个查询规则，筛选出符合该查询条件的所有文档，删除操作将作用于经过该查询条件筛选之后的文档，类似于关系数据库的 WHERE 后面的过滤条件。

```
>db.students.deleteOne({"Sname" : "Ding"})
{ "acknowledged" : true, "deletedCount" : 1 }
>db.students.find()
{ "_id" : 3, "Sname" : "Feng", "Ssex" : "male", "Sno" : "40107" }
{ "_id" : 2, "Sname" : "Chen", "Ssex" : "male", "Sno" : "40109" }
{ "_id" : 1, "Sname" : "Liu", "Ssex" : "female", "Sno" : "40110" }
```

2）deleteMany 方法

deleteMany(query)方法用于删除匹配条件的多条文档，无参数的 deleteMany ({})表示删除所有文档。

```
>db.students.deleteMany ({})
{ "acknowledged" : true, "deletedCount" : 3 }
```

7.4.4 MongoDB 集合操作

1. 创建集合

MongoDB 中使用 createCollection 方法来创建集合，其语法格式如下：

```
db.createCollection(name)
```

参数 name 为要创建的集合名称。

```
>db.createCollection("teachers")            //创建 teachers 集合
{ "ok" : 1 }
```

2. 查看已有集合

可以使用 show collections 或 show tables 命令查看已有集合。

```
>show collections                           //查看当前数据库中已存在的集合
students
teachers
>show tables                                //查看当前数据库中已存在的集合
students
```

```
teachers
```

3. 删除集合

MongoDB 中使用 drop 方法来删除集合,其语法格式如下:

```
db.collection_name.drop()
>db.teachers.drop()                              //删除数据库 db 中的集合 teachers
true
```

7.4.5 MongoDB 数据库操作

1. 创建数据库

MongoDB 创建数据库的语法格式如下:

```
use database _Name
```

如果数据库 database _Name 不存在,则创建数据库 database _Name,否则切换到数据库 database_Name。

```
>use users
switched to db users
```

如果 users 数据库不存在,则上述命令创建一个 users 数据库。

```
>db                                              //执行 db 命令可以显示当前数据库
users
```

执行 show dbs 命令可以查看所有数据库。

```
>show dbs
admin   0.000GB
config  0.000GB
local   0.000GB
test    0.000GB
```

有一些数据库名是保留的,可以直接访问这些有特殊作用的数据库。

admin:从权限的角度来看,这是 root 数据库。要是将一个用户添加到这个数据库,这个用户自动继承所有数据库的权限。一些特定的服务器端命令也只能从这个数据库运行,例如列出所有的数据库或者关闭服务器。

local:这个数据库永远不会被复制,可以用来存储限于本地单台服务器的任意集合。

config:当 MongoDB 用于分片设置时,config 数据库在内部使用,用于保存分片的相关信息。

MongoDB 中默认的数据库为 test,如果没有创建新的数据库,集合将存放在 test 数据库中。

可以看到,刚创建的数据库 users 并不在数据库的列表中,要显示它,需要向 users 数据库插入一些数据。

```
>db.users.insert({"name":"WangLi"})
WriteResult({ "nInserted" : 1 })
>show dbs
admin   0.000GB
config  0.000GB
local   0.000GB
test    0.000GB
users   0.000GB
```

注意：在 MongoDB 中，集合只有在内容插入后才会创建！也就是说，创建集合(数据表)后要再插入一个文档(记录)，集合才会真正创建。

2. 删除数据库

MongoDB 删除数据库的语法格式如下：

```
db.dropDatabase()
```

删除当前数据库：

```
>use users
switched to db users
>db.dropDatabase()
{ "dropped" : "users", "ok" : 1 }
```

7.4.6 MongoDB 数据类型

MongoDB 中常用的数据类型如表 7-7 所示。

表 7-7 MongoDB 中常用的数据类型

数据类型	描 述
String	字符串，UTF-8 编码的字符串才是合法的，{"a" ："string"}
Integer	整型数值，{"a" ：10}
Boolean	布尔值，{"a" ：true}
Double	浮点值，{"a" ：1.34}
Array	数组或者列表，多个值存储到一个键，{"a" ：["b", "c", "d", "e"]}
Timestamp	时间戳，不直接对应到 Date 类型，而是通过如下方式组织 64 位数据：前 32 位是从 UNIX 纪元(1970.1.1)开始计算到现在时间的秒数，后 32 位是 1 秒内的操作序数，{ default：new Date().getTime()}
Object	用于内嵌文档，{name："三国演义"，author：{name："罗贯中"，age：99}}
Null	用于创建空值，{"a" ：null}

续表

数据类型	描　述
Date	日期,存放了从UNIX纪元(1970.1.1)开始计算的毫秒数计数时间,{"a" : new Date()}
ObjectId	对象ID,默认主键_id就是一个对象id,{"a": ObjectId()}
Code	代码,用于在文档中存储JavaScript代码,{x: function f1(a,b){return a+b;}}
Regular expression	正则表达式类型,语法与JavaScript中正则表达式的语法相同,查询所有键key为x,value以hello开始的文档且不区分大小写的正则表达式为{x: /^(hello)(.[a-zA-Z0-9])+/i}

下面给出ObjectId数据类型的简单说明。

ObjectId类似唯一主键,包含12B,含义如下。

(1) 前4B表示创建文档的时间戳,格林尼治时间UTC时间,比北京时间晚8小时。

(2) 接下来的3B是机器标识码。

(3) 紧接的2B由进程id组成PID。

(4) 最后3B是随机数。

MongoDB中存储的文档必须有一个_id键。这个键的值可以是任何类型的,默认是个ObjectId对象。

由于ObjectId中保存了创建的时间戳,所以不需要为创建的文档保存时间戳字段,可以通过getTimestamp函数来获取文档的创建时间:

```
>var newObject =ObjectId()
>newObject.getTimestamp()
ISODate("2020-02-06T00:45:05Z")
```

7.5 图数据库

在现实世界里,所有的信息都不是孤立存在的,而是彼此充满了关系。在关系数据库中,人们只能通过不同的表来存储不同的事物信息,通过JOIN来实现关系查询,这在大数据量的情况下是根本无法做到的。这时候人们就需要一个自身可以存储、处理和查询关系的数据库来帮人们实现大量数据的复杂关系的查找。图数据库恰好满足了人们这方面的需求。

图也是一种数据类型,是节点、边以及它们附带的一系列属性的集合。点相当于实体,而边标识了两个节点之间存在的关系。点和边的属性分别标识了点和边所具有的一系列特征。

图计算可以高效地处理大规模的关联数据,广泛用于社交网络分析、语义Web分析、生物信息网络分析、自然语言处理、预测疾病爆发和舆情分析等。

图数据库(Graph Database)是使用图的结构来表现和存储具有图语义的数据,并快速地进行查询。图数据库将数据之间的关系作为重中之重优先考虑。所以使用图数据库查询关系数据很快。图数据库能够直观地展示数据之间的关系,对于高度互连的数据非常有用。

常见的图数据库有 Neo4j、ArangoDB、OrientDB、FlockDB、GraphDB、InfiniteGraph、Titan 和 Cayley 等，但目前较为活跃的当属 Neo4j。

7.5.1　下载和安装 Neo4j

1. 安装 Java JDK

Neo4j 是用 Java 语言编写的图数据库，运行时需要启动 JVM 进程，因此，需安装 Java JDK。Java JDK 下载安装好后，cmd 输入 java - version 执行后，如果输出 Java JDK 的版本号，则表示安装好成功。

2. 官网下载 Neo4j 安装文件

本书安装的是 Community Server 版本，官网下载 Neo4j 安装文件，本书下载的版本是 neo4j-community-3.5.14-windows.zip。

3. 解压文件

将安装文件解压到任意盘符下，本书将其解压到 D:\ neo4j-community-3.5.14 下面。

Neo4j 应用程序有如下主要的目录结构。

bin 目录：用于存储 Neo4j 的可执行程序。

conf 目录：用于控制 Neo4j 启动的配置文件。

data 目录：用于存储核心数据库文件。

plugins 目录：用于存储 Neo4j 的插件。

4. 系统环境变量配置

(1) 找到计算机。

(2) 右击，在弹出的快捷菜单中选择“属性”命令。

(3) 单击高级系统设置。

(4) 新建系统环境变量 NEO4J_HOME，并把主目录(D:\neo4j-community-3.5.14)设置为变量值，如图 7-11 所示。再在 PATH 中添加%NEO4J_HOME%\bin。

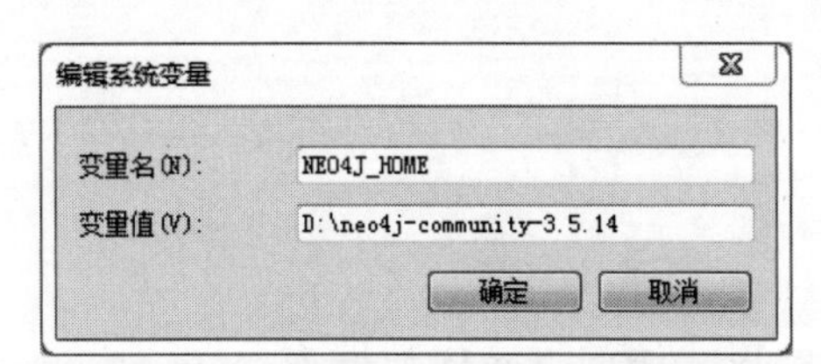

图 7-11　设置 NEO4J_HOME 变量值

7.5.2　Neo4j 的启动和停止

可以通过以下 3 种方式启动 Neo4j 服务。

1. 通过控制台启动 Neo4j 程序服务

以管理员身份进入 cmd,切换到主目录,输入 neo4j.bat console,通过控制台启用 Neo4j 程序,执行后出现如图 7-12 所示的界面则启动成功。

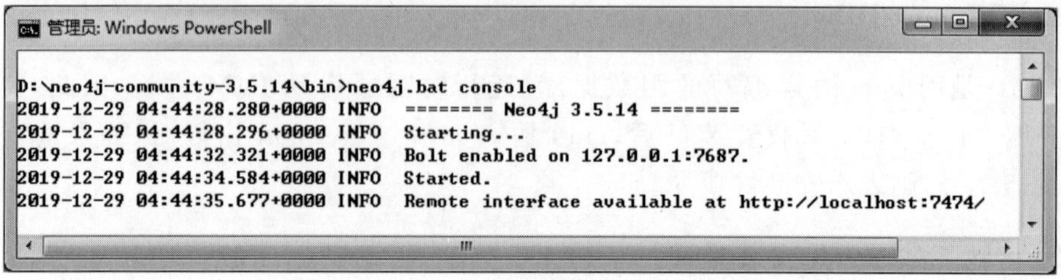

```
管理员: Windows PowerShell
D:\neo4j-community-3.5.14\bin>neo4j.bat console
2019-12-29 04:44:28.280+0000 INFO  ======== Neo4j 3.5.14 ========
2019-12-29 04:44:28.296+0000 INFO  Starting...
2019-12-29 04:44:32.321+0000 INFO  Bolt enabled on 127.0.0.1:7687.
2019-12-29 04:44:34.584+0000 INFO  Started.
2019-12-29 04:44:35.677+0000 INFO  Remote interface available at http://localhost:7474/
```

图 7-12　通过控制台启动 Neo4j

当关闭该 cmd 窗口时,Neo4j 服务也会关闭。

2. 把 Neo4j 安装为服务

安装服务:

```
neo4j install-service
```

卸载服务:

```
neo4j uninstall-service
```

启动服务:

```
neo4j start
```

停止服务:

```
neo4j stop
```

重启服务:

```
neo4j restart
```

查询服务的状态:

```
neo4j status
```

3. 以 HTTP 连接器的形式访问 Neo4j 数据库

在浏览器地址栏里输入 http://localhost:7474。默认会跳转到 http://localhost:7474/browser,会弹出登录页面,如图 7-13 所示,默认的用户名是 neo4j,默认的初始密码是 neo4j,登录进去后会要求设置新密码,如图 7-14 所示,设置完新密码后进入 Neo4j 管理页面,如图 7-15 所示。

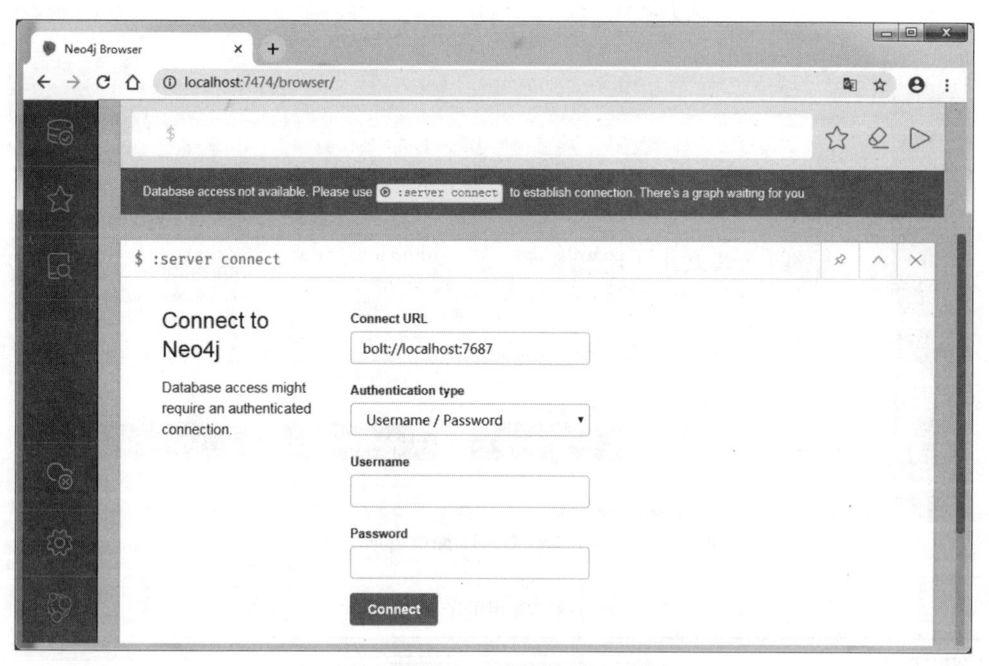

图 7-13　登录页面

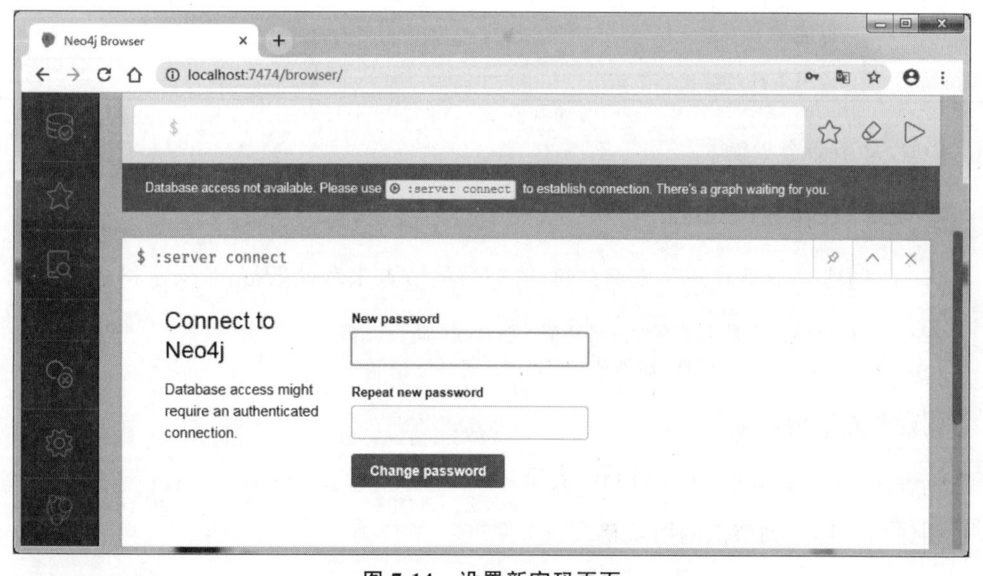

图 7-14　设置新密码页面

7.5.3　Neo4j 的 CQL 操作

CQL 代表 Cypher 查询语言。就如 Oracle 数据库具有查询语言 SQL，Neo4j 将 CQL 作为查询语言。

常用的 CQL 命令如表 7-8 所示。

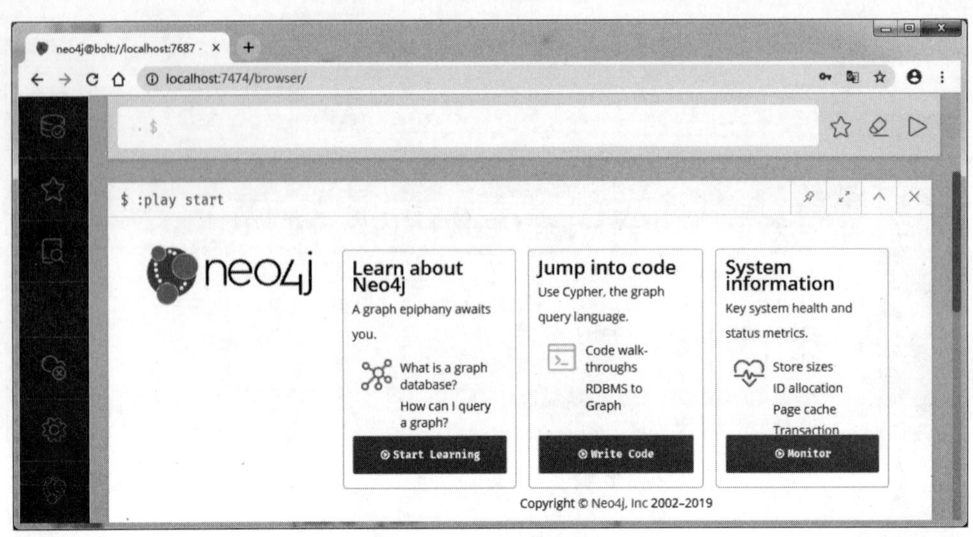

图 7-15 Neo4j 管理页面

表 7-8 常用的 CQL 命令

CQL 命令	用 法	CQL 命令	用 法
create	创建节点、关系和属性	delete	删除节点和关系
match	检索有关节点、关系和属性数据	remove	删除节点和关系的属性
return	返回查询结果	order by	排序
where	提供条件过滤检索数据	set	添加或更新标签

CQL 常用命令举例。

1. 使用 create 创建节点

create 创建一个具有一些属性("键-值"对)的节点来存储数据,其语法格式如下:

```
create (节点名:标签名 {属性: 属性值, 属性 2: 属性 2 值}),
(节点名 2: 标签名 2 {属性:属性值, 属性 2: 属性 2 值})
```

创建节点示例:

```
create (dept:Dept { deptno:10,dname:"Accounting",location:"Hyderabad" })
```

创建多个标签到节点的语法格式:

```
create (<node-name>:<标签名 1>:<标签名 2>…:<标签名 n>)
```

创建多个标签到节点示例:

```
create (m:Movie:Cinema:Film:Picture) return m
```

2. 使用 create 创建节点间关系

Neo4j 关系被分为单向关系和双向关系。

使用新节点创建关系：

```
create (e:Employee) -[r:DemoRelation]->(c:Employee)
```

上述语句会创建节点e、节点c，以及e->c的关系r，这里需要注意方向，例如双向为

```
create (e:Employee) <-[r:DemoRelation]->(c:Employee)
```

使用已知节点创建带属性的关系：

```
match (<node1-name>:<label1-name>), (<node2-name>:<label2-name>)
create (<node1-name >) -[<relationship-name>:<relationship-label-name >
{<define-properties-list>}]->(<node2-name >)
return <relationship-name>
```

示例：

```
match (cust: customer), (cc: creditcard)
create (cust)-[r: do_ shopping {date:"12/29/2019", price:1680}]->(cc)
return r
```

3. 使用match查询

match命令用于：从数据库获取有关节点和属性的数据；从数据库获取有关节点、关系和属性的数据。

1）查询某个节点(通过属性查询)

```
match (节点名:标签名 {属性:属性值}) return 节点名
```

2）查询两个节点(通过属性和关系查询，关系区分大小写)

```
match (节点名 1:标签名 1 {属性:'属性值'}) -[:关系名]->(节点名 2) return 节点名 1, 节
点名 2
```

3）给存在的节点(node)添加关系

```
match (节点名 1:标签名 {属性 1: 属性 1 值}), (节点名 2:标签名 {属性 2: 属性 2 值}) merge
(节点名 1) -[:关系名]->(节点名 2)
```

4）对存在的关系修改(先删除再添加)

```
match (节点名 1:标签名 {属性 1:'属性 1 值'}), (节点名 2:标签名 {属性 2:'属性 2 值'})
merge (节点名 1)-[原关系名:原关系标签名]->(节点名 2) delete r1
merge (节点名 1)-[新关系名:新关系标签名]->(节点名 2)
```

检索关系节点的详细信息语法格式：

```
match
(<node1-name>)-[<relationship-name>:<relationship-label-name >]->(<node2
-name>)
```

```
return <relationship-name>
```

示例：

```
match (cust)-[ r: do_ shopping]->(cc)
return cust,cc
```

4. 使用 set 更新属性(Cypher 语言中,任何语法都可以有 return)

```
match (节点名:标签名 {属性:属性值}) set 属性名=属性值 return 节点名
```

5. delete 和 remove

delete：删除节点和关系。
remove：删除标签和属性。
这两个命令应该与 match 一起使用。
1）删除属性

```
match (节点名:标签名 {属性名:属性值}) remove 节点名.属性名 return 节点名
```

2）删除节点和关系

```
match (节点名 1:标签 1)-[r:关系标签名]->(节点名 2:标签 2) delete 节点名 1, r, 节点
名 2
```

3）删除标签

```
match (节点名:标签名) remove 节点名:标签名
```

4）删除一个关系

```
match (节点名 1:标签 1),(节点名 2:标签 2) where 节点名 1.属性名=属性值 and 节点名 2.属
性=属性值 merge (节点名 1)-[r:关系标签名]->(节点名 2) delete r
```

7.5.4 在 Neo4j 浏览器中创建节点和关系

下面通过一个示例,演示如何通过 Cypher 命令,创建 3 个节点和 3 个关系。

```
create (m:Person { name: '康熙', title: '皇帝' }) return m;
create (n:Person { name: '雍正', title: '皇帝' }) return n;
create (k:Person { name: '乾隆', title: '皇帝' }) return k;
match (m:Person {name:"康熙"}),(n:Person{name:"雍正"}) create (m)-[r1:父子]->
(n) return r1;
match(n:Person {name: "雍正"}),(k:Person{name:"乾隆"}) create (n) -[r2:父子]->
(k) return r2;
match (m:Person {name:"康熙"}),(k:Person{name:"乾隆"}) create (m)-[r3:爷孙]->
(k) return r3;
```

1. 创建第一个节点

在 $ 命令行中，编写 Cypher 脚本代码如图 7-16 所示，单击 Play 按钮，在图数据库中创建第一个节点。

图 7-16　编写 Cypher 脚本代码

在节点创建之后，在 Graph 模式下，能够看到创建的图形，继续执行 Cypher 脚本，创建其他节点。

2. 创建节点之间的关系

在 $ 命令行中，编写节点间关系代码如图 7-17 所示，单击 Play 按钮，在图数据库中创建第一个关系。

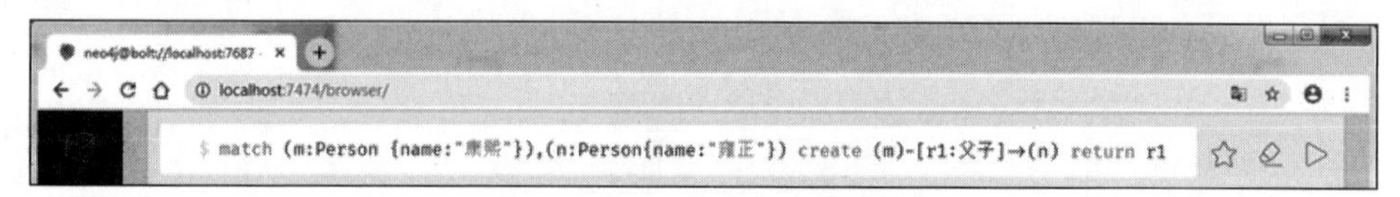

图 7-17　编写节点间关系代码

同理，创建其他两个关系。

3. 查看节点之间的关系

在创建完 3 个节点和 3 条关系之后，执行下述语句得到的 3 个节点和 3 个关系的图形如图 7-18 所示：

```
match(Person) return Person;
```

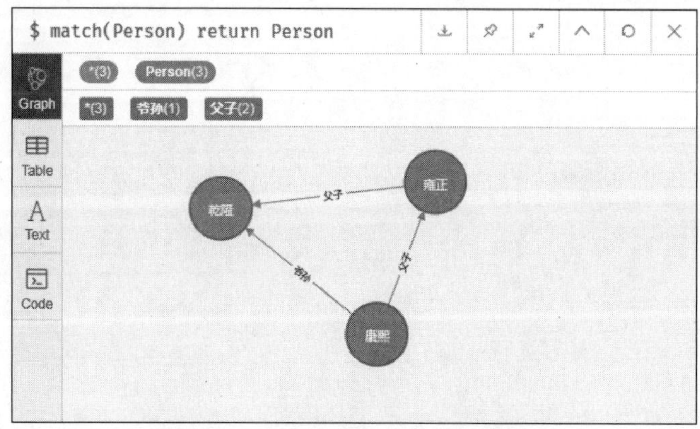

图 7-18　3 个节点和 3 个关系的图形

7.6 习题

1. 概述 NoSQL 数据库兴起的原因。
2. 简述“键-值”数据库、列族数据库、文档数据库和图数据库的使用特点。
3. 简述 Redis 字符串常用命令。
4. 简述 MongoDB 插入文档的几种方法。

第8章

Scala 基础编程

Scala是一门多范式的编程语言，一种类似于Java的编程语言，是实现可伸缩的语言，并集成面向对象编程和函数式编程的各种特性。本章主要介绍Scala特性，Scala安装，Scala基本数据类型，Scala常量和变量，Scala数组、列表、集合和映射，Scala控制结构，Scala函数，Scala类和Scala读写文件。

8.1 Scala特性

Scala是Scalable Language的简写，是一门多范式的编程语言，由Martin Odersky于2001年基于Funnel的工作而设计。Scala是一种纯粹的面向对象编程语言，而又无缝地结合了命令式编程和函数式编程风格。Scala具有以下特性。

1. 面向对象

Scala是一种面向对象的语言，每个值都是对象。对象的数据类型由类来描述。类的扩展有两种途径：一种途径是子类继承，另一种途径是灵活的混入机制。这两种途径能避免多重继承的种种问题。

2. 函数式编程

Scala也是一种函数式语言，其函数也能当成值来使用。Scala提供了轻量级的语法用于定义匿名函数，支持高阶函数，允许嵌套多层函数，并支持柯里化。Scala的case class及其内置的模式匹配相当于函数式编程语言中的代数类型。用户还可以利用Scala的模式匹配，编写类似正则表达式的代码处理XML数据。

3. 扩展性

在实践中，某个领域特定的应用程序开发往往需要特定于该领域的语言扩展。Scala提供了许多独特的语言机制，可以以库的形式轻易无缝添加新的语言结构。

4. Java 和 Scala 可以混编

Scala 基于 JVM 平台运行,因此,它和 Java 可以自由地混合使用,在书写代码的过程中,Scala 可引用 Java 包。

8.2 Scala 安装

8.2.1 用 IntelliJ IDEA 搭建 Scala 开发环境

1. 安装 IntelliJ IDEA

1) 下载安装

打开官网 http://www.jetbrains.com/idea/,单击页面中的 DOWNLOAD,根据自己的需要选择下载的 IntelliJ IDEA 版本,本书选择的是 Community(社区版),下载完成后,双击下载好的安装包,然后单击 Next 按钮,选择安装位置如图 8-1 所示。

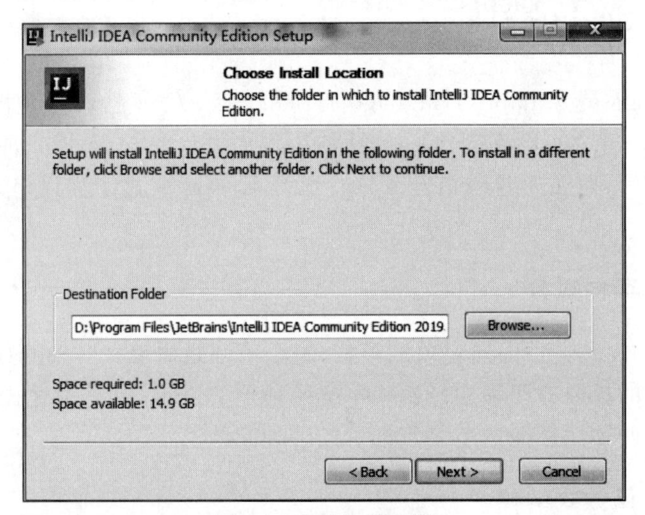

图 8-1 选择安装位置

2) 勾选安装选型

在图 8-1 中单击 Next 按钮,进入勾选安装选型界面,如图 8-2 所示。

然后单击 Next 按钮,在接下来的界面中单击 Install 按钮开始安装,最后单击 Finish 按钮完成安装。

2. 新建 Scala 工程

双击安装好的桌面 IntelliJ IDEA 图标,打开后如图 8-3 所示,单击 Create New Project 选项进入新建一个工程的界面,如图 8-4 所示。在新建一个工程的界面中,选择如图中所示。

单击 Next 按钮进入工程设置界面,如图 8-5 所示。

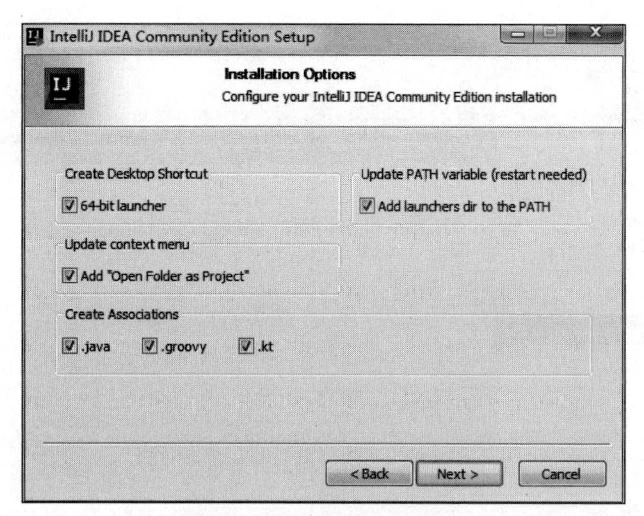

图 8-2　勾选安装选型界面

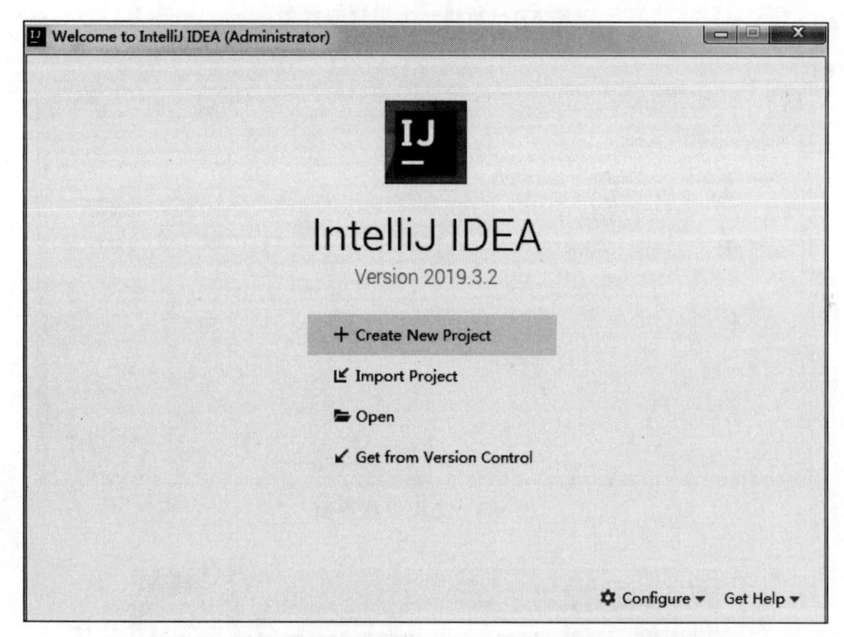

图 8-3　双击安装好的桌面 IntelliJ IDEA 图标后的界面

在图 8-5 中可以看出，第一次创建工程时，SDK 是不存在的，需要安装，单击 Create 按钮添加 SDK，打开后的界面如图 8-6 所示，选择下载的 Ivy。

单击 OK 按钮后，可以看到添加 SDK 后的 Scala SDK 如图 8-7 所示。

单击 Finish 按钮完成工程的创建。

3. 编写 Scala 程序

1）新建一个 Scala 类

在新创建的工程中，使用鼠标定位到 src 文件夹，然后右击，在弹出的快捷菜单中选

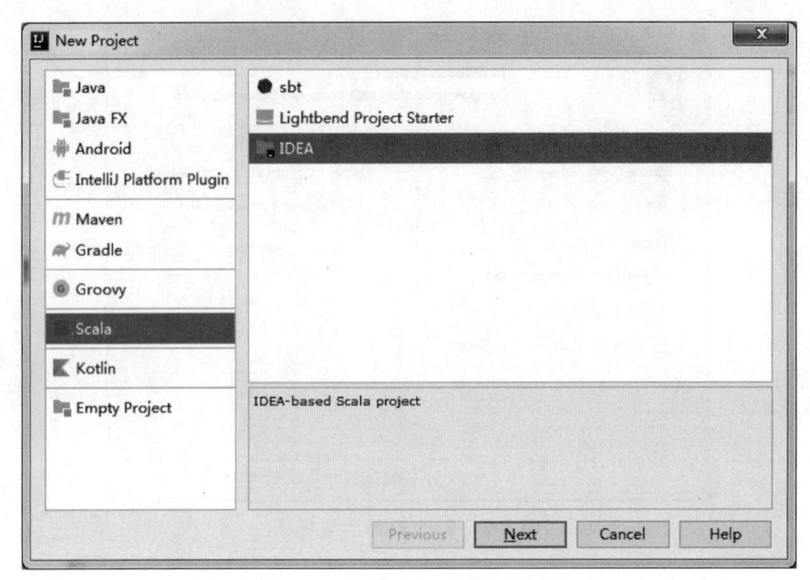

图 8-4 新建一个工程的界面

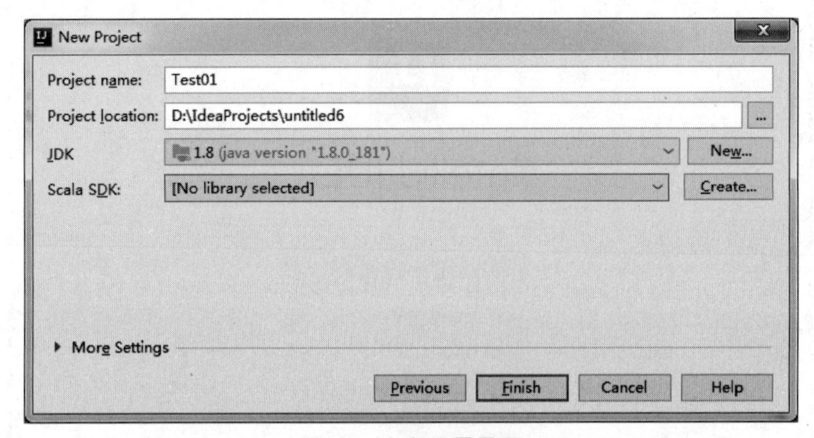

图 8-5 工程设置界面

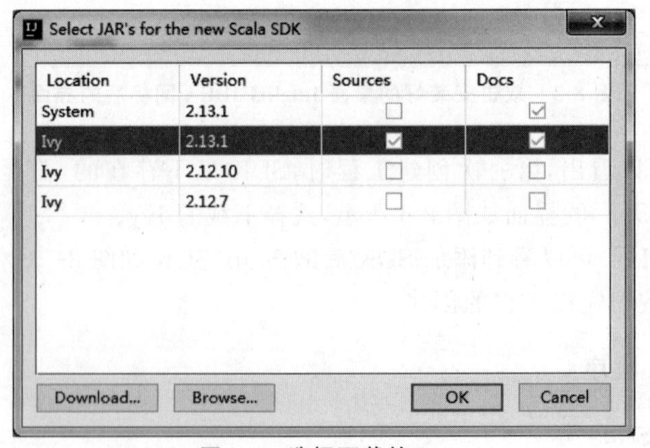

图 8-6 选择下载的 Ivy

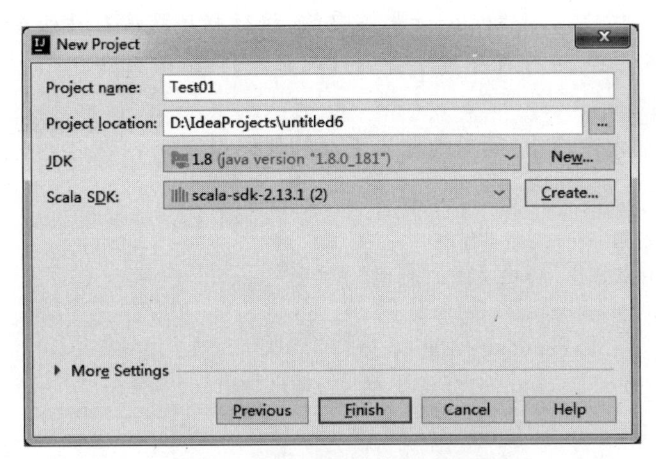

图 8-7　添加 SDK 后的 Scala SDK

择 New→Scala Class 命令，新建一个 Scala 类，如图 8-8 所示。

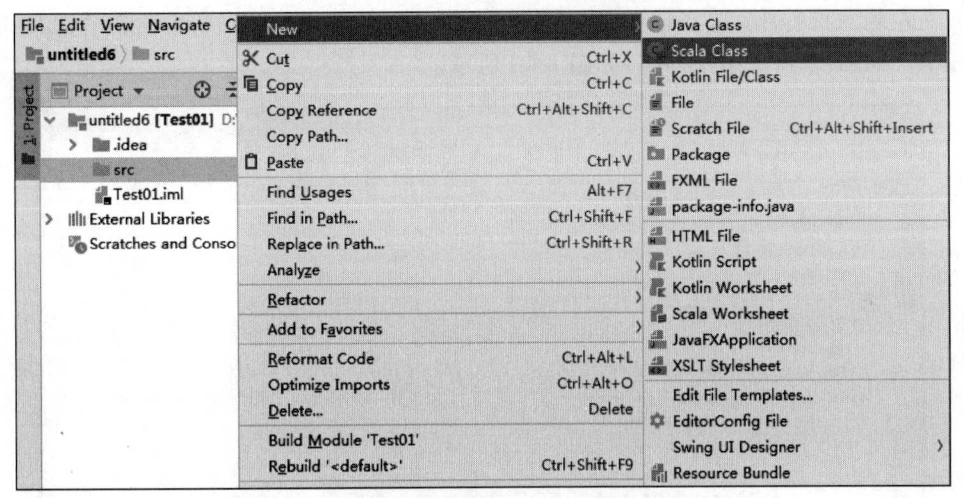

图 8-8　新建一个 Scala 类

2）输入新建类的名字

在弹出的窗口中，输入需要新建类的名字。在这里，假设需要创建的类的名字为 HelloWorld，可以在这里输入新创建的类的名字 HelloWorld，如图 8-9 所示。

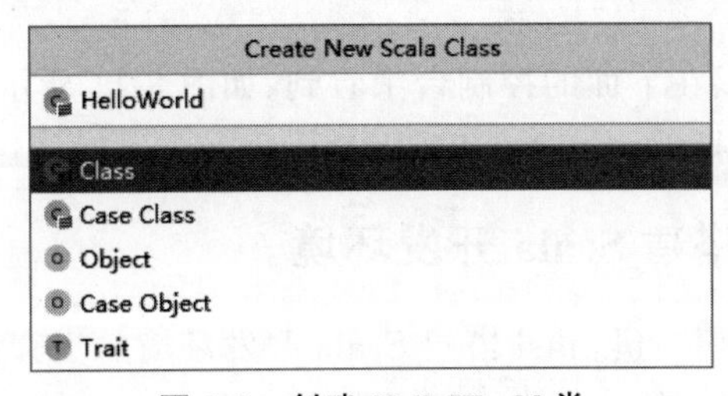

图 8-9　创建 HelloWorld 类

注意：创建类时，默认是 scala，如果不更改，运行程序默认打开的是 scala 控制台；先选择 Object，再写类名，运行程序时才会运行此程序的 main 方法。

3）输入代码

可以在代码输入窗口中，简单地输入下面的代码：

```
object HelloWorld {
  /* 这是我的第一个 Scala 程序
   * 以下程序将输出'Hello World!'
   */
  def main(args: Array[String]) {
    println("Hello, world!")          //输出“Hello, world!”
  }
}
```

上面的代码将会简单地输出字符串"Hello，world!"。

4）运行代码

在左侧的工程中，选择需要运行的类，然后右击，在弹出的快捷菜单中选择 Run 'HelloWorld'命令运行编写的类，如图 8-10 所示。

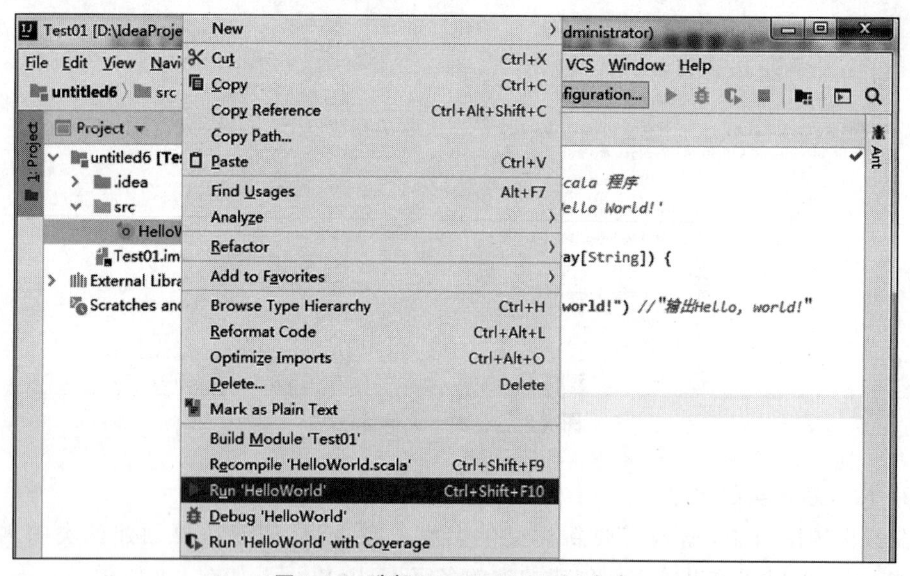

图 8-10 选择 Run 'HelloWorld'命令

程序运行的结果可以在下面的控制台中看到，如图 8-11 所示。

此外，也可以直接选择 Run→Run 'HelloWorld'命令运行创建的这个类。

8.2.2 用 scala.msi 搭建 Scala 开发环境

在 Windows 系统下用 scala.msi 搭建 Scala 开发环境的步骤如下。

(1) 从官网下载 Scala 的 msi，本书下载的版本是 scala-2.13.1.msi。双击，指定安装目录，运行安装。

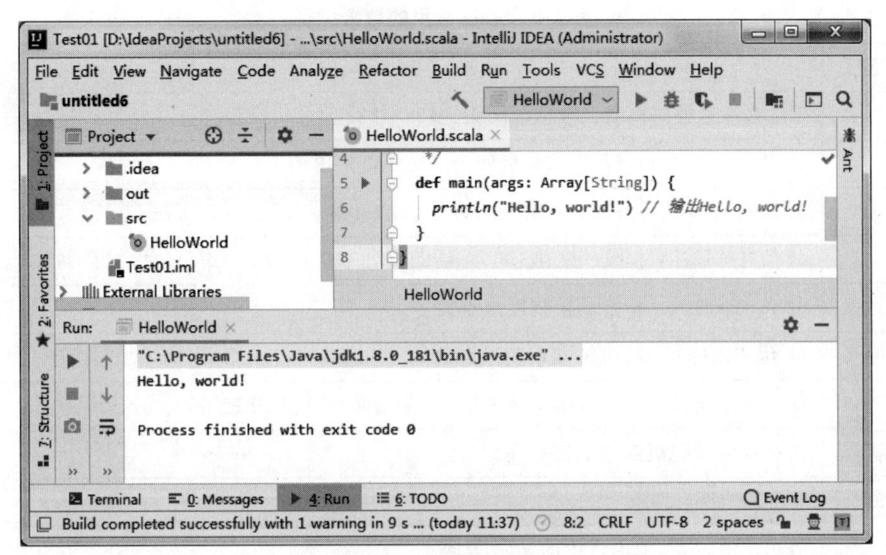

图 8-11 程序运行的结果

(2) 不需要指定 path 路径，Scala 会自动配置 path。

(3) 这样可以在 cmd 中输入 scala 并执行后，就进入 Scala 交互式编程环境，如图 8-12 所示。在该环境下输入一条 Scala 语句，按 Enter 键执行后立即返回执行结果，通过执行"：quit"可退出 Scala 编程环境。

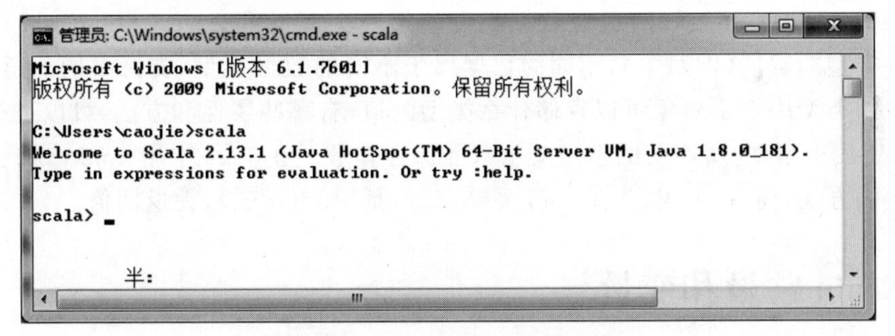

图 8-12 Scala 交互式编程环境

在 Scala 交互式编程环境下，执行"：paste"后进入 paste 模式，在该模式下可以粘贴 Scala 代码块，代码编写完成后，按 Ctrl+D 组合键退出 paste 模式。

8.3 Scala 数据类型

Scala 的数据类型与 Java 的数据类型相似，但不同于 Java，Scala 中没有基本数据类型，所有的类型都是对象，可以调用数据类型的方法，表 8-1 列出了 Scala 常用的数据类型。

表 8-1 Scala 常用的数据类型

数据类型	描述
Byte	8 位有符号补码整数。数值区间为－128～127
Short	16 位有符号补码整数。数值区间为－32 768～32 767
Int	32 位有符号补码整数。数值区间为－2 147 483 648～2 147 483 647
Long	64 位有符号补码整数。数值区间为－9 223 372 036 854 775 808～9 223 372 036 854 775 807
Float	32 位 IEEE 754 标准的单精度浮点数
Double	64 位 IEEE 754 标准的双精度浮点数
Char	16 位无符号 Unicode 字符，区间值为 U＋0000～U＋FFFF
String	通过双引号包裹起来的字符序列
Boolean	true 或 false
Unit	表示无值,与其他语言中的 void 等同
Null	只有一个值 null
Nothing	Nothing 类型在 Scala 的类层级的最底端,它是任何其他类型的子类型
Any	Any 是所有其他类的父类
AnyRef	AnyRef 类是 Scala 里所有其他引用类的基类

从表 8-1 可以看出,Scala 所有数据类型的第一个字母都必须大写。Scala 程序用于处理各种类型的数据(即对象),不同的数据属于不同的数据类型,支持不同的运算操作。数据对象的类型决定了对象可以存储什么类型的值,有哪些属性和方法,可以进行哪些操作。如 Int 代表整型,所声明的整型变量只能保存整数。在 Java 中用 void 修饰创建一个无返回值的方法,而 Scala 中没有 void 关键字,而是用 Unit 表示无返回值。

8.4 Scala 常量和变量

在 Scala 中,数据分为常量(也称为值)和变量两类。

8.4.1 常量

在程序运行过程中,其值不会发生变化的量叫作常量或值,使用关键字 val 来声明常量。常量一旦定义就不可更改,即不能对常量重新赋值,定义一个常量的语法格式如下:

Scala 常量和变量

```
val ConstantName: DataType = InitialValue
```

val 关键字后面是所声明的常量的名字 ConstantName,常量的类型 DataType 在常量名之后、等号之前声明,赋值符号“＝”后面为所声明的常量的值。由于 Scala 具备类型推断的功能,所以声明常量时可以不用显式地说明其数据类型。常量的声明举例如下：

```
scala>val val1 : Int =1                    //显式地说明常量 val1 的数据类型为 Int
val1: Int =1
scala>val val2 ="Hello, Scala!"
val2: String =Hello, Scala!
```

注意：*如果在没有指明数据类型的情况下声明常量必须要给出其初始值,否则将会报错。*

如果要打印一个值,用 print 或 println 函数。后者在打印完内容后会追加一个换行符。

8.4.2 变量

变量是一种使用方便的占位符,用于引用计算机内存地址,变量创建后会占用一定的内存空间。基于变量的数据类型,操作系统会进行内存分配并且决定什么将被储存在保留内存中。因此,通过给变量分配不同的数据类型,可以在这些变量中存储整数、小数或者字母。在 Scala 中,使用关键字 var 声明变量。定义变量的类型的语法格式如下：

```
var VariableName : DataType =InitialValue
```

以上定义了变量 VariableName,人们可以修改它,需要注意的是,只能把同类型的值重新赋值给变量 VariableName。

变量声明不一定需要初始值,以下也是正确的：

```
var myVar :Int;
```

注意：*Scala 语句末尾的分号是可选的,若一行里仅有一个语句,可不加分号;若一行里包含多条语句,则需要使用分号把不同语句分隔开。*

在 Scala 中声明变量和常量不一定要指明数据类型,在没有指明数据类型的情况下,其数据类型是通过变量或常量的初始值推断出来的。所以,如果在没有指明数据类型的情况下声明变量或常量必须要给出其初始值,否则将会报错。

```
var myVar =10;
val myVal ="Hello, Scala!";
```

以上实例中,myVar 会被推断为 Int 类型,myVal 会被推断为 String 类型。

Scala 支持多个变量的声明：

```
scala>var xmax, ymax =100                  //xmax、ymax 都声明为 100
xmax: Int =100
ymax: Int =100
```

8.5 Scala 数组、列表、集合和映射

数组是 Scala 中常用的一种数据结构,是一种存储了相同类型元素的固定大小的顺序数据集合。在 Scala 中数组有两种：定长数组和变长数组。

8.5.1 定长数组

在 Scala 中,使用 Array 声明一个长度不变的定长数组,初始化就有了固定的长度,所以不能直接对其元素进行删除操作,也不能多增加元素,只能修改某个位置的元素值,也就没有 add、insert 和 remove 等操作。声明定长数组的语法格式如下:

```
var z:Array[String] =new Array[String](3)
```

或

```
var z =new Array[String](3)
```

上面的语句声明 z 为一个数组长度为 3 的定长字符串类型的数组,可存储 3 个元素。

```
scala>var nums=new Array[Int](10)         //创建 10 个整数的数组,所有元素初始化为 0
nums: Array[Int] =Array(0, 0, 0, 0, 0, 0, 0, 0, 0, 0)
```

注意:在 Scala 中使用(index)而不是[index]来访问数组中的元素。

```
scala>var b=Array("hello","Scala")        //使用指定值初始化,此时不需要 new 关键字
b: Array[String] =Array(hello, Scala)
scala>b(1)                                //访问数组元素
res1: String =Scala
```

b(1)的结果被命名为 res1,可以在后续操作使用这个名称得到 b(1)的值。

数组对象具备许多操作数组对象的操作方法。

1. map 映射

map 映射通过一个函数重新计算数组中的所有元素,并且返回一个相同数目元素的新数组。

```
scala>var arr =Array(1,2,3,4)              //创建数组 arr
arr: Array[Int] =Array(1, 2, 3, 4)
scala>arr.map(x =>x * 5)                   //调用数组对象的 map 方法
res1: Array[Int] =Array(5, 10, 15, 20)
```

2. 使用 foreach 方法遍历数组中的元素

foreach 方法和 map 方法类似,但是 foreach 方法没有返回值。

```
scala>var arr =Array("Hello Beijing","Hello Shanghai")
arr: Array[String] =Array(Hello Beijing, Hello Shanghai)
scala>arr.foreach(x =>println(x))          //遍历输出数组中的元素
Hello Beijing
Hello Shanghai
scala>arr.foreach(x =>println(x+"!"))      //遍历输出数组中的元素
Hello Beijing!
```

```
Hello Shanghai!
```

3. min、max、sum 分别输出数组的最小、最大的元素、数组元素的和

```
scala>var arr =Array(10,20,35,45)          //创建数组 arr
arr: Array[Int] =Array(10, 20, 35, 45)
scala>arr.max
res9: Int =45
scala>arr.min
res10: Int =10
scala>arr.sum
res11: Int =110
```

4. head、tail 分别查看数组第一个元素、除第一个元素外的其他元素

```
scala>var arr =Array(10,20,35,45)          //创建数组 arr
arr: Array[Int] =Array(10, 20, 35, 45)
scala>arr.head                             //查看数组的第一个元素
res12: Int =10
scala>arr.tail                             //查看数组除第一个元素外的其他元素
res13: Array[Int] =Array(20, 35, 45)
```

5. sorted、sortBy、sortWith 排序

(1) sorted：默认为升序排序，如果想要降序需要进行反转。

```
scala>val arr =Array(1,17,12, 9)           //创建数组 arr
arr: Array[Int] =Array(1, 17, 12, 9)
scala>arr.sorted                           //升序
res17: Array[Int] =Array(1, 9, 12, 17)
scala>arr.sorted.reverse                   //降序
res18: Array[Int] =Array(17, 12, 9, 1)
```

(2) sortBy 需要传入参数，表明进行排序的数组元素的形式。

```
scala>val arr =Array (1,17,12, 9)          //创建数组 arr
arr: Array[Int] =Array(1, 17, 12, 9)
scala>arr.sortBy(x =>x)                    //升序
res19: Array[Int] =Array(1, 9, 12, 17)
scala>arr.sortBy(x =>-x)                   //降序
res20: Array[Int] =Array(17, 12, 9, 1)
```

(3) sortWith((String,String)=>Boolean)：需要传入一个匿名函数来说明排序规则，这个函数需要有两个参数进行比较。

```
scala>var arr =Array("a","d","F","B","e")
```

```
arr: Array[String] =Array(a, d, F, B, e)
scala>arr.sortWith((x:String, y:String) =>x<y)
res5: Array[String] =Array(B, F, a, d, e)
scala>arr.sortWith((x, y) =>x<y)
res6: Array[String] =Array(B, F, a, d, e)
```

6. 使用 filter 方法进行过滤

filter 方法移除传入函数的返回值为 false 的数组元素。例如,过滤移除数组 arr 中的奇数,得到只包含偶数的数组:

```
scala>val arr =Array(1,4,17,12,9)                    //创建数组 arr
arr: Array[Int] =Array(1, 4, 17, 12, 9)
scala>arr.filter(x=>x%2==0)
res0: Array[Int] =Array(4, 12)
```

7. flatten

flatten 可以把嵌套的结构展开,或者说 flatten 可以把一个二维数组展开成一个一维数组。

```
scala>val arr =Array(Array(1,2), Array(3,4))     //创建二维数组
arr: Array[Array[Int]] =Array(Array(1, 2), Array(3, 4))
scala>arr.flatten
res1: Array[Int] =Array(1, 2, 3, 4)
```

8.5.2 变长数组

在 Scala 中,使用 ArrayBuffer 声明一个数组长度可变的变长数组。对于变长数组,既可以修改某个位置的元素值,也可以增加或删除数组元素。使用 ArrayBuffer 创建变长数组之前,需要先导入 scala.collection.mutable.ArrayBuffer 包。

```
scala>import scala.collection.mutable.ArrayBuffer  //导入 ArrayBuffer 包
import scala.collection.mutable.ArrayBuffer
scala>val arr1 =ArrayBuffer[Int]()             //定义一个 Int 类型、长度为 0 的变长数组
arr1: scala.collection.mutable.ArrayBuffer[Int] =ArrayBuffer()
scala>arr1.length                              //获取 arr1 的数组长度
res3: Int =0
scala>arr1 +=1                                 //为数组 arr1 添加元素 1
res4: arr1.type =ArrayBuffer(1)
scala>arr1+=(7,9,3,5)
res5: arr1.type =ArrayBuffer(1, 7, 9, 3, 5) //一次添加多个元素
scala>arr1++=Array(15,8)                       //可以用++=操作符追加任何集合
res7: arr1.type =ArrayBuffer(1, 7, 9, 3, 5, 15, 8)
scala>arr1.insert(1,2)                         //在下标 1 之前插入 2
```

```
scala>println(arr1)                              //输出 arr1
ArrayBuffer(1, 2, 7, 9, 3, 5, 15, 8)
scala>arr1.remove(1)                             //移除下标 1 处的元素
res18: Int =2
scala>println(arr1)
ArrayBuffer(1, 7, 9, 3, 5, 15, 8)
scala>arr1.remove(2,3)                           //移除下标 2(包括 2)之后的 3 个元素
scala>println(arr1)
ArrayBuffer(1, 7, 15, 8)
```

如果需要在 Array 和 ArrayBuffer 之间转换,那么分别调用 toBuffer 和 toArray 方法即可。

```
scala>arr1.toArray
res24: Array[Int] =Array(1, 7, 15, 8)
```

8.5.3 列表

Scala 列表(List)类似于数组,它们所有元素的类型都相同,但是它们也有所不同:列表是不可变的,列表的元素值一旦被定义了就不能改变,其次列表具有递归的结构(也就是链接表结构)而数组不是。如 Array[String]的所有对象都是 String,该数组在实例化之后长度固定,但它的元素值却是可变的。与数组一样,List[String]仅包含 String。

创建列表举例如下:

```
scala>val site: List[String] =List("Scala", "Python")       //创建字符串列表
site: List[String] =List(Scala, Python)
scala>val nums: List[Int] =List(1, 2, 3, 4)                  //创建整型列表
nums: List[Int] =List(1, 2, 3, 4)
scala>val empty: List[Nothing] =List()                       //创建空列表
empty: List[Nothing] =List()
scala>val dim: List[List[Int]] =List(List(1,0), List(0,1)) //创建二维列表
dim: List[List[Int]] =List(List(1, 0), List(0, 1))
```

列表对象具备许多操作列表对象的操作方法。

```
scala>var list1=List(1,2,3,4)
list1: List[Int] =List(1, 2, 3, 4)
scala>list1.head                                  //取第一个元素
res0: Int =1
scala>list1.tail                                  //返回除第一个元素之外的 List
res1: List[Int] =List(2, 3, 4)
scala>list1.tail.head                             //tail 与 head 组合使用
res2: Int =2
scala>list1.take(2)                               //从列表左边取 2 个元素
res3: List[Int] =List(1, 2)
scala>list1.takeRight(3)                          //从列表右边取 3 个元素
```

```
res4: List[Int] =List(2, 3, 4)
scala>list1.mkString("{",",","}")                    //格式化输出成 String
res5: String ={1,2,3,4}
scala>val list2=List(3,5,2,1,7)
list2: List[Int] =List(3, 5, 2, 1, 7)
scala>list2.sorted                                   //排序
res8: List[Int] =List(1, 2, 3, 5, 7)
scala>list2.sortBy(x =>x)                            //排序
res18: List[Int] =List(1, 2, 3, 5, 7)
scala>list2.sortBy(x =>-x)                           //排序
res23: List[Int] =List(7, 5, 3, 2, 1)
scala>list2.sortWith(_<_)                            //排序
res24: List[Int] =List(1, 2, 3, 5, 7)
scala>list2.sortWith(_>_)                            //排序
res25: List[Int] =List(7, 5, 3, 2, 1)
scala>list1.:+(5)                                    //末端加元素得到一个新列表
res12: List[Int] =List(1, 2, 3, 4, 5)
scala>list1.+:(0)                                    //首端加元素得到一个新列表
res14: List[Int] =List(0, 1, 2, 3, 4)
scala>list1:::list2                                  //合并列表
res15: List[Int] =List(1, 2, 3, 4, 3, 5, 2, 1, 7)
scala>list1.drop(2)                                  //删除首端两个元素
res16: List[Int] =List(3, 4)
scala>list1.dropRight(2)                             //删除尾端两个元素
res17: List[Int] =List(1, 2)
```

8.5.4 集合

集合(Set)是没有重复的元素合集,所有的元素都是唯一的。与列表不同,Set 并不保留元素插入的顺序,默认情况下,Set 是以哈希实现的,Set 的元素是根据 hashCode 方法的值进行组织的(Scala 和 Java 一样,每个对象都有 hashCode 方法)。Scala 集合分为可变集合和不可变集合。默认情况下,Scala 使用的是不可变集合,如果想使用可变集合,需要引用 scala.collection.mutable.Set 包。

1. 不可变集合

```
scala>val immutableSet =Set("Scala", "Python", "Java")  //创建不可变集合
immutableSet: scala. collection. immutable. Set [String] = Set (Scala, Python,
Java)
scala>immutableSet.head                          //取第一个元素
res0: String =Scala
scala>immutableSet.tail                          //返回除第一个元素之外的 Set
res1: scala.collection.immutable.Set[String] =Set(Python, Java)
scala>val fruit1 =Set("apples", "oranges")       //创建不可变集合
```

```
fruit1: scala.collection.immutable.Set[String] =Set(apples, oranges))
scala>val fruit2 =Set("mangoes", "banana")    //创建不可变集合
fruit2: scala.collection.immutable.Set[String] =Set(mangoes, banana)
scala>var fruit =fruit1 ++fruit2              //连接两个集合,并删除重复的元素
fruit: scala.collection.immutable.Set[String] =Set(apples, oranges, mangoes,
banana)
scala>val num =Set(5,6,9,20,30,45)
num: scala.collection.immutable.Set[Int] =HashSet(5, 20, 6, 9, 45, 30)
scala>println( "Set(5,6,9,20,30,45) 最小元素是 : " +num.min )
Set(5,6,9,20,30,45) 最小元素是 : 5
scala>num.sum                                 //返回不可变集合中所有数字元素之和
res3: Int =115
```

2. 可变集合

如果想使用可变集合,需要引用 scala.collection.mutable.Set 包。

```
scala>import scala.collection.mutable.Set     //引入可变集合
import scala.collection.mutable.Set
scala>val mutableSet =Set(1,7,3,5,2)          //创建可变集合
mutableSet: scala.collection.mutable.Set[Int] =HashSet(1, 2, 3, 5, 7)
scala>mutableSet.add(4)                       //添加元素 4
res4: Boolean =true
scala>mutableSet.remove(1)                    //去除元素 1
res6: Boolean =true
scala>print(mutableSet)
HashSet(2, 3, 4, 5, 7)
```

8.5.5　映射

Map(映射)是一种可迭代的“键-值”对结构,所有值都可以通过键来获取,并且 Map 中的键都是唯一的。

Map 有两种类型,可变与不可变(长度、值一旦初始化后不能再次被改变),区别在于可变对象可以修改它,而不可变对象不可以。默认情况下 Scala 使用不可变 Map。如果需要使用可变 Map,需要显式地引入 import scala.collection.mutable.Map 包。

1. 不可变 Map

```
//通过对偶元组的方式创建 Map
scala>val map1 =Map(("name", "jack"), ("age", 16), ("sex", "女"))
map1: scala.collection.immutable.Map[String,Any] =Map(name ->jack, age ->16,
sex ->女)
scala>val ages =Map("Leo "->30, "Jen" ->25, "Jack" ->23)      //创建不可变 Map
ages: scala.collection.immutable.Map[String, Int] =Map(Leo -> 30, Jen -> 25,
```

```
Jack ->23)
scala>println( " ages中的键为 : " +ages.keys )
ages中的键为 : Set(Leo, Jen, Jack)
scala>println( " ages中的值为 : " +ages.values )
ages中的值为 : Iterable(30, 25, 23)
```

2. 可变 Map

```
scala>import scala.collection.mutable.Map
import scala.collection.mutable.Map
scala>val map2 =Map("a" ->"A")
map2: scala.collection.mutable.Map[String,String] =HashMap(a ->A)
scala>map2.put("b", "B")                          //添加一个"键-值"对
res21: Option[String] =None
scala>map2 +=("c" ->"C", "d" ->"D")               //添加多个"键-值"对
res22: map2.type =HashMap(a ->A, b ->B, c ->C, d ->D)
scala>map2 -=("b", "B")                           //去除一个"键-值"对
res23: map2.type =HashMap(a ->A, c ->C, d ->D)
```

8.6 Scala 控制结构

8.6.1 条件表达式

Scala 的 if…else 语法结构和 Java 一样。不过,在 Scala 中 if…else 表达式有值,这个值就是跟在 if 或 else 之后的表达式的值。在 Scala 中,条件表达式的语法格式如下:

```
if (x >0) 1 else -1
```

上述条件表达式的值是 1 或 −1,具体是哪一个取决于 x 的值。可以将条件表达式赋值给变量:

```
val s =if (x >0) 1 else -1
```

这与如下语句的效果一样:

```
if (x >0) s =1 else s =-1
```

不过,第一种写法更好,因为它可以用来初始化一个 val。在第二种写法当中,s 必须是 var。

```
scala>val x =3
x: Int =3
scala>val y =if ( x >1 ) 1 else -1
y: Int =1
```

8.6.2　if…else 选择结构

1. if 语句

if 语句由布尔表达式及之后的语句块组成，具体语法格式如下：

```
if(布尔表达式)
{
    //如果布尔表达式的值为 true,则执行该语句块
}
```

2. if…else 语句

if…else 的语法格式如下：

```
if(布尔表达式){
    //如果布尔表达式为 true,则执行该语句块
}else{
    //如果布尔表达式为 false,则执行该语句块
}
```

3. if…else if…else 语句

if 语句后可以紧跟 else if…else 语句，在多个条件判断语句的情况下很有用。if…else if…else 的语法格式如下：

```
if(布尔表达式 1){
    //如果布尔表达式 1 为 true,则执行该语句块
}else if(布尔表达式 2){
    //如果布尔表达式 2 为 true,则执行该语句块
}else if(布尔表达式 3){
    //如果布尔表达式 3 为 true,则执行该语句块
}else {
    //如果以上条件都为 false,执行该语句块
}
```

8.6.3　编写 Scala 脚本

可以把经常会被执行的 Scala 句子序列放在一个文件中，也称为一个脚本。例如把以下代码放在名字为 test.scala 文件中：

```
var x =30 ;
if( x <20 ){
        println("x 小于 20");
    }else{
```

```
        println("x 大于 20");
    }
```

在 cmd 窗口中,切换到 test.scala 文件所在的路径,运行 scala test.scala,系统会输出 x < 20,具体过程如下:

```
C:\Users\caojie\Desktop>scala test.scala      //运行 scala test.scala
x <20
```

8.6.4 循环

Scala 拥有与 Java 相同的 while 循环和 do while 循环。

1. while 循环

```
while(条件语句){
循环体
}
```

2. do while 循环

```
do{
循环体
}
while(条件语句)
```

3. for 循环

Scala 没有与 for(初始化变量;检查变量是否满足某条件;更新变量)循环直接对应的结构。for 循环使用方式主要有以下几种。

1) for(x <- Range)方式

```
for(x <-Range ){
    循环体;}
```

Range 可以是一个数字区间,如 i to j,或者 i until j。左箭头 <- 用于为变量 x 赋值。i to j 表示的区间是[i,j],i until j 表示的区间是[i,j),两种形式举例如下:

```
scala>for (i <-1 to 10) printf("%d ",i)
1 2 3 4 5 6 7 8 9 10
scala>for (i <-1 until 10) printf("%d ",i)
1 2 3 4 5 6 7 8 9
```

2) 使用分号来设置多个区间,它将迭代给定区间所有的可能值。

```
scala>for( a <-1 to 2; b <-1 to 2){
        println( "a: " +a +" b: " +b) }
```

运行上述代码得到的输出结果如下：

```
a: 1 b: 1
a: 1 b: 2
a: 2 b: 1
a: 2 b: 2
```

3）for 循环数组、列表和集合

```
scala>val list1=List(3,5,2,1,7)
list1: List[Int] =List(3, 5, 2, 1, 7)
scala>for(x <-list1){
    | print(" "+x)}
3 5 2 1 7
```

4）for 循环中使用过滤器

```
scala>for(x <-list1 if x%2==1){print(" "+x)}
3 5 1 7
```

8.7 Scala 函数

Scala 函数

8.7.1 函数定义

Scala 声明函数的语法格式如下：

```
def 函数名([参数列表]):[函数的返回值类型] ={
    函数体
    return [返回值表达式]
}
```

在 Scala 中使用 def 关键字来定义函数，定义函数时需要注意以下 4 个事项。

(1) 定义函数时以 def 关键字开头。

(2) def 之后是函数名，这个名字由用户自己指定，def 和函数名中间至少要有一个空格。

(3) 函数名后跟括号，之后是一个冒号和函数的返回值类型，再后面是一个等号，最后是函数体以及 return 语句。括号内用于定义函数参数，称为形式参数，简称形参，参数是可选的，函数可以没有参数。参数名后面紧跟着冒号和参数类型，Scala 要求必须指明参数类型。如果有多个参数，参数之间用逗号隔开。不过，只要函数不是递归的，不需要指定返回类型。

(4) 函数体指定函数应当完成什么操作，是由语句组成，如果最后没有 return 语句，函数体中最后一个表达式的值就是函数的返回值。也可以像 Java 那样使用 return 来带回返回值，不过在 Scala 中这种做法并不常见。

函数定义举例如下：

```
def abs(x: Int) =if (x>=0) x else  -x
```

再给一个函数定义的例子:

```
def fac(n:Int) ={
  var r =1
  for(i <-1 to n) r =r * i
  r
}
```

上面这个函数的返回值为 r 的值。

调用函数的方式:

```
函数名(参数列表)
scala>def abs(x: Int) =if (x>=0) x else  -x     //定义函数
abs: (x: Int)Int

scala>abs(-2)                                    //调用函数求-2的绝对值
res12: Int =2
scala>def fac(n:Int) ={
     |  var r =1
     |  for(i <-1 to n) r =r * i
     | r
     | }
fac: (n: Int)Int

scala>fac(3)                                     //调用函数求 3 的阶乘
res13: Int =6
```

8.7.2 匿名函数

Scala 匿名函数是使用箭头"=>"定义的,箭头的左边是参数列表,箭头的右边是表达式,表达式的值即为匿名函数的返回值。

```
scala>def f1(a:Int,b:Int)={a+b}                  //声明一个普通函数
f1: (a: Int, b: Int)Int
scala>(a:Int,b:Int)=>{a+b}                       //声明一个匿名函数
res14: (Int, Int) =>Int =$$Lambda$858/371976262@503358e6
scala>((a:Int,b:Int)=>{a+b})(1,2)                //声明匿名函数并调用
res15: Int =3
scala>val f2=(a:Int,b:Int)=>{a+b}                //声明一个匿名函数并赋值给一个变量
f2: (Int, Int) =>Int =$$Lambda$861/1399992133@6c8f2e4e
scala>f2(1,2)                                    //调用匿名函数
res16: Int =3
```

8.7.3 高阶函数

高阶函数是指使用其他函数作为参数或者返回一个函数作为结果的函数。

```
scala>  def f3(a:Int,b:Int,f:(Int,Int)=>Int)={ f(a,b)}        //定义一个高阶函数
f3: (a: Int, b: Int, f: (Int, Int) =>Int)Int
scala>f3(2,3,(a:Int,b:Int)=>{a*b})                          //调用高阶函数
res17: Int =6
scala>f3(2,3,(a:Int,b:Int)=>{a+b})                          //调用高阶函数
res18: Int =5
```

8.8 Scala 类

Scala 是面向对象语言,其重要的两个概念是类和对象。在现实世界中,对象就是某种人们可以感知、触摸和操纵的有形的东西,对象代表现实世界中可以被明确辨识的实体,如一个人、一台电视机、一架飞机甚至一次会议都可以认为是一个对象。一个对象有独特的标识、状态和操作。

在 Scala 中,对象用类创建。类用来描述具有相同的属性和方法的对象的集合,它定义了每个对象所共有的属性和方法。

类与对象的关系:类是对象的抽象,而对象是类的具体实例,类的实例是对象;类是抽象的,不占用内存,而对象是具体的,占用存储空间;类是用于创建对象的模板,它定义对象的数据域和方法。

在 Scala 中,通过 class 关键字定义类,然后通过定义的类创建实例对象。下面定义一个 Point 类来计算二维坐标移动后的坐标,代码如下:

```
class Point(xc: Int, yc: Int) {
  var x: Int =xc                                            //定义可读写属性
  var y: Int =yc                                            //定义可读写属性
  def move(dx: Int, dy: Int) : Unit ={                      //定义方法
     x =x +dx
     y =y +dy
     println ("x 的坐标点: " +x);
     println ("y 的坐标点: " +y);
  }
}
```

从上述类的定义中可以看出:类的名称为 Point,包括两个数据属性 x 和 y,以及一个方法 move。Scala 的类定义可以有参数,称为类参数,如上面的 xc、yc、类参数在整个类中都可以访问。

Scala 有方法与函数,两者在语义上的区别很小。Scala 方法是类的一部分,而函数是一个对象可以赋值给一个变量。换句话来说在类中定义的函数即是方法。

接着可以使用 new 来实例化类,生成一个类对象,并访问类中的方法和变量。在 Scala 命令行执行":paste"进入粘贴模式,将 Point 类代码粘贴进去,然后实例化该类并调用类中的方法 move:

```
scala>:paste
//Entering paste mode (ctrl-D to finish)

class Point(xc: Int, yc: Int) {
   var x: Int =xc                                  //定义可读写属性
   var y: Int =yc                                  //定义可读写属性
   def move(dx: Int, dy: Int) : Unit ={          //定义方法
       x =x +dx
       y =y +dy
       println ("x 的坐标点: " +x);
       println ("y 的坐标点: " +y);
   }
}

//Exiting paste mode, now interpreting

defined class Point

scala>new Point(2,2).move(3,3)                  //生成一个类对象并调用该对象的方法
x 的坐标点: 5
y 的坐标点: 5
```

8.9 Scala 读写文件

在实际操作中,常常涉及文件的读写操作,但 Scala 没有内建的对写入文件的支持,要写入文本文件,可使用 Java 的 java.io.PrintWriter,下面给出写文件的示例。

```
scala>import java.io.PrintWriter
import java.io.PrintWriter
scala>val pw =new PrintWriter("D://shuju//file.txt")  //打开流
pw: java.io.PrintWriter =java.io.PrintWriter@4aed311e
scala>pw.write("Hello Scala! ")                        //写入内容
scala>pw.close                                         //关闭流
```

要读取文件内容,可以调用 scala.io.Source 对象的 getLines 方法:

```
scala>import scala.io.Source
import scala.io.Source
scala>val lines=Source.fromFile("D://shuju//myfile.txt").getLines()
lines: Iterator[String] =<iterator>
```

```
scala>for(line <-lines) println(line)                    //输出文件内容
江流宛转绕芳甸,月照花林皆似霰。
空里流霜不觉飞,汀上白沙看不见。
```

注意：getLines 方法返回的数据类型是 iterator,遍历过之后再读取读出的内容是空的,要想多次读取可将其转换成 List。

8.10　习题

1. Scala 中常量和变量的区别是什么?

2. 创建一个列表(1,7,9,8,0,3,5,4,6,2),将列表中每个元素乘以 10 后生成一个新的集合。

3. 编写函数实现：输入一个数字,如果是正数,则它的 signum 为 1;如果是负数,则它的 signum 为−1;如果是 0,则它的 signum 为 0。

4. “水仙花数”是指一个三位的十进制数,其各位数字立方和等于该数本身。例如 153 是一个“水仙花数”,因为 $153=1^3+5^3+3^3$,请用 Scala 编程求出所有水仙花数。

5. 设计一个三维向量类,并实现向量的加法、减法以及向量与标量的乘法运算。

第9章

Python 基础编程

Python 是从 ABC 语言发展而来的，是一种解释型、面向对象、动态数据类型的高级程序设计语言，具有丰富和强大的库。Python 常被昵称为胶水语言，能够把用其他语言制作的各种模块(尤其是 C/C++)很轻松地连接在一起。Python 语法简洁清晰，强制用空白符作为语句缩进。本章主要介绍 Python 代码编写方式、Python 基本数据类型、Python 中的数据输入和输出、Python 中文件的基本操作、选择结构、循环结构、函数和类。

9.1 Python 安装

打开 Python 官网，选中 Downloads 中的 Windows，单击 Windows，打开 Python 软件下载页面，根据自己的系统选择 32 位还是 64 位以及相应的版本号，下载扩展名为 exe 的可执行文件。

32 位和 64 位的版本安装起来没有区别，这里下载的是 Python 3.6 版本，双击打开后，进入 Python 安装界面，如图 9-1 所示，勾选 Add Python 3.6 to PATH 复选框，意思是把 Python 的安装路径添加到系统环境变量的 Path 变量中。

图 9-1 Python 安装界面

安装时不要选择默认，单击 Customize installation（自定义安装），进入下一个安装界面，在该界面所有选项全选。

再下一步，勾选第一项 Install for all users 复选框，单击 Browse 选择安装软件的目录，这里选择的是 D:\Python。

单击 Install 按钮开始安装，直到出现安装成功的界面，安装结束。

9.2 Python 代码编写方式

Python 语言包容万象，却又不失简洁，用起来非常灵活，具体怎么用取决于开发者的喜好、能力和要解决的任务。

9.2.1 用带图形界面的 Python Shell 编写交互式代码

在 Windows 下，安装好 Python 后，在开始菜单中，找到对应的图形界面格式的 IDLE (Python 3.6 64-bit)，如图 9-2 所示。

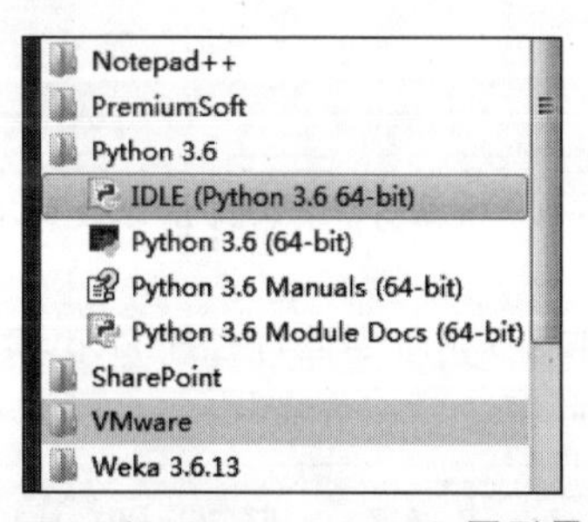

图 9-2　IDLE(Python 3.6 64-bit) 图形界面格式

打开后，IDLE 运行界面如图 9-3 所示。其中显示出 Python 版本信息和系统信息，接下来就是三个大于号>>>，在此一行行输入代码，按 Enter 键执行后就可以显示对应的执行结果了，执行命令后显示出 Python 的版本号。

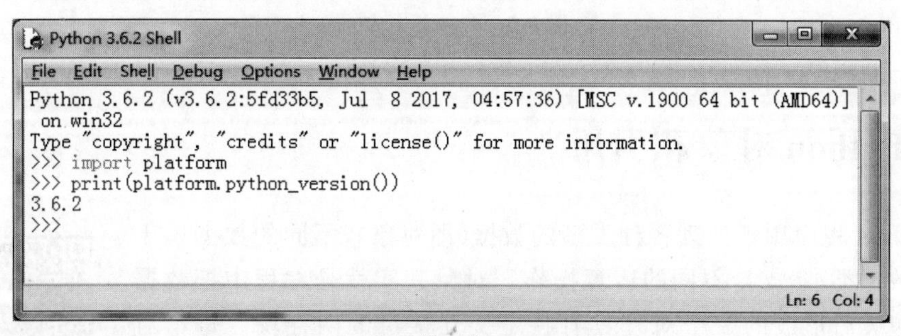

图 9-3　图形界面的 Python Shell

9.2.2 用带图形界面的 Python Shell 编写程序代码

交互式模式一般用来实现一些简单的业务逻辑，编写的通常都是单行 Python 语句，并通过交互式命令行运行它们。这对于学习 Python 命令以及使用内置函数虽然很有用,但当需要编写大量 Python 代码行时,就很烦琐了。因此,这就需要通过编写程序(也叫脚本)文件来避免烦琐。运行(或执行)Python 程序文件时,Python 依次执行文件中的每条语句。

在 IDLE 中编写、运行程序的步骤如下。

(1) 启动 IDLE。

(2) 选择 File→New File 命令创建一个程序文件,输入代码并保存为扩展名为 py 的文件 1.py,如图 9-4 所示。

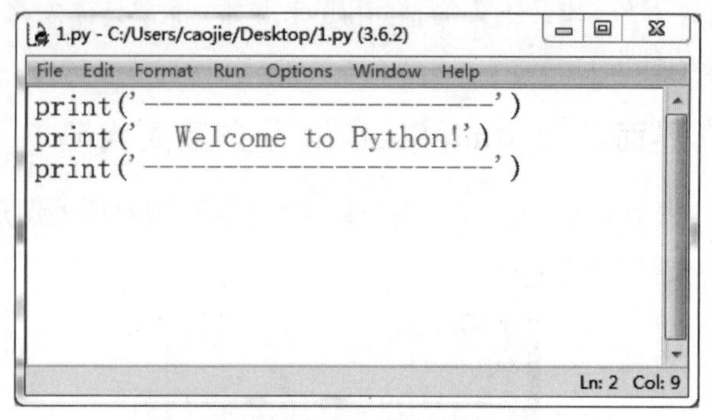

图 9-4 保存为扩展名为 py 的文件 1.py

(3) 选择 Run→Run Module F5 命令运行程序,1.py 运行结果如图 9-5 所示。

```
Python 3.6.2 Shell
File Edit Shell Debug Options Window Help
Python 3.6.2 (v3.6.2:5fd33b5, Jul  8 2017, 04:57:36) [MSC v.1900 64 bit (AMD64)] on win32
Type "copyright", "credits" or "license()" for more information.
>>>
================== RESTART: C:/Users/caojie/Desktop/1.py ==================
------------------------
  Welcome to Python!
------------------------
>>>
Ln: 8 Col: 4
```

图 9-5 1.py 运行结果

9.3 Python 对象和引用

Python 对象和引用

Python 程序用于处理各种类型的数据(即对象),不同的数据属于不同的数据类型,支持不同的运算操作。对象其实就是编程中把数据和功能包装后形成的一个对外具有特定交互接口的内存块。每个对象都有 3 个属性,分别是身份(identity)、类型(type)和值(value):身份,就是对象在内存中的地址,类型用于表示对象所属的数据类型(类),值就是对象所表示的数据。

9.3.1　对象的身份

用于唯一标识一个对象，通常对应于对象在内存中的存储位置。任何对象的身份都可以使用内置函数 id 来得到。

```
>>>a=123                        #123 创建了一个 int(整型)对象,并用 a 来代表
>>>id(a)                        #获取对象的身份
492688880                       #身份用这样一串数字表示
```

9.3.2　对象的类型

对象的类型决定了对象可以存储什么类型的值，有哪些属性和方法，可以进行哪些操作。可以使用内置函数 type 来查看对象的类型。

```
>>>type(a)                      #查看 a 的类型
<class 'int'>                   #类型为 int 类型
>>>type(type)
<class 'type'>                  #Python 中一切皆对象,type 也是一种特殊的类型对象
```

9.3.3　对象的值

对象所表示的数据，可使用内置函数 print 打印输出。

```
>>>print(a)
123
```

对象的 3 个特性（身份、类型和值）是在创建对象时设定的。如果对象支持更新操作，则它的值是可变的，否则为只读（数字、字符串、元组对象等均不可变）。只要对象还存在，这 3 个特性就一直存在。

9.3.4　对象的引用

在 Python 中，每个变量在使用前都必须被赋值，变量被赋值以后该变量才会被创建。在 Python 中，变量用一个变量名表示，变量名的命名规则如下。

（1）变量名只能是字母、数字或下画线的任意组合。

（2）变量名的第一个字符不能是数字。

（3）以下 Python 关键字不能声明为变量名：

```
    'and', 'as', 'assert', 'break', 'class', 'continue', 'def', 'del', 'elif',
    'else', 'except', 'exec', 'finally', 'for', 'from', 'global', 'if', 'import',
    'in', 'is', 'lambda', 'not', 'or', 'pass', 'print', 'raise', 'return', 'try',
    'while', 'with', 'yield'
>>>x='Python'
```

简单来看，上边的代码执行了以下操作。

（1）如果变量 x 不存在，上述代码创建了一个变量 x，x 是字符串对象'Python'的引

用,即变量 x 指向的对象的值为'Python'。一个 Python 对象就是位于计算机内存中的一个内存块,为了使用对象,必须通过赋值操作"="把对象赋值给一个变量(也称为把对象绑定到变量、变量成为对象的引用),这样便可通过该变量来操作内存块中的数据。

(2) 如果变量 x 存在,将变量 x 和字符串对象'Python'进行连接,变量 x 成为字符串对象'Python'的一个引用,变量可看作是指向对象的内存空间的一个指针。

注意:变量总是连接到对象,而不会连接到其他变量,Python 这样做涉及对象的一种优化方法,Python 缓存了某些不变的对象以便对其进行复用,而不是每次创建新的对象。

```
>>>6                          #字面量 6 创建了一个 int 类型的对象
6
>>>id(6)                      #获取对象 6 在内存中的地址
502843216
>>>a=6                        #a 成为对象 6 的一个引用
>>>b=6                        #b 成为对象 6 的一个引用
>>>id(a)
502843216
>>>id(b)
502843216                     #a 和 b 都指向了同一对象
```

9.4 Python 基本数据类型

Python 中,每个对象都有一个数据类型,数据类型定义为一个值的集合以及定义在这个值集上的一组运算操作。一个对象上可执行且只允许执行其对应数据类型所定义的操作。Python 中有 6 个标准的数据类型:number(数值)、string(字符串)、list(列表)、tuple(元组)、dictionary(字典)和 set(集合)。

9.4.1 数值数据类型

Python 包括 4 种内置的数值数据类型。

(1) int(整型)。用于表示整数,如 12。

(2) float(浮点型)。用于表示实数,如 3.14、2.5e2(2.5×10^2)。

(3) bool(布尔型)。布尔型对应两个布尔值:True 和 False,分别对应 1 和 0。

(4) complex(复数型)。在 Python 中,复数有两种表示方式:一种是 a+bj(a、b 为实数),另一种是 complex(a,b),例如 3+4j、1.5+0.5j、complex(2,3)都表示复数。

对于整数数据类型 int,其值的集合为所有的整数,支持的运算操作有+(加法)、-(减法)、*(乘法)、/(除法)、//(整除)、**(幂操作)和%(取余)等,举例如下:

```
>>>17 %3                      #取余
2
```

除了上述运算操作之外,还有一些常用的数学函数,如表 9-1 所示。

表 9-1　常用的数学函数

数学函数	描　　述
abs(x)	返回 x 的绝对值，如 abs(－10)返回 10
math.ceil(x)	返回数值 x 的上入整数，ceil()是不能直接访问的，需要导入 math 模块，即执行 import math，然后 math.ceil(4.2)返回 5
exp(x)	返回 e 的 x 次幂，即 e^x，如 math.exp(1)返回 2.718 281 828 459 045
math.floor(x)	返回数字 x 的下舍整数，math.floor(5.8)返回 5
math.log(x)	返回 x 的自然对数，math.log(8)返回 2.079 4415 416 798 357
math.log10(x)	返回以 10 为基数的 x 的对数，math.log10(100)返回 2.0
max(x,y,z,…)	返回给定参数序列的最大值
min(x,y,z,…)	返回给定参数序列的最小值
math.modf(x)	返回 x 的小数部分与整数部分组成的元组，它们的数值符号与 x 相同，整数部分以浮点型表示，如 math.modf(3.25)返回(0.25，3.0)
pow(x,y)	返回 x＊＊y 运算后的值，pow(2,3)返回 8
math.sqrt(x)	返回数字 x 的平方根，math.sqrt(4)返回 2.0
round(x[，n])	返回浮点数 x 的四舍五入值，如给出 n 值，则代表舍入到小数点后的位数，round(3.8267,2)返回 3.83

注意：

(1) Python 可以同时为多个变量赋值，如 a＝b＝c＝1。

(2) Python 可以同时为多个对象指定变量，如下面代码所示：

```
>>>a, b, c =1, 2, 3
```

9.4.2　字符串数据类型

Python 中的字符串属于不可变序列，是用单引号“'”、双引号“"”、三单引号“'''”或三双引号“"""”等界定符括起来的字符序列，在字符序列中可使用“\”转义特殊字符。Python 没有单独的字符类型，一个字符就是长度为 1 的字符串。下面是几个合法的字符串举例：'Hello World！'、"""nihao"""和"Python"。

1. 创建字符串

只要为变量分配一个用字符串界定符括起来的字符序列即可创建一个字符串。例如：

```
var1 ='Hello World!'
```

三引号允许一个字符串跨多行，字符串中可以包含换行符、制表符以及其他特殊字符。

2. 转义字符

如果要在字符串中包含" "，例如 learn "python" online，需要字符串外面用' '括起来。

```
>>>str1='learn "python" online '
>>>print(str1)
learn "python" online
```

如果要在字符串中既包含“'”又包含“"”,例如 he said "I'm hungry.",可在“'”和“"”前面各插入一个转义字符“\”不计入字符串的内容。

```
>>>str2='He said \" I\'m hungry.\"'
>>>print(str2)
He said " I'm hungry."
```

在字符串中需要使用特殊字符时,Python 用“\”转义特殊字符,如表 9-2 所示。

表 9-2 用“\”转义特殊字符

转义特殊字符	描述	转义特殊字符	描述
\在行尾时	续行符	\n	换行
\\	反斜杠符号	\v	纵向制表符
\'	单引号	\t	横向制表符
\"	双引号	\r	回车
\b	退格(Backspace)	\f	换页
\000	空		

```
>>>str_multi_line ="One swallow does \                    #“\”在行尾时,起续行符的作用
not make a summer."
>>>print(str_multi_line)
One swallow does not make a summer.
>>>str_n ="hello\nworld"                                  #用\n 换行显示
>>>print(str_n)
hello
world
```

3. 字符串运算符

对字符串进行操作的常用操作符如表 9-3 所示。

表 9-3 对字符串进行操作的常用操作符

操作符	描述
+	连接字符串
*	重复输出字符串
[]	通过索引获取字符串中的字符
[:]	截取字符串中的一部分

续表

操作符	描　述
in	成员运算符,如果字符串中包含给定的字符串,返回 True
not in	成员运算符,如果字符串中不包含给定的字符串,返回 True
r/R	原始字符串,在字符串的第一个引号前加上字母 r 或 R,字符串中的所有的字符直接按照字面的意思来使用,不再转义特殊或不能打印的字符
%	格式化字符串

```
>>>str1='Python'
>>>str2=' good'
>>>str3=str1+str2                #连接字符串
>>>print(str3)
Python good
```

Python 中的字符串有两种索引方式,从左往右以 0 开始,从右往左以－1 开始。

```
>>>print (str1[2:5])             #输出从第 3 个开始到第 5 个的字符
tho
>>>print (str1[0:-1])            #输出第 1 个到倒数第 2 个的所有字符
Pytho
>>>'y' in str1                   #测试一个字符串是否存在另一个字符串中
True
>>>str_r =r"First \              #使用 r 和 R 可以让字符串保持原貌,反斜杠不发生转义
catch your hare."
>>>print (str_r)
First \
catch your hare.
```

4. 字符串对象的常用方法

一旦创建字符串对象 str,可以使用字符串对象 str 的方法来操作字符串。字符串对象的常用方法如表 9-4 所示。

表 9-4　字符串对象的常用方法

方　法	描　述
str.center(width)	返回一个字符串对象 str 居中,并使用空格填充至长度 width 的新字符串
str.count(substr[, start[, end]])	在字符串 str 中统计子字符串 substr 出现的次数,如果不指定开始位置 start 和结束位置 end,表示从头统计到尾
str.endswith(obj[, start[, end]])	检查字符串是否以 obj 结束,如果 start(开始)或者 end(结束)的范围指定,则检查指定的范围内是否以 obj 结束,如果是,返回 True,否则返回 False

续表

方　法	描　述
str.find(substr [,start [, end]])	返回 substr 在 str 中指定范围(默认是整个字符串)第一次出现的第一个字母的标号,也就是说从左边算起的第一次出现的 substr 的首字母标号,如果 str 中没有 substr 则返回－1
str.format()	格式化字符串 str
str.index(substr [, start, [end]])	在字符串 str 中查找子串 substr 第一次出现的位置,与 find 方法不同的是,未找到则抛出异常
str.join(seq)	以 str 作为分隔符,将 seq 中所有的元素(以字符串表示)合并为一个新的字符串,如'-'.join(["b", "o", "o", "k"])返回'b-o-o-k'
str.ljust(width)	返回一个原字符串左对齐,并使用空格填充至长度 width 的新字符串,'book'.ljust(8)返回'book '
str.lstrip()	删除 str 左边的空格
str.maketrans(intab, outtab)	创建字符映射的转换表,对于接受两个参数的最简单的调用方式,第一个参数是字符串,表示需要转换的字符;第二个参数也是字符串,表示转换的目标。两个字符串的长度必须相同,为一一对应的关系
max(str)	返回字符串 str 中最大的字母
min(str)	返回字符串 str 中最小的字母
str.partition(str1)	根据指定的分隔符 str1 分割字符串 str,从 str1 出现的第一个位置起,把字符串 str 分成一个 3 元素的元组(str1 左边的子串, str1, str1 右边的子串)。如果 str 中不包含 str1,则 str1 左边的子串为 str,str1、str1 右边的子串都为空串,如'asdfdsa'.partition('fd'),返回('asd', 'fd', 'sa'),'asdfsa'.partition('fd')返回('asdfsa', '', '')
str.replace(oldstr, newstr [, count])	把 str 中的 oldstr 字符串替换成 newstr 字符串,如果指定了 count 参数,表示替换最多不超过 count 次;如果未指定 count 参数,表示全部替换
str.rfind(substr [,start [, end]])	类似于 str.find 方法,不过是从右边开始查找
str.rindex(substr [, start, [end]])	类似于 str.index,不过是从右边开始查找
str.rjust(width)	返回一个字符串 str 右对齐,并使用空格填充至长度 width 的新字符串
str.rpartition(str)	类似于 partition 函数,不过是从右边开始查找
str.rstrip()	删除 str 字符串末尾的空格
str.split(str1, num)	以字符串 str1 为分隔符(默认为所有的空字符,包括空格、换行(\n)、制表符(\t)等),对字符串 str 进行切片,如果 num 有指定值,则仅分隔 num 个子字符串,如'asdasdasd'.split('da')返回['as', 's', 'sd']

续表

方　法	描　述
str.splitlines([keepends])	按照换行符('\r', '\r\n', \n')分隔 str,返回一个包含各行作为元素的列表,如果参数 keepends 为 False,不包含换行符;如果为 True,则包含换行符
str.startswith(obj[, start[,end]])	检查字符串是否是以 obj 开头,是则返回 True,否则返回 False。如果 start 和 end 指定值,则在指定范围内检查
str.strip([chars])	去除字符串 str 开头和结尾的空白符,空白符包括\n、\t、\r 和“ ”等,带参数的 str.strip(chars)方法,表示去除字符串 str 开头和结尾指定的 chars 字符序列,只要有就删除
str.translate(str1[, del])	根据 str1 给出的翻译表(是通过 maketrans 方法转换而来)转换 str 的字符,del 为字符串中要过滤的字符列表
str.zfill(width)	返回长度为 width 的字符串,字符串 str 右对齐,前面填充 0

1) 字符串分割应用实例

str.split(s,num) [n]:按 s 中指定的分隔符(默认为所有的空字符,包括空格、换行符\n、制表符\t 等),将字符串 str 分裂成 num+1 个子字符串所组成的列表。列表是写在方括号[ ]之间、用逗号分隔开的元素序列。若带有[n],表示选取分割后的第 n 个分片,n 表示返回的列表中元素的下标,从 0 开始。如果字符串 str 中没有给定的分隔符,则把整个字符串作为列表的一个元素返回。默认情况下,使用空格作为分隔符,分隔后,空串会自动忽略。

```
>>>str='hello     world'
>>>str.split()
['hello', 'world']
>>>str ='www.baidu.com'
>>>str.split('.')[2]                        #选取分割后的第 2 片作为结果返回
'com'
>>>str.split('.')                           #无参数全部切割
['www', 'baidu', 'com']
>>>s="hello world!<[www.google.com]>byebye"
>>>s.split('[')[1].split(']')[0]            #分割两次分割出网址
'www.google.com'
```

str.partition(s):该方法用来根据指定的分隔符 s 将字符串 str 进行分割,返回一个包含 3 个元素的元组。元组是写在括号之间、用逗号分隔开的元素序列。如果未能在原字符串中找到 s,则元组的 3 个元素为原字符串、空串、空串;否则,从原字符串中遇到的第一个 s 字符开始拆分,元组的 3 个元素:s 之前的字符串,s 字符,s 之后的字符串。例如:

```
>>>str ="http://www.xinhuanet.com/"
>>>str.partition("://")
('http', '://', 'www.xinhuanet.com/')
```

2) 字符串映射应用实例

str.maketrans(instr, outstr)：用于创建字符映射的转换表(映射表)，第一个参数 instr 表示需要转换的字符串，第二个参数 outstr 表示要转换的目标字符串。两个字符串的长度必须相同，为一一对应关系。

str.translate(table)：使用 str.maketrans(instr, outstr)生成的映射表 table，对字符串 str 进行映射。

```
>>>table=str.maketrans('abcdef','123456')     #创建映射表
>>>table
{97: 49, 98: 50, 99: 51, 100: 52, 101: 53, 102: 54}
>>>s1='Python is a greate programming language.I like it.'
>>>s1.translate(table)                          #使用映射表 table 对字符串 s1 进行映射
'Python is 1 gr51t5 progr1mming l1ngu1g5.I lik5 it.'
```

5. 字符串常量

Python 标准库 string 中定义了数字、标点符号、英文字母、大写英文字母和小写英文字母等字符串常量。

```
>>>import string
>>>string.ascii_letters                         #所有英文字母
'abcdefghijklmnopqrstuvwxyzABCDEFGHIJKLMNOPQRSTUVWXYZ'
>>>string.ascii_lowercase                       #所有小写英文字母
'abcdefghijklmnopqrstuvwxyz'
>>>string.ascii_uppercase                       #所有大写英文字母
'ABCDEFGHIJKLMNOPQRSTUVWXYZ'
>>>string.digits                                #数字 0~9
'0123456789'
>>>string.hexdigits                             #十六进制数字
'0123456789abcdefABCDEF'
>>>string.octdigits                             #八进制数字
'01234567'
>>>string.punctuation                           #标点符号
'!"#$%&\'()*+,-./:;<=>?@[\\]^_`{|}~'
>>>string.printable                             #可打印字符
'0123456789abcdefghijklmnopqrstuvwxyzABCDEFGHIJKLMNOPQRSTUVWXYZ!"#$%&\'()*
+,-./:;<=>?@[\\]^_`{|}~\t\n\r\x0b\x0c'
>>>string.whitespace                            #空白字符
' \t\n\r\x0b\x0c'
```

注意：

(1) 字符串中反斜杠可以用来转义，在字符串前使用 r 可以让反斜杠不发生转义。

(2) Python 中的字符串有两种索引方式，从左往右以 0 开始，从右往左以－1 开始。

(3) Python 中的字符串不能改变，向一个索引位置赋值，比如 str1[0] = 'm'会导致错误。

9.4.3　列表数据类型

列表是写在方括号之间、用逗号分隔开的元素序列。列表的大小是可变的，它可以根据需求增加或减少列表的元素个数。列表中元素的数据类型可以不相同，列表中可以同时存在数字、字符串、元组、字典和集合等数据类型的对象，甚至可以包含列表(即嵌套)。下面几个都是合法的列表对象。

```
['Google', 'Baidu', 1997, 2008]、[1, 2, 3, 4, 5 ]、[123, ["das", "aaa"], 234]
```

1. 列表创建、删除

可以使用列表 list 的构造方法来创建列表，如下所示。

```
>>>list1 =list()                                    #创建空列表
>>>list2 =list ('chemistry')
>>>list2
['c', 'h', 'e', 'm', 'i', 's', 't', 'r', 'y']
```

也可以使用下面更简单的方法来创建列表，即使用"＝"直接将一个列表赋值给变量来创建一个列表对象。

```
>>>listb =[ 'good', 123, 2.2, 'best', 70.2 ]
```

2. 列表截取(也称为分片、切片)

可以使用下标操作符 list[index]访问列表 list 中下标为 index 的元素。列表下标是从 0 开始的，也就是说，下标的范围从 0 到 len(list)－1，len(list)获取列表 list 的长度。list[index]可以像变量一样使用。例如 list[2]＝list[0]＋list[1]，将 list[0]与 list[1]中的值相加并赋值给 list[2]。

Python 允许使用负数作为下标来引用相对于列表末端的位置，将列表长度和负数下标相加就可以得到实际的位置。

```
>>>list1=[1,2,3,4,5]
>>>list1[-1]
5
```

列表截取(也称为分片、切片)操作使用 list[start：end]返回列表 list 的一个片段。这个片段是从下标 start 到下标 end－1 的元素所构成的一个子列表。

起始下标 start 以 0 为从头开始，以－1 为从末尾开始。起始下标 start 和结尾下标 end 是可以省略的，在这种情况下，起始下标为 0，结尾下标是 len(list)。如果 start＞＝end，list[start：end]将返回一个空表。列表被截取后返回一个包含指定元素的新列表。

```
>>>list1 =[ 'good', 123, 2.2, 'best', 70.2 ]
>>>print (list1[1:3])                        #输出第 2 个和第 3 个元素
[123, 2.2]
```

```
>>>print(list1[2:])                              #输出从第 3 个元素开始的所有元素
[2.2, 'best', 70.2]
```

3. 修改列表

有时候可能要修改列表,如添加新元素、删除元素和改变元素的值。

```
>>>x =[1,1,3,4]
>>>x[1] =2                                       #将列表中第 2 个 1 改为 2
>>>y=x+ [5]                                      #为列表 x 添加一个元素 5,得到一个新列表
```

列表元素分段改变:

```
>>>name =list('Perl')
>>>name[1:] =list('ython')
>>>name
['P', 'y', 't', 'h', 'o', 'n']
>>>name[6:]=['P', 'y', 't', 'h', 'o', 'n']  #在列表末尾成段增加
>>>name
['P', 'y', 't', 'h', 'o', 'n', 'P', 'y', 't','h', 'o', 'n']
```

在列表中插入序列:

```
>>>number= [1,6]
>>>number[1:1]=[2,3,4,5]
>>>number
[1, 2, 3, 4, 5, 6]
```

在列表中删除元素:

```
>>>names =['one', 'two', 'three', 'four', 'five', 'six']
>>>del names[1]                                  #删除 names 的第 2 个元素
>>>names
['one', 'three', 'four', 'five', 'six']
>>>names[1:4]=[]                                 #删除 names 的第 2~4 个元素
>>>names
['one', 'six']
```

当不再使用列表时,可使用 del 命令删除整个列表:

```
>>>del names
```

4. 列表是一种序列类型

在 Python 中字符串、列表和后面要讲的元组都是序列类型。所谓序列,即成员有序排列,并且可以通过偏移量访问到它的一个或者几个成员。序列中的每个元素都被分配一个数字——它的位置,也称为索引,第一个索引是 0,第二个索引是 1,依次类推。序列可以进行的操作包括索引、切片、加、乘以及检查某个元素是否属于序列的成员。此外,

Python 已经内置确定序列的长度以及确定最大和最小元素的方法。序列的常用操作如表 9-5 所示。

表 9-5 序列的常用操作

操 作	描 述
x in s	如果元素 x 在序列 s 中则返回 True
x not in s	如果元素 x 不在序列 s 中则返回 True
s1+s2	连接两个序列 s1 和 s2,得到一个新序列
s * n, n * s	序列 s 复制 n 次得到一个新序列
s[i]	得到序列 s 的第 i 个元素
s[i: j]	得到序列 s 从下标 i 到 j−1 的片段
len(s)	返回序列 s 包含的元素个数
max(s)	返回序列 s 的最大元素
min(s)	返回序列 s 的最小元素
sum(x)	返回序列 s 中所有元素之和
<、<=、>、>=、==、!=	比较两个序列

5. 用于列表的一些常用函数

(1) reversed 函数：函数功能是反转一个序列对象,将其元素从后向前颠倒构建成一个迭代器。

```
>>>a=[9, 8, 7, 6, 5, 4, 3, 2, 1, 0]
>>>reversed(a)
<list_reverseiterator object at 0x0000000002F174E0>
>>>a
[9, 8, 7, 6, 5, 4, 3, 2, 1, 0]
>>>list(reversed(a))                    #将生成的迭代器对象列表化输出
[0, 1, 2, 3, 4, 5, 6, 7, 8, 9]
```

(2) sorted 函数：sorted(iterable[, key][, reverse])。返回一个排序后的新序列,不改变原始的序列。sorted 的第 1 个参数 iterable 是一个可迭代的对象,第 2 个参数 key 用来指定带一个参数的函数(只写函数名),此函数将在每个元素排序前被调用;第 3 个参数 reverse 用来指定排序方式(正序还是倒序)。

第 1 个参数是可迭代的对象：

```
>>>sorted([46, 15, -12, 9, -21,30])       #保留原列表
[-21, -12, 9, 15, 30, 46]
```

第 2 个参数 key 用来指定带一个参数的函数,此函数将在每个元素排序前被调用：

```
>>>sorted([46, 15, -12, 9, -21,30], key=abs)                    #按绝对值大小进行排序
[9, -12, 15, -21, 30, 46]
```

key指定的函数将作用于list的每一个元素上，并根据key指定的函数返回的结果进行排序。

第3个参数reverse用来指定正向还是反向排序。

要进行反向排序，可以传入第3个参数reverse=True：

```
>>>sorted(['bob', 'about', 'Zoo', 'Credit'])
['Credit', 'Zoo', 'about', 'bob']
>>>sorted(['bob', 'about', 'Zoo', 'Credit'], key=str.lower)   #按小写进行排序
['about', 'bob', 'Credit', 'Zoo']
>>>sorted(['bob', 'about', 'Zoo', 'Credit'], key=str.lower, reverse=True)
                                                               #按小写反向排序
['Zoo', 'Credit', 'bob', 'about']
```

(3) zip打包函数：zip([it0,it1…])。返回一个列表，其第一个元素是it0、it1…这些序列元素的第一个元素组成的一个元组，其他元素依次类推。若传入参数的长度不等，则返回列表的长度和参数中长度最短的对象相同。zip的返回值是可迭代对象，对其进行list可一次性显示出所有结果。

```
>>>a, b, c = [1,2,3], ['a','b','c'], [4,5,6,7,8]
>>>list(zip(a,b))
[(1, 'a'), (2, 'b'), (3, 'c')]
>>>list(zip(c,b))
[(4, 'a'), (5, 'b'), (6, 'c')]
>>>str1 = 'abc'
>>>str2 = '123'
>>>list(zip(str1,str2))
[('a', '1'), ('b', '2'), ('c', '3')]
```

(4) enumerate枚举函数：将一个可遍历的数据对象(如列表)组合成一个索引序列，序列中每个元素是由数据对象的元素下标和元素组成的元组。

```
>>>seasons = ['Spring', 'Summer', 'Fall', 'Winter']
>>>list(enumerate(seasons))
[(0, 'Spring'), (1, 'Summer'), (2, 'Fall'), (3, 'Winter')]
>>>list(enumerate(seasons, start=1))                    #将下标从1开始
[(1, 'Spring'), (2, 'Summer'), (3, 'Fall'), (4, 'Winter')]
```

(5) shuffle函数：random模块中的shuffle函数可实现随机排列列表中的元素。

```
>>>list1= [2,3,7,1,6,12]
>>>import random                                        #导入模块
>>>random.shuffle(list1)
>>>list1
```

```
[1, 2, 12, 3, 7, 6]
```

6. 列表对象的常用方法

一旦列表对象被创建，可以使用列表对象的方法来操作列表，列表对象的常用方法如表 9-6 所示。

表 9-6 列表对象的常用方法

方 法	描 述
list.append(x)	在列表 list 末尾添加新的对象 x
list.count(x)	返回 x 在列表 list 中出现的次数
list.extend(seq)	在列表 list 末尾一次性追加 seq 序列中的所有元素
list.index(x)	返回列表 list 中第一个值为 x 的元素的下标，若不存在抛出异常
list.insert(index,x)	在列表 list 中 index 位置处添加元素 x
list.pop([index])	删除并返回列表指定位置的元素，默认为最后一个元素
list.remove(x)	移除列表 list 中 x 的第一个匹配项
list.reverse()	反向列表 list 中的元素
list. sort(key = None, reverse=None)	对列表 list 进行排序，key 参数的值为一个函数，此函数只有一个参数且返回一个值，此函数将在每个元素排序前被调用，reverse 表示是否逆序
list.clear()	删除列表 list 中的所有元素，但保留列表对象
list.copy()	用于复制列表，返回复制后的新列表

```
>>>list1=[2, 3, 6, 7, 1, 56, 4, 7, 66, 88, 99]
>>>list1.pop(2)                                    #删除并返回列表 list1 中下标为 2 的元素
6
>>>list1
[2, 3, 7, 1, 56, 4, 7, 66, 88, 99]
>>>list1.pop()
99
```

7. 列表生成(推导)式

列表推导式是利用其他列表创建新列表的一种方法，格式如下：

```
[生成列表元素的表达式 for 表达式中的变量 in 变量要遍历的序列]
[生成列表元素的表达式 for 表达式中的变量 in 变量要遍历的序列 if 过滤条件]
```

注意：

(1) 要把生成列表元素的表达式放到前面，执行时，先执行后面的 for 循环。

(2) 可以有多个 for 循环，也可以在 for 循环后面添加 if 过滤条件。

(3) 变量要遍历的序列，可以是任何方式的迭代器(元组，列表，生成器…)。

```
>>>a =[1,2,3,4,5,6,7,8,9,10]
>>>[2*x for x in a]
[2, 4, 6, 8, 10, 12, 14, 16, 18, 20]
```

for 循环后面还可以加上 if 判断，例如，要取列表 a 中的偶数：

```
>>>[2*x for x in a if x%2 ==0]
[4, 8, 12, 16, 20]
```

9.4.4 元组数据类型

元组类型 tuple 是 Python 中另一个非常有用的内置数据类型。元组是写在括号之间、用逗号分隔开的元素序列，元组中的元素类型可以不相同。元组和列表的区别：元组的元素是不可变的，创建之后就不能改变其元素，这点与字符串是相同的；而列表是可变的，创建后允许修改、插入或删除其中的元素。下面几个都是合法的元组：('physics', 'chemistry',2000，2008)、(1，2，3，4，5)和("a"，"b"，"c"，"d")。

1. 访问元组

使用下标索引来访问元组中的值，实例如下：

```
>>>tuple1 =( 'hello', 18, 2.23, 'world', 2+4j)  #通过赋值操作创建一个元组
>>>print(tuple1[1:3])                           #输出从第 2 个元素和第 3 个元素
(18, 2.23)
>>>print (tuple2 * 3)                           #输出 3 次元组
('best', 16, 'best', 16, 'best', 16)
```

注意：构造包含 0 个或 1 个元素的元组比较特殊：

```
>>>tuple3 =()                                   #空元组
>>>tuple4 =(20, )                               #一个元素,需要在元素后添加逗号
```

任意无符号的对象，以逗号隔开，默认为元组，实例如下：

```
>>>A='a', 5.2e30, 8+6j, 'xyz'
>>>A
('a', 5.2e+30, (8+6j), 'xyz')
```

2. 修改元组

元组属于不可变序列，一旦创建，元组中的元素是不允许修改的，也无法增加或删除元素。因此，元组没有提供 append、extend、insert、remove 和 pop 方法，也不支持对元组元素进行 del 操作，但能用 del 命令删除整个元组。

因为元组不可变，所以代码更安全。如果可能，能用元组代替列表就尽量用元组。

元组中的元素值是不允许修改的，但可以对元组进行连接组合，得到一个新元组：

```
>>>tuple3 =tuple1 +tuple2                       #连接元组
```

```
>>>print(tuple3)
('hello', 18, 2.23, 'world', (2+4j), 'best', 16)
>>>del tuple3                                    #删除元组
```

虽然 tuple 的元素不可改变，但它可以包含可变的对象，如 list 列表，可改变元组中可变对象的值。

```
>>>tuple4 =('a', 'b', ['A', 'B'])
>>>tuple4[2][0] ='X'
>>>tuple4[2][1] ='Y'
>>>tuple4[2][2:]='Z'
>>>tuple4
('a', 'b', ['X', 'Y', 'Z'])
```

表面上看，tuple4 的元素确实变了，但其实变的不是 tuple4 的元素，而是 tuple4 中的列表的元素，tuple4 一开始指向的列表并没有改成别的列表。元组所谓的"不变"是说：元组的每个元素，指向永远不变，即指向'a'，就不能改成指向'b'，指向一个列表，就不能改成指向其他列表，但指向的这个列表本身是可变的。因此，要想创建一个内容也不变的元组，就必须保证元组的每一个元素本身也不能变。

3. 生成器推导式

```
>>>a =[1,2,3,4,5,6,7,8,9,10]
>>>b =(2 * x for x in a)                   #(2 * x for x in a)被称为生成器推导式
>>>b                                       #这里 b 是一个生成器对象，并不是元组
<generator object <genexpr>at 0x0000000002F3DBA0>
```

生成器是用来创建一个 Python 序列的一个对象。使用它可以迭代庞大序列，且不需要在内存创建和存储整个序列，这是因为它的工作方式是每次处理一个对象，而不是一口气处理和构造整个数据结构。在处理大量的数据时，最好考虑生成器表达式而不是列表推导式。每次迭代生成器时，它会记录上一次调用的位置，并且返回下一个值。

从形式上看，生成器推导式与列表推导式非常相似，只是生成器推导式使用括号而列表推导式使用方括号。与列表推导式不同的是，生成器推导式的结果是一个生成器对象，而不是元组。若想使用生成器对象中的元素时，可以通过 list 或 tuple 方法将其转换为列表或元组，然后使用列表或元组读取元素的方法来使用其中的元素。此外，也可以使用生成器对象的__next__()方法或者内置函数 next 进行遍历，或者直接将其作为迭代器对象来使用。但无论使用哪种方式遍历生成器的元素，当所有元素遍历完之后，如果需要重新访问其中的元素，必须重新创建该生成器对象。

```
>>>list(b)                              #将生成器对象转换为列表
[2, 4, 6, 8, 10, 12, 14, 16, 18, 20]
>>>list(b)                              #生成器对象已遍历结束，没有元素了
[]
>>>c =(x for x in range(11) if x%2==1)
```

```
>>>c.__next__()                       #使用生成器对象的__next__()方法获取元素
1
>>>c.__next__()
3
>>>next(c)                            #使用内置函数 next 获取生成器对象的元素
5
>>>[x for x in c]                     #使用列表推导式访问生成器对象剩余的元素
[7, 9]
```

9.4.5 字典数据类型

字典数据类型 dict 是 Python 中另一个非常有用的内置数据类型。列表是有序的对象集合,字典是无序的对象集合,字典当中的元素是通过键来存取的,而不是通过偏移存取。

字典是写在花括号之间、用逗号分隔开的"键(key):值(value)"对集合。键必须使用不可变类型,如整型、浮点型、复数型、布尔型、字符串和元组等,但不能使用诸如列表、字典、集合或其他可变类型作为字典的键。在同一个字典中,键必须是唯一的,但值是可以重复的。

1. 创建字典

使用赋值运算符将使用花括号括起来的"键:值"对(这种写法与前面"键-值"对不一样,与程序中保持一致)赋值给一个变量即可创建一个字典变量。

```
>>>dict1 ={'Alice': '2341', 'Beth': '9102', 'Cecil': '3258'}
>>>dict1['Jack'] ='1234'              #为字典添加元素
>>>print(dict1)                       #输出完整的字典
{'Alice': '2341', 'Beth': '9102', 'Cecil': '3258', 'Jack': '1234'}
```

可以使用字典的构造方法 dict,利用二元组序列构建字典:

```
>>>items=[('one',1),('two',2),('three',3),('four',4)]
>>>dict2 =dict(items)
>>>print(dict2)
{'one': 1, 'two': 2, 'three': 3, 'four': 4}
```

可以通过关键字创建字典:

```
>>>dict3 =dict(one=1,two=2,three=3)
>>>print(dict3)
{'one': 1, 'two': 2, 'three': 3}
```

使用 zip 创建字典:

```
>>>key ='abcde'
>>>value =range(1, 6)
>>>dict(zip(key, value))
```

```
{'a': 1, 'b': 2, 'c': 3, 'd': 4, 'e': 5}
```

可以用字典类型 dict 的 fromkeys(iterable[,value=None])方法创建一个新字典,并以可迭代对象 iterable(如字符串、列表、元祖和字典)中的元素分别作为字典中的键,value 为字典所有键对应的值,默认为 None。

```
>>>iterable1 ="abcdef"                          #创建一个字符串
>>>v1 =dict.fromkeys(iterable1, '字符串')
>>>v1
{'a': '字符串', 'b': '字符串', 'c': '字符串', 'd': '字符串', 'e': '字符串', 'f': '字符串'}
>>>iterable2 =[1,2,3,4,5,6]                     #列表
>>>v2 =dict.fromkeys(iterable2,'列表')
>>>v2
{1: '列表', 2: '列表', 3: '列表', 4: '列表', 5: '列表', 6: '列表'}
>>>iterable3 ={1:'one', 2:'two', 3:'three'}  #字典
>>>v3 =dict.fromkeys(iterable3, '字典')
>>>v3
{1: '字典', 2: '字典', 3: '字典'}
```

2. 访问字典里的值

通过"字典变量[key]"的方法返回键 key 对应的值 value:

```
>>>print (dict1['Beth'])                        #输出键为'Beth'的值
9102
>>>print (dict1.values())                       #输出字典的所有值
dict_values(['2341', '9102', '3258', '1234'])
>>>print(dict1.keys())                          #输出字典的所有键
dict_keys(['Alice', 'Beth', 'Cecil', 'Jack'])
>>>dict1.items()                                #返回字典的所有元素
dict_items([('Alice', '2341'), ('Beth', '9102'), ('Cecil', '3258'), ('Jack', '1234')])
```

使用字典对象的 get 方法返回键 key 对应的值 value:

```
>>>dict1.get('Alice')
'2341'
```

3. 字典元素添加、修改与删除

向字典添加新元素的方法是增加新的"键:值"对:

```
>>>school={'class1': 60, 'class2': 56, 'class3': 68, 'class4': 48}
>>>school['class5']=70                          #添加新的元素
>>>school
{'class1': 60, 'class2': 56, 'class3': 68, 'class4': 48, 'class5': 70}
```

```
>>>school['class1']=62                        #更新键 class1 所对应的值
>>>school
{'class1': 62, 'class2': 56, 'class3': 68, 'class4': 48, 'class5': 70}
```

由上可知,当以指定键为索引为字典元素赋值时,有两种含义:①若该键不存在,则表示为字典添加一个新元素,即一个"键:值"对;②若该键存在,则表示修改该键所对应的值。

此外,使用字典对象的 update 方法可以将另一个字典的元素一次性全部添加到当前字典对象中,如果两个字典中存在相同的键,则只保留另一个字典中的"键-值"对:

```
>>>school1={'class1': 62, 'class2': 56, 'class3': 68, 'class4': 48, 'class5': 70}
>>>school2={ 'class5': 78,'class6': 38}
>>>school1.update(school2)
>>>school1                   #'class5'所对应的值取 school2 中'class5'所对应的值 78
{'class1': 62, 'class2': 56, 'class3': 68, 'class4': 48, 'class5': 78, 'class6':
38}
```

使用 del 命令可以删除字典中指定的元素,也可以删除整个字典:

```
>>>del school2['class5']                      #删除字典元素
>>>school2
{'class6': 38}
>>>del school2                                #删除整个字典
>>>school2                                    #字典对象删除后不再存在
Traceback (most recent call last):
  File "<pyshell                              #39>", line 1, in <module>
    school2
NameError: name 'school2' is not defined
```

可以使用字典对象的 pop 方法删除指定键的字典元素并返回该键所对应的值:

```
>>>dict2 ={'one': 1, 'two': 2, 'three': 3, 'four': 4}
>>>dict2.pop('four')
4
>>>dict2
{'one': 1, 'two': 2, 'three': 3}
```

可以利用字典对象的 clear 方法删除字典内所有元素:

```
>>>school1.clear()
>>>school1
{}
```

4. 字典对象的常用方法

一旦字典对象被创建,可以使用字典对象的方法来操作字典,字典对象的常用方法如表 9-7 所示,其中 dict1 是一个字典对象。

表 9-7　字典对象的常用方法

方　法	描　述
dict1.clear()	删除字典内所有元素,没有返回值
dict1.copy()	返回一个字典的浅复制,即复制时只会复制父对象,而不会复制对象的内部的子对象,复制后对原 dict 的内部的子对象进行操作时,浅复制 dict 会受操作影响而变化
dict1. fromkeys (seq [, value]))	创建一个新字典,以序列 seq 中元素作为字典的键,value 为字典所有键对应的初始值
dict1.get(key)	返回指定键 key 对应的值
dict1.items()	返回字典的"键-值"对所组成的(键, 值)元组列表
dict1.keys()	以列表返回一个字典所有的键
dict1.update(dict2)	把字典 dict2 的"键-值"对更新到 dict1 里
dict1.values()	以列表形式返回字典中的所有值
dict1.pop(key)	删除键 key 所对应的字典元素,返回 key 所对应的值
dict1.popitem()	随机返回并删除字典中的一个"键-值"对(一般删除末尾对)

```
>>>dict5 ={'Spring': '春', 'Summer': '夏', 'Autumn': '秋', 'Winter': '冬'}
>>>dict5.items()
dict_items([('Spring', '春'), ('Summer', '夏'), ('Autumn', '秋'), ('Winter', '冬')])
>>>for key,values in dict5.items():               #遍历字典
    print(key,values)

Spring 春
Summer 夏
Autumn 秋
Winter 冬
>>>for item in dict5.items():                     #遍历字典列表
    print(item)

('Spring', '春')
('Summer', '夏')
('Autumn', '秋')
('Winter', '冬')
```

此外,处理字典的常用内置函数如表 9-8 所示。

表 9-8　处理字典的常用内置函数

内置函数	描　述
key in dict1	如果键在字典 dict1 里返回 True,否则返回 False
len(dict)	计算字典元素个数
str(dict)	输出字典可打印的字符串表示

5. 字典推导(生成)式

字典推导和列表推导的使用方法是类似的，只不过是把方括号改成花括号。

```
>>>dict6 ={'physics': 1, 'chemistry': 2, 'biology': 3, 'history': 4}
#把 dict6 的每个元素键的首字母大写、键的值变为原来的 2 倍
>>>dict7 ={ key.capitalize(): value * 2 for key,value in dict6.items() }
>>>dict7
{'Physics': 2, 'Chemistry': 4, 'Biology': 6, 'History': 8}
```

9.4.6 集合数据类型

集合是无序可变序列，使用一对花括号作为界定符，元素之间使用逗号分隔，集合中的元素互不相同。集合的基本功能是进行成员关系测试和删除重复元素。集合中的元素可以是不同的类型(例如数字、元组和字符串等)。但是，集合不能有可变元素(例如列表、集合或字典)。

1. 创建集合

使用赋值操作直接将一个集合赋值给变量来创建一个集合对象：

```
>>>student ={'Tom', 'Jim', 'Mary', 'Tom', 'Jack', 'Rose'}
```

也可以使用 set 函数将列表、元组等其他可迭代对象转换为集合，如果原来的数据中存在重复元素，则在转换为集合时只保留一个。

```
>>>set1 =set('cheeseshop')
>>>set1
{'s', 'o', 'p', 'c', 'e', 'h'}
```

注意：创建一个空集合必须用 set()而不是{ }，因为{ }是用来创建一个空字典。

2. 添加集合元素

虽然集合中不能有可变元素，但是集合本身是可变的。也就是说，可以添加或删除其中的元素。可以使用集合对象的 add 方法添加单个元素，使用 update 方法添加多个元素，update 可以使用元组、列表、字符串或其他集合作为参数。

```
>>>set3 ={'a', 'b'}
>>>set3.add('c')                                  #添加一个元素
>>>set3.update(['d', 'e', 'f'])                   #添加多个元素
>>>set3.update(['o', 'p'], {'l', 'm', 'n'})      #添加列表和集合
>>>set3
{'l', 'a', 'f', 'o', 'p', 'b', 'm', 'd', 'c', 'e', 'n'}
```

3. 删除集合中的元素

可以使用集合对象的 discard 和 remove 方法删除集合中特定的元素。两者之间唯

一的区别在于：如果集合中不存在指定的元素，使用 discard 方法，集合保持不变；但在这种情况下，使用 remove 会引发 KeyError。集合对象的 pop 方法是从左边删除集合中的元素并返回删除的元素。集合对象的 clear 方法用于删除集合的所有元素。

4. 集合运算

Python 集合支持交集、并集、差集和对称差集等运算，如下所示：

```
>>>A={1,2,3,4,6,7,8}
>>>B={0,3,4,5}
```

交集：两个集合 A 和 B 的交集是由所有既属于 A 又属于 B 的元素所组成的集合，使用“&”操作符执行交集操作，也可使用集合对象的方法 intersection()完成。例如：

```
>>>A&B                                    #求集合 A 和 B 的交集
{3, 4}
>>>A.intersection(B)
{3, 4}
```

并集：两个集合 A 和 B 的并集是由这两个集合的所有元素构成的集合，使用操作符“|”执行并集操作，也可使用集合对象的方法 union 完成。

差集：集合 A 与集合 B 的差集是所有属于 A 且不属于 B 的元素构成的集合，使用操作符“_”执行差集操作，也可使用集合对象的方法 difference 完成。

对称差：集合 A 与集合 B 的对称差集是由只属于其中一个集合，而不属于另一个集合的元素组成的集合，使用“^”操作符执行对称差集操作，也可使用集合对象的方法 symmetric_difference 完成。

子集：由某个集合中一部分元素所组成的集合，使用操作符“<”判断“<”左边的集合是否是“<”右边的集合的子集，也可使用集合对象的方法 issubset 完成。例如：

```
>>>C={1,3,4}
>>>C <A                                   #C 集合是 A 集合的子集,返回 True
True
>>>C.issubset(A)
True
```

5. 集合推导式

集合推导式跟列表推导式差不多，跟列表推导式的区别在于：不使用方括号，使用花括号；结果中无重复。

```
>>>a =[1, 2, 3, 4, 5]
>>>squared ={i * * 2 for i in a}
>>>print(squared)
{1, 4, 9, 16, 25}
```

9.4.7 Python 数据类型之间的转换

有时候,需要转换数据的类型,数据类型的转换是通过将新数据类型作为函数名来实现的,数据类型之间的转换如表 9-9 所示。表 9-9 中的内置函数可以执行数据类型之间的转换,返回一个新的数据类型对象。

表 9-9 数据类型之间的转换

函 数	描 述
int(x [,base])	将 x 转换为一个整数
float(x)	将 x 转换为一个浮点数
complex(real[,imag])	创建一个复数
str(x)	将对象 x 转换为字符串
eval(str)	将字符串 str 当成有效的表达式来求值并返回计算结果
tuple(s)	将序列 s 转换为一个元组
list(s)	将序列 s 转换为一个列表
set(s)	将序列 s 转换为可变集合
dict(d)	创建一个字典,d 必须是一个序列 (key,value)元组
frozenset(s)	转换为不可变集合
chr(x)	将一个整数 x 转换为一个字符
unichr(x)	将一个整数转换为 Unicode 字符
ord(x)	将一个字符转换为它的整数值
hex(x)	将一个整数转换为一个十六进制字符串
oct(x)	将一个整数转换为一个八进制字符串

9.5 Python 中的数据输入

Python 程序通常包括输入和输出,以实现程序与外部世界的交互,程序通过输入接收待处理的数据,然后执行相应的处理,最后通过输出返回处理的结果。

Python 内置了输入函数 input 和输出函数 print,使用它们可以使程序与用户进行交互。input 函数从标准输入读入一行文本,默认的标准输入是键盘。input 函数无论接收何种输入,都会被存为字符串。

```
>>>input()                    #input 函数执行后,等待任意字符的输入,按 Enter 键结束输入
hello
'hello'
>>>name =input("请输入:")     #将输入的内容作为字符串赋值给 name 变量
请输入:zhangsan               #"请输入:"为输入提示信息
```

```
>>>type(name)
<class 'str'>                    #显示 name 的类型为字符串 str
```

input 函数结合 eval 函数可同时接受多个数据输入，多个输入之间的间隔符必须是逗号：

```
>>>a, b, c=eval(input())
1,2,3
>>>print(a,b,c)
1 2 3
```

9.6 Python 中的数据输出

Python 有 3 种输出值的方式：表达式语句、print 函数和字符串对象的 format 方法。

9.6.1 表达式语句输出

Python 中表达式的值可直接输出：

```
>>>"Hello World"
'Hello World'
```

9.6.2 print 函数输出

print 函数输出

print 函数的语法格式：

```
print([object1,…], sep="", end='\n', file=sys.stdout)
```

参数说明如下。

(1) [object1,…]待输出的对象，可以一次输出多个对象，输出多个对象时，需要用逗号分隔，会依次打印每个 object，遇到逗号会输出一个空格。举例如下：

```
>>>a1, a2, a3="aaa", "bbb", "ccc"
>>>print(a1,a2,a3)
aaa bbb ccc
```

(2) sep=""用来间隔多个对象，默认值是一个空格，还可以设置成其他字符。

```
>>>print(a1, a2, a3, sep="***")
aaa***bbb***ccc
```

(3) end="\n"参数用来设定以什么结尾，默认值是换行符，也可以换成其他字符串，用这个选项可以实现不换行输出，如使用 end=" "：

```
a1, a2, a3="aaa", "bbb", "ccc"
print(a1, end="@")
print(a2, end="@")
```

```
print(a3)
```

上述代码作为一个程序文件执行,得到的输出结果如下:

```
aaa@bbb@ccc
```

(4) 参数 file 用来设置把 print 函数输出的值打印到什么地方,可以是默认的系统输出 sys.stdout,即默认输出到终端;也可以设置成"file=文件",即把内容存到该文件中。例如:

```
>>>f =open(r'a.txt', 'w')
>>>print('python is good', file=f)
>>>f.close()
```

则把 python is good 保存到 a.txt 文件中。

print 函数可使用一个字符串模板进行格式化输出,模板中有格式符,这些格式符为真实值输出预留位置,并指定真实值输出的数据格式(类型)。Python 用一个元组将多个值传递给模板,每个值对应一个格式符。

例如下面的例子:

```
>>>print("%s speak plainer than %s." %('Facts', 'words'))
Facts speak plainer than words.          #事实胜于雄辩
```

上面的例子中,"%s speak plainer than %s."为格式化输出时的字符串模板。%s 为一个格式符,数据输出的格式为字符串类型。('Facts', 'words')的两个元素'Facts'和'words'分别传递给第一个%s 和第二个%s 进行输出。

在模板和元组之间,有一个%号分隔,它表示格式化操作。

整个"%s speak plainer than %s." % ('Facts', 'words')实际上构成一个字符串表达式,可以像一个正常的字符串那样,将它赋值给某个变量:

```
>>>a ="%s speak plainer than %s." %('Facts', 'words')
>>>print(a)
Facts speak plainer than words.
>>>print('指定总宽度和小数位数|%8.2f|' %(123))
指定总宽度和小数位数|  123.00|
```

还可以对格式符进行命名,用字典来传递真实值:

```
>>>print("I'm %(name)s. I'm %(age)d years old." %{'name':'Mary', 'age':18})
I'm Mary. I'm 18 years old.
>>>print("%(What)s is %(year)d." %{"What":"This year","year":2017})
This year is 2017.
```

可以看到,对两个格式符进行了命名,命名使用括号括起来,每个命名对应字典的一个键。当格式字符串中含有多个格式字符时,使用字典来传递真实值,可避免为格式符传错值。

Python 支持的格式字符如表 9-10 所示。

表 9-10　格式字符

格式字符	描　　述	格式字符	描　　述
%s	字符串	%e	指数（基底写为 e）
%c	单个字符	%f	浮点数
%b	二进制整数	%%	字符"%"
%d	十进制整数		

9.6.3　字符串对象的 format 方法的格式化输出

str.format 格式化输出使用花括号来包围 str 中被替换的字段，也就是待替换的字符串。而未被花括号包围的字符会原封不动地出现在输出结果中。

字符串对象的 format 方法的格式化输出

1. 使用位置索引

以下两种写法是等价的：

```
>>>"Hello, {} and {}!".format("John", "Mary")          #不设置指定位置,按默认顺序
'Hello, John and Mary!'
>>>"Hello, {0} and {1}!".format("John", "Mary")        #设置指定位置
'Hello, John and Mary!'
```

2. 使用关键字索引

除了通过位置来指定待输出的目标字符串的索引，还可以通过关键字来指定待输出的目标字符串的索引。

```
>>>"Hello, {boy} and {girl}!".format(boy="John", girl="Mary")
'Hello, John and Mary!'
>>>print("{a}{b}".format(b="3", a="Python"))            #输出 Python3
Python3
```

使用关键字索引时，无须关心参数的位置。在以后的代码维护中，能够快速地修改对应的参数，而不用对照字符串挨个去寻找相应的参数。然而，如果字符串本身含有花括号，则需要将其重复两次来转义。例如，字符串本身含有“{”，为了让 Python 知道这是一个普通字符，而不是用于包围替换字段的花括号，只需将它改写成“{{”即可。

```
>>>"{{Hello}}, {boy} and {girl}!".format(boy="John", girl="Mary")
'{Hello}, John and Mary!'
```

3. 使用下标索引

```
>>>coord = (3, 5, 7)
```

```
>>>'X: {0[0]};  Y: {0[1]}; Z: {0[2]}'.format(coord)
'X: 3;  Y: 5; Z: 7'
```

9.7 Python 中文件的基本操作

文件可以看作是数据的集合,一般保存在磁盘或其他存储介质上。内置函数 open 用于打开或创建文件对象,其语法格式如下:

```
f =open(filename[, mode[, buffering]])
```

返回一个文件对象,方法中的参数说明如下。

filename:要打开或创建的文件名称,是一个字符串,如果不在当前路径,需要指出具体路径。

mode:是打开文件的方式,打开文件的主要方式如表 9-11 所示。

表 9-11 打开文件的主要方式

方式	描 述
'r'	以只读方式打开文件
'w'	打开一个文件只用于写入,如果该文件已存在,则将其覆盖;如果该文件不存在,则创建新文件
'a'	打开一个文件用于追加,如果该文件已存在,文件指针将会放在文件的结尾。也就是说,新的内容将会被写入到已有内容之后。如果该文件不存在,创建新文件进行写入
rb	以二进制格式打开一个文件用于只读,文件指针将会放在文件的开头
r+	打开一个文件用于读写,文件指针将会放在文件的开头
w+	打开一个文件用于读写,如果该文件已存在则将其覆盖;如果该文件不存在,创建新文件
a+	打开一个文件用于读写,文件打开时是追加模式。如果该文件已存在,文件指针将会放在文件的结尾;如果该文件不存在,创建新文件用于读写

mode 参数是可选的,如果没有默认是 r。

buffering:表示是否使用缓存,设置为 0 表示不缓存,设置为 1 表示缓存,设置大于 1 的数表示缓存大小,默认是缓存模式。

通过内置函数 open 打开或创建文件对象后,可通过文件对象的方法 write 或 writelines 将字符串写入到文本文件;可通过文件对象的方法 read 或 readline 读取文本文件的内容;文件读写完成后,应该使用文件对象的 close 方法关闭文件。

f.write(str):把字符串 str 写到 f 所指向的文件中,但 write 方法不会在 str 写入后加上换行符。

f.writelines(seq):把 seq 的内容全部写到文件 f 中(多行一次性写入),不会在每行后面加上任何东西,包括换行符。

f.read([size]):从 f 文件当前位置起读取 size 字节,若无参数 size,则表示读取至文件结束为止。

f.readline()：从 f 中读出一行内容，返回一个字符串对象。

f.readlines([size])：读取文件 size 行，保存在一个列表变量中，每行作为一个元素。size 未指定则返回全部行。

f.close()：刷新缓冲区里还没写入的信息，并关闭该文件。

9.8 选择结构

选择结构通过判断某些特定条件是否满足来决定下一步执行哪些语句。Python 选择结构有多种：单向 if 语句、双向 if…else 语句、嵌套 if 语句、多向 if…elif…elif…else 语句以及条件表达式。

9.8.1 选择语句

单向 if 语句的语法格式如下：

```
if 布尔表达式:
  语句块
```

if 语句的流程图如图 9-6 所示。

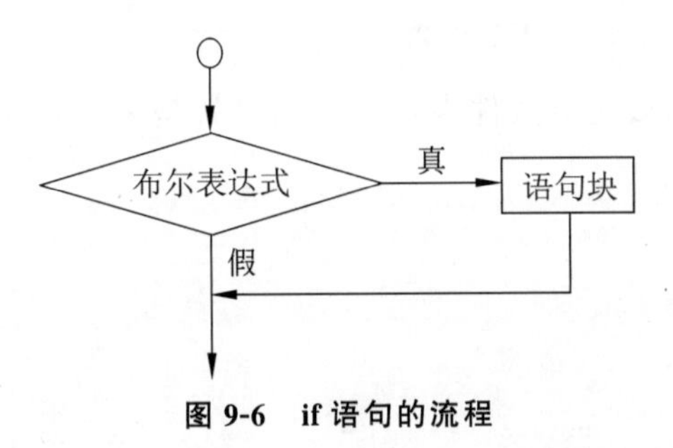

图 9-6 if 语句的流程

布尔表达式是由关系运算符和逻辑运算符按一定的语法规则组成的式子，上面的单向 if 语句的语句块只有当布尔表达式的值为真，即非零时，才会被执行；否则，程序就会直接跳过这个语句块，去执行紧跟在这个语句块之后的语句。

双向 if…else 语句的语法格式如下：

```
if 布尔表达式:
    语句块 1
else:
    语句块 2
```

对于双向 if…else 语句，当布尔表达式为真时，执行语句块 1；当布尔表达式为假时，执行语句块 2。

多向 if…elif…elif…else 语句用于对多个条件进行判断，并执行最先满足条件的语句块，else 语句表示所有条件都不成立时执行。

【例 9-1】 利用多分支选择结构将成绩从百分制变换到等级制。

代码实现如下：

```
score=float(input('请输入一个分数:'))
if score>=90.0:
    grade='A'
elif score>=80.0:
    grade='B'
elif score>=70.0:
    grade='C'
elif score>=60.0:
    grade='D'
else:
    grade='F'
print(grade)
```

9.8.2 条件表达式

条件表达式的语法结构如下：

```
表达式 1 if 布尔表达式 else 表达式 2
```

如果布尔表达式为真,那么这个条件表达式的结果就是表达式 1;否则,这个结果就是表达式 2。

```
>>>x=2
>>>y=1 if x>0 else -1
>>>print(y)
1
```

9.9 循环结构

Python 语言提供了两种类型的循环语句,分别是 while 循环语句和 for 循环语句。

9.9.1 while 循环

while 语句用于在某条件下循环执行某段程序,以处理需要重复处理的任务。while 语句的语法格式如下：

```
while 循环继续条件:
    循环体
```

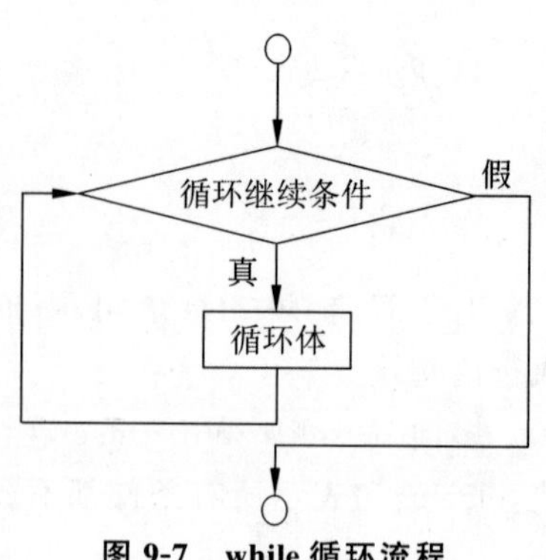

图 9-7 while 循环流程

while 循环流程如图 9-7 所示。循环体可以是一个单一的语句或一组具有统一缩进的语句。每个循环都包含一个循环继续条件,即控制循环执行的布尔表达式,每次都计算该布尔表达式的值,如果它的计算结果为真,则执行循环体;否则,终止整个循环并将程序控制权转移到 while 循环后的语句。

【例 9-2】 计算 1＋2＋3＋…＋100。

实现 1＋2＋3＋…＋100 的 Python 代码如下:

```
n=100
sum =0                                                    #定义变量 sum 的初始值为 0
i =1                                                      #定义变量 i 的初始值为 1
while i <=n:
    sum =sum +i
    i =i+1
print("1 到 %d 之和为: %d" %(n,sum))
```

9.9.2 for 循环

for 循环是一种遍历型的循环,因为它会依次对某个序列中全体元素进行遍历,遍历完所有元素之后便终止循环。for 循环的语法格式如下:

```
for 控制变量 in 可遍历序列:
    循环体
```

这里的关键字 in 是 for 循环的组成部分,而非运算符 in。可遍历序列被遍历处理,每次循环时,都会将控制变量设置为可遍历序列的当前元素,然后执行循环体。当可遍历序列中的元素被遍历一遍后,退出循环。for 语句的示意图如图 9-8 所示。

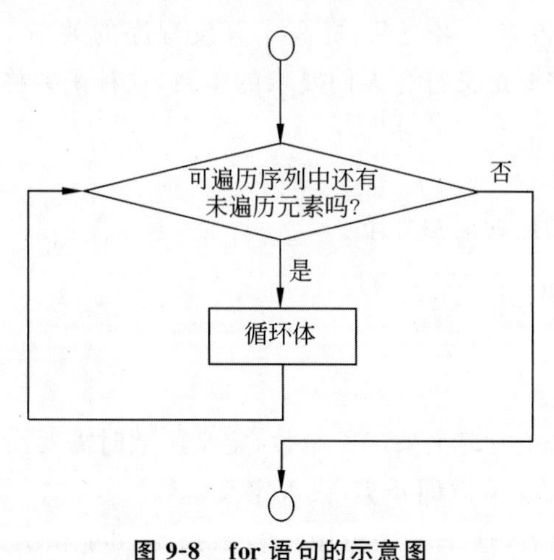

图 9-8　for 语句的示意图

【例 9-3】 遍历元组。

```
test_tuple =[("a",1),("b",2),("c",3),("d",4)]
print("准备遍历的元组列表:", test_tuple)
print('遍历列表中的每一个元组')
```

```
for (i, j) in test_tuple:
  print(i, j)
```

上述程序代码在 IDLE 中运行的结果如下：

```
准备遍历的元组列表：[('a', 1), ('b', 2), ('c', 3), ('d', 4)]
遍历列表中的每一个元组
a 1
b 2
c 3
d 4
```

9.9.3 循环中的 break、continue 和 else

break 语句和 continue 语句提供了另一种控制循环的方式。break 语句用来终止循环语句，即循环条件没有 False 或者序列还没被完全遍历完，也会停止执行循环语句。如果使用嵌套循环，break 语句将停止执行最深层的循环，并开始执行下一行代码。continue 语句终止当前迭代而进行循环的下一次迭代。Python 的循环语句可以带有 else 子句，else 子句在序列遍历结束(for 语句)或循环条件为假(while 语句)时执行，但循环被 break 终止时不执行。

9.10 函数

函数是组织好的、可重复使用的，用来实现单一或相关联功能的代码段。Python 内置函数可给人们的编程带来很多便利，提高了开发程序的效率。除了使用 Python 内置函数，也可以根据实际需要定义符合人们要求的函数，这种函数称为用户自定义函数。

9.10.1 定义函数

在 Python 中定义函数的语法如下：

```
def 函数名([参数列表]):
    '''注释'''
    函数体
```

在 Python 中使用 def 关键字来定义函数，定义函数时需要注意以下 6 个事项。

(1) 函数代码块以 def 关键词开头，代表定义函数。

(2) def 之后是函数名，这个名字由用户自己指定，def 和函数名中间至少要有一个空格。

(3) 函数名后跟括号，括号后要加冒号。括号内用于定义函数参数，称为形式参数，简称形参，参数是可选的，函数可以没有参数。如果有多个参数，参数之间用逗号隔开。参数就像一个占位符，当调用函数时，就会将一个值传递给参数，这个值被称为实际参数或实参。在 Python 中，函数形参不需要声明其类型。

(4) 函数体指定函数应当完成什么操作,是由语句组成,要有缩进。

(5) 如果函数执行完之后有返回值,称为带返回值的函数,函数也可以没有返回值。带有返回值的函数,需要使用以关键字 return 开头的返回语句来返回一个值,执行 return 语句意味着函数执行的终止。函数返回值的类型由 return 后要返回的表达式的值的类型决定,表达式的值是整型,函数返回值的类型就是整型;表达式的值是字符串,函数返回值的类型就是字符串类型。

(6) 在定义函数时,开头部分的注释通常描述函数的功能和参数的相关说明,但这些注释并不是定义函数时必需的,可以使用内置函数 help 来查看函数开头部分的注释内容。

注意:在函数定义中,定义了函数的功能,即定义了函数要执行的操作。要使函数发挥功能,必须调用函数,调用函数的程序被称为调用者。调用函数的方式是函数名(实参列表),实参列表中的参数个数要与形参个数相同,参数类型也要一致。当程序调用一个函数时,程序的控制权就会转移到被调用的函数上。当执行完函数的返回值语句或执行到函数结束时,被调用函数就会将程序控制权交还给调用者。

图 9-9 解释了函数的组件及函数的调用。

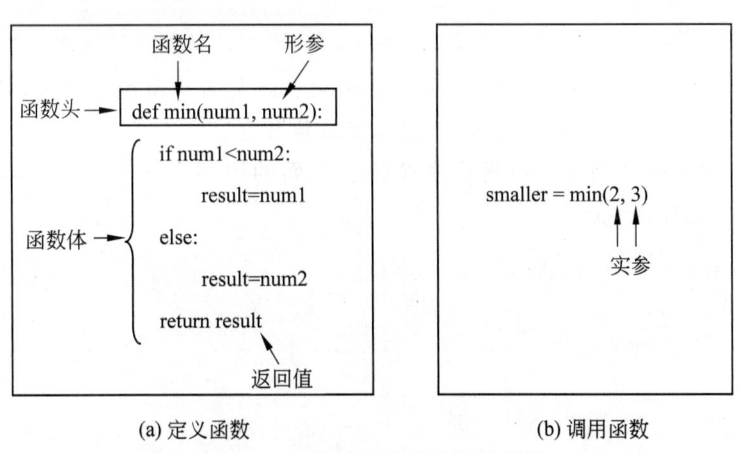

(a) 定义函数　　(b) 调用函数

图 9-9　函数的组件及函数的调用

9.10.2　函数调用

在函数定义中,定义了函数的功能,即定义了函数要执行的操作。要使函数发挥功能,必须调用函数,调用函数的程序被称为调用者。调用函数的方式是函数名(实参列表),实参列表中的参数个数要与形参个数相同,参数类型也要一致。当程序调用一个函数时,程序的控制权就会转移到被调用的函数上。当执行完函数的返回值语句或执行到函数结束时,被调用函数就会将程序控制权交还给调用者。根据函数是否有返回值,函数调用有两种方式。

1. 带有返回值的函数调用

对这种函数的调用通常当作一个值处理,例如:

```
smaller =min(2, 3)                              #这里的 min 函数指的是图 9-9 中定义的函数
```

smaller = min(2, 3)语句表示调用 min(2, 3),并将函数的返回值赋值给变量 smaller。

另外一个把函数当作值处理的调用函数的例子:

```
print(min(2, 3))
```

这条语句将调用函数 min(2, 3)后的返回值输出。

【例 9-4】 简单的函数调用。

```
def fun():                                      #定义函数
    print('简单的函数调用 1')
    return  '简单的函数调用 2'
a=fun()                                         #调用函数 fun
print(a)
```

上述程序代码在 IDLE 中运行的结果如下:

```
简单的函数调用 1
简单的函数调用 2
```

注意:即使函数没有参数,调用函数时也必须在函数名后面加上括号,只有见到这个括号,才会根据函数名从内存中找到函数体,然后执行它。

在 Python 中,**一个函数可以返回多个值**。下面的程序定义了一个输入两个数并以升序返回这两个数的函数。

```
>>>def sortA(num1, num2):
    if num1<num2:
        return num1,num2
    else:
        return num2, num1
>>>n1, n2=sortA(2, 5)
>>>print('n1 是', n1, '\nn2 是', n2)
n1 是 2
n2 是 5
```

sortA 函数返回两个值,当它被调用时,需要用两个变量同时接纳函数返回的两个值。

2. 不带返回值的函数调用

如果函数没有返回值,对函数的调用是通过将函数调用当作一条语句来实现的,如下面含有一个形式参数的输出字符串的函数的调用。

```
>>>def printStr(str1) :
  "打印任何传入的字符串"
  print(str1)
```

```
>>>printStr('hello world')          #调用函数 printStr,将'hello world'传递给形参
hello world
```

另外也可将要执行的程序保存成 file.py 文件,打开 cmd,将路径切换到 file.py 文件所在的文件夹,在命令提示符后输入 file.py,按 Enter 键后就可执行。

9.11　类

Python 程序用于处理各种类型的数据(即对象),不同的数据属于不同的数据类型,支持不同的运算操作。一个对象有独特的标识、状态和操作。

类

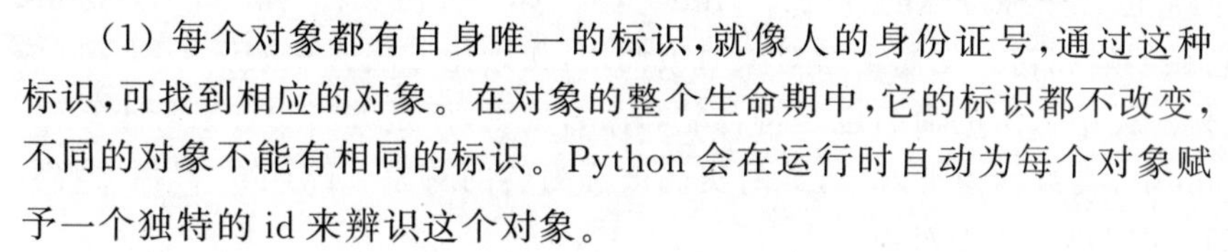

(1) 每个对象都有自身唯一的标识,就像人的身份证号,通过这种标识,可找到相应的对象。在对象的整个生命期中,它的标识都不改变,不同的对象不能有相同的标识。Python 会在运行时自动为每个对象赋予一个独特的 id 来辨识这个对象。

```
>>>'Python'
'Python'
>>>id('Python')                     #id 函数用于获取对象的内存地址
34372272
```

(2) 对象具有状态,一个对象的状态(也称为它的特征或属性)是用变量来描述的,称为对象的数据域,也称为实例变量。例如,一个圆形对象具有半径数据域 radius,它表示圆的属性,不同的 radius 代表不同的圆,从而有不同的圆周长和圆面积。

(3) 对象还有操作(行为),用于改变对象的状态(如重新设置圆的半径 radius)以及对对象进行处理(如求圆的周长和面积)。Python 使用函数(也称为方法)来定义一个对象的行为,例如为圆对象可以定义函数 getPerimeter 和 getArea 分别求解半径为 radius 的圆的周长和面积。不同的圆对象就可以调用其对象的 getPerimeter 函数求出该圆的周长,调用 getArea 求出该圆的面积。

在 Python 中,对象用类创建。类是现实世界或思维世界中的实体在计算机中的反映,用来描述具有相同的属性和方法的对象的集合,它定义了每个对象所共有的属性和方法。对象是具有类类型的变量。Python3 统一了类与类型的概念,类型就是类。

类与对象的关系:类是对象的抽象,而对象是类的具体实例,类的实例是对象;类是抽象的,不占用内存,而对象是具体的,占用存储空间;类是用于创建对象的模板,它定义对象的数据域和方法。

9.11.1　定义类

在 Python 中,可以通过 class 关键字定义类,然后通过定义的类创建实例对象。在 Python 中定义类的语法格式如下:

```
class 类名:
    类体
```

在 Python 中使用 class 关键字来定义类,定义类时需要注意以下 5 个事项。

(1) 类代码块以 class 关键字开头,代表定义类。

(2) class 之后是类名,这个名字由用户自己指定,命名规则一般为多个单词组成的名称,每个单词除第一个字母大写外,其余的字母均小写,class 和类名中间至少要有一个空格。

(3) 类名后跟冒号,类体由缩进的语句块组成,定义在类体内的元素都是类的成员。类的成员分为两种类型:描述状态的数据成员(也称为属性)和描述操作的函数(也称为方法)成员。

(4) 一个类通常包含一种特殊的方法:__init__()。这个方法被称为初始化方法,又称为构造方法,它在创建和初始化一个新对象时被调用,初始化方法通常被设计用于完成对象的初始化工作。类中方法的命名也是符合驼峰命名规则,但是方法的首字母小写。

(5) 在 Python 中,类被称为类对象,类的实例被称为类的对象。Python 解释器解释执行 class 语句时,会创建一个类对象。

【例 9-5】 矩形类定义示例。

```
class Rectangle:
    def __init__(self,width=2,height=5):
                                      #初始化方法,为 width 和 height 设置了默认值
        self.width=width              #定义数据成员 width
        self.height=height            #定义数据成员 height
    def getArea(self):                #定义方法成员 getArea 返回矩形的面积
        return self.width * self.height
    def getPerimeter(self):           #定义方法成员 getPerimeter 返回矩形的周长
        return 2 * (self.width+self.height)
```

注意:类中定义的每个方法都必须至少有一个名为 self 的参数,并且必须是方法的第一个参数(如果有多个形参),self 指向调用方法的对象。虽然每个方法的第一个参数为 self,但通过对象调用这些方法时,用户不需要也不能给该参数传递值。事实上,Python 自动把类的对象传递给该参数。

9.11.2 创建类的对象

类是抽象的,要使用类定义的功能,就必须进行类的实例化,即创建类的对象。创建对象后,就可以使用成员运算符"."来调用对象的属性和方法。

注意:创建类的对象、创建类的实例、类的实例化等说法是等价的,都说明以类为模板生成一个对象的操作。

使用类创建对象通常要完成两个任务:在内存中创建类的对象;调用类的__init__方法来初始化对象,__init__方法中的 self 参数被自动设置为引用刚刚创建的对象。

创建类的对象的方式类似函数调用方式,创建类的对象的方式如下:

```
对象名 =类名(参数列表)
```

注意：通过类的__init__()方法接纳(参数列表)中的参数，参数列表中的参数要与无self 的__init__()方法中的参数匹配。

调用对象的属性和方法的格式：对象名.对象的属性或对象名.对象的方法()。

以下使用类的名称 Rectangle 来创建对象：

```
>>>Rectangle1=Rectangle(3, 6)    #创建一个 width 为 3、height 为 6 的 Rectangle 对象
>>>Rectangle1.getArea()          #调用对象 Rectangle1 的方法 getArea 返回矩形的面积
18
>>>Rectangle1.getPerimeter()
18
```

Rectangle 类中的初始化方法有默认的 width 和 height，接下来，创建默认 width 为 2、height 为 5 的 Rectangle 对象：

```
>>>Rectangle2=Rectangle()
>>>Rectangle2.getArea()
10
>>>Rectangle2.getPerimeter()
14
```

注意：可以创建一个对象并将它赋给一个变量，随后，可以使用变量指代这个对象。有时候，创建的对象后面不再被引用，在这种情况下，可以创建一个对象而不需要将它赋值给变量。例如：

```
>>>print("width 为 5、height 为 10 矩形的面积为", Rectangle(5,10).getArea())
width 为 5、height 为 10 矩形的面积为 50
```

9.12 习题

1. 在 Python 中，字典和集合都是用一对________作为定界符，字典的每个元素由两部分组成，即________和________，其中________不允许重复。

2. 在 Python 中，设有 s=('a','b','c','d','e','f')，则 s[2]的值为________；s[2：4]的值为________；s[：4]的值为________；s[2：]的值为________；s[1：：2]的值为________；s[1：－1]的值为________。

3. 假设有列表 a=['Python','C','Java']和 b=[1, 3, 2]，请使用一个语句将这两个列表的内容转换为字典，并且以列表 a 中的元素为键，以列表 b 中的元素为值，这个语句可以写为________。

4. 编写一个程序，判断用户输入的字符是数字字符、字母字符还是其他字符。

5. 编写函数反向显示一个整数，如 1234，反向为 4321。

6. 设计一个三维向量类，并实现向量的加法、减法以及向量与标量的乘法运算。

第10章

Spark 分布式内存计算

Spark 最初是由美国加州大学伯克利分校的 AMP 实验室开发的基于内存计算的大数据并行计算框架。本章主要介绍 Spark 生态系统，Spark 的安装及配置，Spark 核心数据结构 RDD，Spark 运行机制，使用 Scala 语言编写 Spark 应用程序，使用 Python 语言编写 Spark 应用程序。

10.1 Spark 概述

Spark 在 2013 年 6 月进入 Apache 成为孵化项目，8 个月后成为 Apache 顶级项目，Spark 以其先进的设计理念，迅速成为社区的热门项目，围绕着 Spark 推出了 Spark SQL、Spark Streaming、MLLib 和 GraphX 等组件，这些组件逐渐形成大数据处理一站式解决平台。

10.1.1 Spark 产生背景

在大数据处理领域，已经广泛使用分布式编程模型在众多机器搭建的集群上来处理日益增长的数据，典型的批处理模型如前面 Hadoop 中的 MapReduce 处理模型，但 MapReduce 框架存在以下局限性。

(1) 仅支持 Map 和 Reduce 两种操作。数据处理流程中的每一步都需要一个 Map 阶段和一个 Reduce 阶段，如果要利用这一解决方案，需要将所有用例都转换成 MapReduce 模式。

(2) 处理效率低效。Map 中间结果写磁盘，Reduce 写 HDFS，多个 MapReduce 之间通过 HDFS 交换数据，任务调度和启动开销大。开销具体表现在：一是客户端需要把应用程序提交给 resourcesManager，resourcesManager 选择节点去运行；二是当 Map 任务和 Reduce 任务被 resourcesManager 调度时，会先启动一个 container 进程，然后让它们运行起来，每一个 task 都要经历 JVM 的启动和销毁等。

(3) Map 和 Reduce 均需要排序，但是有的任务处理完全不需要排序（比如求最大值和最小值等），所以就造成了性能低效。

(4) 不适合迭代计算（如机器学习和图计算等）、交互式处理（如数据挖掘）和流式处理（如日志分析）。任务调度和启动开销大，所以不适合交互式处理。

Spark 既可以基于内存也可以基于磁盘进行迭代计算。Spark 所处理的数据可以来自于任何一种存储介质,如关系数据库、本地文件系统和分布式存储等。Spark 装载需要处理的数据至内存,并将这些数据集抽象为 RDD(弹性分布数据集)对象。然后采用一系列组件处理 RDD,并将处理好的结果以 RDD 的形式输出到内存,以数据流的方式持久化写入其他存储介质中。

Spark 使用 Scala 语言实现。Scala 语言是一种面向对象、函数式的编程语言,能够像操作本地集合对象一样轻松地操作分布式数据集(Scala 提供一个称为 Actor 的并行模型,其中 Actor 通过它的收件箱来发送和接收非同步信息而不是共享数据)。

10.1.2 Spark 的优点

Spark 官网上介绍其具有运行速度快、易用性好和通用性强等优点。

1. 运行速度快

根据 Apache Spark 官方描述,Spark 基于磁盘做迭代计算比基于磁盘做迭代计算的 MapReduce 快 10 余倍;Spark 基于内存的迭代计算则比基于磁盘做迭代计算的 MapReduce 快 100 倍以上。Spark 实现了高效的 DAG 执行引擎,可以通过基于内存计算来高效处理数据流。

2. 易用性好

Spark 支持 Java、Python 和 Scala 等语言进行编写,还支持 80 多种高级算法,使用户可以快速构建不同的应用。Spark 支持交互式的 Python 和 Scala 的 Shell,这意味着可以非常方便地在这些 Shell 中使用 Spark 集群来验证解决问题的方法,而不是像以前,需要打包、上传集群和验证等。

3. 通用性强

Spark 提供了统一的大数据处理解决方案。Spark 可用于批处理、交互式查询(通过 Spark SQL 组件)、实时流处理(通过 Spark Streaming 组件)、机器学习(通过 Spark Mllib 组件)和图计算(通过 Spark GrapbX 组件),这些不同类型的处理都可以在同一个应用中无缝使用。

4. 兼容性

Spark 可以非常方便地与其他开源大数据处理产品进行融合,如 Spark 可以使用 Hadoop 的 YARN 作为它的资源管理和调度器。Spark 也可以不依赖于第三方的资源管理和调度器,它实现了 Standalone 作为其内置的资源管理和调度框架。能够读取 HDFS、Cassandra、HBase、S3 和 Techyon 为持久层读写原生数据。

10.1.3 Spark 应用场景

目前大数据处理主要有以下几个应用场景。

1. 批量处理

适合于对处理时间要求不太高的场合,通常的时间可能是在数十分钟到数小时。批处理主要操作大容量静态数据集,并在计算过程完成后返回结果。批处理模式中使用的数据集通常符合以下两条特征。

(1) 有界。批处理数据集代表数据的有限集合。

(2) 持久。数据通常始终存储在某种类型的持久存储位置中。

批处理非常适合需要访问全套记录才能完成的计算工作。例如在计算总数和平均数时,必须将数据集作为一个整体加以处理。这些操作要求在计算进行过程中数据维持自己的状态。

Apache Hadoop 是一种专用于批处理的处理框架。Hadoop 的处理功能来自 MapReduce 引擎。MapReduce 的处理技术符合使用"键-值"对的 Map、Shuffle 和 Reduce 算法要求。基本处理过程如下。

(1) 从 HDFS 读取数据集。

(2) 将数据集拆分成小块并分配给所有可用节点。

(3) 针对每个节点上的数据子集进行计算,计算的中间态结果会重新写入 HDFS。

(4) 对中间态结果按照键进行分组,并分配到可用节点进行计算。

(5) 对每个节点计算的结果进行汇总和组合,对每个键的值进行归纳。

(6) 将计算而来的最终结果重新写入 HDFS。

2. 交互式查询

通常,交互式查询所用的时间在数十秒到数十分钟之间。基于 MapReduce 模式的 Hadoop 擅长数据批处理,不是特别符合交互式查询的场景。交互式查询一般使用 MPP (Massively Parallel Processing)的架构。一种有效的方案是将 MPP 和 Hadoop 相结合形成快速 SQL 访问框架。

Impala、Shark、Stinger 和 Presto 4 个系统就是适用于实时交互式 SQL 查询的大数据查询引擎,它们给数据分析人员提供了快速实验、验证想法的大数据分析工具。

3. 流数据处理

通常,流数据处理所用的时间在数百毫秒到数秒之间。流处理系统会对随时进入系统的数据进行计算。相比批处理模式,这是一种截然不同的处理方式。流处理方式无须针对整个数据集执行操作,而是对通过系统传输的每个数据项执行操作。

流处理系统可以处理几乎无限量的数据,但同一时间只能处理一条(真正的流处理)或很少量(微批处理)数据,不同记录间只维持最少量的状态。流处理很适合用来处理必须对变动或峰值做出响应,并且关注一段时间内变化趋势的数据。

Apache Storm 是一种侧重于极低延迟的流处理框架,接近实时处理。

Hadoop 的 MapReduce 的批量处理、Impala 的交互式查询和 Storm 的流处理三者都比较独立,各自一套维护成本比较高,而 Spark 的出现能够一站式平台满足以上需求。

通过以上分析，得出 Spark 的应用场景主要有以下 3 个。

(1) Spark 是基于内存的迭代计算框架，适用于需要多次操作特定数据集的应用场合。需要反复操作的次数越多，所需读取的数据量越大，受益越大，数据量小但是计算密集度较大的场合，受益就相对较小。

(2) 由于 RDD 的特性，Spark 不适用那种异步细粒度更新状态的应用，例如 Web 服务的存储或者是增量的 Web 爬虫和索引。

(3) 数据量不是特别大，但是要求实时统计分析需求。

10.1.4 Spark 生态系统

Spark 是一个大数据并行计算框架，是对广泛使用的 MapReduce 计算模型的扩展。Spark 有自己的生态系统，如图 10-1 所示，但同时兼容 HDFS 和 Hive 等分布式存储系统，可以完美融入 Hadoop 的生态圈中，代替 MapReduce 去执行更为高效的分布式计算。Spark 从 HDFS、Amazon S3 和 HBase 等持久层读取数据，以 MESS、YARN 和自身携带的 Standalone 为资源管理器调度 Job 完成 Spark 应用程序的计算。这些应用程序可以来自于不同的组件，如 Spark Streaming 的实时处理应用、Spark SQL 的交互式查询、Spark Mllib 的机器学习、Spark GraphX 的图处理和 SparkR 的数学计算等。

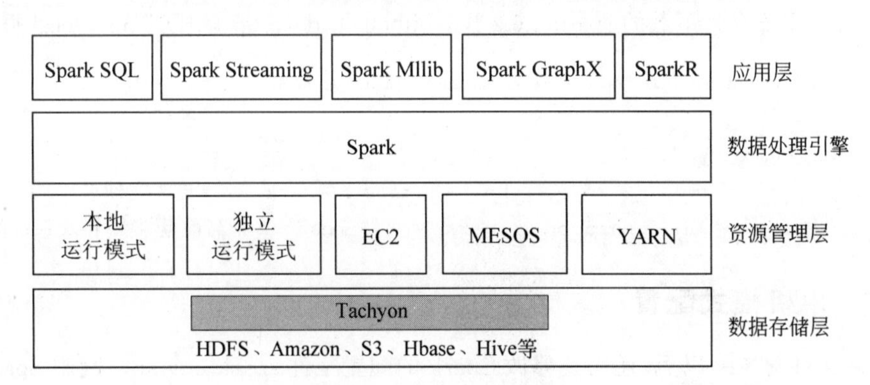

图 10-1 Spark 生态系统

10.2 Spark 的安装及配置

Spark 运行模式可分为单机模式、伪分布式模式和完全分布式模式。下面只给出单机模式和伪分布模式的配置过程。

10.2.1 Spark 安装的基础环境

本书采用如下环境配置。

(1) Linux 系统：Ubuntu 16.04。

(2) Hadoop 2.7.1 版本。

(3) JDK 1.8 版本。

(4) Spark 1.6.2 版本。

10.2.2 下载安装文件

登录 Linux 系统，打开浏览器，访问 Spark 官网(http://spark.apache.org/downloads.html)，选择 1.6.2 版本下载。

关于 Spark 官网下载页面中的 Choose a package type 的选择问题，这里简单介绍一下。

(1) Source Code：Spark 源码，需要编译才能使用。

(2) Pre-build with user-provided Hadoop：属于 Hadoop free 版，可应用到任意 Hadoop 版本。

(3) Pre-build for Hadoop 2.6 and later：基于 Hadoop 2.6 的预先编译版，需要与本机的 Hadoop 版本对应。

由于之前已经安装了 Hadoop，这里在 Choose a package type 中选择 Pre-build with user-provided Hadoop，然后单击 Down Spark 后面的 spark-1.6.2-bin-without-hadoop.tgz 下载到"/home/hadoop/下载"目录下。

下载完安装文件以后，需要对文件进行解压。按照 Linux 系统使用的默认规范，用户安装的软件一般都是存放在/usr/local 目录下。使用 hadoop 用户登录 Linux 系统，打开一个终端，执行如下命令将下载的 spark-1.6.2-bin-without-hadoop.tgz 解压到/usr/local 目录下：

```
$sudo tar -zxf ~/下载/spark-1.6.2-bin-without-hadoop.tgz -C /usr/local/
                                                        #解压
$cd /usr/local
$sudo mv ./spark-1.6.2-bin-without-hadoop ./spark      #更改文件名
$sudo chown -R hadoop:hadoop ./spark           #hadoop是当前登录 Linux 系统的用户名
```

10.2.3 单机模式配置

安装文件解压缩以后，还需要修改 Spark 的配置文件 spark-env.sh。复制 Spark 安装目录下的 conf 目录下的模板文件 spark-env.sh.template 为 spark-env.sh，然后编辑此文件，命令如下：

```
$cd /usr/local/spark
$cp ./conf/spark-env.sh.template ./conf/spark-env.sh
                                          #复制生成 spark-env.sh 文件
```

然后使用 vim 编辑器打开 spark-env.sh 文件进行编辑，在该文件的第一行添加配置信息，具体命令如下：

```
$vim /usr/local/spark/conf/spark-env.sh     #用 vim 编辑器打开 spark-env.sh 文件
```

在 spark-env.sh 文件的第一行添加以下配置信息：

```
export SPARK_DIST_CLASSPATH=$(/usr/local/hadoop/bin/hadoop classpath)
```

有了上面的配置信息以后，Spark 就可以把数据存储到 Hadoop 分布式文件系统

HDFS 中，也可以从 HDFS 中读取数据。如果没有配置上面的信息，Spark 就只能读写本地数据，无法读写 HDFS 中的数据。

配置完成后就可以直接使用 Spark，不需要像 Hadoop 那样运行启动命令。通过运行 Spark 自带的求 π 的近似值实例，以验证 Spark 是否安装成功，命令如下：

```
$cd /usr/local/spark/bin                    #进入 Spark 安装包的 bin 目录
$./run-example SparkPi                      #运行求 π 的近似值实例
```

执行时会输出很多屏幕信息，不容易找到最终的输出结果，为了从大量的输出信息中快速找到想要的执行结果，可以通过 grep 命令进行过滤：

```
$./run-example SparkPi 2>&1 | grep "Pi is roughly"
```

过滤后的运行结果如图 10-2 所示，可以得到 π 的 5 位小数近似值。

```
hadoop@Master:/usr/local/spark/bin$ ./run-example SparkPi 2>&1 | grep "Pi is roughly"
Pi is roughly 3.13434
```

图 10-2　使用 grep 命令过滤后的运行结果

10.2.4　伪分布式模式配置

Spark 单机伪分布式是在一台机器上既有 Master 进程又有 Worker 进程。Spark 单机伪分布式环境可在 Hadoop 伪分布式的基础上进行搭建。下面介绍如何配置伪分布式模式环境。

1. 将 Spark 安装包解压到/usr/local 目录下

下载完安装文件以后，将 Spark 安装包解压到/usr/local 目录下。使用 hadoop 用户登录 Linux 系统，打开一个终端，执行如下命令将下载的 spark-1.6.2-bin-without-hadoop.tgz 解压到/usr/local 目录下：

```
$sudo tar -zxf ~/下载/spark-1.6.2-bin-without-hadoop.tgz -C /usr/local/
                                            #解压
$cd /usr/local
$sudo mv ./spark-1.6.2-bin-without-hadoop ./spark  #更改文件名
$sudo chown -R hadoop:hadoop ./spark        #hadoop 是当前登录 Linux 系统的用户名
```

2. 复制模板文件 spark-env.sh.template 得到 spark-env.sh

复制 Spark 安装目录下的 conf 目录下的模板文件 spark-env.sh.template 为 spark-env.sh，然后编辑此文件，命令如下：

```
$cd /usr/local/spark
$cp ./conf/spark-env.sh.template ./conf/spark-env.sh
                                            #复制生成 spark-env.sh 文件
```

然后使用 vim 编辑器打开 spark-env.sh 文件进行编辑,在该文件的末尾添加以下配置信息:

```
export JAVA_HOME=/opt/jvm/jdk1.8.0_181
export HADOOP_HOME=/usr/local/hadoop
export HADOOP_CONF_DIR=/usr/local/hadoop/etc/hadoop
export SPARK_MASTER_IP=Master
export SPARK_LOCAL_IP=Master
```

对添加的参数的解释如表 10-1 所示。

表 10-1 参数解释

参数	解释
JAVA_HOME	Java 的安装路径
HADOOP_HOME	Hadoop 的安装路径
HADOOP_CONF_DIR	Hadoop 配置文件的路径
SPARK_MASTER_IP	Spark 主节点的 IP 或机器名
SPARK_LOCAL_IP	Spark 本地的 IP 或机器名

3. 切换到/sbin 目录下启动集群

```
$cd /usr/local/spark/sbin
$./start-all.sh                     #启动命令,停止命令为./stop-all.sh
$jps                                #查看进程
6788 Jps
6716 Worker
6605 Master
```

通过上面的 jps 命令查看进程,既有 Master 进程又有 Worker 进程,说明启动成功。

4. 验证 Spark 是否安装成功

通过运行 Spark 自带的求 π 的近似值实例,以验证 Spark 是否安装成功,命令如下:

```
$cd /usr/local/spark/bin            #进入 Spark 安装包的 bin 目录
$./run-example SparkPi 2            #运行求 π 的近似值实例,参数 2 是指两个并行度
$./run-example SparkPi 2>&1 | grep "Pi is roughly"
Pi is roughly 3.14088
```

注意:由于计算 π 的近似值采用随机数,所以每次计算结果也会有差异。

10.3 使用 Spark Shell 编写 Scala 代码

Spark Shell 是 Spark 提供的一种类似于 Shell 的交互式编程环境。在 Spark Shell 环境下,输入一条语句并按 Enter 键后,Spark Shell 会及时编译代码并执行,并将打印结果

打印在屏幕上，这就是交互式。Spark Shell 支持 Scala 和 Python 两种编程语言，Scala 版本更贴近 Spark 的内部实现。Scala 是一门现代化的多范式编程语言，旨在以简练、优雅及类型安全的方式来表达常用编程模式，它平滑地集成了面向对象和函数语言的特性，运行在 JVM(Java 虚拟机)上，并兼容现有的 Java 程序。

10.3.1　启动 Spark Shell

在 Spark 的安装目录下执行./bin/spark-shell 命令理解启动本地版本的 Spark Shell：

```
$cd /usr/local/spark
$./bin/spark-shell
```

在 Spark Shell 启动的过程中可以看到如图 10-3 所示的信息，从中可以看到 Spark 的版本为 1.6.2，Spark 内嵌的 Scala 的版本为 2.10.5，Java 的版本为 1.8.0_181。

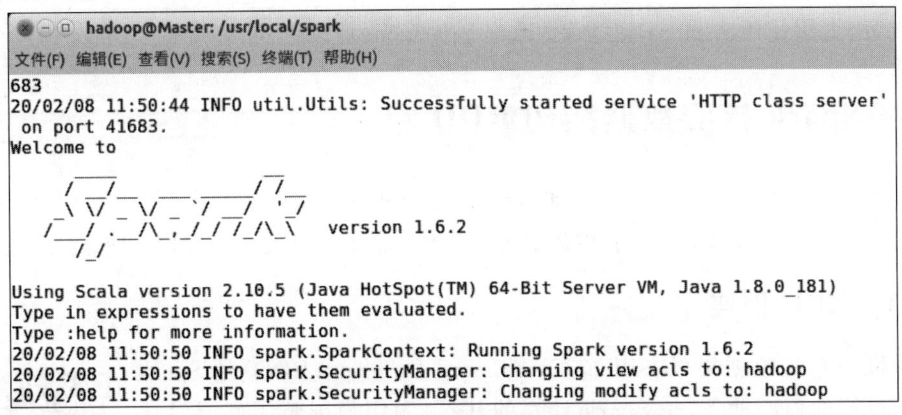

图 10-3　Spark Shell 启动过程中的提示信息

启动 Spark Shell 后，就会进入 scala>命令提示符状态，如图 10-4 所示，从中可以看到 Spark Shell 在启动的过程中会初始化 SparkContext 为 sc，以及初始化 SQLContext 为 sqlContext。

```
hadoop@Master: /usr/local/spark
文件(F) 编辑(E) 查看(V) 搜索(S) 终端(T) 帮助(H)
Manager
20/02/08 11:50:54 INFO repl.SparkILoop: Created spark context..
Spark context available as sc.
20/02/08 11:50:55 INFO repl.SparkILoop: Created sql context..
SQL context available as sqlContext.

scala>
```

图 10-4　Spark 中的 Scala Shell 编程界面

现在就可以在里面输入 Scala 代码进行调试了。例如，下面在 scala 命令提示符 scala>后面输入一个表达式 6 * 2+8，然后按 Enter 键，就会立即得到结果：

```
scala>6 * 2+8
res0: Int =20
```

计算结果被命名为 res0,并显示结果的类型为 Int,可以在后续操作中使用 res0 这个名称来使用计算结果:

```
scala>res0 * 2
res1: Int =40
scala>println("Hello World!")          //输出语句
Hello World!
```

10.3.2 退出 Spark Shell

可以使用命令":quit"退出 Spark Shell。

```
scala>:quit
```

或者,直接使用 Ctrl+D 组合键,退出 Spark Shell。

10.4 Spark 核心数据结构 RDD

传统的 MapReduce 虽然具有自动容错、平衡负载和可拓展性的优点,但是其最大缺点是在迭代计算式的时候,要进行大量的磁盘 I/O 操作,而 RDD 正是为解决这一缺点而出现的。

10.4.1 RDD 创建

RDD 创建

弹性分布式数据集(Resilient Distributed Datasets,RDD)是 Spark 对数据进行的核心抽象,是 Spark 计算的基石,为用户屏蔽了底层对数据的复杂抽象和处理,为用户提供了一组方便的数据转换与求值方法。简单地说,可以将 RDD 理解为一个不可变的分布式对象集合,它可以包含 Python、Java 和 Scala 中任意类型的对象,甚至是用户自定义的对象。RDD 本质上是一个只读的分区记录集合,每个分区就是一个数据集片段。一个 RDD 的不同分区可以保存到集群中的不同节点上,从而可以在集群中的不同节点上进行并行计算。Spark 中的所有操作都是在 RDD 进行的,一个 Spark 应用可以被看作一个由"RDD 创建"到"一系列 RDD 转化操作",再到"RDD 存储"的过程。图 10-5 展示了 RDD 分区及分区与工作结点(WorkerNode)的分布关系,图中的 RDD 数据集被切分成 4 个分区。

RDD 最重要的特性是容错性,可以自动从节点失败中恢复过来,即如果某个节点上的 RDD 分区,因为节点故障,导致数据丢了,那么 RDD 会自动通过自己的数据来源重新计算得到该分区,这一切对使用者是透明的。

通常通过 Hadoop 上的文件(即 HDFS 文件)来创建 RDD;有时也可以通过 Spark 应用程序中的集合来创建 RDD。

使用 Scala 语言创建 RDD 的两种方式:从内存里创建;使用本地及 HDFS 和 HBase 等外部存储系统上的文件创建。

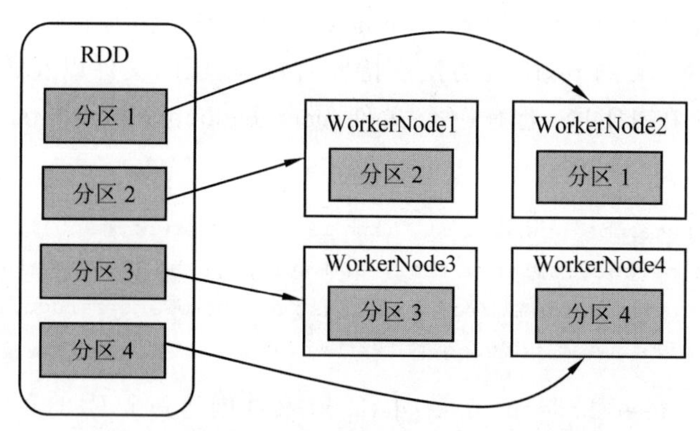

图 10-5 RDD 分区及分区与工作节点的分布关系

1. 从内存里创建

使用 Scala 语言从内存里创建 RDD，主要用于进行测试，可以在实际部署到集群运行之前，自己使用集合构造测试数据，来测试 Spark 应用。

从内存里创建 RDD，需要使用 makeRDD 方法，代码如下：

```
val rdd01 =sc.makeRDD(List(1,2,3,4,5,6))
```

这个语句创建了一个由“1,2,3,4,5,6”6 个元素组成的 RDD，把“1,2,3,4,5,6”6 个元素并行化分片到节点。

此外，也可通过并行化集合来创建 RDD，即通过对程序中的数据集合调用 SparkContext 中的 parallelize 方法并行化分片到集群的节点中，形成一个分布式的数据集合，也就是一个 RDD。然后就可以采用并行的方式来操作这个分布式数据集合。

```
scala>val arr =Array(1, 2, 3, 4, 5, 6)
scala>val rdd =sc.parallelize(arr)    //把 arr 这个数据并行化分片到节点
scala>val sum =rdd.reduce( _ +_ )     //实现 1~6 的累加求和，并输出求和结果 21
sum: Int =21
```

在调用 parallelize 方法时，可以设置一个参数指定将集合切分成多少个 partition（分区）。Spark 会为每一个 partition 运行一个 task 来进行处理。Spark 官方的建议：为集群中的每个 CPU 创建 2～4 个 partition。Spark 默认会根据集群的情况来设置 partition 的数量。但是也可以在调用 parallelize 方法时，传入第二个参数，来指定 RDD 的 partition 数量。例如：

```
parallelize(arr, 3)
```

2. 使用本地及 HDFS 和 HBase 等外部存储系统上的文件创建

1）从 HDFS 的文件创建 RDD

Spark 是支持使用任何 Hadoop 支持的存储系统上的文件创建 RDD 的，如 HDFS 和

HBase以及本地文件。通过调用SparkContext的textFile方法读取HDFS文件的位置即可创建RDD。Spark的textFile方法支持针对目录、压缩文件以及通配符匹配的文件进行RDD创建。在HDFS上有一个文件/user/hadoop/input/data.txt,其文件内容如下:

```
I believe in human beings, but my faith is without sentimentality. I know that in
environments of uncertainty, fear, and hunger, the human being is dwarfed and
shaped without his being aware of it, just as the plant struggling under a stone
does not know its own condition.
```

下面给出读取/user/hadoop/input/data.txt文件创建一个RDD的命令。

```
//使用HDFS文件创建RDD
scala>val rdd =sc.textFile("/user/hadoop/input/data.txt")  //读取HDFS中的文件
scala>val wordCount =rdd.map(line =>line.length).reduce( _+_)
scala>wordCount                                             //输出统计结果
res3: Int =273
```

2) 从Linux本地文件创建RDD

本地文件读取也是通过sc.textFile("路径")的方法,只不过需要在路径前面加上"file:"以表示从Linux本地文件系统上读取。在Linux本地文件系统上存在一个文件/home/hadoop/data.txt,其内容和上面的HDFS的文件/user/hadoop/input/data.txt的内容完全一样。

下面给出读取/home/hadoop/data.txt文件创建一个RDD的命令。

```
//使用本地文件创建RDD
scala>val rdd =sc.textFile("file:/home/hadoop/data.txt")   //读取本地文件
scala>val wordCount =rdd.map(line =>line.length).reduce( _+_)  //实现文件字数统计
scala>wordCount                                             //输出统计结果
res3: Int =273
```

10.4.2 RDD操作

从相关数据源获取数据形成初始RDD后,根据应用需求,调用转换算子对得到的初始RDD进行操作,生成一个新的RDD。对RDD的操作分为两大类型:转换(Transformation)和行动(Action)。Spark里的计算都是操作RDD。

RDD操作

1. 转换操作

RDD的转换操作是返回新的RDD的操作,例如map方法和filter方法。RDD转换操作是惰性求值的,只有在行动操作中用到这些RDD时才会被计算,真正的计算发生在RDD的"行动"操作,也就是说,对于"行动"之前的所有"转换"操作,Spark只是记录下了转换的轨迹,即相互之间的依赖关系,而不会触发真正的计算。

下面给出 RDD 对象的常用的转换操作方法。

1）map(func)转换操作

map(func)是对 RDD 中的每一个元素都执行一个指定的函数 func 来产生一个新的 RDD,RDD 之间的元素是一对一的关系。

```
scala>val rdd1 =sc.parallelize(List(1, 2, 3, 4))
scala>val result=rdd1.map(x=>x+2)          //用 map 方法对 RDD 中的所有数求加 2 操作
scala>println(result.collect().toBuffer)  //collect 方法以数组的形式返回 result
                                            的结果
ArrayBuffer(3, 4, 5, 6)
```

用 map 方法对 RDD 中的所有数求平方：

```
scala>val input =sc.parallelize(List(1, 2, 3, 4))
scala>val result =input.map(x =>x * x)
//collect 方法以字符串且以";"分割的形式返回 result 的结果
scala>println(result.collect().mkString(";"))
1;4;9;16
```

2）flatMap(func)转换操作

flatMap(func)类似于 map(func)，但是每一个输入元素，会被映射为 0 到多个输出元素(即 func 函数的返回值是一个 Seq，而不是单一元素)的新的 RDD,RDD 之间的元素是一对多关系。

```
scala>val rdd2 =rdd1.map(_ * 2)             //rdd1 中的每个数乘以 2
scala>println(rdd2.collect().toBuffer)  //collect 方法以数组的形式返回 rdd2 的
                                          结果
ArrayBuffer(2, 4, 6, 8)
scala>val rdd3 =rdd2.filter(x =>x >5).flatMap(x =>x to 9)
scala>println(rdd3.collect().toBuffer)
ArrayBuffer(6, 7, 8, 9, 8, 9)
```

flatMap()的一个简单用途是把输入的字符串切分为单词。

```
scala>def tokenize(ws:String) ={ws.split(" ").toList}        //定义函数
tokenize: (ws: String)List[String]
scala>var lines =sc.parallelize(List("coffee panda","happy panda","happiest
panda party"))
scala>lines.map(tokenize).collect().foreach(println)
List(coffee, panda)
List(happy, panda)
List(happiest, panda, party)
scala>lines.flatMap(tokenize).collect().foreach(println)
coffee
panda
happy
```

```
panda
happiest
panda
party
```

3) filter(func)转换操作

filter(func)是对 RDD 元素进行过滤,返回一个新的数据集,由经过 func 函数后返回值为 True 的元素组成。

```
scala>val rdd4 =rdd3.filter(x =>x >8)      //对 rdd3 进行过滤,得到大于 8 的数据
scala>println(rdd4.collect().toBuffer)
ArrayBuffer(9, 9)
```

4) distinct(numPartitions)转换操作

distinct(numPartitions)是对数据集进行去重,返回一个新的数据集,其中,numPartitions 参数是设置任务并行数量。

```
scala>val rdd5 =rdd4.distinct(2)              //对 rdd4 进行去重
scala>println(rdd5.collect().toBuffer)   //collect 方法以数组的形式返回 rdd5 的
                                              结果
ArrayBuffer(9)
```

5) union(otherDataset)转换操作

union(otherDataset)生成 RDD 与 otherDataset 所表示的 RDD 的所有元素组成的新 RDD。

```
scala>val rdd6 =sc.parallelize(List(1,3,4))
scala>val rdd7 =sc.parallelize(List(2,3,4))
scala>val result =rdd6.union(rdd7)
scala>println(result.collect().toBuffer)
ArrayBuffer(1, 3, 4, 2, 3, 4)
```

6) intersection(otherRDD)转换操作

intersection(otherRDD)返回由两个 RDD 的共同元素所组成的新 RDD。

```
scala>val result =rdd6.intersection(rdd7)
scala>println(result.collect().toBuffer)
ArrayBuffer(4, 3)
```

7) subtract (otherRDD)转换操作

subtract (otherRDD)将原 RDD 里和参数 RDD 里相同的元素去掉。

```
scala>val rdd8 =sc.parallelize(1 to 5).subtract(rdd6)
scala>println(rdd8.collect().toBuffer)
ArrayBuffer(2, 5)
```

8) cartesian(otherRDD)转换操作

cartesian(otherRDD)是对两个 RDD 进行笛卡儿积操作,得到(RDD, otherRDD)格

式的 RDD。

```
scala>val rdd9 =sc.parallelize(List(1, 3, 5))
scala>val rdd10 =sc.parallelize(List(2, 4, 6))
scala>val result =rdd9.cartesian(rdd10)  //进行笛卡儿积操作
scala>println(result.collect().toBuffer)
ArrayBuffer((1,2), (1,4), (1,6), (3,2), (3,4), (3,6), (5,2), (5,4), (5,6))
```

9) mapValues (func)转换操作

将函数 func 应用于(K, V)对中的 V,返回新的 RDD。

```
scala>val rdd11 =sc.parallelize(1 to 9, 3)
scala>println(rdd11.collect().toBuffer)
ArrayBuffer(1, 2, 3, 4, 5, 6, 7, 8, 9)
scala>val result =rdd11.map(item =>(item %4, item)).mapValues(v =>v +10)
scala>println(result.collect().toBuffer)
ArrayBuffer((1,11), (2,12), (3,13), (0,14), (1,15), (2,16), (3,17), (0,18), (1,19))
```

10) groupByKey(partitioner)转换操作

groupByKey(partitioner)是对数据进行分组操作,在一个由(K,V)对组成的数据集上调用,返回一个(K,Seq[V])对的数据集。注意,默认情况下,使用 8 个并行任务进行分组,可以传入 partitioner 参数设置并行任务的分区数。

```
scala>val rddMap =rdd11.map(item =>(item %3, item))
scala>val rdd12 =rddMap.groupByKey()
scala>println(rdd12.collect().toBuffer)
ArrayBuffer ((0, CompactBuffer (3, 6, 9)), (1, CompactBuffer (1, 4, 7)), (2,
CompactBuffer(2, 5, 8)))
```

11) reduceByKey(func, numPartitions)转换操作

reduceByKey(func, numPartitions)是对数据进行分组聚合操作,在一个(K,V)对的数据集上使用,返回一个(K,V)对的数据集。Key 相同的值,都被使用指定的 reduce 函数聚合到一起。与 groupByKey 类似,可以通过参数 numPartitions 设置并行任务的分区数。

```
scala>val rdd13 =rddMap.reduceByKey((x, y) =>x * y)
scala>println(rdd13.collect().toBuffer)
ArrayBuffer((0,162), (1,28), (2,80))
```

12) combineByKey()转换操作

combineByKey(createCombiner: V => C, mergeValue: (C, V) => C, mergeCombiners: (C, C) => C, numPartitions: Int)是对 RDD 中的数据按照 Key 进行聚合操作。聚合操作的逻辑是通过自定义函数提供给 combineByKey。把(K,V)类型的 RDD 转换为(K,C)类型的 RDD。

3 个参数含义如下。

createCombiner：在遍历(K,V)对时，若 combineByKey()是第一次遇到键为 K 的 key(类型 K)，则将对该(K,V)对调用 createCombiner 函数将 V 转换为 C(聚合对象类型)。

mergeValue：在遍历(K,V)对时，若 combineByKey 不是第一次遇到键为 K 的 key(类型为 K)，则将对该(K,V)对调用 mergeValue 函数将 V 累加到聚合对象 C 中，mergeValue 的类型是(C,V)=>C，参数中的 C 为遍历到此处的聚合对象，然后对 V 进行聚合得到新的聚合对象值。

mergeCombiners：combineByKey 是在分布式环境中执行的，RDD 的每个分区单独进行 combineBykey 操作，最后需要对各个分区进行最后聚合。它的函数类型是(C,C)=>C，每个参数是分区聚合得到的聚合对象。

```
scala>val rdd14 =rdd11.map(item =>(item %3, item)).mapValues(v =>v.toDouble).
combineByKey((v: Double) =>(v, 1), (c: (Double, Int), v: Double) =>(c._1 +v, c._
2 +1), (c1: (Double, Int), c2: (Double, Int)) =>(c1._1 +c2._1, c1._2 +c2._2))
scala>println(rdd14.collect().toBuffer)
ArrayBuffer((0,(18.0,3)), (1,(12.0,3)), (2,(15.0,3)))
```

13) sortByKey(ascending, numPartitions) 转换操作

sortByKey(ascending, numPartitions)是对 RDD 中的数据集进行排序操作，对(K,V)对类型的数据按照 K 进行排序。参数 ascending 用来指定是升序还是降序，默认值是 True，按升序排序。参数 numPartitions 用来指定排序分区的并行任务个数。

```
scala>val rdd15 =rddMap.sortByKey(false,3)
scala>println(rdd15.collect().toBuffer)
ArrayBuffer((2,2), (2,5), (2,8), (1,1), (1,4), (1,7), (0,3), (0,6), (0,9))
```

2. 行动操作

行动操作则是向驱动器程序返回结果或把结果写入外部系统的操作，会触发实际计算，例如 count 方法和 first 方法。行动操作接纳 RDD，但是返回非 RDD，即输出一个结果值，并把结果值返回到驱动器程序中。如果对于一个特定的函数是属于转换操作还是行动操作感到困惑，可以看看它的返回值类型：转换操作返回的是 RDD，而行动操作返回的是其他数据类型。

下面给出 RDD 对象的常用的行动操作方法。

1) collect 行动操作

collect 返回 RDD 的所有元素，该方法将 RDD 类型的数据转化为数组。

```
scala>val rddInt =sc.makeRDD(List(1,2,3,4,5,6,2,5,1))     //创建 RDD
scala>rddInt.collect()
res41: Array[Int] =Array(1, 2, 3, 4, 5, 6, 2, 5, 1)
```

2) count 行动操作

count 返回 RDD 的元素的个数。

```
scala>println(rddInt.count())
```

```
9
```

3) countByValue 行动操作

countByValue 返回各元素在 RDD 中出现的次数。

```
scala>println(rddInt.countByValue())
Map(5 ->2, 1 ->2, 6 ->1, 2 ->2, 3 ->1, 4 ->1)
```

4) take(num)行动操作

take(num)从 RDD 中返回前 num 个元素。

```
scala>rddInt.take(3)
res56: Array[Int] =Array(1, 2, 3)
```

5) top(num)行动操作

top(num)从 RDD 中按照默认(降序)或者指定的排序返回最前面的 num 个元素。

```
scala>rddInt.top(3)
res57: Array[Int] =Array(6, 5, 5)
```

6) reduce (func)行动操作

reduce (func)通过 func 函数聚集 RDD 中的所有元素。

```
scala>rddInt.reduce((x,y)=>x+y)                    //通过求和聚集 RDD 中的所有元素
res58: Int =29
```

7) fold(zero)(func)行动操作

fold(zero)(func)与 reduce()的功能一样,但需要提供初始值。

```
scala>rddInt.fold(0)((x,y)=>x+y)                   //提供的初始值为 0
res59: Int =29
```

8) foreach(func)行动操作

foreach(func)对 RDD 的每个元素都使用特定函数 func。

```
scala>rddInt.foreach(x=>print(" "+x))              //打印 rddInt 的每一个元素
1 2 3 4 5 6 2 5 1
```

9) aggregate(zeroValue) (seqOp: (U,T) =>U, combOp: (U,U) =>U)行动操作

aggregate(zeroValue) (seqOp: (U,T) =>U, combOp: (U,U) =>U)将每个分区里面的元素通过 seqOp 和初始值进行聚合,然后用 combine 函数将每个分区的结果和初始值(zeroValue)进行 combine 操作。与 fold 方法类似,使用 aggregate 方法时,需要提供期待返回的类型的初始值。

参数"seqOp: (U, T) => U"是一个函数类型,函数参数为两个 U 类型、T 类型,输出为 U 类型,该函数会先被执行,其作用是遍历每一个数据分片中的数据,若有 3 个数据分片,就会有 3 个 seqOp 函数在运行。

参数“combOp:(U, U) => U”是一个函数类型,函数参数为两个U类型,输出为U类型,该函数会在seqOp函数执行以后再执行。combOp函数的输入数据来自于第一个参数seqOp函数的输出结果。

```
scala>val rdd16 =sc.parallelize(1 to 4)                    //rdd16 仅有一个数据分片
//定义 seqOp 函数,两个输入参数都是 Int 类型,返回类型也为 Int
scala>def seqOp(x1: Int, x2: Int): Int ={ x1 * x2 }     //函数返回参数 x1 和 x2 的积
scala>def combOp(x3: Int, x4: Int): Int ={ x3 +x4 }     //函数返回参数 x3 和 x4 的和
scala>rdd16.aggregate(3)(seqOp, combOp)
res67: Int =75
```

输出结果是75,其计算过程如下。

(1) zeroValue在这里是3,先调用seqOp函数,因为rdd16只有一个数据分片,所以只会有一次seqOp函数调用,计算过程如下。

首先用初值3作为seqOp的参数x1,然后再用rdd16中的第一个值,即1作为seqOp的参数x2,由此可以得到第一个计算值为3*1=3。接着这个结果3被当成x1参数传入,rdd16中的第2个值,即2被当成x2传入,由此得到第二个计算结果为3*2=6。整个seqOp函数执行完成以后,得到的结果是3*1*2*3*4=72。

(2) 在aggregate方法的第一个参数函数seqOp执行完毕以后,得到了结果值72。于是,这个时候就要开始执行第2个参数函数combOp了。combOp的执行过程与seqOp是类似的,同样会将zeroValue作为第一次运算的参数传入,在这里即是将zeroValue(即3)当成x3参数传入,然后是将seqOp的结果72当成x4参数传入,由此得到计算结果为75。因为seqOp仅有一个结果值,所以整个aggregate过程就计算完毕了,最终的结果值就是75。

下面给出一个有两个数据分片的RDD的示例。

```
scala>val rdd17 =sc.makeRDD(1 to 4, 2)                     //rdd17 有两个数据分片
scala>rdd17.getNumPartitions                               //返回 rdd17 的数据分片数
res74: Int =2
//输出每个分区中的数据
scala>rdd17.foreachPartition ( it =>it.foreach(x=>println(x)))
Running task 0.0 in stage 71.0 (TID 103)
1
2
Running task 1.0 in stage 71.0 (TID 104)
3
4
scala>rdd17.aggregate(3)(seqOp, combOp)
res81: Int =45
```

输出结果是45,其计算过程如下。

seqOp函数会分别在RDD的每个分片中应用一次,所以这里seqOp的计算过程如下:

```
3 * 1 * 2 =6
3 * 3 * 4 =36
```

在这里 seqOp 的输出结果有两个值。然后应用 combOp 就得到上面的输出结果 45：

```
3 +6 +36 =45
```

下面再给出一个例子。

```
scala>rddInt.aggregate((0,0))((x,y) =>(x._1+y,x._2+1),(x,y)=>(x._1+y._1,x._2+y._2))
res82: (Int, Int) =(29,9)
```

从输出结果可以看出(29,9)中的 29 为 rddInt 中的数据之和，9 为 rddInt 中的数据个数。

再给出一个简单例子，求一个 RDD 的所有元素的和。

```
scala>val rdd16 =sc.makeRDD(List(1,2,3,4,5,6), 2)
scala>rdd16.aggregate(0)(_+_,_+_)
res64: Int =21
```

10) saveAsTextFile(path)行动操作

saveAsTextFile(path)将 RDD 的元素以文本的形式保存到 path 所表示的文件夹中。

```
//创建了一个名为 rddfile 的目录来保存 RDD 的元素
scala>rddInt.saveAsTextFile("file:/home/hadoop/rddfile")
```

10.4.3　RDD 属性

1. 分区

分区(Partition)即 RDD 数据集的基本组成单位。对于 RDD 来说，每个分区都会被一个计算任务处理，并决定并行计算的粒度。用户可以在创建 RDD 时指定 RDD 的分区个数，如果没有指定，那么就会采用默认值。默认值就是程序所分配到的 CPU Core 的数目。

2. 计算分区的函数

RDD 逻辑上是分区的，每个分区的数据是抽象存在的，计算时会通过一个 compute 函数得到每个分区的数据。如果 RDD 是通过已有的文件系统构建，则 compute 函数是读取指定文件系统中的数据，如果 RDD 是通过其他 RDD 转换而来，则 compute 函数是执行转换逻辑将其他 RDD 的数据进行转换。

3. RDD 之间的依赖关系

RDD 中不同的操作会使得不同 RDD 中的分区产生不同的依赖。RDD 的每次转换都会生成一个新的 RDD，所以 RDD 之间就会形成类似于流水线一样的前后依赖关系。

在部分分区数据丢失时,Spark 可以通过这个依赖关系重新计算丢失的分区数据,而不是对 RDD 的所有分区进行重新计算。RDD 之间的依赖关系分为窄依赖(Narrow Dependency)和宽依赖(Wide Dependency)。

1)窄依赖

窄依赖是指父 RDD 的每个分区只被子 RDD 的一个分区所使用,子 RDD 分区通常对应常数个父 RDD 分区,如图 10-6 所示。

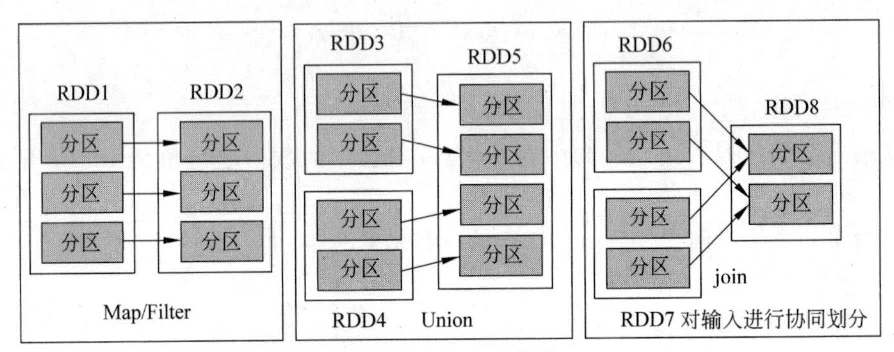

图 10-6 RDD 窄依赖

2)宽依赖

宽依赖是指父 RDD 的每个分区都可能被多个子 RDD 分区所使用,子 RDD 分区通常对应所有的父 RDD 分区,如图 10-7 所示。

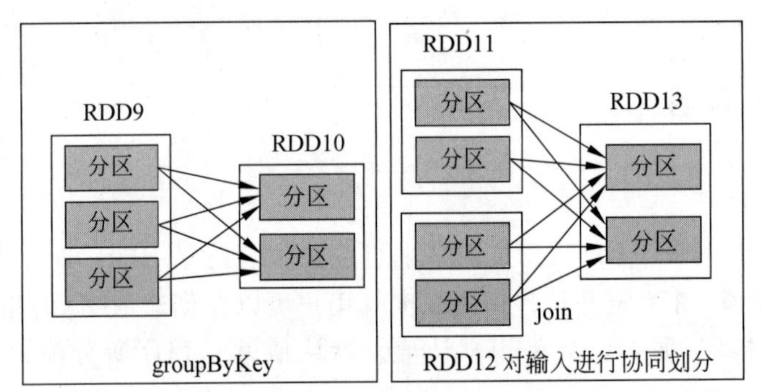

图 10-7 RDD 宽依赖

相比于宽依赖,窄依赖对优化更有利,主要基于以下两点。

(1) 宽依赖往往对应 shuffle 操作,需要在运行过程中将同一个父 RDD 的分区传入到不同的子 RDD 分区中,中间可能涉及多个节点之间的数据传输;而窄依赖的每个父 RDD 的分区只会传入到一个子 RDD 分区中,通常可以在一个节点内完成转换。

(2) 当 RDD 分区丢失时(某个节点故障),Spark 会对数据进行重算。

① 对于窄依赖,由于父 RDD 的一个分区只对应一个子 RDD 分区,这样只需要重算和子 RDD 分区对应的父 RDD 分区即可,所以这个重算对数据的利用率是 100%。

② 对于宽依赖,重算的父 RDD 分区对应多个子 RDD 分区,这样实际上父 RDD 中只有一部分的数据是被用于恢复这个丢失的子 RDD 分区的,另一部分对应子 RDD 的其他

未丢失分区,这就造成了多余的计算;更一般地,宽依赖中子 RDD 分区通常来自多个父 RDD 分区,极端情况下,所有的父 RDD 分区都要进行重新计算。

4. RDD 的分区函数 Partitioner

当前 Spark 中实现了两种类型的分区函数:一个是基于哈希的 HashPartitioner,另外一个是基于范围的 RangePartitioner。只有对“键-值”的 RDD,才会有 Partitioner,非“键-值”的 RDD 的 Partitioner 的值是 None。Partitioner 函数不但决定了 RDD 本身的分区数量,也决定了 parent RDD Shuffle 输出时的分区数量。

5. 存储 Partition 的优先位置列表

对于一个 HDFS 文件来说,这个列表保存的就是每个 Partition 所在的块的位置。按照“移动数据不如移动计算”的理念,Spark 在进行任务调度时,会尽可能地将计算任务分配到其所要处理数据块的存储位置。

10.4.4 RDD 持久化

由于 Spark RDD 转换操作是惰性求值的,只有执行 RDD 行动操作时才会触发执行前面定义的 RDD 转换操作。如果某个 RDD 会被反复重用,Spark 会在每一次调用行动操作时去重新进行 RDD 的转换操作,这样频繁的重算在迭代算法中的开销很大。

Spark 非常重要的一个功能特性就是可以将 RDD 持久化在内存中。当对 RDD 执行持久化操作时,每个节点都会将自己操作的 RDD 的 Partition 持久化到内存中,并且在之后对该 RDD 的反复使用中,直接使用内存缓存的 Partition。这样的话,对于针对一个 RDD 反复执行多个操作的场景,就只要对 RDD 计算一次即可,后面直接使用该 RDD,而不需要反复计算多次该 RDD。

要持久化一个 RDD,只要调用其 cache 或者 persist 方法即可。在该 RDD 第一次被计算出来时,就会直接缓存在每个节点中。而且 Spark 的持久化机制还是自动容错的,如果持久化的 RDD 的任何 Partition 丢失了,那么 Spark 会自动通过其源 RDD,使用 transformation 操作重新计算该 Partition。

cache 方法和 persist 方法的区别:cache 方法是 persist 方法的简化方式,cache 方法的底层就是调用 persist 方法的无参版本,调用 persist 方法的无参版本,也就是调用 persist(StorageLevel.MEMORY_ONLY),cache 只有一个默认的缓存级别 MEMORY_ONLY,即将数据持久化到内存中,而 persist 方法可以通过传递一个 StorageLevel 对象来设置缓存的存储级别。

Spark RDD 持久化实现方式如下。

RDD.persist(持久化级别):持久化级别如表 10-2 所示,persist 方法默认持久化级别是 MEMORY_ONLY。

RDD.unpersist():取消持久化。

表 10-2 持久化级别

持久化级别	说 明
MEMORY_ONLY	默认选项。使用未序列化的 Java 对象格式,将数据保存在内存中。如果 RDD 太大无法完全存储在内存,多余的 RDD Partitions 不会保存在内存,而是需要时再重新计算
MEMORY_AND_DISK	使用未序列化的 Java 对象格式,优先尝试将数据保存在内存中。如果内存不够存放所有的数据,会将数据写入磁盘文件中
MEMORY_ONLY_SER	与 MEMORY_ONLY 类似。RDD 的每个 Partition 会被序列化成一个字节数组,节省空间,但需要反序列化才能使用,所以会使用更多 CPU 资源
MEMORY_AND_DISK_SER	序列化存储,超出部分写入磁盘文件中
DISK_ONLY	使用未序列化的 Java 对象格式,将数据全部写入磁盘文件中

注:对于上述任意一种持久化策略,如果加上后缀_2,代表把持久化数据存两份。

巧妙使用 RDD 持久化,在某些场景下可以将 Spark 应用程序的性能提升 10 倍。对于迭代式算法和快速交互式应用来说,RDD 持久化是非常重要的。

10.5 Spark 运行机制

10.5.1 Spark 基本概念

在具体讲解 Spark 运行架构之前,首先介绍几个重要的概念。

1. Spark 应用(Application)

Spark 应用指的是用户编写的 Spark 应用程序。Application 的 main 函数为应用程序的入口,用户通过 Spark 的 API,定义 RDD 和对 RDD 的操作。

2. 驱动程序(Driver)

驱动程序准备 Spark 应用程序的运行环境,负责执行用户 Application 中的 main 函数,提交 Job,并将 Job 转化为 Task,在各个 Executor 进程间协调 Task 的调度。

3. 作业(Job)

一个 Application 中以 Action 为划分边界往往会产生多个 Job。Spark 采用惰性机制,对 RDD 的创建和转换并不会立即执行,只有在遇到 Action 时才会生成一个 Job,然后统一调度执行。一个 Job 包含多个 RDD 及作用于相应 RDD 上的各种操作。一个作业会被拆分为多组任务,每组任务被称为阶段(Stage),或者被称为任务集(TaskSet),如图 10-8 所示。

4. 阶段(Stage)

一个作业会被拆分为多组任务,每组任务被称为阶段,或者被称为任务集(TaskSet)。

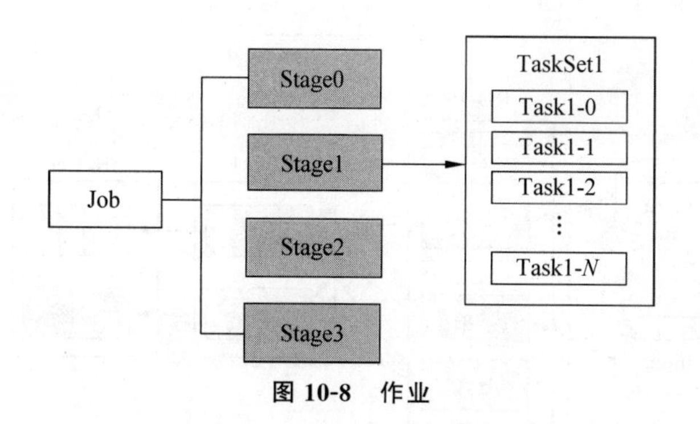

图 10-8　作业

5. 任务集

由一组关联的，但相互之间没有 Shuffle 依赖关系的任务组成任务集 TaskSet。

注意：①一个 Stage 创建一个 TaskSet；②为 Stage 的每个 RDD 分区创建一个 Task，多个 Task 封装成 TaskSet。

6. 任务(Task)

任务是运行在执行器(Executor)上的工作单元，单个分区数据集上的最小处理流程单元。

Spark 应用程序 Application 总体构成如图 10-9 所示。

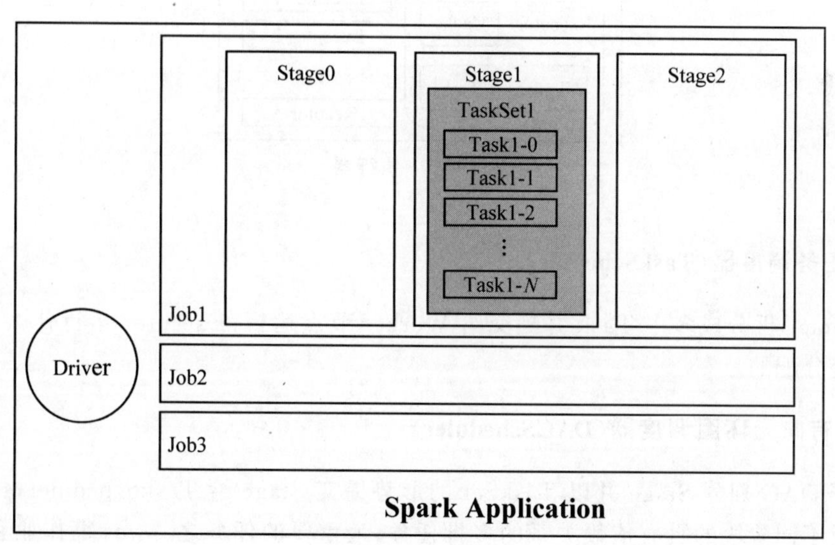

图 10-9　Spark 应用程序 Application 总体构成

7. 有向无环图(Directed Acycle Graph，DAG)

RDD 之间依赖关系有向无环图如图 10-10 所示。

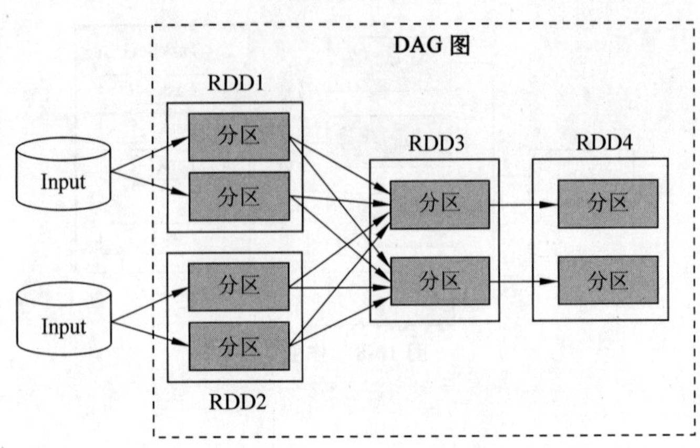

图 10-10 RDD之间依赖关系的有向无环图

8. 执行器

执行器(Executor)是 Application 运行在 Worker 节点上的一个进程,如图 10-11 所示。该进程负责运行某些 Task,并将结果返回给 Driver,同时为需要缓存的 RDD 提供存储功能。每个 Application 都有各自独立的一批 Executor。

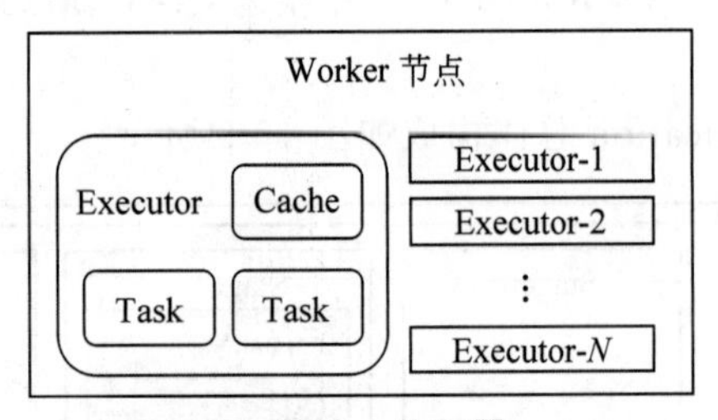

图 10-11 执行器

9. 任务调度器(TaskScheduler)

将 Stage 拆分成多个 Task 并提交给 Worker 节点运行,Executor 运行什么 Task 就是在此处分配的。

10. 有向无环图调度器(DAGScheduler)

基于 DAG 划分 Stage 并以 TaskSet 的形势提交 Stage 给 TaskScheduler;负责将作业拆分成不同阶段的具有依赖关系的多批任务;最重要的任务之一:计算作业和任务的依赖关系,制定调度逻辑。有向无环图调度器如图 10-12 所示。

11. 资源管理器(Cluster Manager)

Spark 以 Spark 原生的 Standalone、Hadoop 的 YARN 等为资源管理器调度 Job 完成 Spark 应用程序的计算。Standalone 是 Spark 原生的资源管理器,由 Master 负责资源的

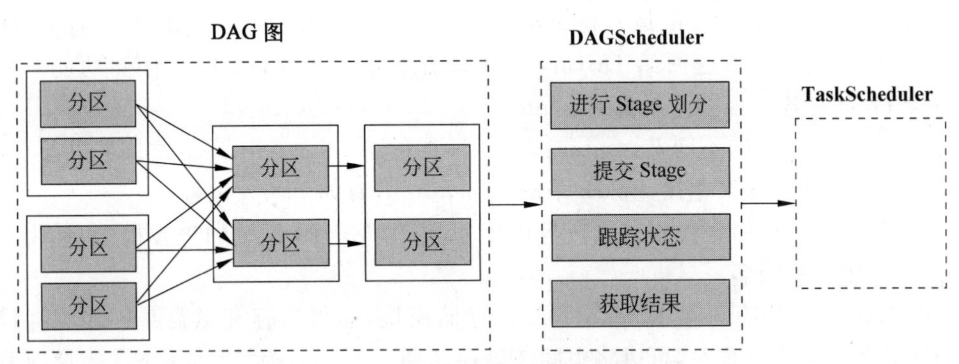

图 10-12　有向无环图调度器

分配。对于 YARN，由 YARN 中的 ResearchManager 负责资源的分配。

10.5.2　Spark 运行架构

Spark 运行架构如图 10-13 所示，主要包括集群资源管理器(Cluster Manager)、运行作业任务的工作结点(Worker Node)、Spark 应用的驱动程序(Driver Program，或简称为 Driver)和每个工作结点上负责具体任务的执行进程(Executor)。

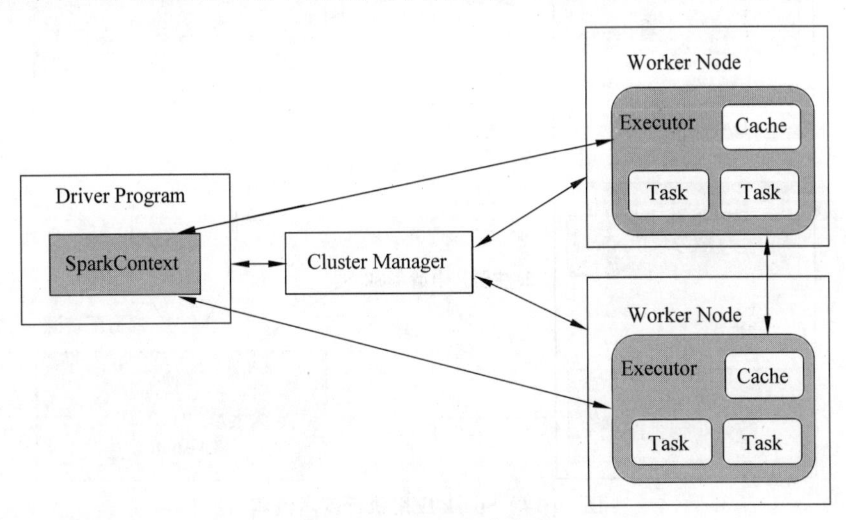

图 10-13　Spark 运行架构

Driver Program 准备 Spark Application 的运行环境，负责执行 Application 中的 main 函数，提交 Job，并将 Job 转化为 Task，在各个 Executor 进程间协调 Task 的调度。Driver Program 会创建 SparkContext(应用上下文，控制整个生命周期)对象，进而用它来创建 RDD。SparkContext 对象负责和 Cluster Manager 进行通信、资源申请、任务分配和运行监控等。

Cluster Manager 负责申请和管理在 Worker Node 上运行应用所需的资源，Cluster Manager 的具体实现方式包括 Spark 原生的 Cluster Manager、MESOS 的 Cluster Manager 和 Hadoop YARN 的 Cluster Manager。

Executor 是 Application 运行在 Worker Node 上的一个进程,负责运行 Application 的某些 Task,并将结果返回给 Driver,同时为需要缓存的 RDD 提供存储功能。每个 Application 都有各自独立的一批 Executor。

Worker Node 上的不同 Executor 服务于不同的 Application,它们之间不共享数据。与 MapReduce 计算框架相比,Spark 采用 Executor 具有如下两大优势。

(1) Executor 利用多线程来执行具体任务,相比 MapReduce 的进程模型,使用的资源和启动开销要小很多。

(2) Executor 中有一个 BlockManager 存储模块,会将内存和磁盘共同作为存储设备,当需要多轮迭代计算时,可以将中间结果存储到这个存储模块里,供下次需要时直接使用,而不需要从磁盘中读取,从而有效减少 I/O 开销。在交互式查询场景下,可以预先将数据缓存到 BlockManager 存储模块上,从而提高读写 I/O 性能。

10.5.3 Spark 应用执行基本流程

Spark 应用执行基本流程如图 10-14 所示。

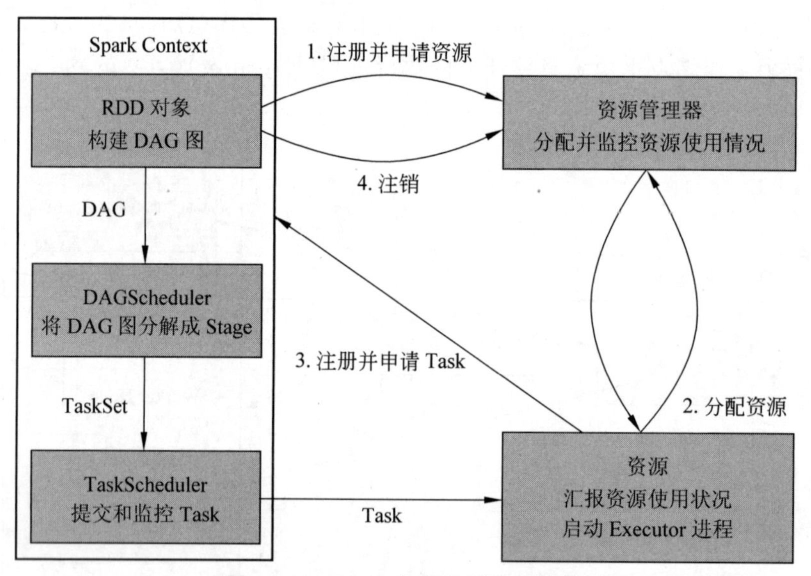

图 10-14 Spark 应用执行基本流程

(1) 当一个 Spark Application 被提交时,首先需要为这个 Application 构建运行环境,即由驱动程序 Driver 创建一个 SparkContext,SparkContext 向 Cluster Manager 注册,之后 SparkContext 负责和 Cluster Manager 进行通信以及进行资源申请、任务的分配和运行监控等,此外还包括并申请运行 Executor 的资源。

(2) Cluster Manager 根据预先设定的算法,在资源池里为 Executor 分配合适的运行资源,并启动 Executor 进程。在运行过程中,Executor 运行情况将随着心跳信息发送到资源管理器上。

(3) SparkContext 根据 RDD 之间的依赖关系构建 DAG,然后提交给 DAGScheduler 进行解析,将 DAG 分解成多个 Stage(每个 Stage 就是一个 TaskSet),并计算出各 Stage

之间的依赖关系，然后把一个个 TaskSet 提交给 Task Scheduler 进行处理。Executor 向 SparkContext 申请 Task，Task Scheduler 将 Task 发放给 Executor 执行，同时，SparkContext 将应用程序代码发放给 Executor，即将计算移到数据所在的结点上进行，移动计算比移动数据的网络开销要小得多。

（4）Task 在 Executor 上运行，把执行结果反馈给 Task Scheduler，然后再反馈给 DAG Scheduler。运行完毕后写入数据，SparkContext 向 ClusterManager 注销并释放所有资源。

10.6 使用 Scala 语言编写 Spark 应用程序

使用 Scala 语言编写的 Spark 应用程序需要使用 sbt 进行编译打包，使用 Java 语言编写的 Spark 应用程序需要使用 Maven 进行编译打包，使用 Python 语言编写的 Spark 应用程序则可以通过 spark-submit 直接提交。

10.6.1 安装 sbt

使用 Scala 语言编写的 Spark 程序需要使用 sbt 进行编译打包。Spark 中没有自带 sbt，需要单独安装，可以到下面地址下载 sbt 安装文件 sbt-launch.jar：

```
https://repo.typesafe.com/typesafe/ivy-releases/org.scala-sbt/sbt-launch/
0.13.11/sbt-launch.jar
```

将文件下载保存到 Linux 系统的"/home/hadoop/下载"目录下，使用 hadoop 用户登录 Linux 系统，在终端中执行如下命令：

```
$sudo mkdir /usr/local/sbt
$sudo chown -R hadoop /usr/local/sbt     #此处的 hadoop 是 Linux 系统当前登录用户名
$cd /usr/local/sbt
$cp ~/下载/sbt-launch.jar .
```

接下来使用 vim 编辑器在/usr/local/sbt 中创建 sbt 脚本：

```
$vim ./sbt
```

在 sbt 脚本文件中，添加如下内容：

```
#!/bin/bash
SBT_OPTS="-Xms512M -Xmx1536M -Xss1M -XX:+CMSClassUnloadingEnabled -XX:
MaxPermSize=256M"
java $SBT_OPTS -jar `dirname $0`/sbt-launch.jar "$@"
```

保存 sbt 脚本文件后退出 vim 编辑器，然后为 sbt 脚本文件增加可执行权限：

```
$chmod u+x ./sbt                    #为 sbt 脚本文件增加可执行权限
```

最后运行如下命令，检验 sbt 是否可用：

```
$./sbt sbt-version
```

确保计算机处于联网状态,首次运行该命令,会长时间处于 Getting org.scala-sbt sbt 0.13.11…的下载状态。安装成功后,执行./sbt sbt-version 命令会显示类似图 10-15 所示的信息。

```
hadoop@Master:/usr/local/sbt$ ./sbt sbt-version
Java HotSpot(TM) 64-Bit Server VM warning: ignoring option MaxPermSize=256M; sup
port was removed in 8.0
[info] Set current project to sbt (in build file:/usr/local/sbt/)
[info] 0.13.11
hadoop@Master:/usr/local/sbt$ █
```

图 10-15 sbt 安装成功后的信息

10.6.2 编写词频统计 Scala 应用程序

WordCount(词频统计程序)是大数据领域经典的例子,与 Hadoop 实现的 WordCount 程序相比,Spark 实现的版本要显得更加简洁。

在终端中执行如下命令创建一个文件夹 sparkapp 作为应用程序根目录:

```
$cd /home/hadoop                          #进入用户主文件夹
$mkdir ./sparkapp                         #创建 sparkapp 文件夹
$mkdir -p ./sparkapp/src/main/scala       #创建所需的文件夹结构
```

需要注意的是,为了能够使用 sbt 对 Scala 应用程序进行编译打包,需要把应用程序代码文件放在 sparkapp 目录下的 src/main/scala 目录下。

```
$cd /home/hadoop
$vim ./sparkapp/src/main/scala/WordCount.scala        #创建 WordCount.scala 文件
```

然后在 WordCount.scala 文件中输入以下代码:

```
/* WordCount.scala */
import org.apache.spark.SparkContext
import org.apache.spark.SparkContext._
import org.apache.spark.SparkConf
object WordCount {
    def main(args: Array[String]) {
        val conf =new SparkConf().setAppName("WordCount Application")
        val sc =new SparkContext(conf)
        val lines =sc.textFile("file:/home/hadoop/data.txt")      //读取本地文件
        val words =lines.flatMap(line =>line.split( " "))
        val pairs =words.map(word =>(word, 1))
        val wordCounts =pairs.reduceByKey{_ +_}
    wordCounts.foreach(word =>println(word._1 +" " +word._2))
    }
}
```

上述代码的功能：统计/home/hadoop/data.txt 文件中单词的词频，文件内容如图 10-16 所示。不同于 Spark Shell，独立应用程序需要通过 val sc = new SparkContext(conf)初始化 SparkContext。

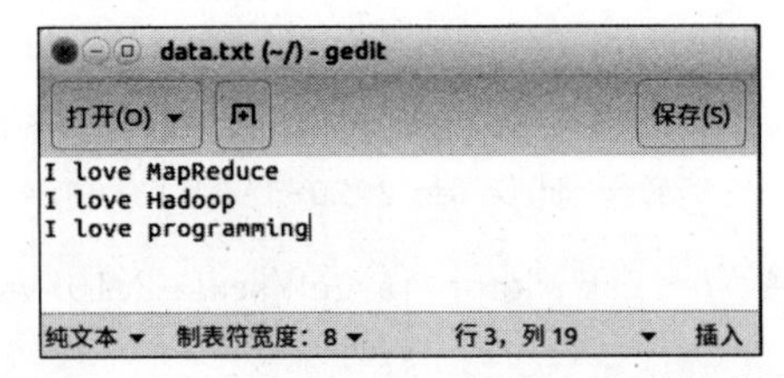

图 10-16 /home/hadoop/data.txt 文件的内容

10.6.3 用 sbt 打包 Scala 应用程序

WordCount.scala 程序依赖于 Spark API，因此，需要通过 sbt 进行编译打包。首先需要使用 vim 编辑器在～/sparkapp 目录下新建文件 wordcount.sbt，命令如下：

```
$cd ~
$vim ./sparkapp/wordcount.sbt
```

wordcount.sbt 文件用于声明该独立应用程序的信息以及与 Spark 的依赖关系，需要在 wordcount.sbt 文件中输入以下内容：

```
name :="WordCount Project"
version :="6.2"
scalaVersion :="2.10.5"
libraryDependencies +="org.apache.spark" %%"spark-core" %"1.6.2"
```

为了保证 sbt 能够正常运行，先执行如下命令检查整个应用程序的文件结构：

```
$cd ~/sparkapp
$find .
```

文件结构应该是类似如下所示的内容：

```
.
./wordcount.sbt
./src
./src/main
./src/main/scala
./src/main/scala/WordCount.scala
```

接下来可以通过如下代码将整个应用程序打包成 JAR(首次运行时，sbt 会自动下载相关的依赖包)：

```
$cd ~/sparkapp                                #一定把这个目录设置为当前目录
$/usr/local/sbt/sbt package
```

对于刚刚安装的Spark和sbt而言，第一次执行上面命令时，系统会自动从网上下载各种相关的文件，因此，上面执行过程需要消耗几分钟，如果过了很长时间没反应或部分文件下载失败，可重复执行上述命令直到相关文件下载成功，返回成功打包的信息，即屏幕上最后出现如下类似的信息：

```
[info] Done packaging.                      //屏幕上返回这条信息表示打包成功
[success] Total time: 20 s, completed 2020-1-31 13:09:47
```

生成的JAR包的位置为～/sparkapp/target/scala-2.10/wordcount-project_2.10-6.2.jar。

10.6.4 通过spark-submit运行程序

可以将生成的JAR包通过spark-submit提交到Spark中运行，命令如下：

```
$/usr/local/spark/bin/spark-submit --class "WordCount" ~/sparkapp/target/scala-2.10/wordcount-project_2.10-6.2.jar
```

最终得到的结果如图10-17所示。

```
20/01/31 13:14:52 INFO storage.ShuffleBlockFetcherIterator: Started 0 remote fetches in 8 ms
love 3
MapReduce 1
I 3
programming 1
Hadoop 1
```

图10-17 wordcount-project_2.10-6.2.jar运行的结果

10.7 使用Python语言编写Spark应用程序

Spark是用Scala编程语言编写的。Spark为了支持Python，Spark社区发布了一个工具pyspark，pyspark是Spark为Python开发者提供的API，进入pyspark shell就可以使用了，启动pyspark shell的命令如下。

```
$cd /usr/local/spark
$./bin/pyspark
```

启动pyspark后，就会进入Python命令提示符状态，如图10-18所示。

执行quit()命令退出pyspark shell。

1. pyspark主要的子模块

1）pyspark.sql模块

提供对SQL的支持。

2）pyspark.streaming模块

主要是用来处理流数据，从外部的消息中间件如kafka和flume或者直接从网络接收数据，来进行实时的流数据处理。

```
hadoop@Master: /usr/local/spark
文件(F) 编辑(E) 查看(V) 搜索(S) 终端(T) 帮助(H)
anager
20/01/31 14:00:33 INFO storage.BlockManagerMasterEndpoint: Registering block
 manager localhost:38747 with 517.4 MB RAM, BlockManagerId(driver, localhost
, 38747)
20/01/31 14:00:33 INFO storage.BlockManagerMaster: Registered BlockManager
Welcome to
```

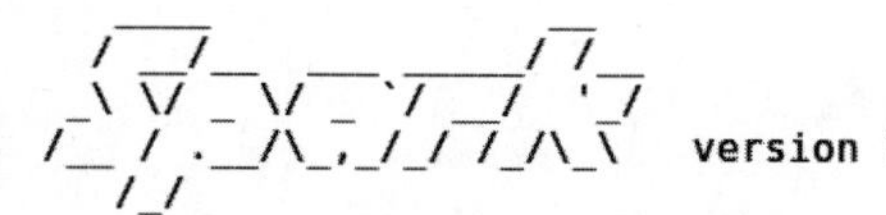

```
                                         version 1.6.2

Using Python version 2.7.12 (default, Oct  8 2019 14:14:10)
SparkContext available as sc, SQLContext available as sqlContext.
>>>
```

图 10-18　pyspark 启动后的界面

3）pyspark.ml 模块

其内部实现是基于 DataFrame 数据框，用来进行机器学习，里面实现了很多机器学习算法，包括分类、回归、聚类和推荐。

4）pyspark.mllib 模块

也是用来进行机器学习的，但是这个模块底层使用的是 RDD。

2. pyspark 提供的主要类

1）pyspark.SparkConf

pyspark.SparkConf 类提供了对一个 Spark 应用程序配置的操作方法。用于将各种 Spark 参数设置为"键-值"对。

2）pyspark.SparkContext

pyspark.SparkContext 类提供了应用与 Spark 交互的主入口点，它是编写 Spark 程序的主入口。

3）pyspark.SparkFiles

SparkFiles 只包含类方法，开发者不应创建 SparkFiles 类的实例。

4）pyspark.RDD

pyspark.RDD 类为 pyspark 操作 RDD 提供了基础方法。例如 pyspark.RDD 类提供的 first 方法，用来返回 RDD 的第一个元素。

虽然系统已经默认安装了 Python，但是为了方便开发，推荐可以直接安装 Anaconda，这里下载的安装包是 Anaconda3-2019.03-Linux-x86_64.sh，安装过程也很简单，直接执行 $ bash Anaconda3-2019.03-Linux-x86_64.sh 即可。

10.7.1　SparkContext

pyspark.SparkContext 类提供了应用与 Spark 交互的主入口点，表示应用与 Spark 集群的连接，基于这个连接，应用可以在该集群上创建 RDD 和广播变量。

以下代码块包含 SparkContext 类的详细信息以及 SparkContext 可以采用的参数。

```
class pyspark.SparkContext (
    master =None,
    appName =None,
    sparkHome =None,
    pyFiles =None,
    environment =None
)
```

SparkContext 的参数具体含义如下。

master：连接到的集群的 URL。

appName：所创建的应用名称。

sparkHome：Spark 安装目录。

pyFiles：要发送到集群并添加到 PYTHONPATH 的.zip 或.py 文件。

environment：工作节点环境变量。

在上述参数中，主要使用 master 和 appName。

下面在 pyspark shell 上运行一个简单的例子。在这个例子中，将计算 README.md 文件中包含字符 a 的行数和包含字符 b 的行数。如果一个文件中有 5 行，3 行有字符 a，那么输出将是"Line with a：3"。字符 b 也是如此。

```
>>>logFile="file:///usr/local/spark/README.md"
>>>logData=sc.textFile(logFile).cache()
>>>numAs=logData.filter(lambda s:'a' in s).count()
>>>numBs=logData.filter(lambda s:'b' in s).count()
>>>print("Line with a:%i,line with b:%i" %(numAs,numBs))
Line with a:58,line with b:26
```

在上述示例中并没有创建 SparkContext 对象，这是因为 pyspark shell 启动时，Spark 会自动创建名为 sc 的 SparkContext 对象。如果尝试创建另一个 SparkContext 对象，系统将给出以下错误：

```
ValueError: Cannot run multiple SparkContexts at once ;
```

下面使用 Python 程序运行上述相同的示例。在/home/hadoop 目录下创建一个名为 SparkContextDemo.py 的 Python 文件，并在该文件中输入以下代码。

```
from pyspark import SparkContext
logFile="file:///usr/local/spark/README.md"
sc =SparkContext("local", "first app")
logData =sc.textFile(logFile).cache()
numAs =logData.filter(lambda s: 'a' in s).count()
numBs =logData.filter(lambda s: 'b' in s).count()
print("Line with a:%i,lines with b :%i" %(numAs, numBs))
```

然后在终端中执行以下命令来运行此 Python 文件，将得到与上面相同的输出，如

图 10-19 所示。

```
$cd /usr/local/spark
$./bin/spark-submit /home/hadoop/SparkContextDemo.py
```

```
hadoop@Master: /usr/local/spark
文件(F) 编辑(E) 查看(V) 搜索(S) 终端(T) 帮助(H)
at /home/hadoop/SparkContextDemo.py:6, took 0.214421 s
20/01/31 19:14:07 INFO scheduler.TaskSetManager: Finished task 0.0 in
 stage 1.0 (TID 1) in 135 ms on localhost (1/1)
20/01/31 19:14:07 INFO scheduler.TaskSchedulerImpl: Removed TaskSet 1
.0, whose tasks have all completed, from pool
Line with a:58,lines with b :26
20/01/31 19:14:07 INFO spark.SparkContext: Invoking stop() from shutd
own hook
20/01/31 19:14:07 INFO handler.ContextHandler: stopped o.s.j.s.Servle
tContextHandler{/metrics/json,null}
20/01/31 19:14:07 INFO handler.ContextHandler: stopped o.s.j.s.Servle
```

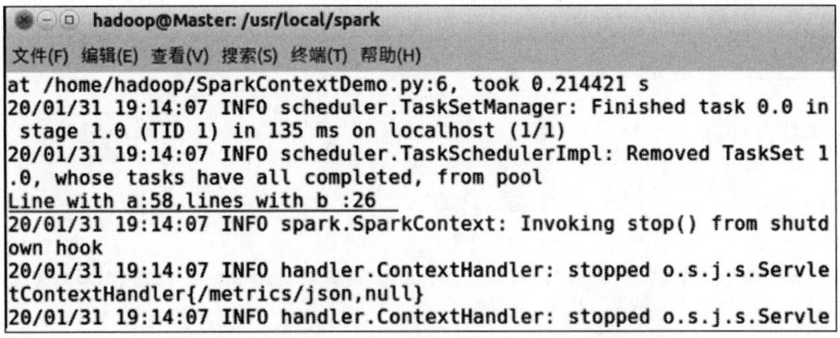

图 10-19 运行 SparkContextDemo.py 所得的输出

对于 pyspark 的不同子模块需要使用不同的 context,如对于 pyspark.streaming 模块,需要使用 StreamingContext;对于 pyspark.sql 模块,需要使用 SQLContext。

10.7.2 pyspark 对 RDD 的转换操作

pyspark 对 RDD 对象的转换操作与 Scala 对 RDD 对象的转换操作类似,下面给出 pyspark 的 RDD 对象的常用转换操作方法。要在 PySpark 中应用对 RDD 的任何操作,首先需要创建一个 pyspark.RDD 类对象。pyspark 使用 parallelize 方法创建 RDD。

1. filter(func)转换操作

filter(func)是对 RDD 元素进行过滤,返回一个新的数据集,由经过 func 函数后返回值为 True 的元素组成。

```
>>>rdd1 =sc.parallelize([1, 2, 3, 4, 5, 6])
>>>rdd2 =rdd1.filter(lambda x: x %2 ==0)
>>>rdd2.collect()
[2, 4, 6]
```

下面使用 Python 程序运行上述相同的示例。在/home/hadoop 目录下创建一个名为 filter.py 的 Python 文件,并在该文件中输入以下代码。

```
from pyspark import SparkContext
sc =SparkContext("local", "Filter app")
rdd1 =sc.parallelize([1, 2, 3, 4, 5, 6])
rdd2 =rdd1.filter(lambda x: x %2 ==0)
print(rdd2.collect())
```

然后在终端中执行以下命令来运行此 filter.py 文件,将得到与上面相同的输出结果:

```
$cd /usr/local/spark
```

```
$./bin/spark-submit /home/hadoop/filter.py
[2, 4, 6]
```

2. map(func)转换操作

map(func)是对 RDD 中的每一个元素都执行一个指定的函数 func 来产生一个新的 RDD,RDD 之间的元素是一对一的关系。

```
>>>words =sc.parallelize(["Scala", "Java", "Hadoop", "Spark"])
>>>words_map =words.map(lambda x: (x, 1))
>>>mapping =words_map.collect()
>>>print("Key value pair ->%s" %(mapping))
Key value pair ->[('Scala', 1), ('Java', 1), ('Hadoop', 1), ('Spark', 1)]
```

3. distinct()转换操作

distinct()是对数据集进行去重,返回一个新的数据集。

```
>>>rdd3 =sc.parallelize([2, 2, 3, 4, 5, 5])
>>>rdd4 =rdd3.distinct()
>>>rdd4.collect()
[2, 3, 4, 5]
```

4. union(otherDataset)转换操作

union(otherDataset) 生成一个包含两个 RDD 中所有元素的 RDD。

```
>>>rdd5 =sc.parallelize([1, 2, 3, 4])
>>>rdd6 =sc.parallelize([2, 2, 3, 4, 5, 5])
>>>rdd7 =rdd5.union(rdd6)
>>>rdd7.collect()
[1, 2, 3, 4, 2, 2, 3, 4, 5, 5]
```

5. cartesian(otherRDD)转换操作

cartesian(otherRDD)是对两个 RDD 进行笛卡儿积操作,得到(RDD, otherRDD)格式的 RDD。

```
>>>rdd8 =sc.parallelize([1, 2, 3])
>>>rdd9 =sc.parallelize([4, 5, 6])
>>>rdd10 =rdd8.cartesian(rdd9)
>>>rdd10.collect()
[(1, 4), (1, 5), (1, 6), (2, 4), (2, 5), (2, 6), (3, 4), (3, 5), (3, 6)]
```

10.7.3 pyspark 对 RDD 的行动操作

pyspark 对 RDD 对象的行动操作与 Scala 对 RDD 对象的行动操作类似,下面给出

pyspark 的 RDD 对象的常用行动操作方法。行动操作对 RDD 进行计算，并把计算结果返回到驱动器程序中。

1. collect()行动操作

collect()返回 RDD 的所有元素，该方法将 RDD 类型的数据转化为数组。

```
>>>rdd1 =sc.parallelize(["Scala", "Java", "Hadoop", "Spark"])
>>>rdd1.collect()
['Scala', 'Java', 'Hadoop', 'Spark']
>>>print("Elements in RDD ->%s" %rdd1.collect())
Elements in RDD ->['Scala', 'Java', 'Hadoop', 'Spark']
```

2. countByValue()行动操作

countByValue()返回各元素在 RDD 中出现的次数。

```
>>>rdd2 =sc.parallelize([2, 2, 3, 4, 5, 5])
>>>rdd2.countByValue()
defaultdict(<type 'int'>, {2: 2, 3: 1, 4: 1, 5: 2})
```

3. top()和 take()行动操作

top(num)从 RDD 中按照默认(降序)或者指定的排序返回最前面的 num 个元素。take(num)从 RDD 中返回前 num 个元素。

```
>>>rdd3 =sc.parallelize(list(range(1,6)))
>>>rdd3.collect()
[1, 2, 3, 4, 5]
>>>list(range(1,6))
[1, 2, 3, 4, 5]
>>>rdd3.top(3)
[5, 4, 3]
>>>rdd3.take(3)
[1, 2, 3]
```

4. takeOrdered()行动操作

takeOrdered(num)从 RDD 中按照默认(升序)或指定排序规则，返回前 num 个元素。

```
>>>rdd3.takeOrdered(3)
[1, 2, 3]
```

5. reduce (func)行动操作

reduce (func)通过 func 函数聚集 RDD 中的所有元素。

```
>>>rdd4 =sc.parallelize([1, 2, 3, 4, 5])
>>>rdd4.reduce(lambda x, y: x +y)
15
>>>def func(x, y): return x+y                #定义求两个数和的函数
>>>rdd4.reduce(func)
15
```

6. foreach(func)行动操作

foreach(func)对 RDD 的每个元素都使用特定函数 func。

```
>>>rdd5 =sc.parallelize(["Scala", "Java", "Hadoop"])
>>>def f(x): print(x)                        #定义函数
>>>rdd5.foreach(f)
Scala
Java
Hadoop
```

10.8 习题

1. 简述 Spark 的优点。
2. 简述 Spark 的应用场景。
3. 试述 Spark 的几个主要概念：RDD、DAG、阶段、分区和 DAGScheduler。
4. 什么是宽依赖？什么是窄依赖？哪些算子是宽依赖？哪些算子是窄依赖？
5. Transformation 和 Action 操作有什么区别？举例说明。
6. RDD 分区和数据块有啥联系？
7. 简述 Spark 应用执行基本流程。

第11章

Spark SQL 编程

Spark SQL 是 Spark 用来处理结构化数据(结构化数据可以来自外部结构化数据源,也可以通过 RDD 获取)的一个模块,它提供了一个编程抽象叫作 DataFrame,并且作为分布式 SQL 查询引擎的作用。本章主要介绍 Spark SQL 与 Shell 交互、DataFrame 对象的创建,以及 DataFrame 对象上的常用操作。

11.1 Spark SQL 概述

Spark SQL 是 Spark 用来处理结构化数据的一个模块,Spark SQL 的前身是 Shark。由于 Shark 太依赖 Hive(如采用 Hive 的语法解析器和查询优化器等)而制约了 Spark 各个组件的相互集成,因此提出了 Spark SQL 项目。Spark SQL 抛弃原有 Shark 的代码,汲取了 Shark 的一些优点,如内存列存储和 Hive 兼容性等。相对于 Shark,Spark SQL 在数据兼容、性能优化、组件扩展方面表现优越。2014 年 6 月 1 日,Shark 项目和 Spark SQL 项目的主持人 Reynold Xin 宣布:停止对 Shark 的开发,团队将所有资源放到 Spark SQL 项目上,至此,Shark 的发展画上了句号。

11.2 Spark SQL 与 Shell 交互

Spark SQL 已经集成在 spark-shell 中,只要启动 spark-shell 就可以使用 Spark SQL 的 Shell 交互接口。要想在 spark-shell 中执行 SQL 语句,需要使用 SQLContext 对象来调用 sql 方法。在 spark-shell 启动的过程中会初始化 SQLContext 对象为 sqlContext,使用这个 sqlContext 可以执行 SQL 语句。

此外,用户可以自己声明 SQLContext 对象,创建 SQLContext 对象的方式如图 11-1 所示。

```
scala> val sqlContext = new org.apache.spark.sql.SQLContext(sc)
sqlContext: org.apache.spark.sql.SQLContext = org.apache.spark.sql.SQLContext@7bb3294c

scala> 
```

图 11-1 创建 SQLContext 对象

11.3 DataFrame 对象的创建

在 Spark 中,DataFrame 是一种以 RDD 为基础的分布式数据集,类似于传统数据库中的二维表格。RDD[Person]虽然以 Person 为类型参数,但 Spark 框架本身不了解 Person 类的内部结构,Spark Core 只能在 Stage 层面进行简单、通用的流水线优化。DataFrame 多了数据的结构信息,即 Schema 元信息,Spark SQL 可以清楚地知道该数据集中包含哪些列,每列的名称和类型各是什么,如图 11-2 所示,从而对藏于 DataFrame 背后的数据源以及作用于 DataFrame 之上的变换进行了针对性的优化,大幅提升运行效率。

Person
Person
Person
Person
Person
Person

(a) RDD[Person]

Name	Age	Height
String	Int	Double
String	Int	Double
String	Int	Double
String	Int	Double
String	Int	Double
String	Int	Double

(b) DataFrame

图 11-2 RDD[Person]与 DataFrame 对比

DataFrame 可以通过结构化数据文件、外部数据库和 Spark 计算过程中生成的 RDD 进行创建。不同的数据源转换成 DataFrame 的方式不同,下面介绍如何利用不同的数据源创建 DataFrame。

11.3.1 使用 parquet 格式文件创建 DataFrame

Spark SQL 最常见的结构化数据文件格式是 parquet 格式或 JSON 格式。Spark SQL 可以通过 load 方法将 HDFS 上的格式化文件转换为 DataFrame,load 方法默认导入的文件格式是 parquet。parquet 是面向分析型业务的列式存储格式,parquet 的灵感来自于 2010 年 Google 公司发表的 Dremel 论文,文中介绍了一种支持嵌套结构的存储格式,并且使用了列式存储的方式提升查询性能,在 Dremel 论文中还介绍了 Google 公司如何使用这种存储格式实现并行查询的。

parquet 格式的特点如下。

(1) 可以跳过不符合条件的数据,只读取需要的数据,降低 I/O 数据量。

(2) 压缩编码可以降低磁盘存储空间。

(3) 只读取需要的列,支持向量运算,能够获取更好的扫描性能。

(4) Parquet 格式是 Spark SQL 的默认数据源,可通过 spark.sql.sources.default 配置。

如图 11-3 所示，通过执行 val dfUsers＝sqlContext.read.load("/user/hadoop/users.parquet")命令，将 HFDS 上的 parquet 文件 users.parquet 转换为 DataFrame(users.parquet 文件可在 Spark 安装包下的/examples/src/main/resources/目录下找到，见图 11-4)。本书将 users.parquet 上传到 HDFS 上的/user/hadoop 目录下。使用 parquet 格式文件创建 DataFrame 之前，先通过下述命令启动 Hadoop：

```
$cd /usr/local/hadoop
$./sbin/start-dfs.sh
```

```
scala> val dfUsers=sqlContext.read.load("/user/hadoop/users.parquet")
dfUsers: org.apache.spark.sql.DataFrame = [name: string, favorite_color: string,
favorite_numbers: array<int>]
```

图 11-3　使用 users.parquet 文件创建 DataFrame

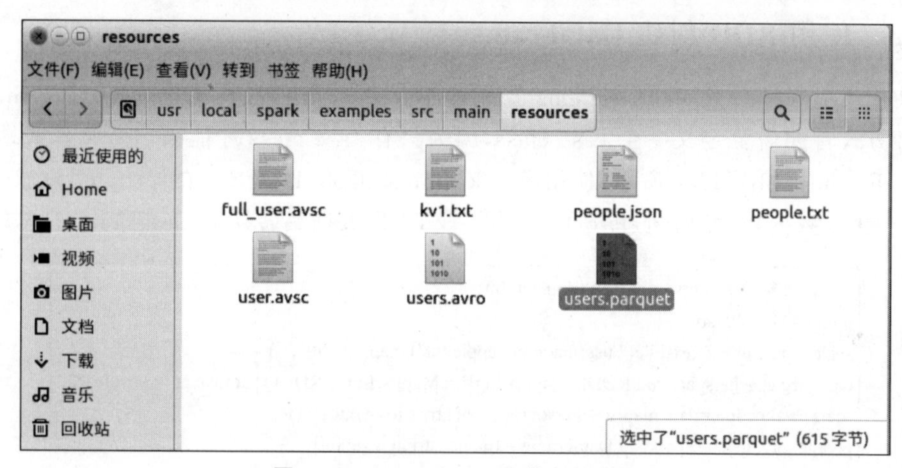

图 11-4　users.parquet 文件所处位置

11.3.2　使用 JSON 数据文件创建 DataFrame

Spark SQL 可以通过 format 方法结合 load 方法将 HDFS 上的 JSON 文件转换为 DataFrame。

如图 11-5 所示，通过执行 val dfPeople＝sqlContext.read.format("json").load ("/user/hadoop/people.json")命令，将 HFDS 上的 JSON 文件 people.json 转换为 DataFrame(people.json 文件可在 Spark 安装包下的/examples/src/main/resources/目录下找到，见图 11-6)。本书将 people.json 上传到 HDFS 上的/user/hadoop 目录下。

```
val dfPeople=sqlContext.read.format("json").load("/user/hadoop/people.json")
dfPeople: org.apache.spark.sql.DataFrame = [age: bigint, name: string]
```

图 11-5　使用 people.json 文件创建 DataFrame

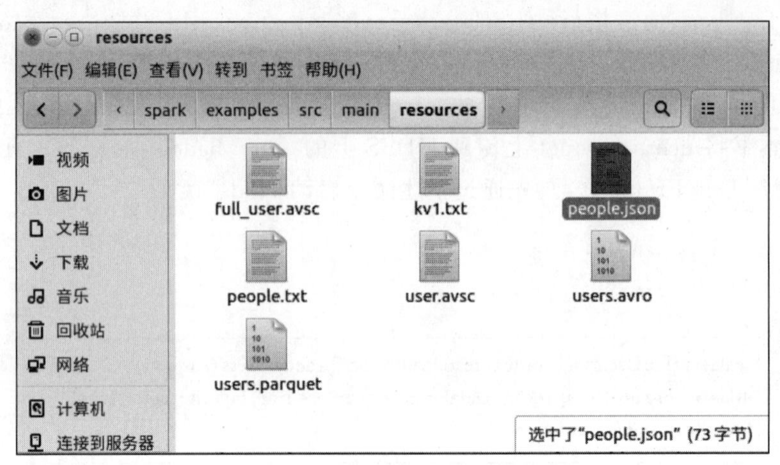

图 11-6 people.json 文件所处位置

11.3.3 使用 RDD 创建 DataFrame

使用反射来推断 RDD 的 schema 并创建 DataSet，然后将其转化为 DataFrame。使用这种方式首先需要定义一个 case class，因为只有 case class 才能被 Spark 隐式地转换为 DataFrame。如图 11-7 所示，使用 SparkContext 读取 HDFS 上的 people.txt 文件，得到一个 RDD 数据集，然后通过 toDF 方法将该 RDD 数据集转换成 DataFrame。

```
scala> case class Person(name:String,age:Int)
defined class Person
scala> val data=sc.textFile("/user/hadoop/people.txt").map(_.split(","))
data: org.apache.spark.rdd.RDD[Array[String]] = MapPartitionsRDD[7] at map at <console>:27
scala> val people=data.map(p=>Person(p(0),p(1).trim.toInt)).toDF()
people: org.apache.spark.sql.DataFrame = [name: string, age: int]
```

图 11-7 RDD 数据转换为 DataFrame

11.4 DataFrame 对象上的常用操作

首先根据数据集创建一个 DataFrame 对象 studentDF，然后借助 studentDF 对象展示 DataFrame 对象上常用操作。具体创建 DataFrame 对象 studentDF 的命令如下：

DataFrame 对象上的常用操作

```
scala>val studentDF =Seq(
     |      ("WangLi", "female", "18", "90"),
     |      ("LiHua", "male", "19", "86"),
     |      ("ChenFei","male", "18", "88"),
     |      ("LiuTao", "female", "18", "92")
     |    ).toDF("name","sex", "age", "score")
```

Seq（s1，s2，s3，…）的每个元素 si 会被包装成一个 Row，如果 si 为一个简单值，则生成一个只包含一个 value 列的 Row；如果 si 为一个 N-Tuple，则生成一个包含 N 列的 Row。

11.4.1 内容查看

DataFrame 对象 show 方法用来以表格的形式展示 DataFrame 对象中的数据。show 方法有 4 种调用方式。

1. show()

默认显示前 20 条记录。

```
scala>studentDF.show()
+------+-----+--+-----+
|  name |  sex |age|score|
+------+-----+--+-----+
|WangLi |female| 18|  90 |
|  LiHua |  male | 19|  86 |
|ChenFei|  male | 18|  88 |
| LiuTao |female| 18|  92 |
+------+-----+--+-----+
```

2. show(numRows: Int)

显示 numRows 条记录。

```
scala>studentDF.show(2)
+------+-----+--+-----+
|  name  |  sex |age|score|
+------+-----+--+-----+
|WangLi  |female| 18|  90 |
| LiHua  |  male | 19|  86 |
+------+-----+--+-----+
only showing top 2 rows
```

3. show(false)

false 表示不进行信息的缩略，默认为 true，最多只显示 20 个字符。

```
scala>studentDF.show(false)
+------+-----+--+-----+
|name   |sex    |age|score|
+------+-----+--+-----+
|WangLi |female|18 |90    |
|LiHua  |male   |19 |86    |
```

```
|ChenFei |male  |18 |88   |
|LiuTao  |female|18 |92   |
+------+-----+--+-----+
```

4. show(numRows: Int, truncate: Boolean)

综合前面的显示记录条数,以及对过长字符串的显示格式。

```
scala>studentDF.show(2, false)
+------+-----+--+-----+
|name   |sex   |age|score|
+------+-----+--+-----+
|WangLi  |female|18 |90   |
|LiHua   |male  |19 |86   |
+------+-----+--+-----+
only showing top 2 rows
```

5. 查看 DataFrame 对象的数据模式

通过 DataFrame 对象的 printSchema 属性,可查看一个 DataFrame 对象中有哪些列,这些列是什么样的数据类型。

```
scala>studentDF.printSchema
root
  |--name: string (nullable =true)
  |--sex: string (nullable =true)
  |--age: string (nullable =true)
  |--score: string (nullable =true)
```

6. 查看 DataFrame 对象的行数

DataFrame 对象的 count 方法用来输出 DataFrame 对象的行数。

```
scala>studentDF.count()
res10: Long =4
```

7. 查看 DataFrame 对象的特定列

通过 DataFrame 对象的 select 方法可查看特定某些列。

```
scala>studentDF.select("name","age").show(2,false)
+------+---+
|name    |age |
+------+---+
|WangLi  |18  |
|LiHua   |19  |
```

```
+------+---+
only showing top 2 rows
```

11.4.2　过滤

通过 DataFrame 对象的 filter 方法过滤出想要的数据。

```
scala>val newDF=studentDF.filter(col("sex")==="female")
scala>newDF.show()
+------+------+---+-----+
| name |  sex  |age |score |
+------+------+---+-----+
|WangLi |female | 18 |  90  |
|LiuTao |female | 18 |  92  |
+------+------+---+-----+
```

filter 方法可以同时指定多个条件。

```
scala>val new2DF =studentDF.filter(col("age")==="19" && col("sex")==="male")
scala>new2DF.show()
+-----+----+---+-----+
| name  | sex  |age |score |
+-----+----+---+-----+
|LiHua |male | 19 |  86  |
+-----+----+---+-----+
```

11.4.3　分组与聚合

分组操作使用的方法是 groupBy，聚合操作使用的方法是 agg。

```
scala>val new3DF =studentDF.groupBy("sex").agg(mean("score") as "meanScore")
scala>new3DF.show()
+------+---------+
|  sex  |meanScore  |
+------+---------+
|female |    91.0   |
|  male |    87.0   |
+------+---------+
```

说明：agg 操作是在以 groupBy 进行分组后，对每个分组内的列进行计算，agg 方法可以同时对多个列进行操作，生成所需要的数据。

11.4.4　获取所有数据到数组

不同于前面的 show 方法，collect 方法会将 DataFrame 中的所有数据都获取到，并返回一个 Array 对象。

```
scala>studentDF.collect()
res19: Array[org.apache.spark.sql.Row] =Array([WangLi,female,18,90], [LiHua,
male,19,86], [ChenFei,male,18,88], [LiuTao,female,18,92])
```

11.4.5 获取所有数据到列表

collectAsList 方法获取所有数据到 List 对象。

```
scala>studentDF.collectAsList()
res20: java.util.List[org.apache.spark.sql.Row] = [[WangLi, female, 18, 90],
[LiHua,male,19,86], [ChenFei,male,18,88], [LiuTao,female,18,92]]
```

11.4.6 获取指定字段的统计信息

describe 方法用来获取指定字段的统计信息,这个方法可以动态地传入一个或多个 String 类型的字段名,结果仍然为 DataFrame 对象,用于统计数值类型字段的统计值,例如 count、mean、stddev、min 和 max 等。

```
scala>studentDF.describe("age", "score").show()
+-------+---------------+--------------+
|summary |           age |        score |
+-------+---------------+--------------+
|  count |             4 |            4 |
|   mean |         18.25 |         89.0 |
| stddev |0.4999999999999998 |2.581988897471611 |
|    min |            18 |           86 |
|    max |            19 |           92 |
+-------+---------------+--------------+
```

11.5 习题

1. RDD 与 DataFrame 有什么区别?
2. 创建 DataFrame 对象的方式有哪些?
3. 对 DataFrame 对象的数据进行过滤的方法是什么?
4. 分析 Spark SQL 出现的原因。

第12章

数据可视化

通过对数据集进行可视化，不仅能让数据更加生动、形象，也便于用户发现数据中隐含的规律与知识，有助于帮助用户理解大数据技术的价值。Tableau在简单易用性方面排在现有所有可视化工具的首位，在制作报表和挖掘数据并进行分析方面表现突出。Echarts 是百度开源的一个数据可视化库，可以绘制的图形包括折线图、柱状图、散点图、饼图、K 线图、盒形图、用于地理数据可视化的地图和用于关系数据可视化的关系图等。PyeCharts 是一个用于生成Echarts 图表的类库。

12.1 Tableau 绘图

Gartner 认为“Tableau 在简单易用性方面排在现有所有可视化工具的首位”。德国电子商务网站的数据科学家 Lucie Salwiczek 认为：不管是制作报表，还是深入挖掘数据并进行分析，只需要 Tableau 这样一个工具就够了。

12.1.1 Tableau 的主要特性

Tableau 之所以在业界有如此出色的表现，原因在于以下几个方面的主要特性。

1. 极速高效

传统商业智能通过 ETL 过程处理数据，数据分析往往会延迟一段时间。Tableau 通过内存数据引擎不但可以直接查询外部数据库，还可以动态地从数据仓库抽取数据，实时更新连接数据，大大提高了数据访问和查询的效率。

此外，用户通过拖放数据列就可以由 VizQL 转化成查询语句，从而快速改变分析内容；单击就可以突出变亮显示，并可随时下钻或上卷查看数据；添加一个筛选器、创建一个组或分层结构就可变换一个分析角度，实现真正灵活、高效的即时分析。

2. 简单易用

简单易用是 Tableau 非常重要的一个特性。Tableau 提供了非常友好的可视化界面,用户通过轻点鼠标和简单拖放,就可以迅速创建出智能、精美、直观和具有强交互性的报表和仪表盘。Tableau 的简单易用性具体体现在以下两个方面。

(1) 易学。使用者不需要具有 IT 背景,也不需要具有统计知识,只需通过拖放和点选的方式就可以创建出精美、交互式仪表盘。帮助用户迅速发现数据中的异常点,对异常点进行明细钻取,还可以实现异常点的深入分析,定位异常原因。

(2) 操作极其简单。对于传统商业智能工具,业务人员和管理人员主要依赖 IT 人员定制数据报表和仪表盘,并且需要花费大量时间与 IT 人员沟通需求、设计报表样式,而只有少量时间真正用于数据分析。Tableau 具有友好且直观的拖放界面,业务人员只需将数据准备好,用户就可以连接数据源自己来进行分析。

3. 可连接多种数据源,轻松实现数据融合

在很多情况下,用户想要展示的信息分散在多个数据源中,有的存在于文件中,有的可能存放在数据库服务器上。Tableau 也允许用户查看多个数据源,如带分隔符的文本文件、Excel 文件、SQL 数据库、Oracle 数据库和多维数据库等,在不同的数据源间来回切换分析,并允许用户把多个不同数据源结合起来使用。

此外,Tableau 还允许在使用关系数据库或文本文件时,通过创建连接(支持多种不同连接类型,如左连接、右连接和内部连接等)来组合多个表或文件中存在的数据,以允许分析相互有关系的数据。

4. 高效接口集成,具有良好可扩展性,提升数据分析能力

Tableau 提供多种应用编程接口,包括数据提取接口、页面集成接口和高级数据分析接口。

(1) 数据提取接口。Tableau 可以连接使用多种格式数据源,为此,Tableau 提供了数据提取接口,使用它们可以在 C、C++、Java 或 Python 中创建用于访问和处理数据的程序,然后使用这样的程序创建 Tableau 数据提取(.tde)文件。

(2) JavaScript API。通过 JavaScript API,可以把通过 Tableau 制作的报表和仪表盘嵌入到已有的企业信息化系统或企业商务智能平台中,实现与页面和交互的集成。

(3) 与数据分析工具 R 的集成接口。R 是一种用于统计分析和预测建模分析的开源软件编程语言和软件环境,具有非常强大的数据处理、统计分析和预测建模能力。Tableau 8.1 之后的版本,支持与 R 的脚本集成,大大提升了 Tableau 在数据处理和高级分析方面的能力。

12.1.2 Tableau 工作表工作区

本教程安装的 Tableau 版本是 10.5。具体安装过程比较简单,这里不再详述。

打开 Tableau 后,若没有指定工作簿,会显示开始界面,如图 12-1 所示,其中包含了近使用的工作簿、已保存的数据连接、示例工作簿和其他一些入门资源,这些内容将帮助初学者快速入门,开始界面具体如下。要开始构建视图并分析数据,需要先进入“新建数据源”界面,将 Tableau 连接到一个或多个数据源。

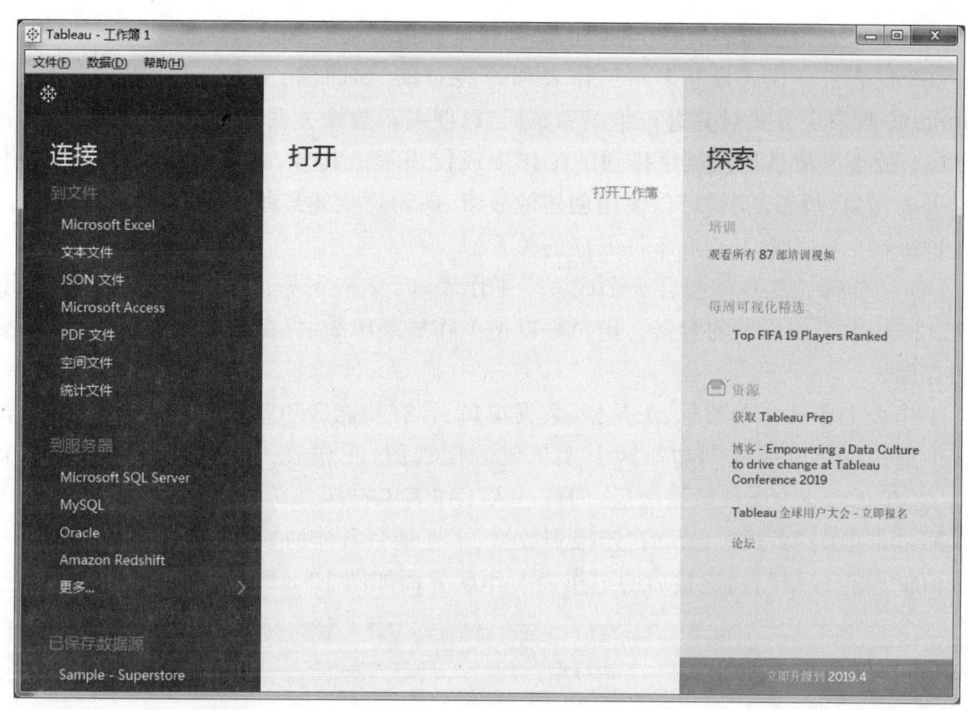

图 12-1　Tableau 开始界面

选择“文件”→“新建”命令，打开如图 12-2 所示的工作表工作区界面。在正式介绍工作表工作区之前，首先需要了解以下几个基本概念。

图 12-2　工作表工作区界面

(1) 工作表。工作表又称为视图,是可视化分析的基本单元。

(2) 仪表板。仪表板是多个工作表和一些对象(如图像、文本、网页和空白等)的组合,可以按照一定方式对其进行组织和布局,以便揭示数据关系和内涵。

(3) 故事。故事是按顺序排列的工作表或仪表板的集合,故事中各个单独的工作表或仪表板称为“故事点”。可以使用创建的故事,向用户叙述某些事实,或者以故事方式揭示各种事实之间的上下文或事件发展的关系。

(4) 工作簿。工作簿包含一个或多个工作表,以及一个或多个仪表板和故事,是用户在 Tableau 中工作成果的容器。用户可以把工作成果组织、保存或发布为工作簿,以便共享和存储。

工作表工作区包含菜单、工具栏、数据窗口、含有功能区和图例的卡,可以在工作表工作区中通过将字段拖放到功能区上来生成数据视图(工作表工作区仅用于创建单个视图)。在 Tableau 中连接数据之后,即可进入工作表工作区。

通过单击图 12-2 左上方的“连接到数据”来连接到具体的数据,这里选择连接到一个 Excel 的“学生成绩”表,连接后的工作表工作区界面如图 12-3 所示。

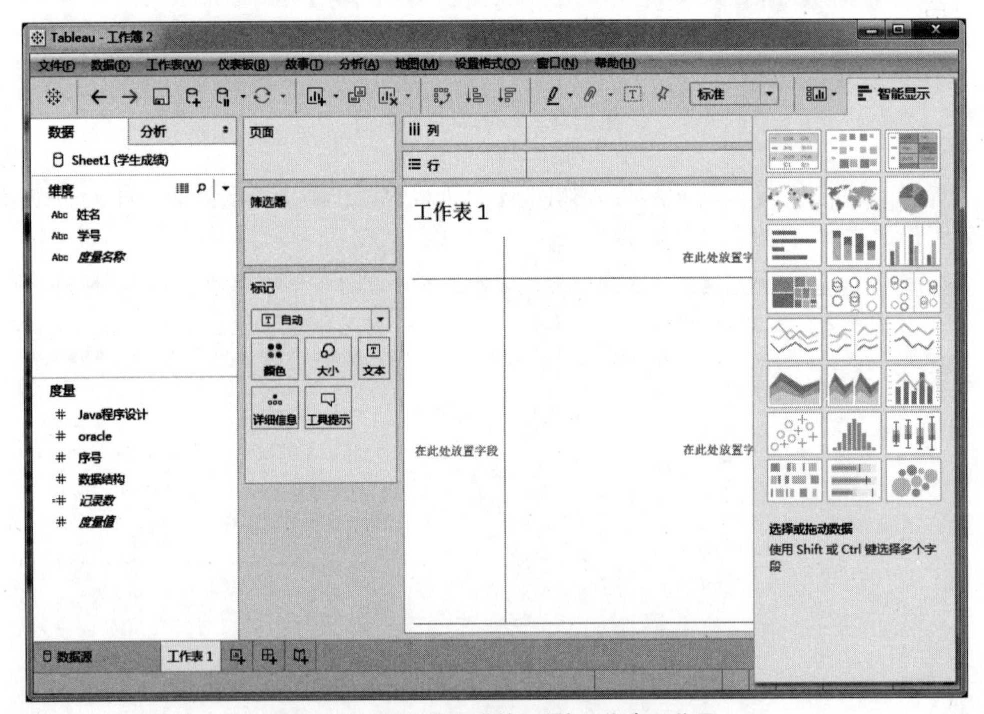

图 12-3 连接“学生成绩”后的工作表工作区

工作表工作区中的主要部件如下。

1. 数据窗口

数据窗口位于工作表工作区的左侧。可以通过单击数据窗口右上角的最小化按钮 ,来隐藏和显示数据窗口,这样数据窗口会折叠到工作区底部,再次单击小化按钮可显示数据窗口。通过单击，然后在文本框中输入内容，可在数据窗口中搜索字段。通过单击，可以查看数据。数据窗口由数据源窗口、维度窗口、度量窗口、集窗口和参数窗口等组成。

(1) 数据源窗口。包括当前使用的数据源及其他可用的数据源。

(2) 维度窗口。包含诸如文本和日期等类别数据的字段。

(3) 度量窗口。包含可以聚合的数字的字段。

(4) 集窗口。定义的对象数据的子集，只有创建了集，此窗口才可见。

(5) 参数窗口。可替换计算字段和筛选器中的常量值的动态占位符，只有创建了参数，此窗口才可见。

2. 分析窗口

将菜单中常用的分析功能进行了整合，方便快捷使用，主要包括汇总、模型和自定义 3 个窗口，如图 12-4 所示。

图 12-4　分析窗口

(1) 汇总窗口。提供常用的参考线、参考区间及其他分析功能，包括常量线、平均线、含四分位点的中值、盒须图和合计等，可直接拖放到视图中应用。

(2) 模型窗口。提供常用的分析模型，包括含 95% CI 的平均值、趋势线、预测和群集。

(3) 自定义窗口。提供参考线、参考区间、分布区间和盒须图的快捷使用。

3. 页面窗口

可在此功能区上基于某个维度的成员或某个度量的值将一个视图拆分为多个视图。

4. 筛选器窗口

指定要包含和排除的数据,所有经过筛选的字段都显示在筛选器窗口上。

5. 标记窗口

控制视图中的标记属性,包括一个标记类型选择器,可以在其中指定标记类型(例如条、线和区域等)。此外,还包含颜色、大小、标签、文本、详细信息和工具提示等控件,这些控件的可用性取决于视图中的字段和标记类型。

6. 颜色图例

包含视图中颜色的图例,仅当颜色上至少有一个字段时才可用。同理,也可以添加形状图例、尺寸图例和地图图例。

7. 行功能区和列功能区

行功能区用于创建行,列功能区用于创建列,可以将任意数量的字段放置在这两个功能区上。将 Java 程序设计和 Oracle 设为行,姓名设为列,得到的工作表视图如图 12-5 所示。

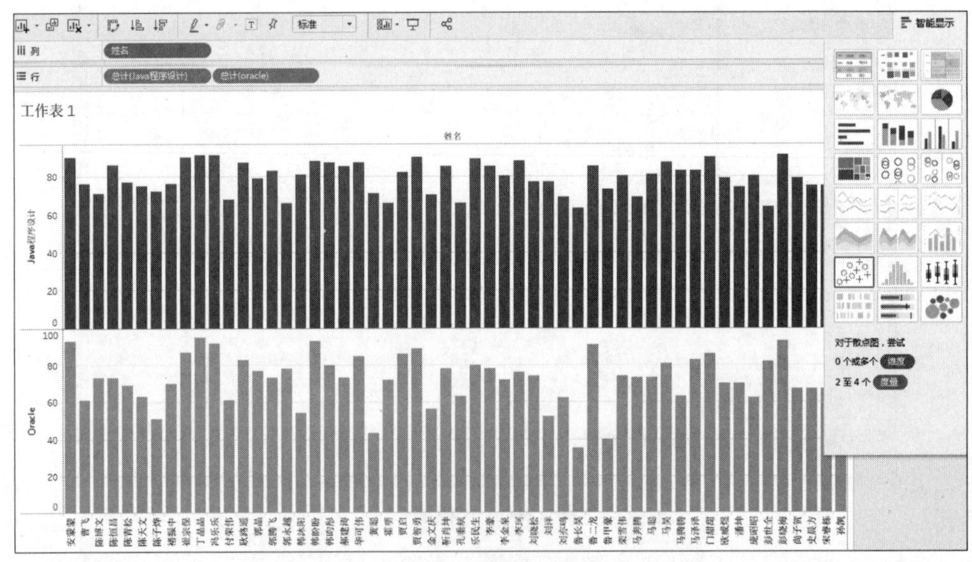

图 12-5 行功能区和列功能区

8. 工作表视图区

创建和显示视图的区域,一个视图就是行和列的集合,由以下组件组成:标题、轴、区、单元格和标记等组件组成。除这些内容外,还可以选择显示标题、说明、字段标签、摘要和图例等。

9. 智能显示

通过智能显示，可以基于视图中已经使用的字段以及在数据窗口中选择的任何字段来创建视图。Tableau 会自动评估选定的字段，然后在智能显示中突出显示与数据相符的可视化图表类型。

10. 标签栏

显示已经被创建的工作表、仪表板和故事的标签，或者通过标签栏上的新建工作表图标创建新工作表，或者通过标签栏上的新建仪表板图标创建新仪表板，或者通过标签栏上的新建故事板图标创建新故事板。

11. 状态栏

位于 Tableau 工作簿的底部。它显示菜单项说明以及有关当前视图的信息。可以通过选择“窗口”→“显示状态栏”命令来隐藏状态栏。有时 Tableau 会在状态栏的右下角显示警告图标，以指示错误或警告。

12.1.3　Tableau 仪表板工作区

仪表板工作区使用布局容器把工作表和一些图片、文本、网页类型的对象按一定的布局方式组织在一起。在工作区页面单击“新建仪表板”按钮，或者选择“仪表板”→“新建仪表板”命令，打开仪表板工作区，仪表板窗口将替换工作表左侧的数据窗口。图 12-6 显示了 Tableau 中的仪表板工作区，将创建的工作表拖放到仪表板工作区就可以创建一个仪表板，这里将创建的 Java 程序设计、数据结构和 Oracle 3 个工作表拖进仪表板视图区创建一个仪表板，并命名为“课程成绩仪表板”。

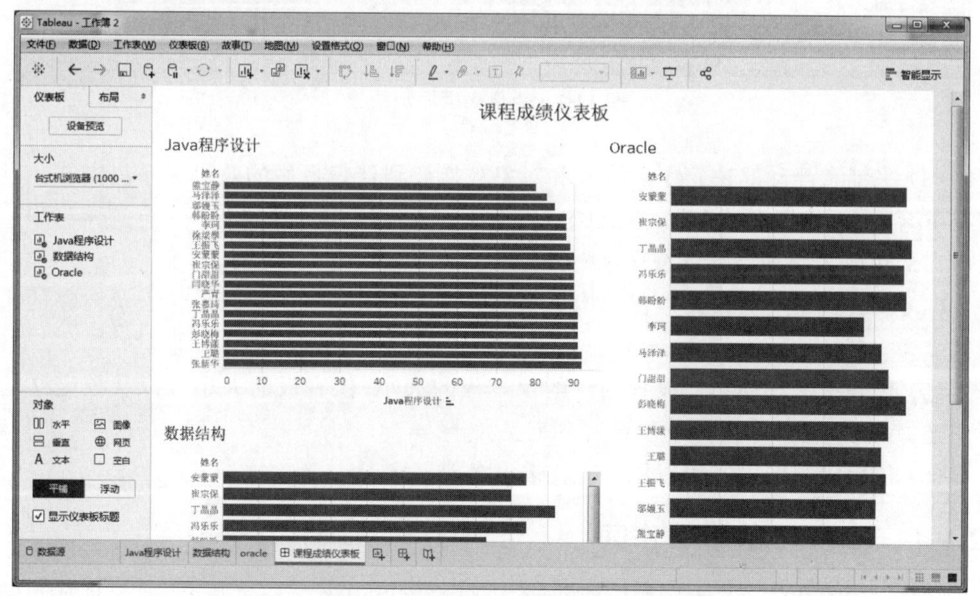

图 12-6　Tableau 中的仪表板工作区

仪表板工作区中的主要部件如下。

(1) 仪表板窗口。列出了在当前工作簿中创建的所有工作表,可以选中工作表并将其从仪表板窗口拖至右侧的仪表板区域中,一个灰色阴影区域将指示出可以放置该工作表的各个位置。在将工作表添加至仪表板后,仪表板窗口中会用复选标记来标记该工作表。

(2) 仪表板对象窗口。包含仪表板支持的对象,如文本、图像、网页和空白区域。从仪表板窗口拖放所需对象至右侧的仪表板窗口中,可以添加仪表板对象,为仪表板添加图像后的仪表板如图 12-7 所示。

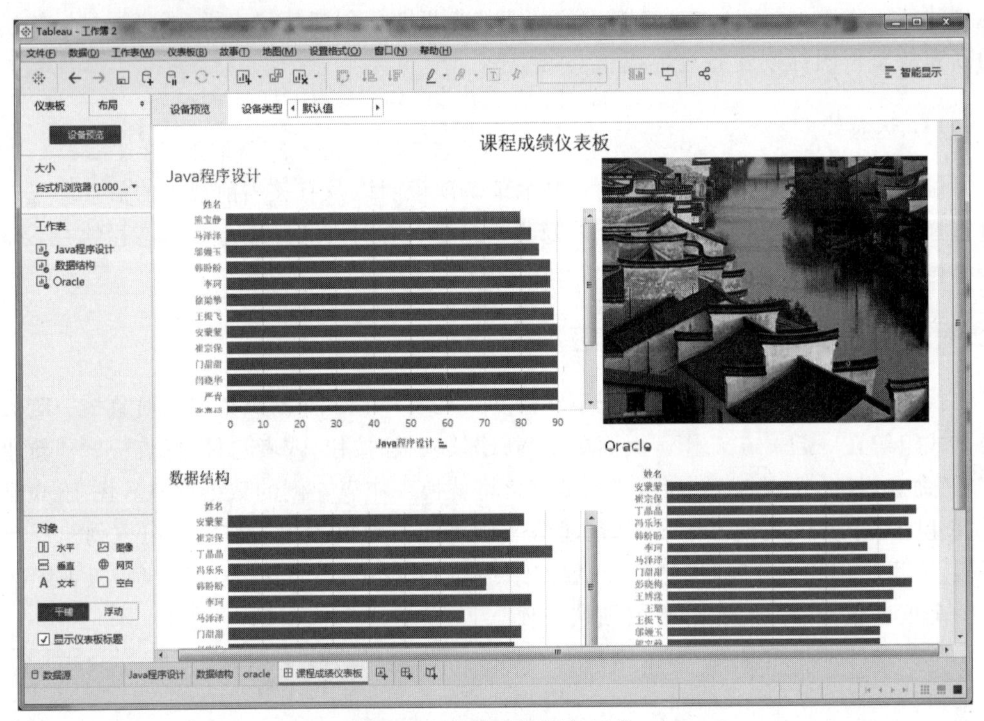

图 12-7 为仪表板添加图像

(3) 平铺和浮动。决定了工作表和对象被拖放到仪表板后的效果和布局方式。默认情况下,仪表板使用平铺布局,这意味着每个工作表和对象都排列到一个分层网格中。可以将布局更改为浮动以允许视图和对象重叠。

(4) 仪表板布局窗口。以树结构显示当前仪表板中用到的所有工作表及对象的布局方式。

(5) 仪表板大小窗口。设置创建的仪表板的大小,仪表板的大小可以从预定义的大小中选择一个,或以像素为单位设置自定义大小。

(6) 仪表板视图区。可以添加工作表及各类对象。

12.1.4 Tableau 故事工作区

故事是 Tableau 8.2 之后新增的特性,一般将故事用作演示工具,按顺序排列视图或仪表板。选择“故事”→“新建故事”命令，或者单击底部工具栏上的新建故事按钮，就可以创建一个故事，如图 12-8 所示。

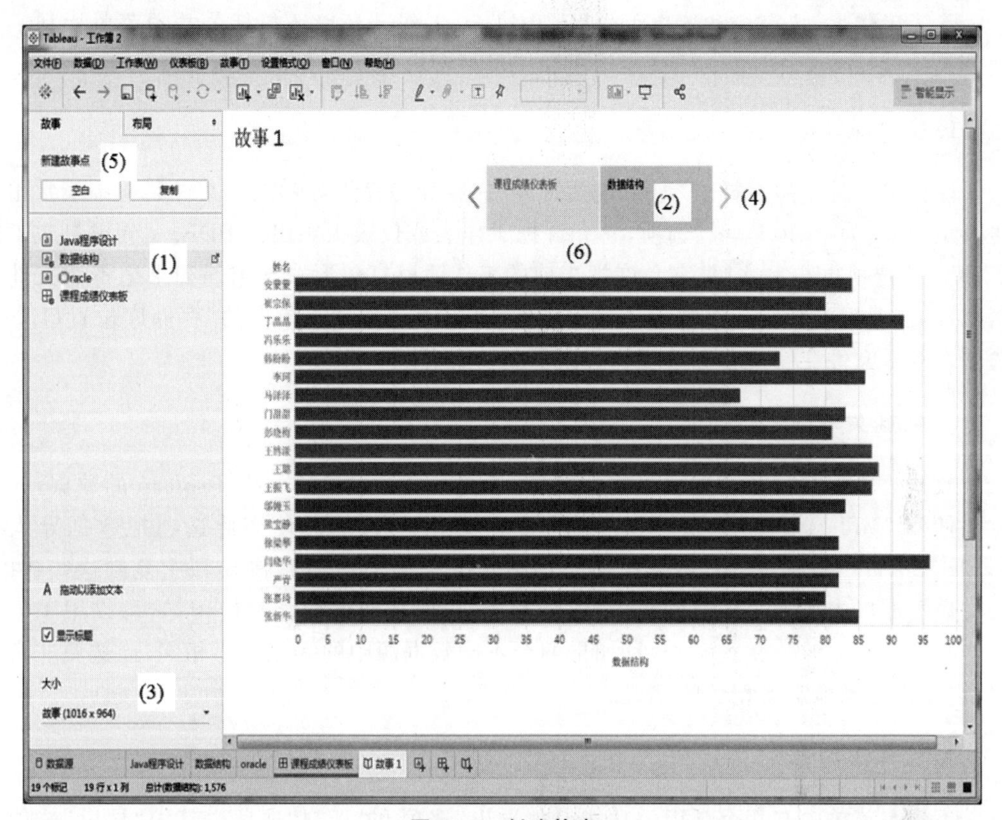

图 12-8　创建故事

故事工作区中的主要部件如下。

(1) 仪表板和工作表窗口。显示在当前工作簿中创建的视图和仪表板的列表，将其中的一个视图或仪表板拖到故事区域(导航框下方)，即可创建故事点，单击可快速跳转至所在的视图或仪表板。

(2) 添加说明。通过添加说明为故事点中的视图或仪表板添加注释。若要添加说明，只需双击“添加说明”处进行说明添加。

(3) 大小窗口。设置创建故事的大小，故事的大小可以从预定义的大小中选择一个，或以像素为单位设置自定义大小。

(4) 导航框。用户进行故事点导航的窗口，可以利用左侧或右侧的按钮顺序切换故事点，也可以直接单击故事点进行切换。

(5) 新建故事窗口。单击空白按钮可以创建新故事点，使其与原来的故事点有所不同。单击复制按钮可以将当前故事点用作新故事点的起点。

(6) 故事视图区。故事视图区是创建故事的工作区域，可以添加工作表、仪表板对象。

12.1.5 Tableau 菜单栏

除了工作表、仪表板和故事工作区,Tableau 工作区环境还包括公共的菜单栏和工具栏。无论在哪个工作区环境下,菜单栏和工具栏都存在于工作区的顶部。

1. 文件菜单

像任何文件菜单一样,该菜单包括打开、保存和另存为等功能。文件菜单中最常用的功能是"打印为 PDF(D)…"选项,它允许把工作表或仪表板导出为 PDF。"导出打包工作簿(K)…"选项也非常常用,它允许把当前的工作簿以打包形式导出。如果记不清文件存储位置,或者想要改变文件的默认存储位置,可以使用文件菜单中的"存储库位置(L)…"选项来查看文件存储位置和改变文件的默认存储位置。

2. 数据菜单

数据菜单中的"粘贴"选项非常方便,如果在网页上发现了一些 Tableau 的数据,并且想要使用 Tableau 进行分析,可以从网页上复制下来,然后使用此选项把数据导入到 Tableau 中进行分析。一旦数据被粘贴,Tableau 将从 Windows 粘贴板中复制这些数据,并在数据窗口中增加一个数据源。"编辑关系"选项在数据融合时使用,它可以用于创建或修改当前数据源关联关系,并且如果两个不同数据源中的字段名不相同,此选项非常有用,它允许明确地定义相关的字段。

3. 工作表菜单

工作表菜单中有几个常用的功能,如"导出"选项和"复制"选项。其中"导出"选项允许把工作表导出为一个图像、一个 Excel 交叉表或者 Access 数据库文件(.mdb)。使用"复制"选项中的"复制为交叉表(T)"选项会创建一个当前工作表的交叉表版本,并把它存放在一个新的工作表中。

4. 仪表板菜单

此菜单中的选项只有在仪表板工作区环境下可用。

5. 故事菜单

此菜单中的选项只有在故事工作区环境下可用,可以利用其中的"新建故事(N)"选项新建故事,利用"设置格式(F)"选项设置故事的背景、标题和说明,还可以利用"导出图像(X)…"选项把当前故事导出为图像。

6. 分析菜单

熟悉了 Tableau 的基本视图创建方法后,可以使用分析菜单中的一些选项来创建高级视图,或者利用它们来调整 Tableau 中的一些默认行为,如利用其中的"聚合度量(A)"选项来控制对字段的聚合或解聚,也可以利用"创建计算字段(C)…"和"编辑计算字段

(U)”选项创建当前数据源中不存在的字段。分析菜单在故事工作区环境下不可见，在仪表板工作区环境下仅部分功能可用。

12.1.6　Tableau 可视化与数据分析举例

在 Tableau 首页，可以看到有多种连接方式：文本文件、Excel、JSON 文件和数据库等。

1. 连接数据文件

本节选择 Tableau 系统自带的示例——超市数据，作为可视化和分析的对象。

2. 可视化数据

分别将“维度”和“度量”的“类别”字段拖至行，“地区”拖至行，“数量”拖至列，“销售额”拖至列，同时再将“地区”拖至“颜色”，所建立的工作表如图 12-9 所示。

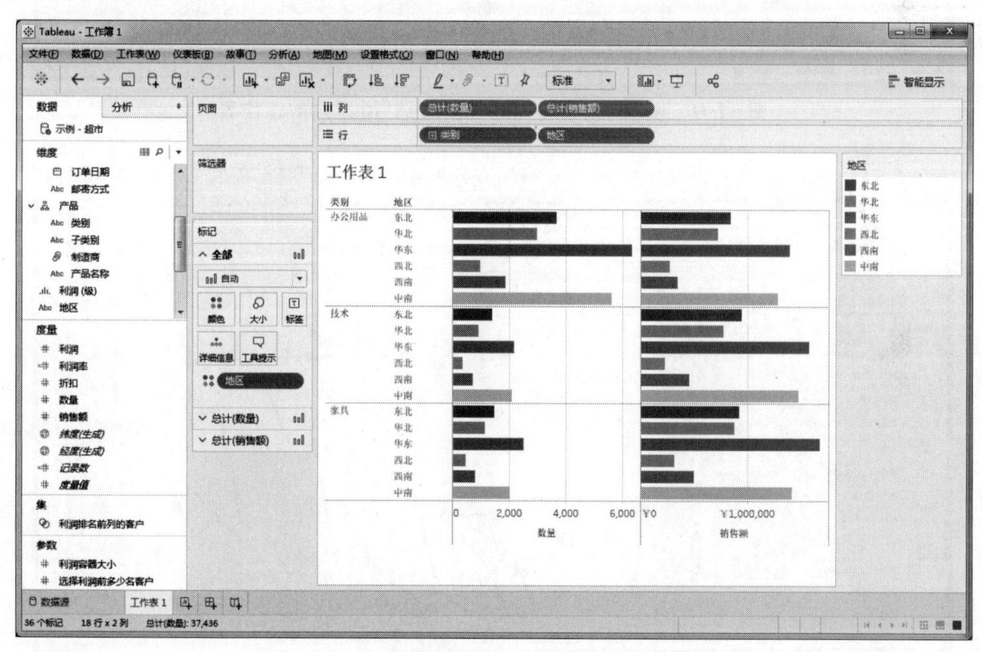

图 12-9　选择行和列的字段所建立的工作表

通过图 12-9 可以很清晰地看到，办公用品、技术、家具在华东地区销售的数量最多，在西北销售的数量最少；销售额具有同样的特征。

如果想看销售额，将“销售额”随“订单日期”推移到销售情况，将“销售额”放入行，将“订单日期”放入列，如图 12-10 所示。

通过图 12-10 可以很清晰地看到，华东地区和西南地区随着“订单日期”的推移，销售额一直在增加。

Tableau 会以年度汇集日期。可以单击图 12-10 下方箭头所示“加号（+）”将其展开为按季度、按月和按天的工作表，如图 12-11 所示。

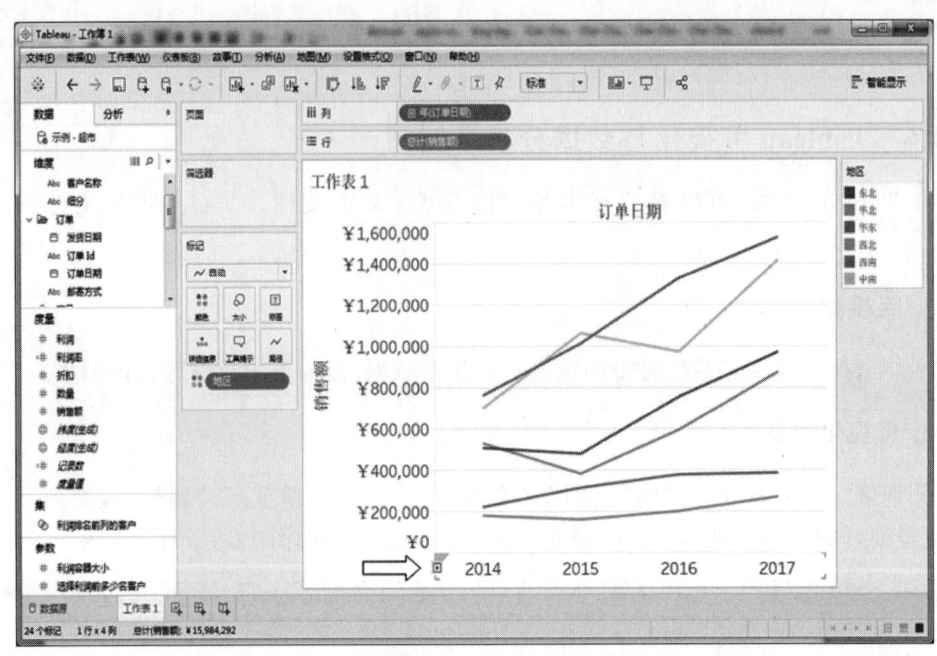

图 12-10 选择“销售额”和“订单日期”所建立的工作表

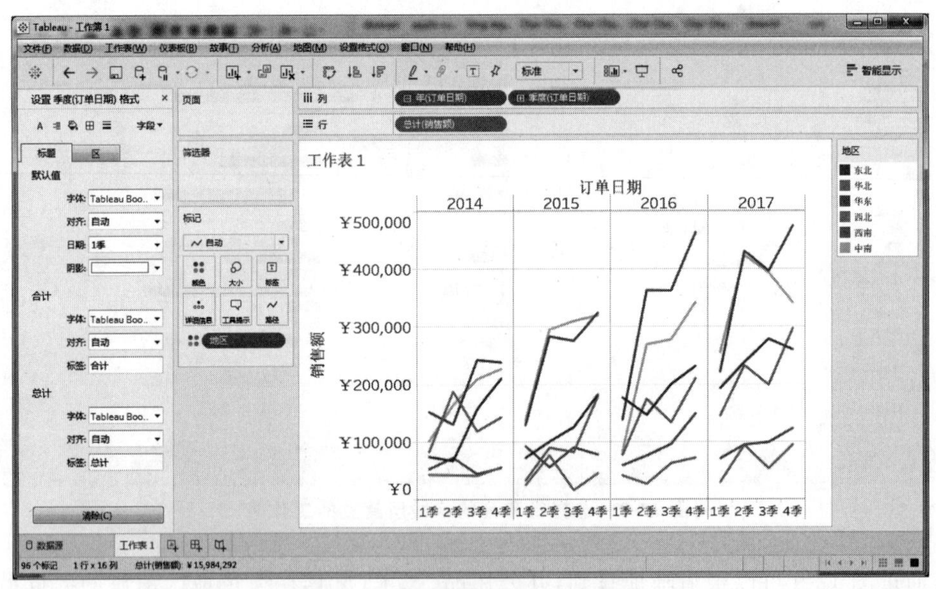

图 12-11 “销售额”按“季度”展开

12.2 ECharts 绘图

12.2.1 ECharts 的特点

ECharts 绘图

ECharts 缩写来自 Enterprise Charts,即商业级数据图表,是百度公司的一个开源的数据可视化工具。ECharts是一个纯JavaScript的图表库,可以流畅地运行在PC和移动设备上,兼容当前绝大部分浏览器,底层依赖轻量级的Canvas类库ZRender,提供直观、生动、可交互和可高度个性化定制的数据可视化图表。创新的拖曳重计算、数据视图和值域漫游等特性大大增强了用户体验,赋予了用户对数据进行挖掘和整合的能力。

ECharts支持折线图(区域图)、柱状图(条状图)、散点图(气泡图)、K线图、饼图(环形图)、雷达图(填充雷达图)、和弦图、力导向布局图、地图、仪表盘、漏斗图和事件河流图共12类图表,同时提供标题、详情气泡、图例、值域、数据区域、时间轴和工具箱7个可交互组件,支持多图表、组件的联动和混搭展现。

12.2.2　ECharts环境搭建

需要引入echarts.js到编写的项目中,在网页里加入这个js文件就有了ECharts的开发环境,可以从官网下载http://echarts.baidu.com/download.html。本书下载的是echarts.min.js版本。

12.2.3　使用Dreamweaver 8创建网页

(1) 双击打开在本站下的Dreamweaver 8软件,打开软件后,单击左上角的"文件",在弹出的选项中选择"新建"命令,在打开的新建窗口中选择要创建的文件类型,如图12-12所示,选择完成后单击"创建"按钮就可以了。

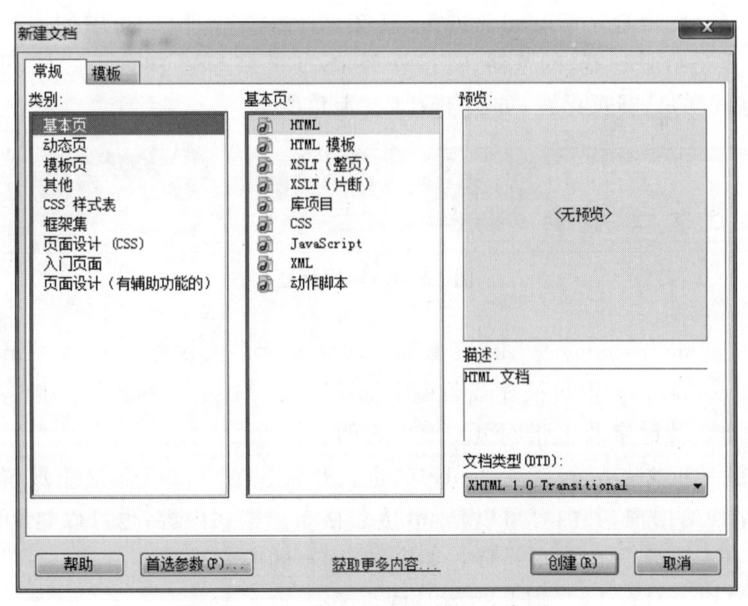

图12-12　选择要创建的文件类型

(2) 这样,一个初步的Dreamweaver网页就创建好了,如图12-13所示,然后可以根据自己的需要在其中输入代码。

(3) 使用Ctrl+S组合键保存编写的文件,在打开的保存窗口中,可以更改默认文件名字,输入完成后,单击"保存"按钮就创建了自己想要的网页文件。

图 12-13 初步的 Dreamweaver 网页

(4) HTML 结构分析。

① 无论是动态页面还是静态页面都是以<html>开始,然后在网页最后以</html>结尾。

② <html>后接着是<head>页头,其在<head></head>中的内容在浏览器中无法显示,这里是给服务器、浏览器、链接外部 JS、a 链接 CSS 样式等区域,里面<title></title>中放置的是网页标题,如图 12-14 左上角所示。

图 12-14 网页标题

③ 接着"<meta name="keywords" content="关键字" /> <meta name="description" content="本页描述或关键字描述" /> "这两个标签里的内容是给搜索引擎看的,说明本页关键字及本张网页主要内容的。

④ 接着就是正文<body></body>,也就是常说的 body 区,这里放置的内容可以通过浏览器呈现给用户,其内容可以是 table 表格布局格式内容,也可以是 DIV 布局的内容,也可以直接是文字。这里也是最主要区域,网页的内容呈现区。

⑤ 最后是以</html> 结尾,也就是网页闭合。

12.2.4 使用 Echarts 绘制折线图

1. 编写 HTML 文件

这里采用 Dreamweaver 8 编辑器编写 HTML 文件。Dreamweaver 8 安装好之后,选

择“文件”→“新建”命令，打开新建文档界面如图 12-15 所示。然后，单击“创建”按钮，打开 HTML 文件编辑界面，如图 12-16 所示。

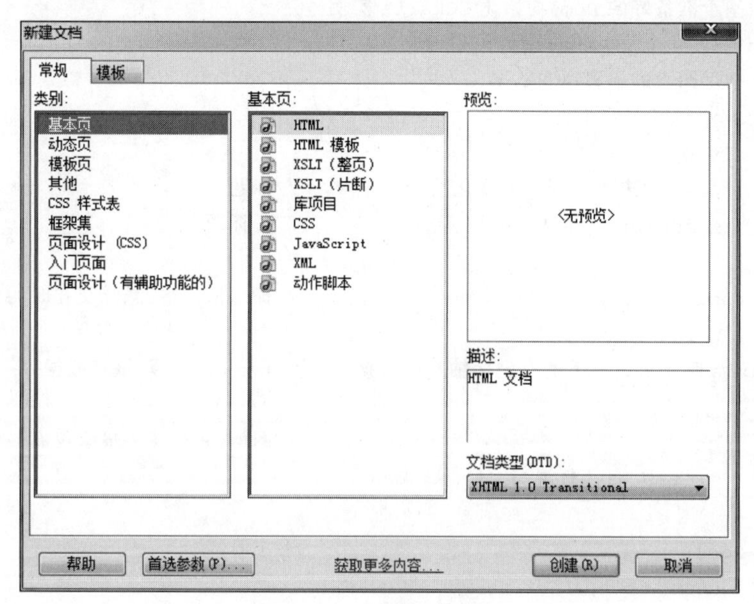

图 12-15　新建文档界面

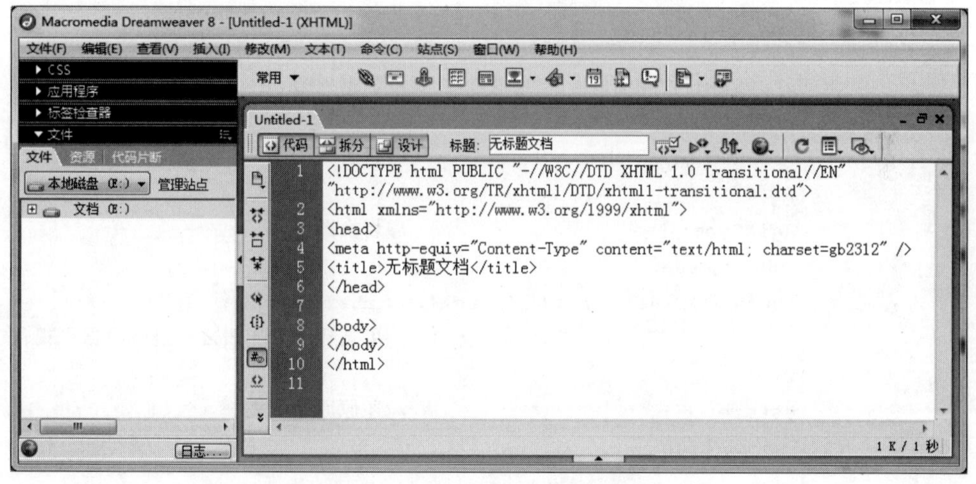

图 12-16　HTML 文件编辑界面

将下述代码复制到代码编辑区。

```
<html>
  <head>
    <script src="echarts.min.js"></script>
  </head>
  <body>
    <!--为 ECharts 准备一个具备大小(宽高)的 Dom -->
```

```
<div id="main" style="width: 600px;height:400px;"></div>
<script type="text/javascript">
  //基于准备好的 Dom,初始化 ECharts 实例
  var myChart =echarts.init(document.getElementById('main'));
  //指定图表的配置项和数据
  var option ={
    title: {
      text: '未来一周气温变化',              //标题
      subtext: '近期'                       //子标题
    },
    tooltip: {                              //提示框,鼠标悬浮交互时的信息提示
      trigger: 'axis'
//值为 axis 时显示该列下所有坐标轴对应数据,值为 item 时只显示该点数据
    },
    legend: {                               //图例,每个图表最多仅有一个图例
      data: ['最高气温', '最低气温']
    },
    toolbox: {                              //工具栏
      show: true,
      feature: {
        mark: {
          show: true
        },
        dataView: {                         //数据视图
          show: true,
          readOnly: false                   //是否只读
        },
        magicType: {                        //切换图表
          show: true,
          type: ['line', 'bar', 'stack', 'tiled']
                                            //可选择 4 种图表之一进行数据可视化
        },
        restore: {                          //还原原始图表
          show: true
        },
        saveAsImage: {                      //保存图片
          show: true
        }
      }
    },
    calculable: true,                       //是否启用拖曳重计算特性
    xAxis: [{
      type: 'category',                     //坐标轴类型,横轴默认为'category'
      boundaryGap: false,
```

```
      data: ['12.3', '12.4', '12.5', '12.6', '12.7', '12.8', '12.9']
                                                //数据项
    }],
    yAxis: [{
      type: 'value',                            //坐标轴类型,纵轴默认为数值型'value'
      axisLabel: {
        formatter: '{value} °C'                 //加上单位
      }
    }],
    series: [{                                  //设置图表数据
      name: '最高气温',                          //系列名称
      type: 'line',                             //图表类型
      data: [13, 13, 10, 7, 10, 11, 13],
      markPoint: {                              //系列中的数据标注内容
        data: [{
          type: 'max',
          name: '最大值'
        },
        {
          type: 'min',
          name: '最小值'
        }]
      },
      markLine: {                               //系列中的数据标线内容
        data: [{
          type: 'average',
          name: '平均值'
        }]
      }
    },
    {
      name: '最低气温',
      type: 'line',
      data: [4, 2, -2, -2, -2, 0, 2],
      markPoint: {
        data: [{
          name: '周最低',
          value: -2,
          xAxis: 1,
          yAxis: -1.5
        }]
      },
      markLine: {
        data: [{
```

```
                type: 'average',
                name: '平均值'
              }]
            }
          }]
        };
        //使用刚指定的配置项和数据显示图表
        myChart.setOption(option);</script>
    </body>
  </html>
```

2. 保存编写的 HTML 文件

保存编写的 HTML 文件到存放 echarts.min.js 的目录下，这里将编写的 HTML 文件命名为“折线.html”，如图 12-17 所示。

图 12-17 将编写的 HTML 文件命名为“折线.html”

注意：保存前，单击“修改”→“页面属性”→“标题/编码”，选择 UTF-8 格式，否则会出现中文乱码。

3. 运行生成的 html 文件

双击生成的“折线.html”文件，显示为如图 12-18 所绘制的折线图。

单击图 12-18 右上角的折线和条形图标签可在折线图和条形图之间进行切换。选择上方的最高气温或最低气温图例，可指定图中显示的数据。

12.2.5 使用 Echarts 绘制柱状图

绘制郑州市 2019 年前 11 月 PM2.5 指数情况的柱状图的 HTML 文件内容如下。

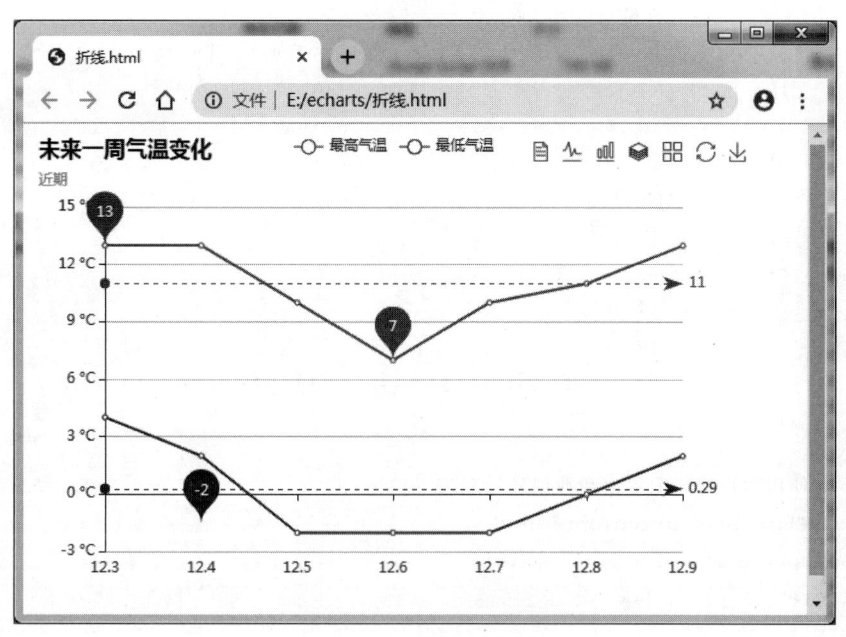

图 12-18　绘制的折线图

```
<!DOCTYPE html>
<html>
<head>
    <meta charset="utf-8">
    <title>ECharts</title>
    <!--引入 echarts.js -->
    <script src="echarts.min.js"></script>
</head>
<body>
<!--为 ECharts 准备一个具备大小(宽高)的 Dom -->
<div id="main" style="width: 600px;height:400px;"></div>
<script type="text/javascript">
    //基于准备好的 Dom 初始化 Echarts 实例
    var myChart =echarts.init(document.getElementById('main'));
    //指定图表的配置项和数据
    var option ={
        title: {
            text: '郑州市 2019 年前 11 月 PM2.5 指数情况'
        },
        tooltip: {},
        legend: {
            data:['PM2.5']
        },
        xAxis: {
```

```
            name:'月份',
            data: ["1月","2月","3月","4月","5月","6月","7月","8月","9月","10
月","11月",]
        },
        yAxis: {
            name:'PM值',
        },
        series: [{
            name: 'PM值',
            type: 'bar',
            data: [163, 158, 92, 93, 104, 118, 114, 91, 102, 80,109]
        }]
    };
    //使用刚指定的配置项和数据显示图表
    myChart.setOption(option);
</script>
</body>
</html>
```

保存上面编写的 HTML 文件到存放 echarts.min.js 的目录下,这里将编写的 HTML 文件命名为"柱状图.html"。

双击生成的"柱状图.html"文件,显示为如图 12-19 所绘制的柱状图。

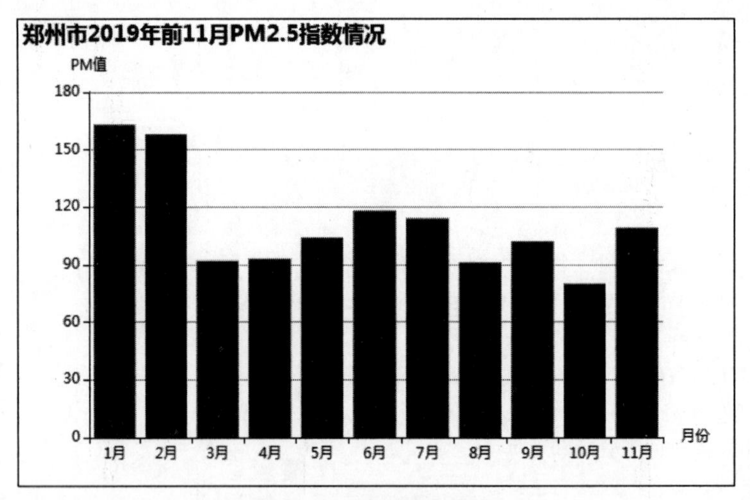

图 12-19 绘制的柱状图

12.2.6 使用 Echarts 绘制饼图

绘制各科学分占比的饼图的 HTML 文件内容如下。

```
<!DOCTYPE html>
<html lang="zh-CN">
```

```
<head>
    <meta charset="UTF-8">
    <title>数据可视化——饼图</title>
    <script src="echarts.min.js"></script>
</head>
<body>
<!--为 ECharts 准备一个具备大小(宽高)的 Dom -->
<div id="main" style="width: 600px;height:400px;"></div>
<script type="text/javascript">
    //基于准备好的 Dom,初始化 Echarts 实例
    var myChart =echarts.init(document.getElementById('main'));
    //指定图表的配置项和数据
    option ={
        title : {
            text:'各学科分占比',
            x:'center'
        },
        tooltip : {
            trigger: 'item',
            formatter: "{b} : {c}学分 ({d}%)"
        },
        legend: {
            orient: 'vertical',
            left: 'left',
            data: ['计算机网络','计算机组成原理','操作系统','大数据技术','Python
程序设计']},
        series : [
            {
                name: '学分',
                type: 'pie',
                radius : '55%',
                center: ['50%', '60%'],
                data:[
                    {value:3, name:'计算机网络'},
                    {value:3, name:'计算机组成原理'},
                    {value:3, name:'操作系统'},
                    {value:2, name:'大数据技术'},
                    {value:2, name:'Python 程序设计'},
                ],
                itemStyle: {
                    emphasis: {
                        shadowBlur: 10,
                        shadowOffsetX: 0,
                        shadowColor: 'rgba(0, 0, 0, 0.5)'
```

```
                    }
                }
            }
        ]
    };
    //使用刚指定的配置项和数据显示图表
    myChart.setOption(option);
</script>
</body>
</html>
```

保存上面编写的 HTML 文件到存放 echarts.min.js 的目录下,这里将编写的 HTML 文件命名为 pie.html。

双击生成的 pie.html 文件,显示为如图 12-20 所绘制的饼图。

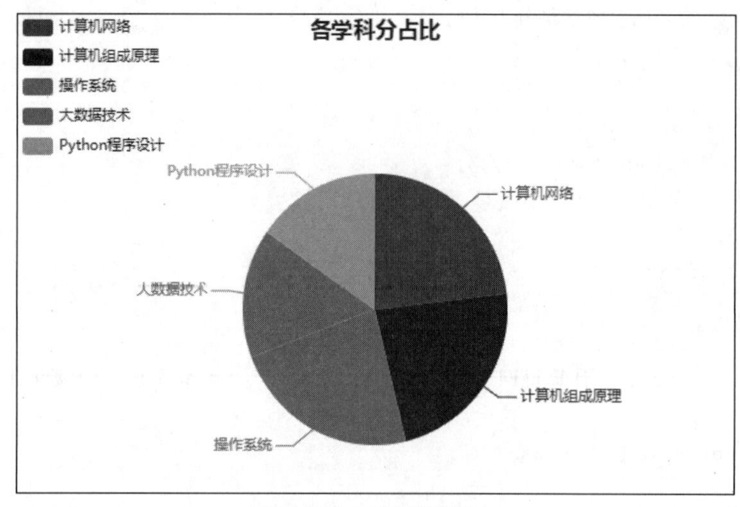

图 12-20 绘制的饼图

12.2.7 使用 Echarts 绘制雷达图

绘制一个学生成绩的雷达图的 HTML 文件内容如下。

```
<!DOCTYPE html>
<html lang="en">
<head>
    <meta charset="UTF-8">
    <!--引入 ECharts 文件 -->
    <script src="echarts.min.js"></script>
    <title>数据可视化——雷达图</title>
</head>
<body>
    <!--为 ECharts 准备一个具备大小(宽高)的 Dom -->
```

```
<div id="main" style="width:600px;height: 600px"></div>

<script type="text/javascript">
    //基于准备好的 Dom,初始化 Echarts 实例
    myChart =echarts.init(document.getElementById('main'));

    //指定图表的配置项和数据
    option ={
        title: {
            text: '我的成绩'
        },
        tooltip: {},
        legend: {
            data: ['我的成绩', '班级平均']
        },
        radar: {
            name: {
                textStyle: {
                    color: '              #fff',
                    backgroundColor: '  #999',
                    borderRadius: 3,
                    padding: [3, 5]
                }
            },
            indicator: [
                { name: '大学英语 A4', max: 100},
                { name: '数据结构', max: 100},
                { name: '离散数学', max: 100},
                { name: 'JSP 程序设计', max: 100},
                { name: '软件构造', max: 100},
                { name: '计算机网络', max: 100}
            ]
        },
        series: [{
            type: 'radar',
            data : [
                {
                    value : [84,87,81,90,88,90],
                    name : '我的成绩'
                },
                {
                    value : [78,77,77,78,72,83],
                    name : '班级平均'
                }
```

```
                ]
            }]
        };
        //使用刚指定的配置项和数据显示图表。
        myChart.setOption(option);
    </script>
</body>
</html>
```

保存上面编写的 HTML 文件到存放 echarts.min.js 的目录下，这里将编写的 HTML 文件命名为 radar.html。

双击生成的 radar.html 文件，绘制的雷达图如图 12-21 所示。

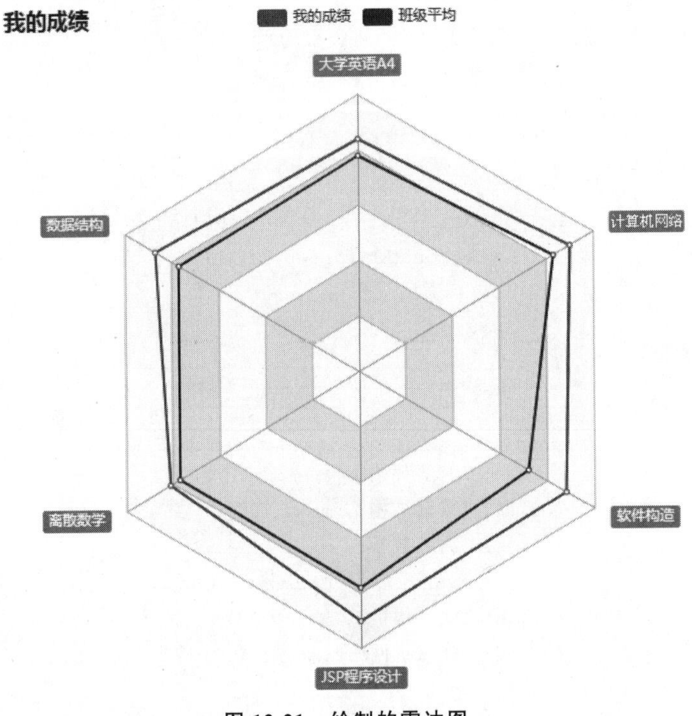

图 12-21 绘制的雷达图

12.3 PyeCharts 绘图

PyeCharts 是一个用于生成 Echarts 图表的 Python 扩展库。PyeCharts 库支持的绘图种类如表 12-1 所示。

使用 PyeCharts 库之前，先通过 pip install pyecharts==0.1.9.4 进行库的安装。因为用 pip install pyecharts 语句安装 PyeCharts 时，默认会安装最新版本的 PyeCharts。

PyeCharts 绘图

表 12-1 PyeCharts 库支持的绘图种类

PyeCharts 支持的绘图种类	说　明
Bar	柱状图/条形图
Bar3D	3D 柱状图
Boxplot	箱形图
EffectScatter	带有涟漪特效动画的散点图
Funnel	漏斗图
Gauge	仪表盘
Geo	地理坐标系
Graph	关系图
HeatMap	热力图
Kline	K 线图
Line	折线/面积图
Line3D	3D 折线图
Liquid	水球图
Map	地图
Parallel	平行坐标系
Pie	饼图
Polar	极坐标系
Radar	雷达图
Sankey	桑基图
Scatter	散点图
Scatter3D	3D 散点图
ThemeRiver	主题河流图
WordCloud	词云图

12.3.1 绘制柱状图

使用 PyeCharts 库绘制柱状图,代码如下。

```
from pyecharts import Bar
phoneName =["荣耀 8X","iPhone XR","iPhone8 Plus","iPhone8","荣耀 10","Redmi
Note7","vivo Z3"]
phoneReviews =[203, 195, 195, 147, 104, 100, 63]
bar =Bar(title="评论数前十的手机", subtitle="这是一个子标题")        #柱状图类实例化
#为柱状图添加数据, 或者配置信息,"评论手机的评论条数"为添加的图例名称
```

```
bar.add("评论手机的评论条数", phoneName, phoneReviews)
''' bar.render()默认在程序文件所在的目录下生成一个 render.html 绘图文件，可通过
bar.render("bar.html")指定生成文件名为 bar.html 的绘图文件'''
bar.render()
```

运行上述程序代码，会在程序文件所在的目录下生成一个 render.html 绘图文件，双击 render.html 文件，打开后得到绘制的柱状图如图 12-22 所示。

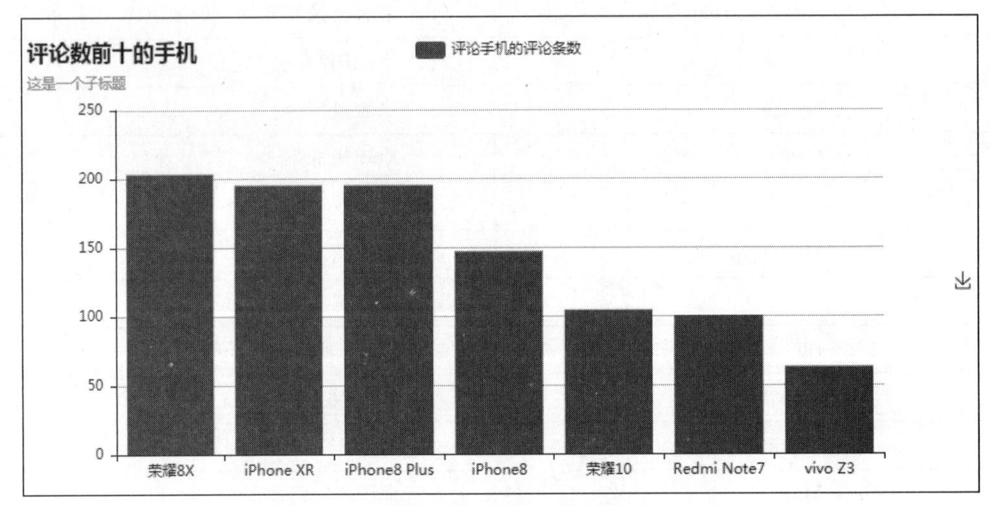

图 12-22 绘制的柱状图

说明：

(1) add 方法用于添加图表的数据和设置各种配置项。数据一般为两个列表(长度一致)。如果数据是字典或者是带元组的字典，可利用 cast 方法转换。

(2) 可通过 bar.print_echarts_options()打印输出图表的所有配置项，方便调试时使用。

使用 PyeCharts 库绘制堆叠柱状图，代码如下。

```
from pyecharts import Bar
phoneName = ["荣耀 8X", "iPhone XR", "iPhone8 Plus", "iPhone8", "荣耀 10", "Redmi
Note7", "vivo Z3"]
phoneReviews1 = [203, 195, 195, 147, 104, 100, 63]
phoneReviews2 = [153, 135, 130, 117, 100, 90, 53]
bar =Bar(title="评论数前十的手机", subtitle="这是一个子标题")        #柱状图类实例化
#为柱状图添加数据
bar.add("网站 A 的评论条数", phoneName, phoneReviews1, is_stack=True)
bar.add("网站 B 的评论条数", phoneName, phoneReviews2, is_stack=True)
bar.render()
```

运行上述程序代码，绘制的堆叠柱状图如图 12-23 所示。

通过单击图 12-23 右上角的"网站 A 的评论条数"或"网站 B 的评论条数"选项可使该类数据是否在图中显示。

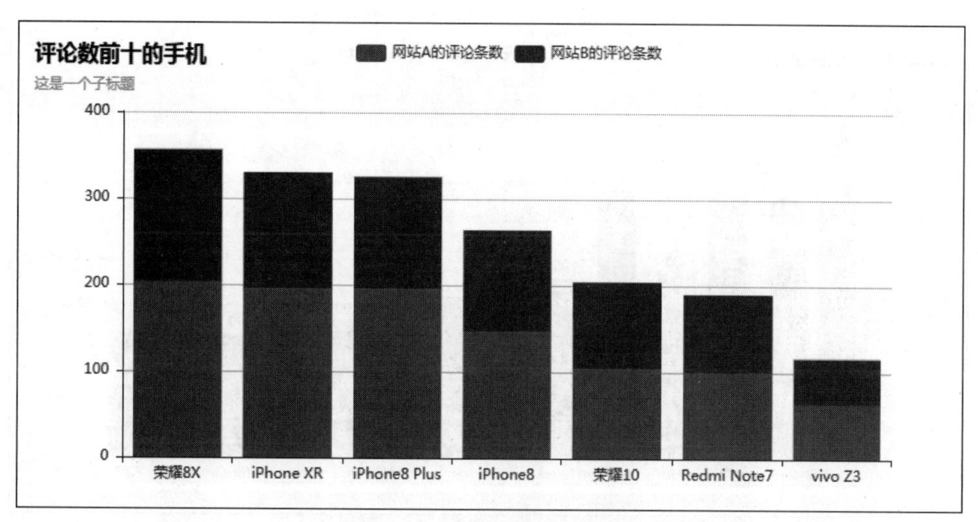

图 12-23　绘制的堆叠柱状图

使用 PyeCharts 库绘制显示标记线和标记点的柱状图,代码如下。

```
from pyecharts import Bar
phoneName = ["荣耀 8X","iPhone XR","iPhone8 Plus","iPhone8","荣耀 10","Redmi
Note7","vivo Z3"]
phoneReviews1 = [203, 195, 195, 147, 104, 100, 63]
phoneReviews2 = [153, 135, 130, 117, 100, 90, 53]
bar =Bar("显示标记线和标记点")                                    #柱状图类实例化
#mark_line 用来设置标记线,mark_point 用来设置标记点
#is_label_show 是设置上方数据是否显示
bar.add('网站 A 的评论条数', phoneName, phoneReviews1, mark_line=['average'],
mark_point=['min', 'max'], is_label_show=True)
bar.add('网站 B 的评论条数', phoneName, phoneReviews2, mark_line=['average'],
mark_point=['min', 'max'], is_label_show=True)
#path 用来设置保存文件的路径
bar.render(path='D:\mypython\标记线和标记点柱形图.html')
```

运行上述程序代码,绘制的显示标记线和标记点柱状图如图 12-24 所示。

12.3.2　绘制折线图

使用 PyeCharts 库绘制折线图,代码如下。

```
from pyecharts import Line
months = ["Jan", "Feb", "Mar", "Apr", "May", "Jun", "Jul", "Aug", "Sep", "Oct",
"Nov", "Dec"]
rainfall = [2.0, 4.9, 7.0, 23.2, 25.6, 76.7, 135.6, 162.2, 32.6, 20.0, 6.4, 3.3]
evaporation = [2.6, 5.9, 9.0, 26.4, 28.7, 70.7, 175.6, 182.2, 48.7, 18.8, 6.0, 2.3]
line =Line(title="折线图",subtitle="一年的降水量与蒸发量")          #折线图类实例化
#line_type 用来设置线的类型,有'solid'、'dashed'和'dotted'可选
```

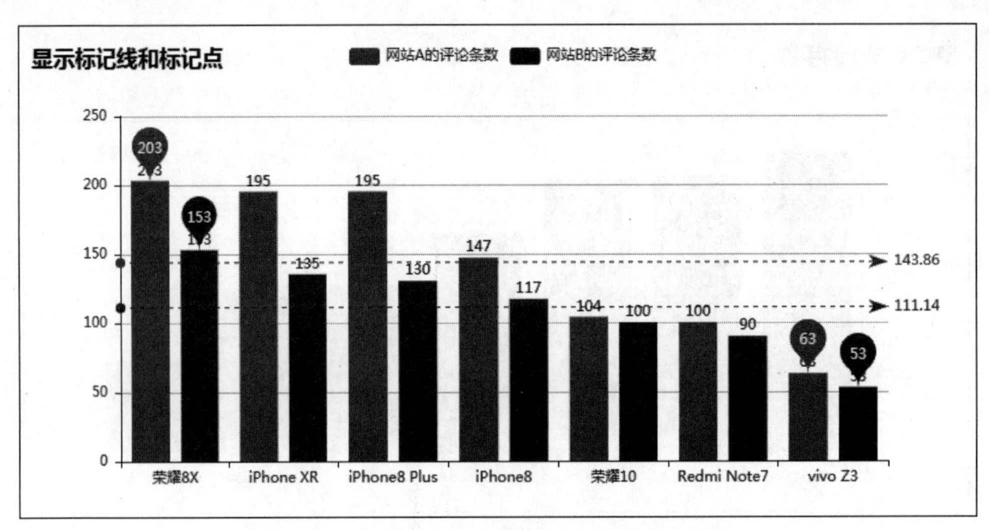

图 12-24 绘制的显示标记线和标记点的柱状图

```
line.add("降水量", months, rainfall, line_type='dashed',is_label_show=True)
line.add("蒸发量", months, evaporation, is_label_show=True)
line.render()
```

运行上述程序代码,绘制的折线图如图 12-25 所示。

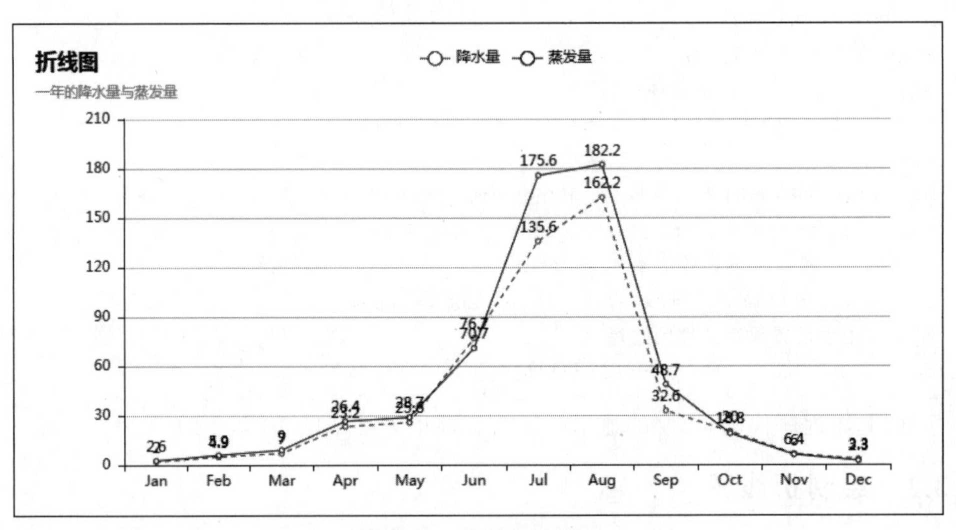

图 12-25 绘制的折线图

使用 PyeCharts 库绘制柱状图和折线图合并的图,代码如下。

```
from pyecharts import Bar,Line
from pyecharts import Overlap
overlap =Overlap()
phoneName =["荣耀 8X","iPhone XR","iPhone8 Plus","iPhone8","荣耀 10","Redmi
Note7","vivo Z3"]
```

```
phoneReviews1 =[203, 195, 195, 147, 104, 100, 63]
phoneReviews2 =[153, 135, 130, 117, 100, 90, 53]
bar =Bar(title="柱状图-折线图合并")                                    #柱状图类实例化
bar.add('网站 A 的评论条数', phoneName, phoneReviews1, mark_point=['min', 'max
'], is_label_show=True)
bar.add('网站 B 的评论条数', phoneName, phoneReviews2, mark_point=['min', 'max
'], is_label_show=True)
line =Line()                                                           #折线图类实例化
#line_type 用来设置线的类型,有'solid'、'dashed'和'dotted'可选
line.add("网站 A 的评论条数", phoneName, phoneReviews1, line_type='dashed',is_
label_show=True)
line.add("网站 B 的评论条数", phoneName, phoneReviews2, is_label_show=True)
overlap.add(bar)
overlap.add(line)
overlap.render("柱状图-折线图合并.html")
```

运行上述程序代码,绘制的柱状图和折线图合并的图如图 12-26 所示,注意需要安装 pyecharts 0.5.5 版本,否则会报错 importError: cannot import name 'Overlap'。

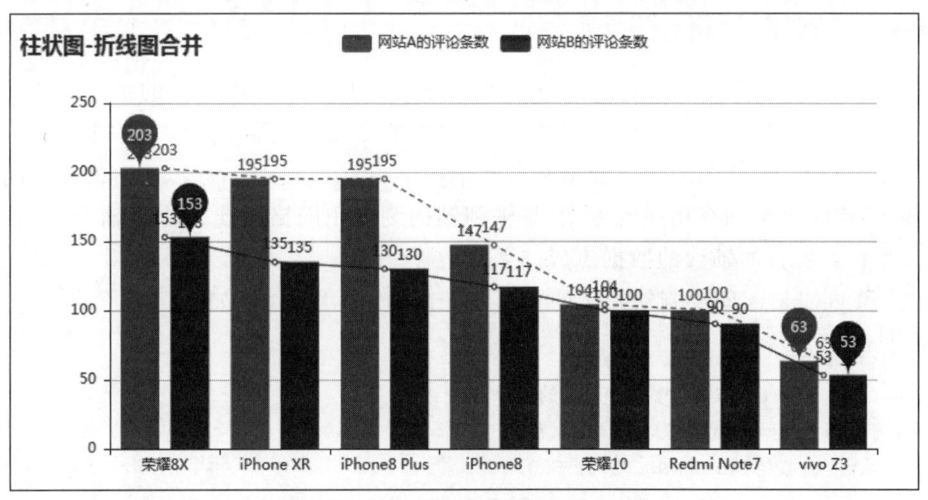

图 12-26　柱状图和折线图合并的图

12.3.3　绘制饼图

使用 PyeCharts 库绘制饼图,代码如下。

```
from pyecharts import Pie
phoneName =["荣耀 8X","iPhone XR","iPhone8","荣耀 10","Redmi Note7","vivo Z3"]
phoneReviews =[203, 195, 147, 104, 100, 63]
pie =Pie('评论条数饼图')                                               #饼图类实例化
pie.add('', phoneName, phoneReviews,is_label_show=True)               #为饼图添加数据
pie.render(path='D:\mypython\饼图.html')
```

运行上述程序代码,绘制的饼图如图 12-27 所示。

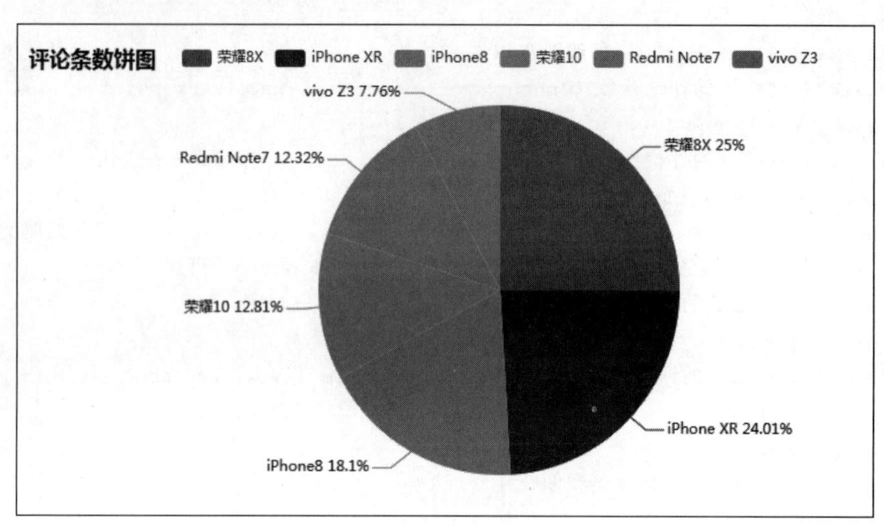

图 12-27 绘制的饼图

12.3.4 绘制雷达图

雷达图(Radar Chart)又被叫作蜘蛛网图,适用于显示 3 个或更多的维度的变量。雷达图是以在同一点开始的轴上显示的 3 个或更多个变量的二维图表的形式来显示多元数据的方法。通常,雷达图的每个变量都有一个从中心向外发射的轴线,所有的轴之间的夹角都相等,同时每个轴有相同的刻度,将轴到轴的刻度用网格线连接作为辅助元素,连接每个变量在其各自的轴线的数据点成一条多边形。

使用 PyeCharts 库绘制幼儿园的预算与开销的雷达图,代码如下。

```
from pyecharts import Radar
radar =Radar("雷达图", "幼儿园的预算与开销")
#由于雷达图传入的数据为多维数据,所以这里需要做一下处理
budget =[[430, 400, 490, 300, 500, 350]]
expenditure =[[300, 260, 410, 300, 160, 430]]
#设置 column 的最大值,为了雷达图更为直观,这里的 6 个方面最大值设置有所不同
schema =[ ("食品", 450), ("门票",450), ("医疗", 500), ("绘本", 400), ("服饰", 500),
("玩具", 500) ]
#传入坐标
radar.config(schema)
radar.add("预算",budget)
#一般默认为同一种颜色,这里为了便于区分,需要设置 item 的颜色
radar.add("开销",expenditure,item_color="#1C86EE")
radar.render()
```

运行上述程序代码,绘制的幼儿园的预算与开销的雷达图如图 12-28 所示。

从图 12-28 可以看出:参与比较的 6 个方面是食品、玩具、绘本、医疗、门票和服饰,每

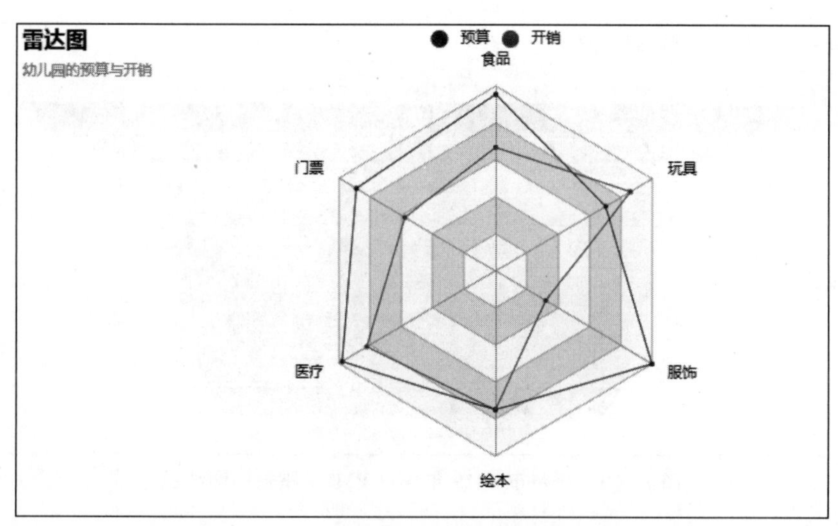

图 12-28　幼儿园的预算与开销的雷达图

个变量都是通过 0～500 的金额来比较的。只有玩具一项的支出超出了预算，而服饰花费低于远预算，使用雷达图，哪些方面超出或不足预算变得一目了然。

12.3.5　绘制漏斗图

漏斗图又称为倒三角图，漏斗图将数据呈现为几个阶段，每个阶段的数据都是整体的一部分，从一个阶段到另一个阶段数据自上而下逐渐下降，所有阶段的占比总计 100%。与饼图一样，漏斗图呈现的也不是具体的数据，而是该数据相对于总数的占比，漏斗图不需要使用任何数据轴。

使用 PyeCharts 库绘制郑州市 2019 年各月 PM2.5 指数的漏斗图，代码如下。

```
from pyecharts import Funnel, Page
def create_charts():
    page =Page()
    attr =["1 月","2 月","3 月","4 月","5 月","6 月","7 月","8 月","9 月","10 月",
"11 月"]
    value =[163, 158, 92, 93, 104, 118, 114, 91, 102, 80,109]
    chart =Funnel("郑州市 2019 年各月 PM2.5 指数情况")
    chart.add("PM2.5 指数", attr, value, is_label_show=True, label_pos="
inside",is_legend_show=False, label_text_color="                #fff")
    page.add(chart)
    return page
create_charts().render(path='E:\echarts\漏斗图.html')
```

运行上述程序代码，绘制的郑州市 2019 年各月 PM2.5 指数的漏斗图如图 12-29 所示。

在图 12-29 的右侧单击数据视图可打开漏斗图对应的数据，如图 12-30 所示，更新其中的数据，然后刷新可得到新的漏斗图。

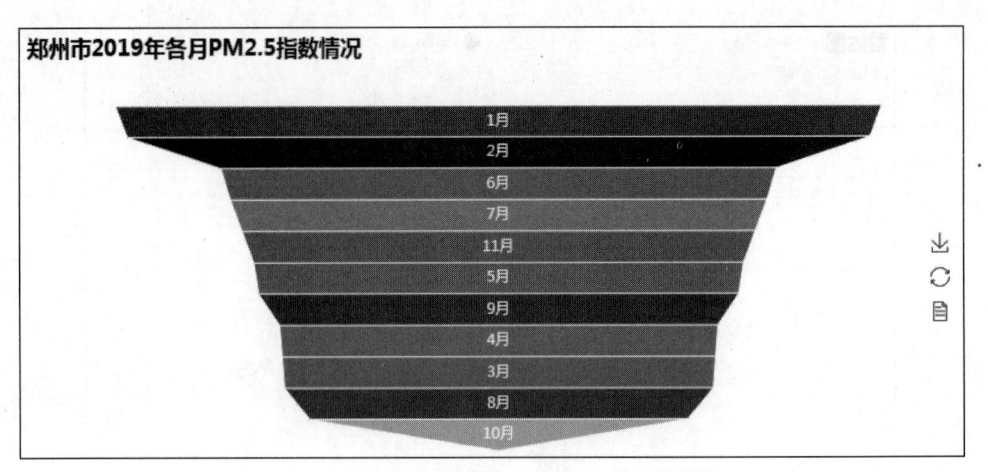

图 12-29 郑州市 2019 年各月 PM2.5 指数的漏斗图

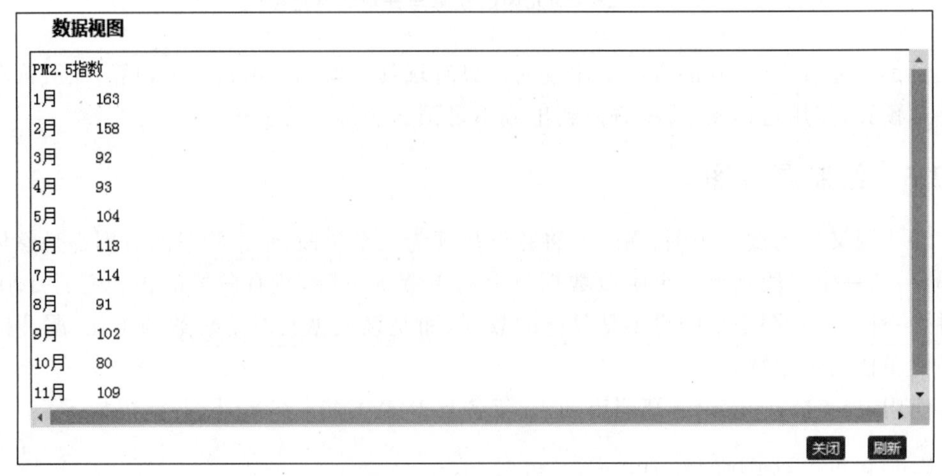

图 12-30 漏斗图对应的数据

12.3.6 绘制 3D 立体图

使用 PyeCharts 库绘制 3 个城市在第一季度的某一商品销售的 3D 立体图,代码如下。

```
from pyecharts import Bar3D
bar3d =Bar3D("3D 柱状图示例", width=1200, height=600)
x_name=['上海', '北京','广州']
y_name=['1 月', '2 月', '3 月']
#将 x_name、y_name 数据转换成了数值数据,便于在 x、y、z 轴绘制出图形
data_xyz=[[0, 0, 420], [0, 1, 460],[0, 2, 550],
[1, 0, 400], [1, 1, 430],[1, 2, 450],
            [2, 0, 400], [2, 1, 450],[2, 2, 500]]
#初始化图形
```

```
bar3d=Bar3D("1~3 月各城市销量","单位:万件",title_pos="center",width=1000,
height=800)
#添加数据,并配置图形参数
bar3d.add('',x_name,y_name,data_xyz,is_label_show=True,is_visualmap=True,
        visual_range=[0, 500],grid3d_width=100, grid3d_depth=100)
bar3d.render("sales.html")                                          #保存图形
```

运行上述程序代码,绘制的 3 个城市在第一季度的某一商品销售的 3D 立体图如图 12-31 所示。

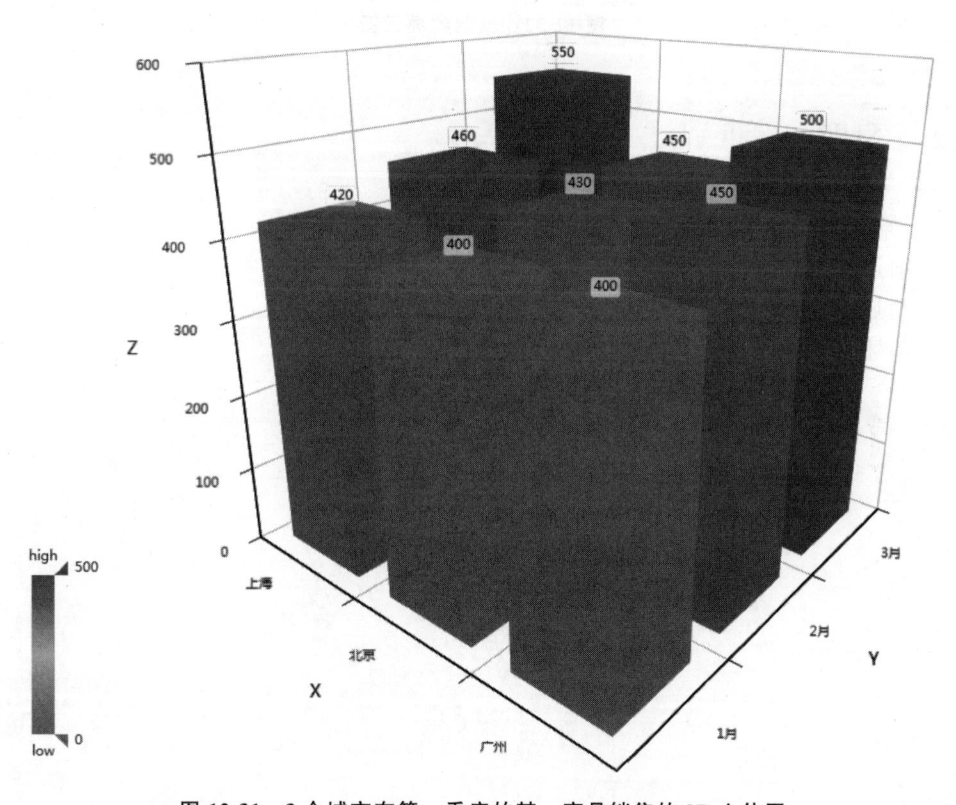

图 12-31　3 个城市在第一季度的某一商品销售的 3D 立体图

12.3.7　绘制词云图

使用 PyeCharts 库绘制词云图,代码如下。

```
from pyecharts import WordCloud
name =['国泰民安', '繁荣昌盛', '欢声雷动', '繁荣富强', '国运昌隆', '举国同庆', '歌舞
升平','太平盛世', '火树银花', '张灯结彩', '欢庆']
```

```
value = [19,16,6,17,16,22,8,15,3,4,25]
wordcloud =WordCloud(width=1300, height=620)
wordcloud.add("", name, value, word_size_range=[20, 100])
wordcloud.render("wordcloud.html")
```

运行上述程序代码,绘制的词云图如图 12-32 所示。

图 12-32 绘制的词云图

12.4 习题

1. 简述 Tableau 的主要特性。
2. 简述 Tableau 的仪表板工作区中的主要部件的功能。
3. 简述 ECharts 绘图步骤。
4. 简述 PyeCharts 库支持的绘图种类。

参 考 文 献

[1] 刘红阁，王淑娟，温融冰. 人人都是数据分析师 Tableau 应用实战[M]. 北京：清华大学出版社，2019.

[2] 周苏，王文. 大数据可视化[M]. 北京：清华大学出版社，2018.

[3] 林子雨. 大数据技术原理与应用[M]. 2 版. 北京：人民邮电出版社，2017.

[4] 薛志东，吕泽华，陈长清，等. 大数据技术基础[M]. 北京：人民邮电出版社，2018.

[5] 林子雨. 大数据基础编程、实验和案例教程[M]. 北京：清华大学出版社，2017.

[6] 黄宜华，苗凯翔. 深入理解大数据：大数据处理与编程实践[M]. 北京：机械工业出版社，2014.

[7] 陆嘉恒. Hadoop 实战[M]. 2 版. 北京：机械工业出版社，2012.

[8] 肖芳，张良均. Spark 大数据技术与应用[M]. 北京：人民邮电出版社，2018.

图书资源支持

感谢您一直以来对清华版图书的支持和爱护。为了配合本书的使用，本书提供配套的资源，有需求的读者请扫描下方的“书圈”微信公众号二维码，在图书专区下载，也可以拨打电话或发送电子邮件咨询。

如果您在使用本书的过程中遇到了什么问题，或者有相关图书出版计划，也请您发邮件告诉我们，以便我们更好地为您服务。

资源下载、样书申请

书圈

我们的联系方式：

地　　址：北京市海淀区双清路学研大厦 A 座 701

邮　　编：100084

电　　话：010-83470236　010-83470237

资源下载：http://www.tup.com.cn

客服邮箱：2301891038@qq.com

QQ：2301891038（请写明您的单位和姓名）

扫一扫，获取最新目录

课 程 直 播

用微信扫一扫右边的二维码，即可关注清华大学出版社公众号“书圈”。